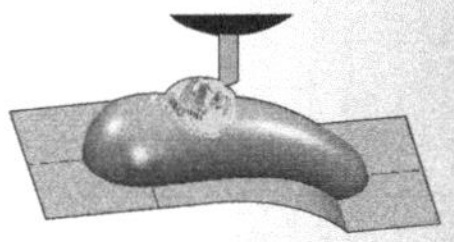
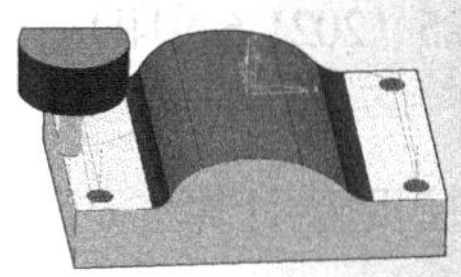
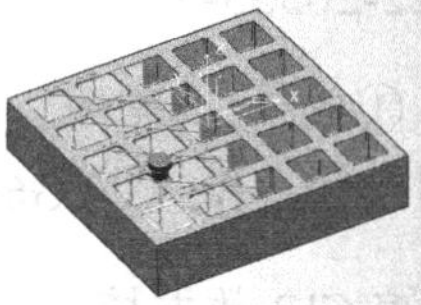

边看边学

PowerMILL 数控编程从入门到精通

成善胜　席晓哥　编著

化学工业出版社
·北京·

图书在版编目 (CIP) 数据

边看边学 PowerMILL 数控编程从入门到精通/成善胜，席晓哥编著. —北京：化学工业出版社，2016.5（2021.6重印）
ISBN 978-7-122-26555-5

Ⅰ.①边… Ⅱ. ①成… ②席… Ⅲ. ①数控机床-计算机辅助设计-应用软件 Ⅳ. ①TG659-39

中国版本图书馆 CIP 数据核字（2016）第 055964 号

责任编辑：王 烨　　文字编辑：陈 喆
责任校对：宋 玮　　装帧设计：刘丽华

出版发行：化学工业出版社（北京市东城区青年湖南街 13 号 邮政编码 100011）
印　　装：北京盛通数码印刷有限公司
787mm×1092mm 1/16 印张 16¼ 字数 400 千字 2021 年 6 月北京第 1 版第 8 次印刷

购书咨询：010-64518888　　售后服务：010-64518899
网　　址：http://www.cip.com.cn
凡购买本书，如有缺损质量问题，本社销售中心负责调换。

定　　价：69.00 元

前言

PowerMILL 是英国 Delcam Plc 公司出品的功能强大、加工策略丰富的数控加工编程软件系统。它具备完整的加工方案，全面的 CAD 数据接口，可以直接读取不同软件系统所产生的三维模型，让使用众多不同 CAD 系统的厂商不用重复投资。

PowerMILL 也是一款独立运行的、智能化程度最高的三维复杂模型加工的 CAM 软件。该软件 CAM 模块与 CAD 模块分离，在网络下实现一体化集成，更能适应工程化的要求，其代表着 CAM 技术最新的发展方向，与当今大多数的曲面加工 CAM 软件相比有无可比拟的优越性。

PowerMILL 系统操作过程完全符合数控加工的工程概念。实体模型全自动处理，实现了粗、精、清根加工编程的自动化。PowerMILL 独有的最新 5 轴加工策略、高效粗加工策略以及高速精加工策略，可生成最有效的加工路径，确保最大限度地发挥机床加工效率。

“边看边学 PowerMILL 数控编程系列丛书”主要是针对目前企业人才对 PowerMILL 的需求及众多 PowerMILL 自学者的需求而编写的。本书以 PowerMILL2012 作为操作平台，从基础入手，引导读者入门，全书共分为 11 个章节，深入浅出地介绍了 PowerMILL 软件的数控加工流程、功能、要点、方法和技巧。

本书由成善胜、席晓哥编著。冯晶冰、陈露、刘明、黄文非、顾玉娥、丁学华、孙丽丽、程喜桂、张苗苗、车事林、余绛宝、王志文、刘飞、许正茂、占竑博、贾梦龙、赵营、刘生辉、徐允涛、缪叶暖、龚小猛、贾海涛、郭晓磊等多位老师也为本书的编写提供了很多支持和帮助，在此表示衷心的感谢！

特别感谢 Delcam Plc 公司技术工程师沈春发的支持和指导。

本书虽已经过多次校对，但由于时间仓促，难免存在一些不足之处，欢迎广大读者予以批评指正。

编著者

目 录

第1讲

PowerMILL2012的认识与操作

1.1 数控加工基础

1.1.1 数控机床的介绍

数控机床是数字控制机床（computer numerical control machine tools）的简称，是一种装有程序控制系统的自动化机床。该控制系统能够逻辑地处理具有控制编码或其他符号指令规定的程序，并将其译码，用代码化的数字表示，通过信息载体输入数控装置。经运算处理由数控装置发出各种控制信号，控制机床的动作，按图纸要求的形状和尺寸，自动地将零件加工出来。数控机床较好地解决了复杂、精密、小批量、多品种的零件加工问题，是一种柔性的、高效能的自动化机床，代表了现代机床控制技术的发展方向，是一种典型的机电一体化产品。

（1）数控机床的组成

数控机床主要由加工程序载体、机床主体、数控装置、伺服驱动装置、辅助装置等几部分组成。

① 加工程序载体：人与数控机床建立某种联系，联系的中间媒介就是程序载体，如穿孔纸带、盒式磁带、软磁盘等。

② 机床主体：是指数控机床的主体，在数控机床上自动完成各种切削加工的机械部分，包括床身、底座、立柱、横梁、滑座、工作台、主轴箱、进给机构、刀架及自动换刀装置等机械部件。

③ 数控装置：是数控机床重要的组成部分，主要由输入/输出接口线路、控制器、运算器和存储器等组成，其功能是通过运算将加工程序转换成控制数控机床运动的信号和指令，以控制机床的各部件完成加工程序中规定的动作。

④ 伺服驱动装置：伺服系统是由伺服控制电路、功率放大器和伺服电动机组成的数控机床执行机构，其作用是接收数控装置发出的指令信息并经功率放大后，带动机床移动部件作精确定位或按规定轨迹和速度运动。

⑤ 辅助装置：该部分同样是数控机床的组成部分，它包括自动换刀系统（ATC）；冷却系统（外冷、内冷、气吹，冷却液处理系统等）；排屑系统；夹具系统；加工中心的工作台交换系统（APC）；数控车床的自动送料系统。

（2）数控机床的特点

数控机床是一种高自动化、高柔性、高精度、高效率的机械加工设备，具有以下特点：

① 适用范围广；

② 生产准备周期短；

③ 工序高度集中；

④ 生产效率和加工精度高；

⑤ 能完成复杂型面的加工；

⑥ 有利于生产管理的现代化。

（3）数控机床的分类

1）按工艺用途分

① 切削类（车、铣、钻、镗、磨、齿轮加工等） 在数控机床上加装刀库和自动换刀装置，构成一种带自动换刀系统的数控机床，称为加工中心；如加工中心，它将数控铣床、数控钻床和数控镗床的功能组合在一起，工件在一次装卡后，可以对零件的大部分加工表面进行铣削、镗削、钻孔、扩孔、铰孔和攻螺纹等多种加工。

② 成形类 成形类数控机床是指采用挤、冲、压、拉等成形工艺方法加工零件的数控机床，常见的有数控液压机、数控折弯机、数控弯管机、数控旋压机等。

③ 电加工类 电加工类机床是指采用电加工技术加工零件的机床，常见的有数控电火花成形机、数控电火花线切割机、数控火焰切割机、数控激光加工机等。

④ 测量、绘图类 主要有三坐标测量机、数控对刀仪、数控绘图机等。

2）按运动方式分类

① 点位控制数控机床 点位控制数控机床的特点是，数控系统只控制机床的运动部件运动的起点和终点的坐标值，而不控制运动部件的运动路径。为了减少运动部件的运动和定位时间，一般运动部件先以快速运动至终点坐标附近，然后以低速准确运动到终点位置，以保证稳定的定位精度。

由于点位控制数控机床是刀具或工件到达指定位置后才开始加工，因此在运动过程中刀具不进行切削。

数控钻床、数控坐标镗床、数控冲床、数控点焊机、数控弯管机和数控测量机等均采用点位控制方式。

② 点位直线控制数控机床 点位直线控制数控机床的特点是除了要控制机床的运动部件运动起点和终点的坐标值外，还能实现在两点之间沿直线或斜线的切削进给运动；典型的机床有数控车床、数控铣床和数控镗床。

③ 轮廓控制数控机床 又称为连续轨迹控制，轮廓控制数控机床的特点是能够对两个或两个以上的坐标轴同时进行控制，不仅要控制机床运动部件的起点与终点坐标值，而且要控制

整个加工过程每一点的速度和位移量（需进行多坐标轴之间的插补运算，坐标轴联动）。

如：数控车床、数控铣床、数控磨床、数控齿轮加工机床和各类数控切割机床。

3）按伺服驱动的控制方式分类

按对伺服驱动被控制有无检测反馈装置可分为开环控制和闭环控制，在闭环系统中，根据测量装置安装部位不同又分为全闭环控制和半闭环控制两种。

① 开环控制数控机床　开环控制数控机床是指不带位置反馈装置的控制系统，采用步进电机作为伺服驱动执行元件，一般应用在精度要求不高的经济型数控机床。

② 闭环控制数控机床　闭环控制是在机床移动部件上直接安装直线位移检测装置，将直接测量到的位移量反馈到数控装置的比较器中，与输入的指令进行比较，用差值对运动部件进行控制，使运动部件严格按实际需要的位移量运动。一般用于要求高速、高精度的数控机床，像镗铣床、超精车床、超精磨床及大型数控机床等。

③ 半闭环控制数控机床　大多数数控机床采用半闭环控制系统，其位置反馈采用角位移检测装置（如光电脉冲编码器等），安装在电动机或滚珠丝杠的端头，通过检测伺服电动机或丝杠的转角，间接地检测出运动部件的位移，并反馈给数控装置的比较器，与输入指令进行比较，用差值对运动部件进行控制；因为该控制方式只对伺服电动机或滚珠丝杠的角位移进行闭环控制，而没实现对运动部件直线位移的闭环控制，故称为半闭环控制。一般情况下，半闭环控制是数控机床的首选控制方式。

1.1.2 数控加工的基本原理

（1）数控机床的工作过程

数控机床的工作过程如图 1-1 所示。

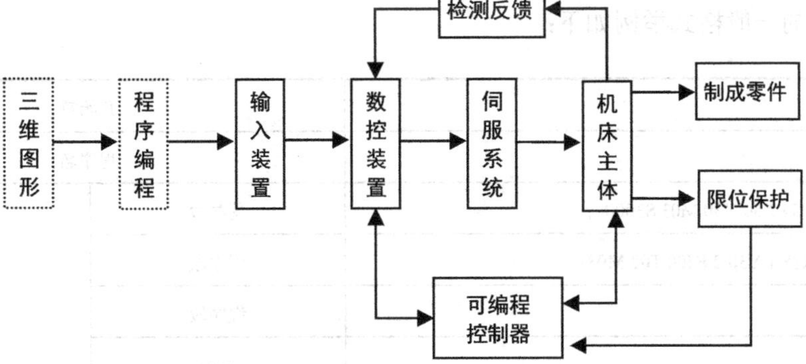

图 1-1　数控机床的工作过程

① 将编制好的加工程序通过操作面板上的键盘或数据线将数字信息输送至数控装置。

② 数控装置将所接收的信号进行一系列处理后，再将处理结果以脉冲信号形式进行分配：一是向进给伺服系统发出进给等执行命令，二是向可编程控制器发出 S、M、T 等指令信号。

③ 可编程控制器接到 S、M、T 等指令信号后，即控制机床主体立即执行这些指令，并将机床主体执行的情况实时反馈给数控装置。

④ 伺服系统接到进给执行命令后，立即驱动机床主体的各坐标轴（进给机构）严格按照指令要求准确进行位移，自动完成工件的加工。

⑤ 在各坐标轴位移过程中，检测反馈装置将位移的实测值迅速反馈给数控装置，以便与指令值进行比较，然后以极快的速度向伺服系统发出补偿执行指令，直到实测值与指令值吻合为止。

⑥ 在各坐标轴位移过程中，如发生“超程”现象，其限位装置即可向可编程控制器或直接向数控装置发出某些坐标轴超程的信号，数控系统则一方面通过显示器发出报警信号，另一方面则向进给伺服系统发出停止执行命令，以实施超程保护。

（2）数控机床的工作原理

数控机床的工作原理可归纳为：数控装置内的计算机对通过输入装置以数字和字符编码方式所记录的信息进行一系列处理后，再通过伺服系统及可编程控制器向机床主轴及进给等执行机构发出指令，机床主体则按照这些指令，并在检测反馈装置的配合下，对工件加工所需的各种动作，如刀具相对于工件的运动轨迹、位移量和进给速度等各项要求实现自动控制，从而完成工件的加工。

1.1.3 数控加工 G 指令

1）加工程序的一般格式

① 程序开始符、结束符　程序开始符、结束符相同，ISO 代码中是%，EIA 代码中是 EP，书写时要单列一段。

② 程序名　程序名有两种形式：一种是英文字母 O 和 1~4 位正整数组成；另一种是由英文字母开头，字母数字混合组成的。程序名一般要求单列一段。

③ 程序主体　程序主体是由若干个程序段组成的。每个程序段一般占一行。

④ 程序结束指令　程序结束指令可以用 M02 或 M30 表示，一般要求单列一段。

加工程序的一般格式举例如下：

<table>
<tr><td>%</td><td colspan="2">开始符</td></tr>
<tr><td>O1000</td><td colspan="2">程序名</td></tr>
<tr><td>N10　G00 G54 X50 Y30 M03 S3000 ；</td><td>程序段</td><td rowspan="4">程序主体</td></tr>
<tr><td>N20　G01 X88.1 Y30.2 F500 T02 M08；</td><td>程序段</td></tr>
<tr><td>N30　X90；</td><td>程序段</td></tr>
<tr><td>……</td><td>……</td></tr>
<tr><td>N300　M30；</td><td colspan="2">结束符</td></tr>
</table>

2）程序字的功能

组成程序段的每一个字都有特定的功能含义，以下是以 FANUC 0i 数控系统的规范为主来介绍的，实际工作中，请按照机床数控系统说明书来使用各个功能字。

① 顺序号字 N　顺序号位于程序段之首，由 N 和后续数字组成。顺序号的作用：a. 对程序的校对和检索修改；b. 作为条件转向的目标，即作为转向目标的程序段的名称。

② 准备功能字 G　准备功能字的地址符是 G，又称 G 功能或 G 指令，是用于建立机床或

控制系统工作方式的一种指令。后续数字一般为1~3位正整数，如表1-1所示，FUNUC 0i数控系统的G代码。

表1-1　FANUC 0i准备功能

G代码	组别	功能	程序格式及说明
G00▲	01	快速点定位	G00　IP_；
G01		直线插补	G01　IP_F_；
G02		顺时针圆弧插补	G02　X_Y_R_F_或G02　X_Y_I_J_F_；
G03		逆时针圆弧插补	G03　X_Y_R_F_或G03　X_Y_I_J_F_；
G04	00	暂停	G04　X1.5;或G04　P1500;
G05.1		预读处理控制	G05.1Q1;（接通）G05.1Q0;（取消）
G07.1		圆柱插补	G07.1IPr;（有效）G07.1IP0;（取消）
G08		预读处理控制	G08P1;（接通）G08P0;（取消）
G09		准确停止	G09　IP_;
G10		可编程数据输入	G10　L50;（参数输入方式）
G11		可编程数据输入取消	G11;
G15▲	17	极坐标取消	G15;
G16		极坐标指令	G16;
G17▲	02	选择*XY*平面	G17;
G18		选择*ZX*平面	G18;
G19		选择*YZ*平面	G19;
G20	06	英制输入	G20;
G21		米制输入	G21;
G22▲	04	存储行程检测接通	G22　X_Y_Z_I_J_K_;
G23		存储行程检测断开	G23;
G27	00	返回参考点检测	G27　IP_;（IP为指定的参考点）
G28		返回参考点	G28　IP_;（IP为经过的中间点）
G29		从参考点返回	G29　IP_;（IP为返回目标点）
G30		返回第2、3、4参考点	G30　P3　IP_;或G30　P4　IP_;
G31		跳转功能	G31　IP_;
G代码	组别	功能	程序格式及说明
G33	01	螺纹切削	G33　IP_F_;（F为导程）
G37	00	自动刀具长度测量	G37　IP_;
G39		拐角偏置圆弧插补	G39；或G39 I_J_;
G40▲	07	刀具半径补偿取消	G40;
G41		刀具半径左补偿	G41 G01 IP_D_;
G42		刀具半径右补偿	G42 G01 IP_D_;
G40.1▲	18	法线方向控制取消	G40.1;
G41.1		左侧法线方向控制	G41.1;
G42.1		右侧法线方向控制	G42.1;
G43	08	正向刀具长度补偿	G43 G01 Z_H_;
G44		负向刀具长度补偿	G44 G01 Z_H_;

续表

G代码	组别	功能	程序格式及说明
G45	00	刀具位置偏置加	G45 IP_D_;
G46		刀具位置偏置减	G46 IP_D_;
G47		刀具位置偏置加2倍	G47 IP_D_;
G48		刀具位置偏置减2倍	G48 IP_D_;
G49▲	08	刀具长度补偿取消	G49;
G50▲	11	比例缩放取消	G50;
G51		比例缩放有效	G51 IP_P_; 或G51 IP_I_J_K_;
G50.1	22	可编程镜像取消	G50.1 IP_;
G51.1▲		可编程镜像有效	G51.1 IP_;
G52		局部坐标系设定	G52 IP_;（IP以绝对值指定）
G53		选择机床坐标系	G53 IP_;
G54▲	14	选择工件坐标系1	G54;
G54.1		选择附加工件坐标系	G54.1 P*n*;（*n*：取1~48）
G55		选择工件坐标系2	G55;
G56		选择工件坐标系3	G56;
G57		选择工件坐标系4	G57;
G58		选择工件坐标系5	G58;
G59		选择工件坐标系6	G59;
G60	00	单方向定位方式	G60 IP_;
G61	15	准确停止方式	G61;
G62		自动拐角倍率	G62;
G63		攻螺纹方式	G63;
G64▲		切削方式	G64;
G65	00	宏程序非模态调用	G65 P_L_<自变量指定>;
G66	12	宏程序模态调用	G66 P_L_<自变量指定>;
G67▲		宏程序模态调用取消	G67;
G68	16	坐标系旋转	G68 IP_R_;
G69▲		坐标系旋转取消	G69;
G73	09	深孔钻循环	G73 X_Y_Z_R_Q_F_;
G74		左螺纹攻螺纹循环	G74 X_Y_Z_RP_F_;
G76		精镗孔循环	G76 X_Y_Z_R_Q_P_F_;
G代码	组别	功能	程序格式及说明
G80▲	09	固定循环取消	G80;
G81		钻孔、锪镗孔循环	G81 X_Y_Z_R_;
G82		钻孔循环	G82 X_Y_Z_R_P_;
G83		深孔循环	G83 X_Y_Z_R_Q_F_;
G84		攻右旋螺纹循环	G84 X_Y_Z_R_P_F_;
G85		镗孔循环	G85 X_Y_Z_R_F_;
G86		镗孔循环	G86 X_Y_Z_R_P_F_;
G87		背镗孔循环	G87 X_Y_Z_R_Q_F_;
G88		镗孔循环	G88 X_Y_Z_R_P_F_;
G89		镗孔循环	G89 X_Y_Z_R_P_F_;

续表

G 代码	组别	功能	程序格式及说明
G90▲	03	绝对值编程	G90 G01 X_Y_Z_F_;
G91		增量值编程	G91 G01 X_Y_Z_F_;
G92	00	设定工件坐标系	G92 IP_;
G92.1		工作坐标系预置	G92.1 X0 Y0 Z0;
G94▲	05	每分钟进给	单位为 mm/min
G95		每转进给	单位为 mm/r
G96	13	恒线速度	G96 S200;（200m/min）
G97▲		每分钟转数	G97 S800;（800r/min）
G98▲	10	固定循环返回初始点	G98 G81 X_Y_Z_R_F_;
G99		固定循环返回 R 点	G98 G81 X_Y_Z_R_F_;

注：带“▲”的 G 代码为开机默认代码。

准备功能字 G 代码说明如下。

a．准备功能指令的组　准备功能指令按其功能分为若干组，不同组的指令可以出现在同一程序段中，如果两个或两个以上同组指令出现在同一程序段中，只有最后面的指令有效。

b．准备功能指令的模态　准备功能指令按其有效性的长短分属于两种模态：00 组的指令为非模态指令；其余组的指令为模态指令。模态指令具有长效性、延续性，即在同组其他指令未出现以前一直有效，不受程序段多少的限制，而非模态指令只在当前程序段有效。

c．固定循环指令的禁忌　在固定循环指令中，如果使用了 01 组的代码，则固定循环将被自动取消或为 G80 状态（即取消固定循环）；但在 01 组指令中则不受固定循环指令的影响。

d．默认设置　默认设置是指在机床开机时，控制系统自动所处的初始状态。

注意：不同的控制系统，准备功能指令 G 代码的定义可能有所差异，在实际加工编程之前，一定要搞清楚所用控制系统每个 G 代码的实际意义。

a．尺寸字　尺寸字用于确定机床上刀具运动终点的坐标位置。

b．进给功能字 F　进给功能字的地址符是 F，又称 F 功能或 F 指令，用于指定切削的进给速度。

c．主轴转速功能字 S　主轴转速功能字的地址符是 S，用于指定主轴转速，单位为 r/min。

d．刀具功能字 T　刀具功能字的地址符是 T，用于指定加工时所用刀具的编号。

e．辅助功能字 M　辅助功能字的地址符是 M，用于指定数控机床辅助装置的开关动作，如表 1-2 所示。

表 1-2　M 功能字含义

M 代码	用于数控车床的功能	用于数控铣床的功能	附注
M00	程序停止	相同	非模态
M01	计划停止	相同	非模态
M02	程序结束	相同	非模态
M03	主轴顺时针旋转	相同	模态
M04	主轴逆时针旋转	相同	模态
M05	主轴停止	相同	模态
M06	×	换刀	非模态
M07	×	冷却液喷雾开	模态

续表

M代码	用于数控车床的功能	用于数控铣床的功能	附注
M08	切削液打开	相同	模态
M09	切削液关闭	相同	模态
M13	尾架顶尖套筒进	×	模态
M14	尾架顶尖套筒退	×	模态
M15	压缩空气吹管关闭	×	模态
M17	转塔向前检索	×	模态
M18	转塔向后检索	×	模态
M19	主轴定向	×	模态
M30	程序结束并返回	相同	非模态
M38	右中心架夹紧	×	模态
M39	右中心架松开	×	模态
M50	棒料送料器夹紧并送进	×	模态
M51	棒料送料器松开并退回	×	模态
M52	自动门打开	相同	模态
M53	自动门关闭	相同	模态
M58	左中心架夹紧	×	模态
M59	左中心架松开	×	模态
M68	液压卡盘夹紧	×	模态
M69	液压卡盘松开	×	模态
M74	错误检测功能打开	相同	模态
M75	错误检测功能关闭	相同	模态
M78	尾架套管送进	×	模态
M79	尾架套管退回	×	模态
M90	主轴松开	×	模态
M98	子程序调用	相同	模态
M99	子程序调用返回	相同	模态

1.2 启动PowerMILL2012

双击PowerMILL软件图标，即可打开PowerMILL软件，进入工作界面。如图1-2所示。

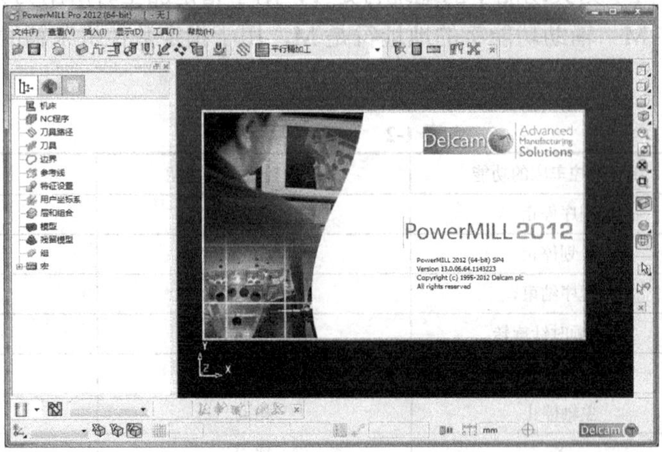

图1-2 PowerMILL工作界面

1.3 PowerMILL 软件的简介

1.3.1 PowerMILL 软件背景

PowerMILL 是英国 Delcam 公司出品的功能强大、加工策略丰富、专业的数控加工编程软件。采用全新的中文 Windows 用户界面，提供完善的加工策略。帮助用户产生最佳的加工方案，从而提高加工效率，减少手工修整，快速产生粗、精加工路径，并且任何方案的修改和重新计算几乎在瞬间完成，大大地缩短刀具路径的计算时间。对 2.5 轴的数控加工包括刀柄、刀夹进行完整的干涉检查与排除。具有集成一体的加工实体仿真，方便用户在加工前了解整个加工过程及加工结果，节省加工时间。

Delcam 是世界领先的专业化 CAD/CAM 软件公司，其软件产品适用于具有复杂形体的产品、零件及模具的设计制造，广泛地应用于航空航天、汽车、船舶、内燃机、家用电器、轻工产品等行业，尤其对塑料模、压铸模、橡胶模、锻模、大型覆盖件冲压模、玻璃模具等的设计与制造具有明显的优势。

Delcam 也是当今全世界唯一拥有大型数控加工车间的 CAD/CAM 软件公司，所有的软件产品都在实际的生产环境中经过了严格的测试，使得其最能理解用户的问题与需求，提供从设计、制造、测试到管理的全套产品，并为客户提供符合实际的集成化解决方案。

1.3.2 PowerMILL 软件的优势及特点

PowerMILL 是一种专业的数控加工编程软件。

① 采用全新的中文 Windows 用户界面，提供完善的加工策略，帮助用户产生最佳的加工方案，从而提高加工效率，减少手工修整，快速产生粗、精加工路径。

② 任何方案的修改和重新计算几乎在瞬间完成，缩短 85%的刀具路径计算时间。

③ 2.5 轴的数控加工包括刀柄、刀夹进行完整的干涉检查与排除。

④ 具有集成一体的加工实体仿真，方便用户在加工前了解整个加工过程及加工结果，节省加工时间。

⑤ PowerMILL 可直接输入其他三维 CAD 软件，如 Pro/E、UG、CATIA、SolidEdge、CAXA、Cimatorn、SolidWorks 等的数据格式文件而不需进行任何数据转换的处理，避免了在数据转换过程中的数据丢失或数据变形。

⑥ PowerMILL 系统操作过程完全符合数控加工的工程概念，实体模型全自动处理，实现了粗、精、清根加工编程的自动化，CAM 操作人员只需具备加工工艺知识，接受短期的专业技术培训，就能对复杂模具进行数控编程。

⑦ PowerMILL 实现了 CAM 系统与 CAD 分离，并在网络下实现系统集成，更符合生产过程的自然要求。

PowerMILL 的独特性能如下。

（1）变余量加工技术

PowerMILL 系统具备实现变余量加工的能力，可以分别为加工工件设置轴向余量和径向余量。该功能对所有刀具类型均有效，可以用在三轴加工和五轴加工中。变余量加工尤其适合于具有垂直角的工件；另外，在航空工业中，加工平底型腔这种类型的部件时，通常希望使用粗加工策略加工出型腔底部，而留下垂直的薄壁供后续工序加工，PowerMILL 系统除了可以设置轴向余量和径向余量外，还可以对单独曲面或一组曲面应用不同的余量。

（2）赛车线加工技术

PowerMILL 系统包含多个全新的高效粗加工策略，这些策略充分利用了最新的刀具设计技术，从而实现侧刃切削或深度切削。其中最独特的技术是 Delcam 公司拥有专利权的赛车线加工策略。在此策略中，随着刀具路径切离主形体，粗加工刀具路径将变得越来越平滑，这样可以避免刀具路径突然转向，从而降低机床负荷，减少刀具磨损，实现高速切削。

（3）摆线加工技术

摆线粗加工是 PowerMILL 系统推出的另一种全新的粗加工方式，这种方式以圆形移动的方式沿指定路径运动，逐渐切除毛坯中的材料，从而可以避免刀具的全刀宽切削或称全刃切削。

（4）进给量优化功能

PowerMILL 系统使用 PS-OptiFEED 模块来优化刀具路径进给率，从而得到高效和稳定的材料切削率。使用 PS-OptiFEED 模块可以节省多达 50%的加工时间，提高生产效率。同时，PS-OptiFEED 模块还可以降低刀具和机床的磨损，改善加工表面质量，降低机床操作人员的劳动强度。

1.4 PowerMILL2012 软件的工作界面

点击 PowerMILL 图标，打开 PowerMILL 软件，进入工作界面，如图 1-3 所示。

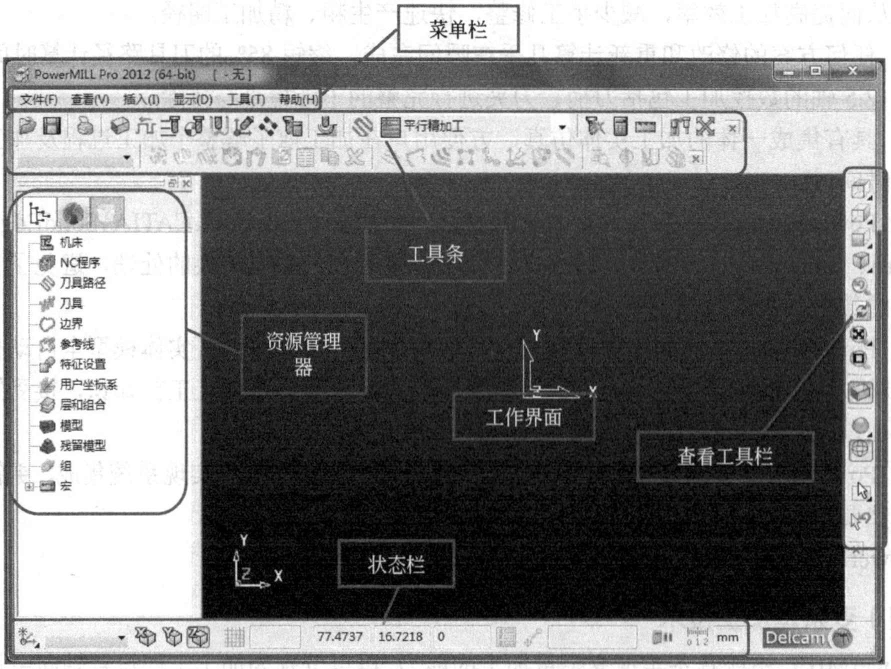

图 1-3 PowerMILL 工作界面

（1）菜单栏

它是本软件所有命令的入口，其每个主菜单都会下拉出多个子菜单，有些子菜单又会镶嵌下一级的子菜单，在这里边可以找到所有操作的指令或工具条；如：毛坯的显示与隐藏、主工具栏的调入与关闭等。

（2）工具条

工具条包含多个子工具栏，如主工具栏、查看工具栏、ViewMill、机床和仿真工具栏等，每个工具栏的含义及介绍如下所述。

① 主工具栏：

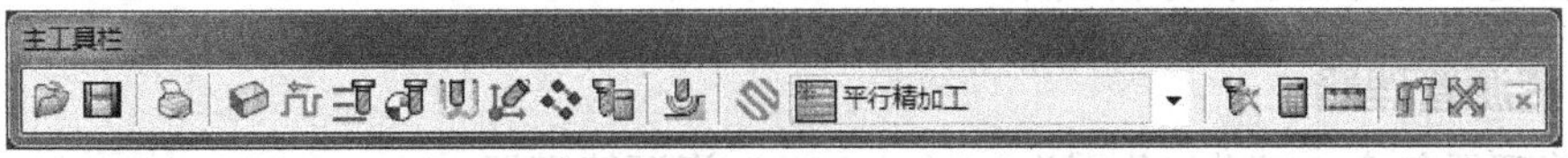

是一些常用命令的放置，在这里可以快速访问 PowerMILL 软件中一些常用命令，如：毛坯的创建、安全高度的设置等，也是最基础命令栏的集合。

② 刀具工具栏：

是编辑刀具的工具栏，在这里可以定义、编辑刀具，也可以修改、删除刀具。

③ 参考线工具栏：

是编辑参考线的工具栏，在这里可以定义、编辑参考线，也可以修改、删除参考线。

④ 边界工具栏：

是编辑边界的工具栏，在这里可以定义、编辑边界，也可以修改、删除边界。

⑤ 刀具路径工具栏：

是调控刀具路径各种编辑的功能，在这里可以定义刀具路径的裁剪、复制、删除以及移动开始点、显示刀具路径点等。

⑥ 仿真工具栏：

是刀具路径模拟仿真时的控制与调节，可以选择刀具路径，通过运行控制按钮对刀具路径的运行进行调控，还可通过速度调节按钮对模拟仿真时的运用速度进行调控。

⑦ ViewMill 工具栏：

是刀具路径实体仿真时的一些调控，通过不同阴影显示的选择来呈现不同的加工效果，来达到刀具路径模拟仿真时的准确分析。

⑧ 查看工具栏：

是对模型通过不同角度的摆放显示，来对模型进行观察和分析；还可通过放大、不同阴影的显示来展现不同的观察和分析结果。

（3）资源管理器

资源管理器包含 3 部分，分别为：PowerMILL 资源管理器、PowerMILL（HTML）浏览器、回收站。如图 1-4 所示。

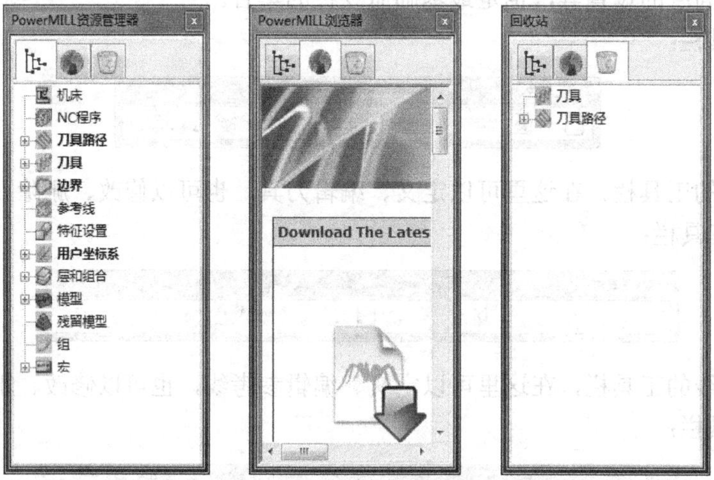

图 1-4 资源管理器

① PowerMILL 资源管理器：用于控制 NC 程序、刀具路径、刀具、边界、用户坐标系、模型等元素的管理和编辑，是 PowerMILL 数控加工的主要操作窗口。

② PowerMILL(HTML)浏览器：可以进行网络访问和查看新功能说明。

③ 回收站：和电脑中回收站的功能是一样的，回收在资源管理器上删除的刀具路径、边界、参考线等，也可将错删的数据恢复。

1.5 PowerMILL 基本操作

1.5.1 屏幕显示与工具条的调入

（1）屏幕显示

在菜单栏中选择【工具】按钮，此时会出现一个下拉菜单，选中下拉菜单中的【自定义颜色】会出现一个对话框，对话框如图 1-5 所示。

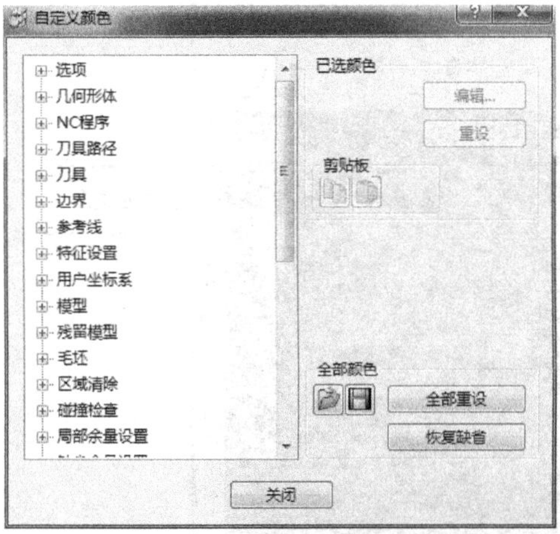

图 1-5 【自定义颜色】对话框

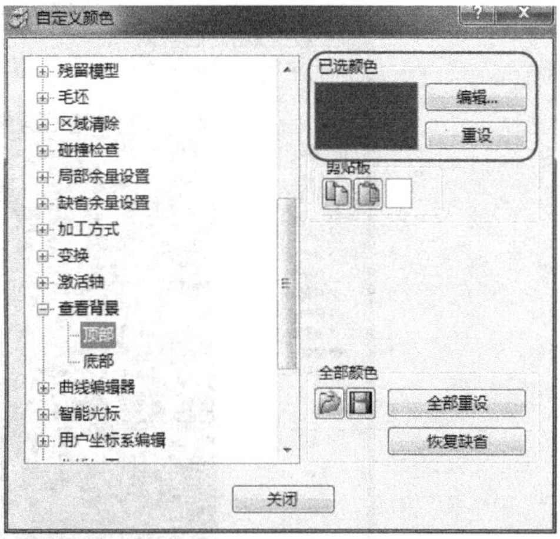

图 1-6 【自定义颜色】对话框

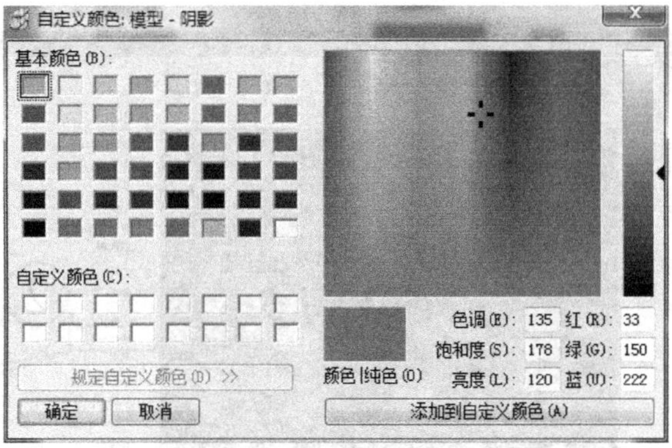

图 1-7　色彩对话框

在这个对话框中，每一个选项都会有其对应的子菜单，选中需要修改的选项，对话框右边的区域中会出现该选项的所有信息，然后根据所需修改相对应的参数。如图 1-6 所示：选择【查看背景】→【顶部】，选择框选区域内的【编辑】，此时会弹出色彩对话框，如图 1-7 所示。

然后选择所需色彩，单击【确定】即可。

读者可以用同样的办法设置“底部”的色彩，这里就不一一赘述了。

提示：如果想恢复软件默认的背景颜色，同样在【自定义颜色】中找到【查看背景】选项，选择【恢复缺省】或【全部重设】选项即可。

（2）工具条的调入

PowerMILL 软件默认的工作界面中并未显示所有的操作工具条，当在使用过程中需要某个工具条或想关闭某个工具条时，可以在软件界面，菜单栏区域的空白部分单击鼠标左键，在弹出的下拉菜单中选择所需的工具条即可。例如：ViewMill 工具条的调入，如图 1-8～图 1-10 操作所示。

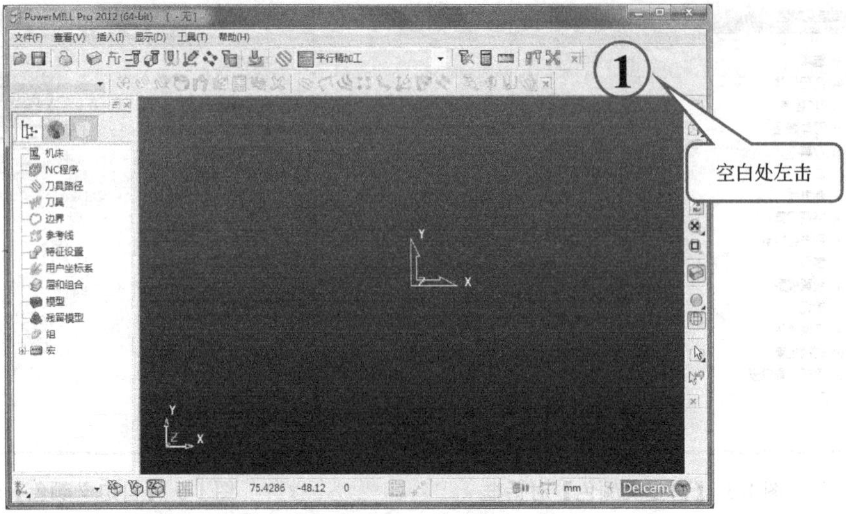

图 1-8　调入工具条步骤（1）

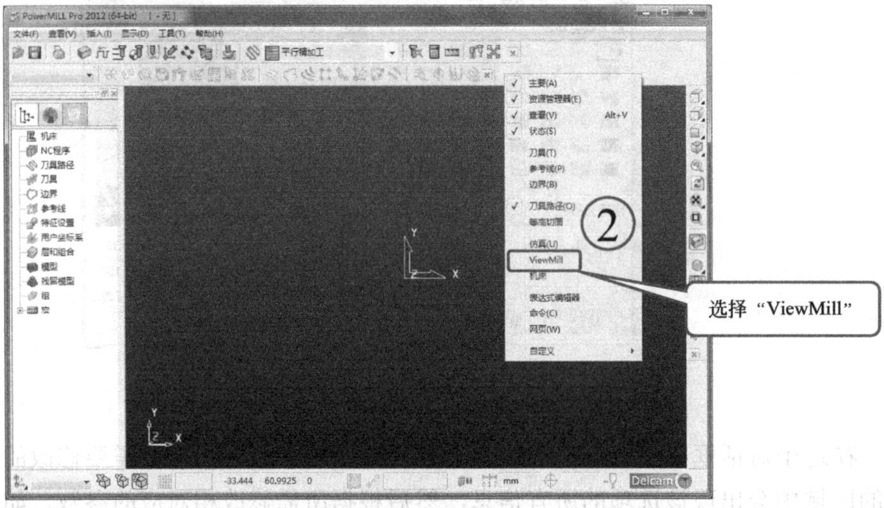

图 1-9　调入工具条步骤（2）

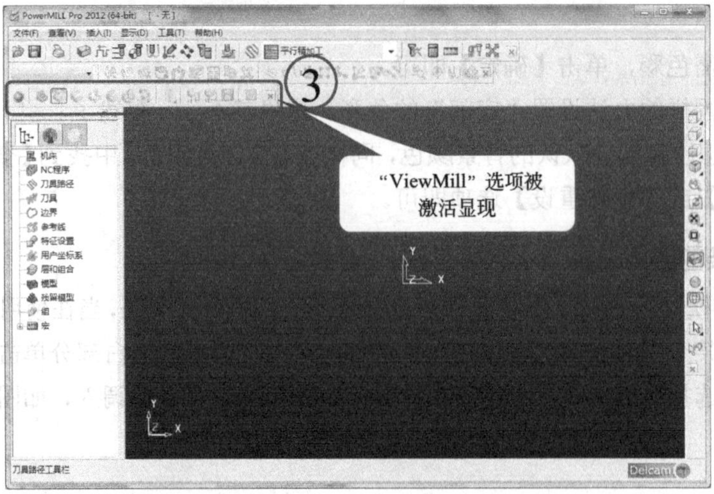

图 1-10　调入工具条步骤（3）

1.5.2　鼠标键盘的操作与应用

PowerMILL 软件中鼠标与键盘的使用，如表 1-3 所示。

名称	操作	功能
左键	单击	选取模型（包括点、线、面）、毛坯、刀具、刀具路径等
中键	按住中键不放，并移动鼠标	旋转模型
	滚动中键	缩放模型
	Shift+中键	移动模型
	Ctrl+Shift+中键	局部放大模型
右键	在绘图区域中单击鼠标右键	弹出右键菜单
	选中特征并单击鼠标右键	弹出相应的操作命令

1.6　PowerMILL2012 文件的操作与管理

1.6.1　输入模型和输出模型

（1）输入模型

在菜单栏中找到【文件】单击，在出现的下拉菜单中选择【输入模型】，出现【输入模型】的对话框如图 1-11～图 1-13 所示，在【查找范围】中选择模型存放的位置，然后选中文件，单击【打开】即可。输入模型如图 1-14 所示。

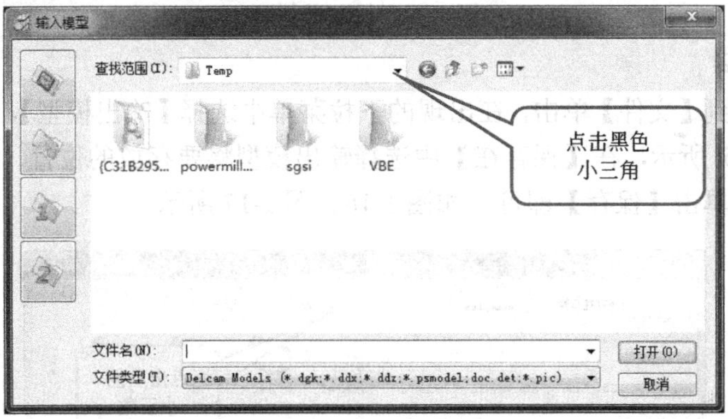

图 1-11　输入模型（1）

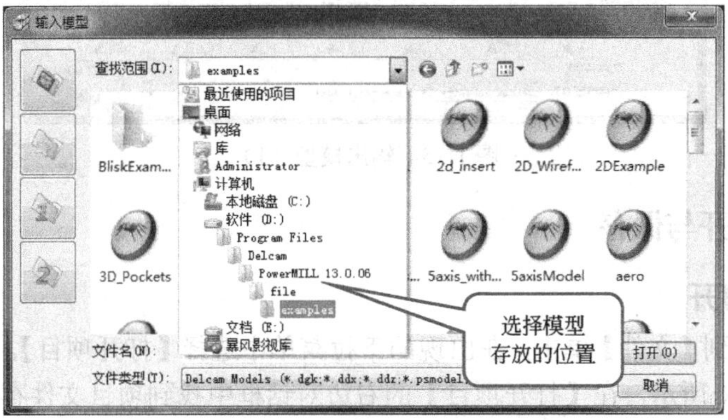

图 1-12　输入模型（2）

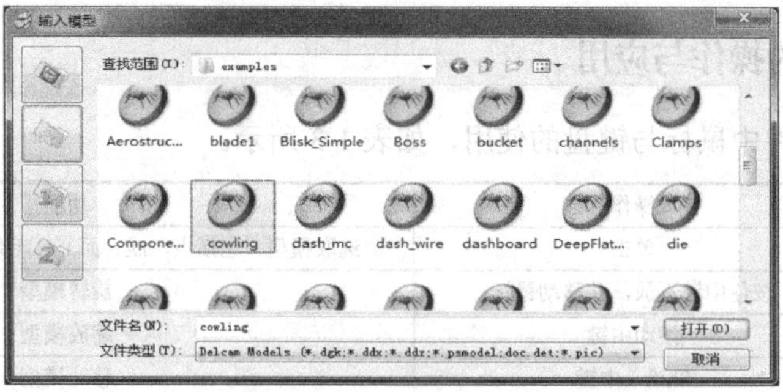

图 1-13 输入模型（3）

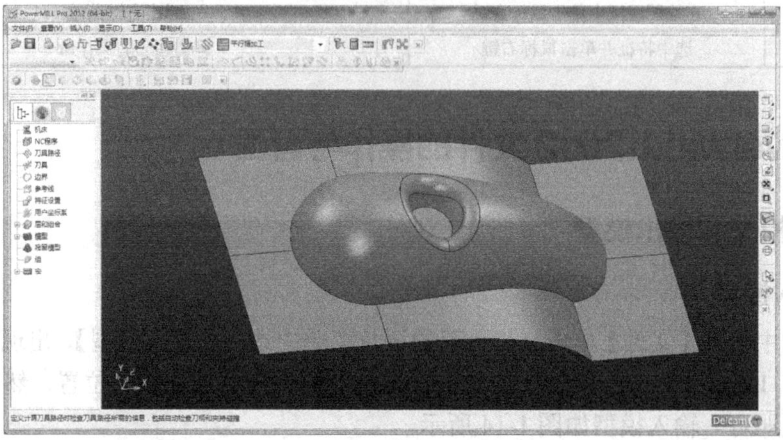

图 1-14 输入的模型

（2）输出模型

在菜单栏中找到【文件】单击，在出现的下拉菜单中选择【输出模型】，出现【输出模型】的对话框如图 1-15 所示，在【保存在】中选择输出模型将要存放的位置，然后选中存放的位置，输入文件名，单击【保存】即可。如图 1-16、图 1-17 所示。

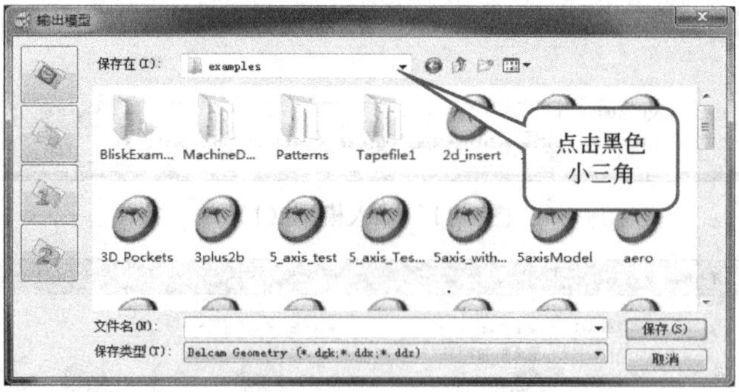

图 1-15 输出模型（1）

1.6.2 项目的打开与保存

（1）项目的打开

在菜单栏中找到【文件】单击，在出现的下拉菜单中选择【打开项目】，出现【打开项目】的对话框如图 1-18 所示，在【打开项目】的右边对话框中找到项目文件存放的位置，选中项目，单击【确定】即可。如图 1-19、图 1-20 所示。

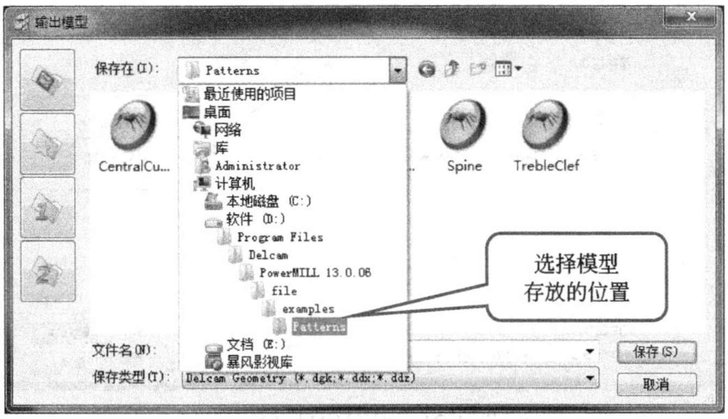

图 1-16　输出模型（2）

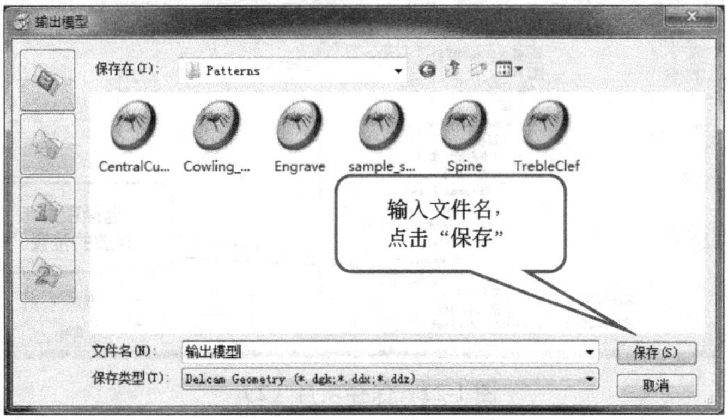

图 1-17　输出模型（3）

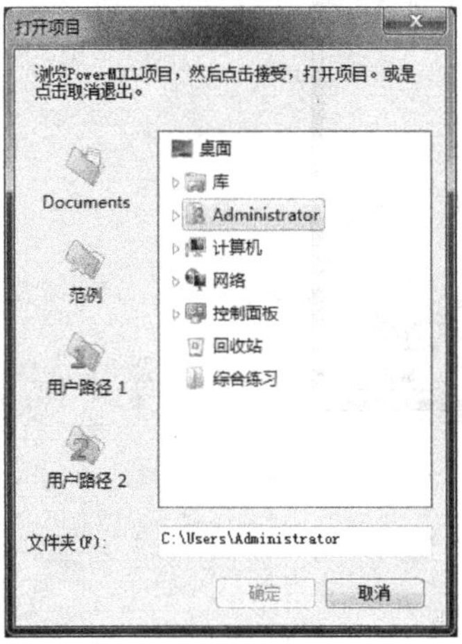

图 1-18　打开项目（1）

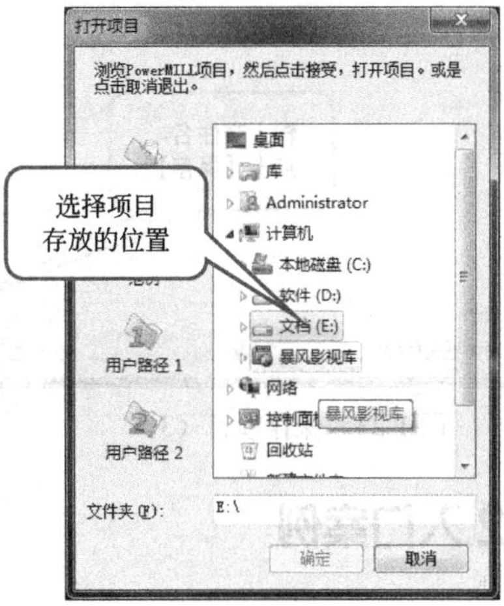

图 1-19　打开项目（2）

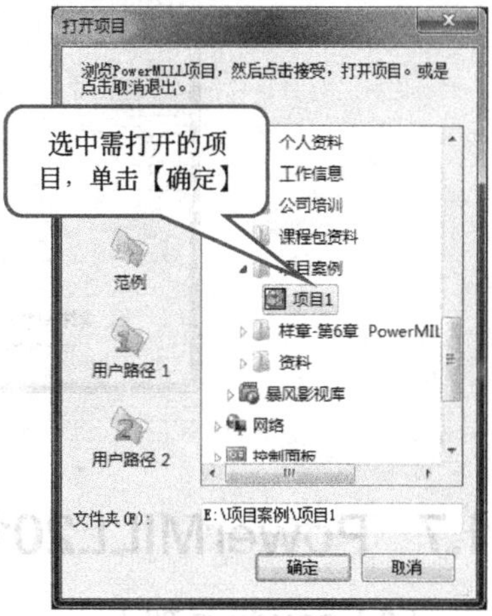

图 1-20　打开项目（3）

（2）项目的保存

在菜单栏中找到【文件】单击，在出现的下拉菜单中选择【保存项目为】，出现【保存项目为】的对话框如图 1-21 所示，在【保存在】中选择输出模型将要存放的位置，然后选中存放的位置，输入文件名，单击“保存”即可。如图 1-22、图 1-23 所示。

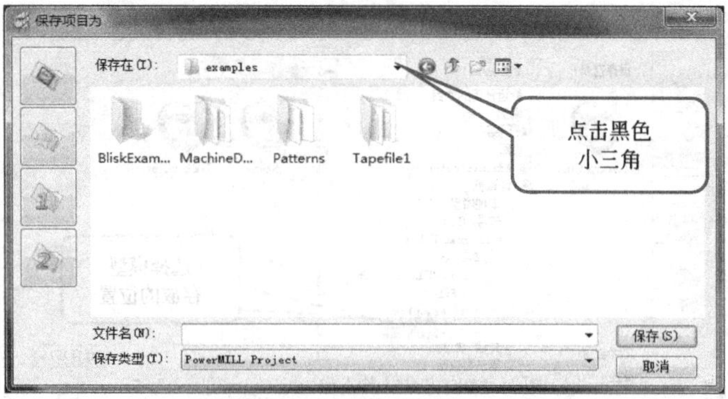

图 1-21　保存项目（1）

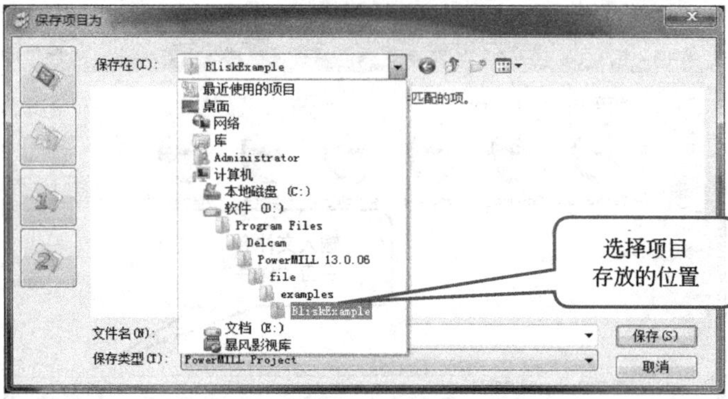

图 1-22　保存项目（2）

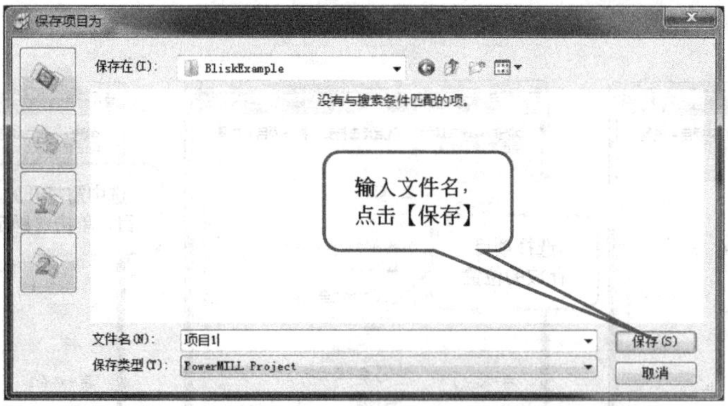

图 1-23　保存项目（3）

1.7　PowerMILL2012 入门案例

（1）cowling 加工

1）模型输入

复制下载文件（扫描封面二维码下载本书素材文件及视频）到本地磁盘，选择放置的磁盘，创建文件夹并命名为“下载文件”按以下操作输入模型：

① 点击桌面上的“PowerMILL2012 软件”图标，进入软件工作界面；

② 选择菜单栏中的【文件】按钮 文件(F)，在弹出的下拉菜单中选择【输入模型】，在弹出的对话框中，选择下载文件“源文件\ch01\cowling”点击【打开】即可，如图 1-24 所示操作。

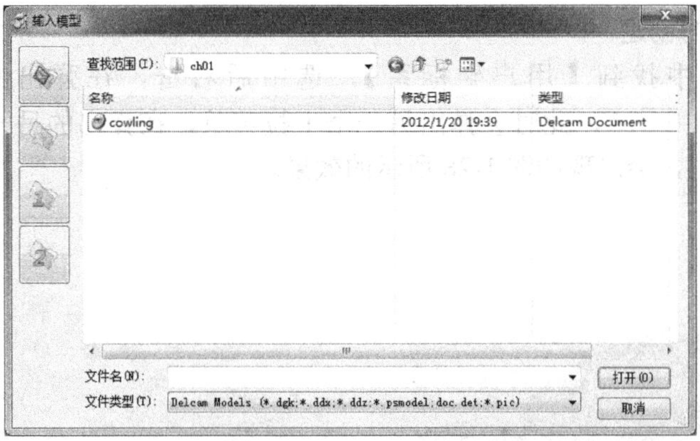

图 1-24　输入加工模型

打开后模型如图 1-25 所示。

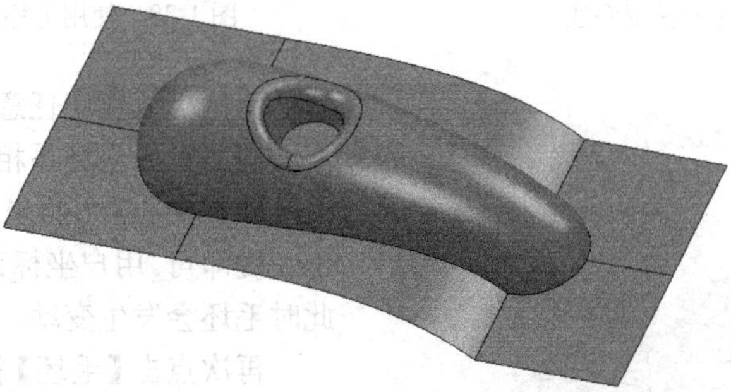

图 1-25　输入的模型

2）毛坯的创建

选择【主工具栏】中的【毛坯】按钮，在弹出的对话框如图 1-26 所示，直接点击【计算】、【接受】即可，效果如图 1-27 所示。

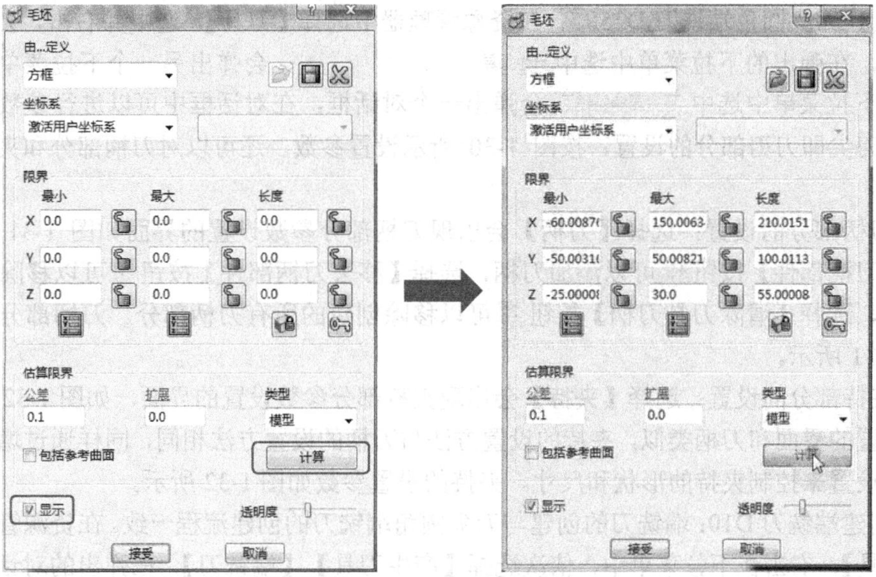

图 1-26　创建毛坯

3）用户坐标系的创建

在资源管理器中找到【用户坐标系】，选中后右击，在弹出的下拉菜单中选中 产生并定向用户坐标系 ，此时会弹出另一个下拉菜单，在弹出的另一个下拉菜单中选择 使用毛坯定位用户坐标系 ，会出现如图 1-28 所示的效果。

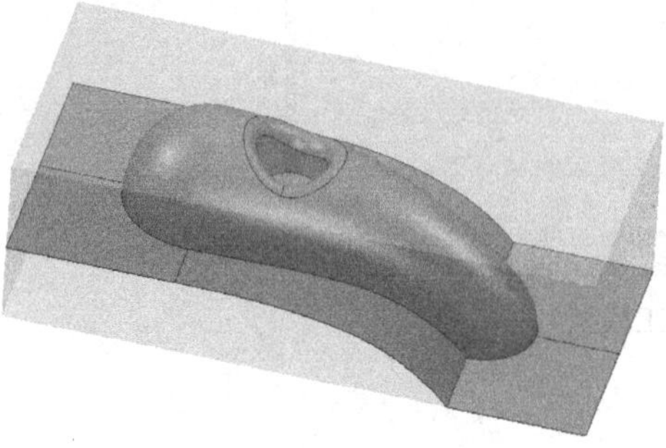

图 1-27　创建的模型毛坯

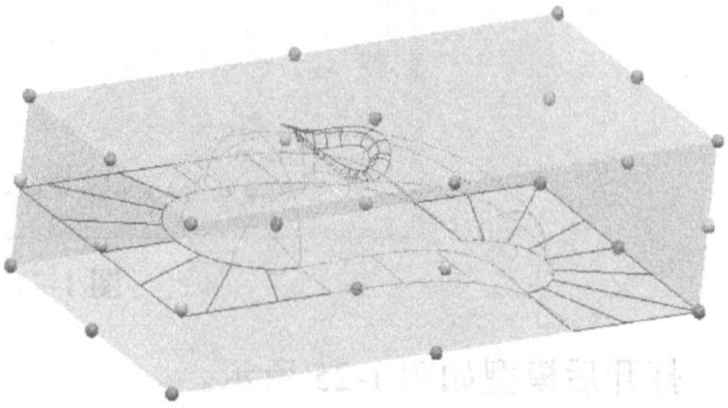

图 1-28　使用毛坯定位用户坐标系

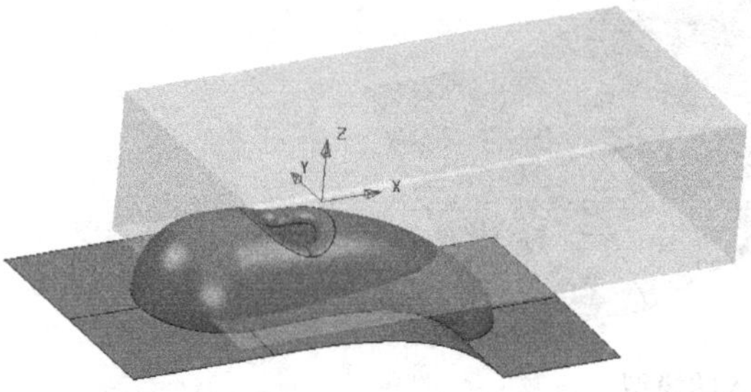

图 1-29　激活坐标系后毛坯的变化

将鼠标放置在任意一个点上，都会出现一个方向与世界坐标系相同轴向的坐标系，选择毛坯顶部中心点，将坐标系放置在该点上，单击左键即可。用户坐标系创建完成后将其激活，此时毛坯会发生变动，结果如图 1-29 所示。

再次点击【毛坯】按钮，选择【计算】、【接受】即可。

提示：激活一坐标系时，毛坯会随激活的坐标系而发生改变，毛坯会以当前激活坐标为基准，原先计算的参数为依据的毛坯发生移动，若要使毛坯位置正确，重新计算即可。

4）刀具的创建

① 创建刀尖圆角端铣刀 D25R5：在资源管理器中选择【刀具】，选中并右击，会弹出一个下拉菜单，在弹出的下拉菜单中选中 产生刀具 ，会弹出另一个下拉菜单，在弹出的另一个下拉菜单中选中 刀尖圆角端铣刀 会弹出一个对话框，在对话框中可以进行参数的设置，默认的是刀尖即刀刃部分的设置，按图 1-30 所示设置参数。还可以对刀柄部分和夹持部分进行设置。

a．刀柄部分的设置：选择【刀柄】会出现刀柄部分参数设置的界面如图 1-31 所示，点击【增加刀柄部件】按钮可以添加刀柄，选择【移去刀柄部件】按钮可以移除被选中的刀柄部分，选择【清除刀具刀柄】按钮可以移除创建的所有刀柄部分。刀柄部分的创建参数如图 1-31 所示。

b．夹持部分的设置：选择【夹持】会出现夹持部分参数设置的界面，如图 1-32 所示。夹持参数设置的界面和刀柄类似，夹持的设置方法与刀柄的设置方法相同，同样通过增减夹持部件和参数设置来控制夹持的形状和尺寸。夹持的设置参数如图 1-32 所示。

② 创建端铣刀 D10：端铣刀的创建与刀尖圆角端铣刀的创建流程一致。在资源管理器中，选择【刀具】，右击在下拉菜单中，依次选择【产生刀具】、【端铣刀】，在弹出的对话框中，进行参数的修改和设置，设置参数如图 1-33～图 1-35 所示。

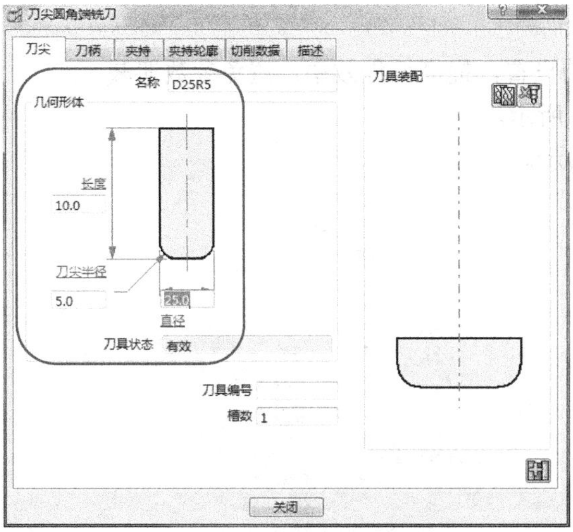

图 1-30　刀具【刀尖】对话框

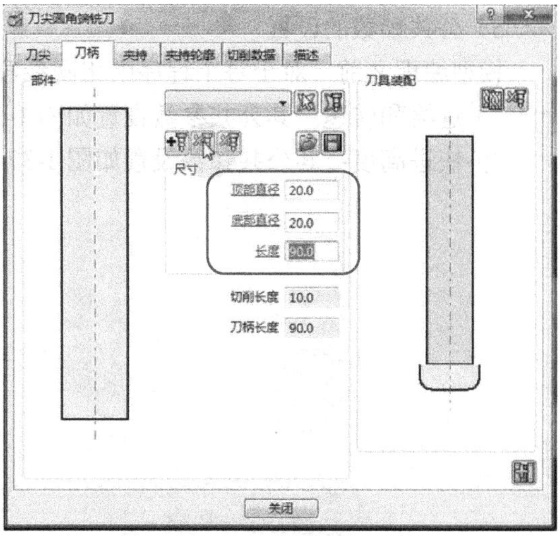

图 1-31　刀具【刀柄】对话框

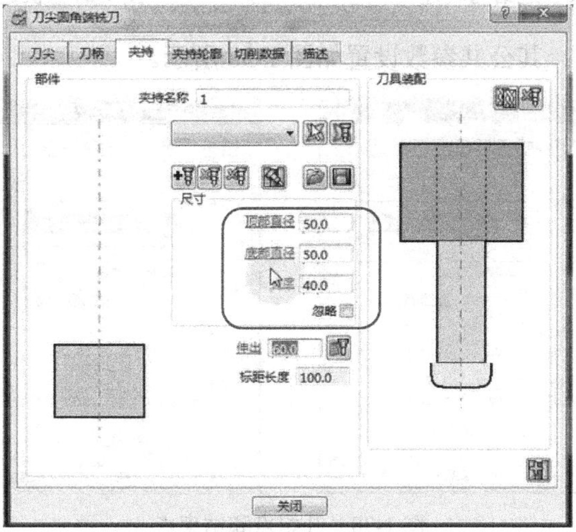

图 1-32　刀具【夹持】对话框

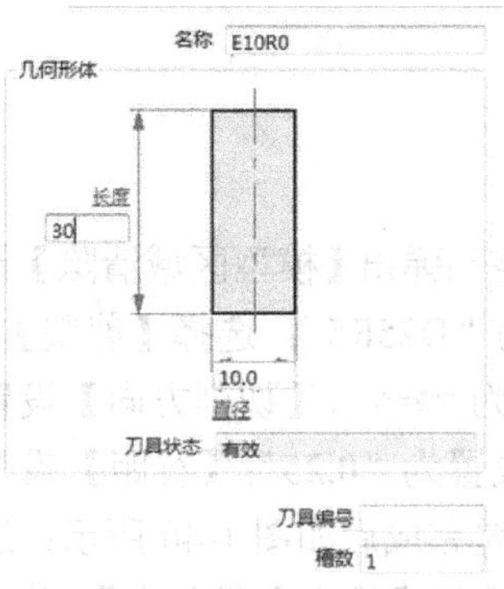

图 1-33　D10 刀尖部分

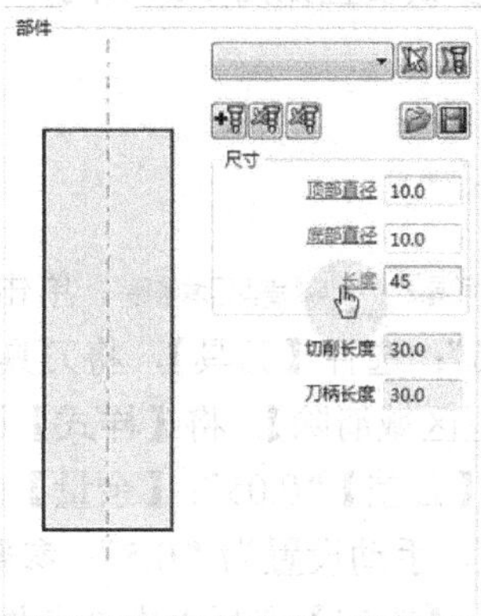

图 1-34　D10 刀柄部分

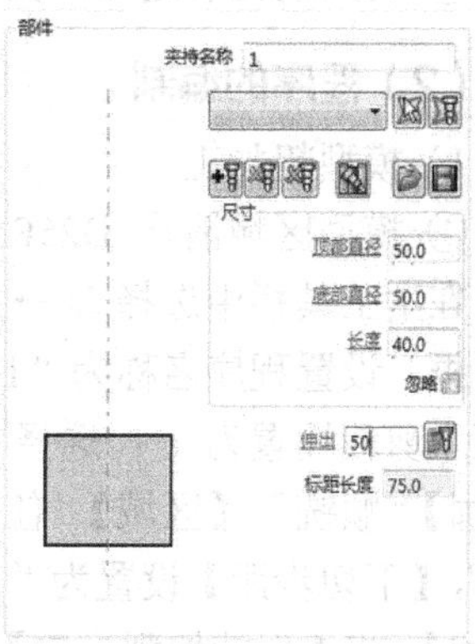

图 1-35　D10 夹持部分

提示：其他刀具的创建与上述步骤类似，刀具参数的设置读者可依据自己所在工厂的数据为准，本书数据只供参考。

5）公共参数的设置

模型编程之前，对于每个程序中相同参数的设置，提高编程效率，避免参数遗漏。

① 进给和转速：其公共参数设置如图 1-36 所示。

② 快进高度：其公共参数设置如图 1-37 所示。

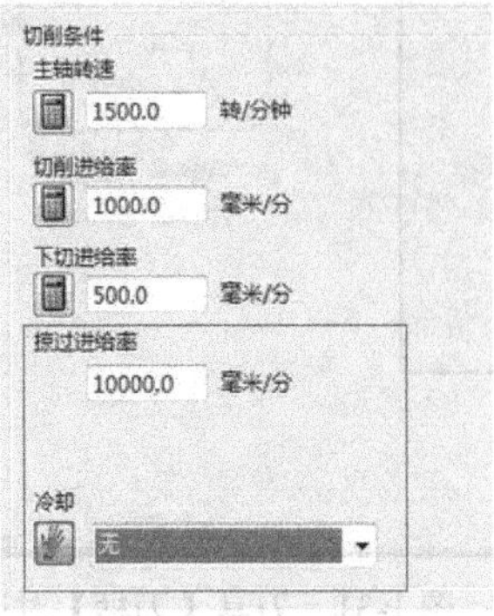

图 1-36 进给与转速

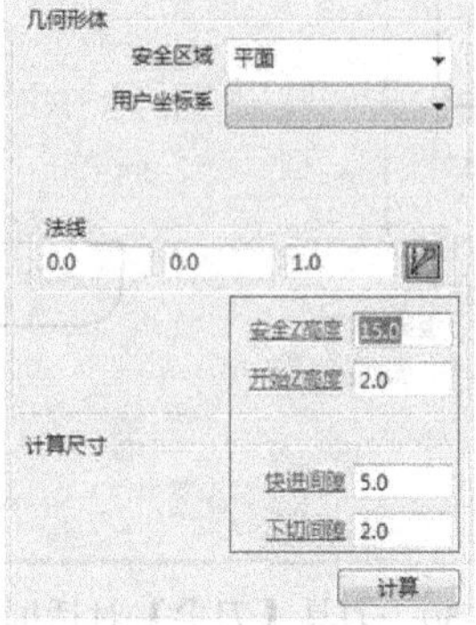

图 1-37 快进高度

③ 开始点和结束点：其公共参数设置如图 1-38 所示。

图 1-38 开始点和结束点

④ 切入切出和连接：其公共参数设置如图 1-39 所示。

（2）程序的编制

1）模型粗加工

① 模型区域清除 D25R5。

在主工具栏中选择 → 三维区域清除 → 模型区域清除，单击 接受 弹出【模型区域清除】策略对话框，设置程序名称为“1-25R5”；选择【刀具】，将刀具选为“D25R5”；选择【剪裁】，将毛坯中剪裁设置为 ；选择【模型区域清除】，将【样式】设置为 偏置全部，【切削方向】设置为【轮廓】“顺铣”，【区域】“任意”；【公差】“0.05”；【余量】 设置为“0.25”；【行距】设置为“13”，【下切步距】设置为“自动”，手动设置为“0.5”；参数设置完成后如图 1-40 所示；选择【偏置】，将【保持切削方向】勾掉，【方向】选择“由外向里”；选择【不安全段移去】，将【将小于分界值的段移去】勾选，将【分界值（刀具直径单位）】设置为“0.8”；选择【高速】，将【光顺余量】勾掉，【连接】设置为“直”；选择【切入切出和连接】，单击 ，在弹出的对话框中，选择【切入】，将【第一选择】改为“斜向”，点击 斜向选项...，选择【第一选择】，

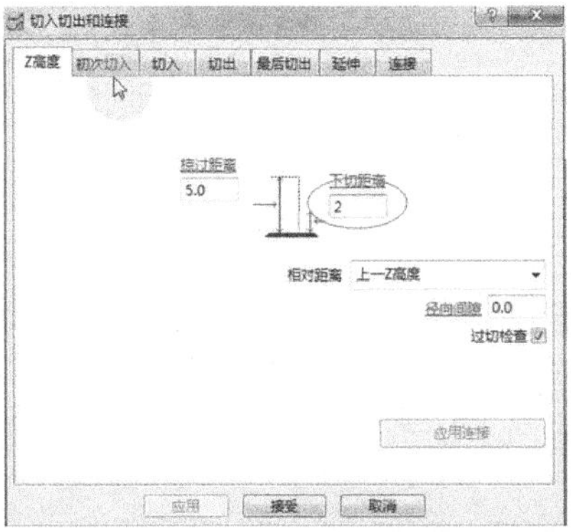

图 1-39 切入切出和连接

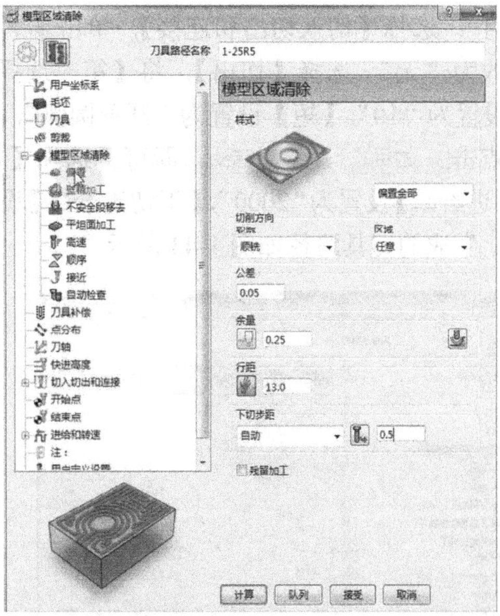

图 1-40 【模型区域清除】对话框

【最大左斜角】设置为“2”，【沿着】设置为“圆形”，【圆圈直径】设置为“0.5”，【斜向高度】中的【类型】设置为“相对”，【高度】设置为“0.8”，然后点击【斜向切入选项】中的 接受 ；选择【切出】，将【第一选择】设置为“水平圆弧”，【角度】设置为“45”，【半径】设置为“2”；选择【连接】，将【长/短分界值】设置为“10”，【短】设置为“曲面上”，【长】设置为“掠过”，【缺省】设置为“相对”，然后点击 应用 、 接受 即可。然后点击该策略中的 计算 、 接受 即可。生成的刀具路径如图 1-41 所示。

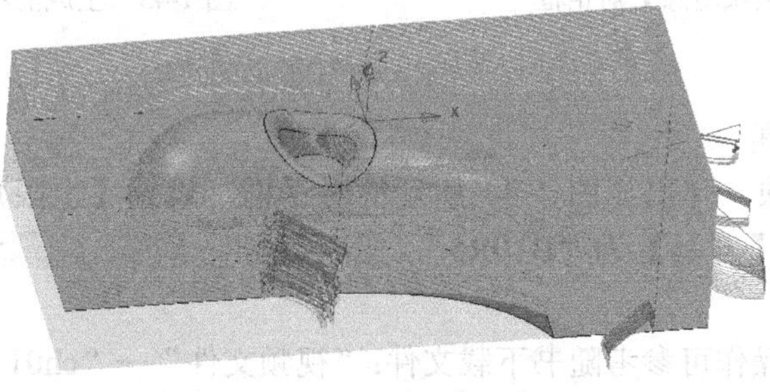

图 1-41 生成的粗加工刀具路径

② 模型残留区域清除 E10R0。

在主工具栏中选择 → 三维区域清除 → 模型残留区域清除 ，单击 接受 弹出【模型残留区域清除】策略对话框，将程序命名为“2-10R0”；选择【刀具】，将刀具选为“E10R0”；选择【剪裁】，将【边界】设置为“用户定义”，【剪裁】设置为“保留内部”，将毛坯中剪裁设置为 ；选择【模型区域清除】，将【样式】设置为 偏置全部 ，【切削方向】设置为【轮廓】“任意”，【区域】“任意”；【公差】“0.05”；【余量】 为“0.25”；【行距】设置为“5”；【下切步距】设置为“自动”， 设置为“0.3”，参数设置完成后如图 1-42 所示；选择【残留】，将【残留加工】设置为 刀具路径 ，选择 1-25R5 作为参考，设置【检测材料厚于】为“0.1”，【扩展区域】为“1”；选择【偏置】，将【保持切削方向】勾掉；选择【高速】，将【光顺余量】勾掉，【连接】设置为“直”；选择【切入切出和连接】，单击，在弹出的对话框中，选择【切入】，将【第一选择】改为“无”，选择【切出】，将【第一选择】设置为“无”，选择【连接】，将【长/短分界值】设置为“10”，【短】设置为“圆形圆弧”，【长】设置为“掠过”，【缺省】设置为“相对”，然后点击 应用 、 接受 即可。选择【进给和转速】，将【主轴转速】设置为“1800”，【切削进给率】设置为“2000”，【下切进给率】设置为“200”；然后点击该策略中的 计算 、 接受 即可。生成的刀具路径如图 1-43 所示。

图 1-42 【模型残留区域清除】对话框

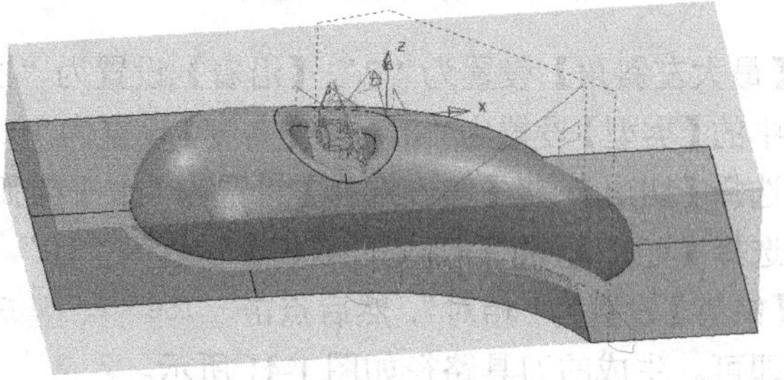

图 1-43 生成的粗加工刀具路径

2）模型精加工

① 浅滩边界的创建。

选择【浅滩】选项，弹出如图 1-44 所示的对话框，设置【上限角】为“89.9”，【下限角】为“0.02”，选择【刀具】为“B10R5”，然后点击 应用 、 接受 即可，产生的边界如图 1-44 所示。

【边界编辑】具体操作可参考随书下载文件：“视频文件”→“ch01” →“cowling”，最终边界如图 1-45 所示。

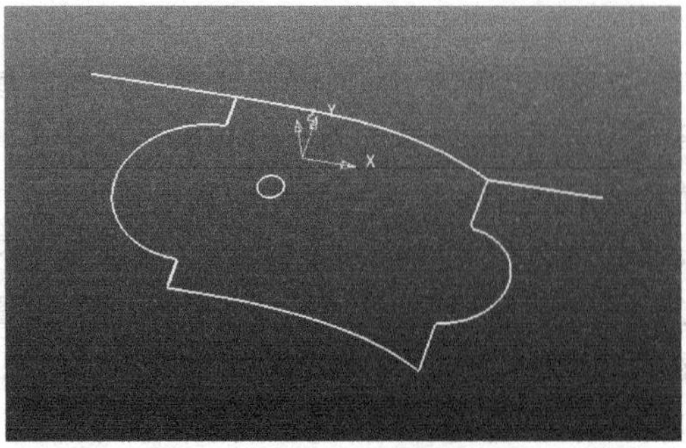

图 1-44 产生的边界

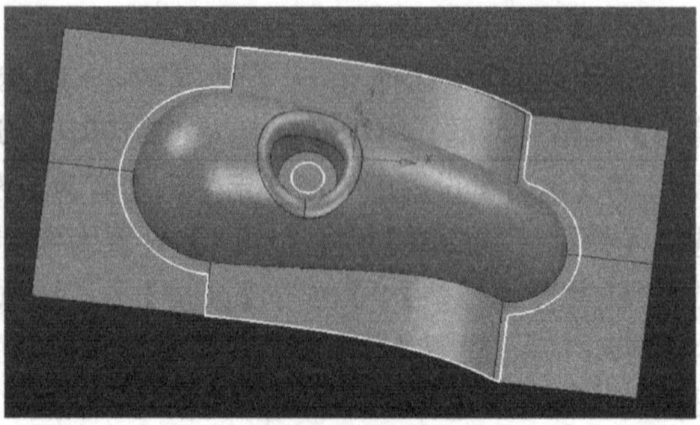

图 1-45 编辑后的边界

② 陡峭和浅滩精加工 B10R5。

在主工具栏中选择 → 精加工 → 陡峭和浅滩精加工，单击 接受 弹出【偏置平坦面精加工】策略对话框，选择【刀具】，将刀具选为“B10R5”；选择【剪裁】，将【边界】设置为“1”，【裁剪】设置为“保留内部”，将【剪裁】设置为 ；选择【陡峭和浅滩精加工】，将【类型】设置为“三维偏置”；【顺序】设置为“陡峭在先”；【额外毛坯】设置为“0.5”；【分界角】设置为“45”，【陡峭浅滩重叠】设置为“0.3”；【公差】“0.02”；【余量】 为“0”， 为“0”；【行距】 设置为“0.3”；参数设置完成后如图 1-46 所示；选择【切入切出和连接】，单击 ，选择【切入】，将【第一选择】改为“无”，选择【切出】，将【第一选择】设置为“无”；选择【连接】，将【长/短分界值】设置为“10”，【短】设置为“圆形圆弧”，【长】设置为【略过】，【缺省】设置为“相对”，然后点击 应用 、 接受 即可。选择【进给和转速】，将【主轴转速】设置为“2500”，【切削进给率】设置为“2500”，【下切进给率】设置为“250”，然后点击该策略中的 计算 、 接受 即可。如图 1-47 所示。

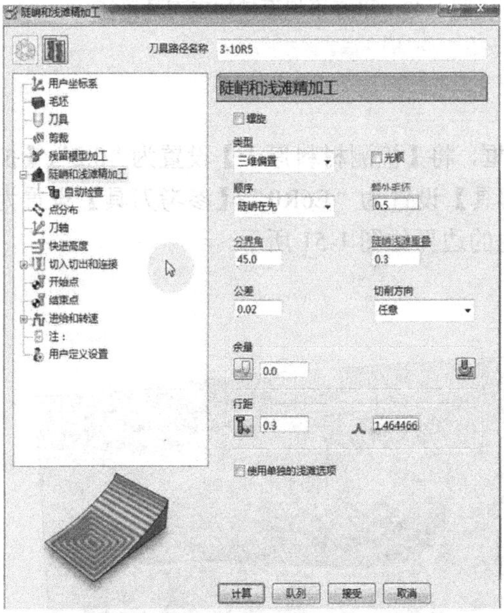

图 1-46 【陡峭和浅滩精加工】对话框

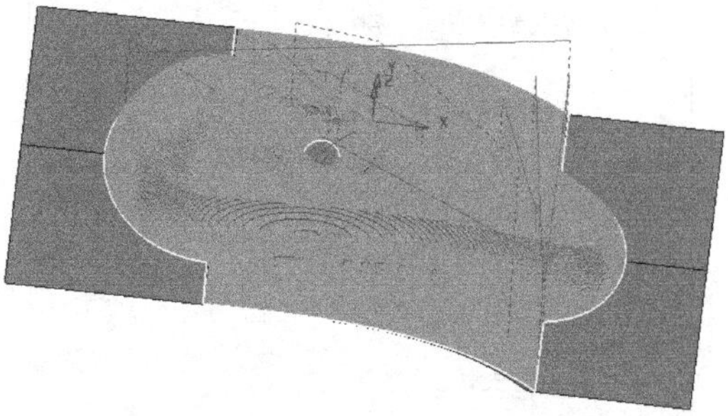

图 1-47　陡峭和浅滩精加工刀具路径

③ 平行平坦面精加工 E6R0。

在主工具栏中选择 → 精加工 → 平行平坦面精加工，单击 接受 弹出【平行平坦面精加工】策略对话框，将编程命名为“4-6R0”；选择【刀具】，将刀具选为“E6R0”；选择【平行平坦面精加工】，将【残留加工】勾掉，【公差】“0.02”；【余量】 设置为“0.2”， 为“0”；【行距】 设置为“3”，参数设置完成后如图 1-48 所示。选择【高速】，将【轮廓光顺】勾选；选择【切入切出和连接】，单击 ，在弹出的对话框中，选择【切入】，将【第一选择】改为“无”，选择【切出】，将【第一选择】设置为“无”；选择【连接】，将【长/短分界值】设置为“10”，【短】设置为“圆形圆弧”，【长】设置为“略过”，【缺省】设置为“相对”，然后点击 应用 、 接受 即可。选择【进给和转速】，将【主轴转速】设置为“2500”，【切削进给率】设置为“1200”，【下切进给率】设置为“120”；然后点击该策略中的 计算 、 接受 即可。如图 1-49 所示。

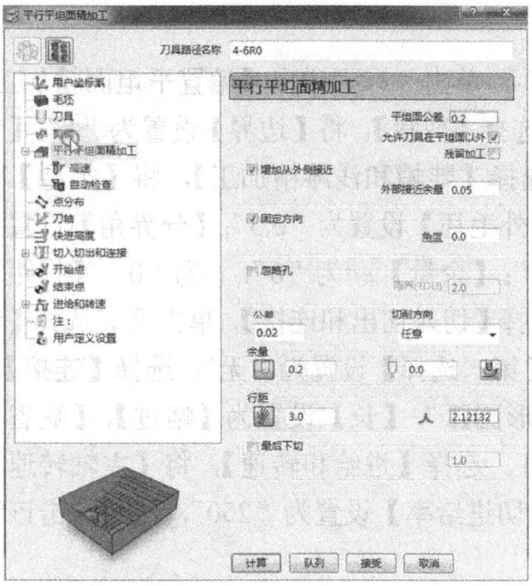

图 1-48 【平行平坦面精加工】对话框

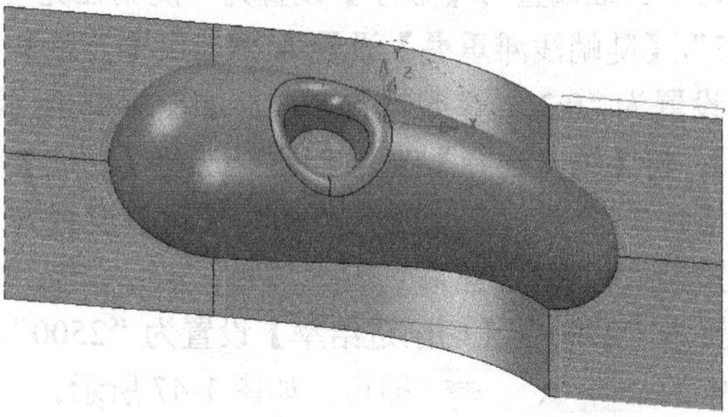

图 1-49 平行平坦面精加工刀具路径

3）模型残留加工

① 残留边界的创建。

选择【残留】选项，弹出如图 1-50 所示的对话框，将【检测材料厚于】设置为“0.2”，【扩展区域】设置为“1”，【公差】设置为“0.02”，【刀具】设置为“E6R0”，【参考刀具】设置为“B10R5”，然后点击 应用 、 接受 即可，产生的边界如图 1-51 所示。

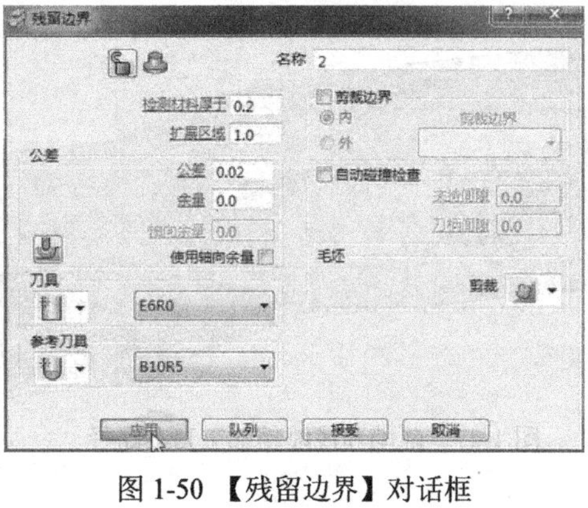

图 1-50 【残留边界】对话框

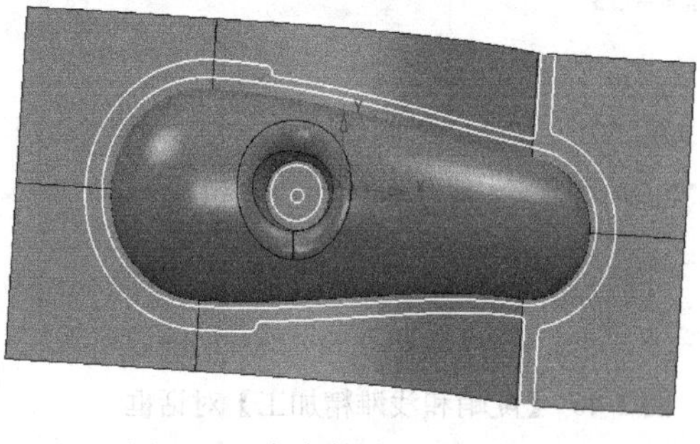

图 1-51 产生的残留边界

② 最佳等高精加工 E6R0。

在主工具栏中选择 → 精加工 → 最佳等高精加工，单击 接受 弹出【最佳等高精加工】策略对话框，将编程命名为“5-6R0”；选择【刀具】，将刀具选为“E6R0”；选择【剪裁】，将毛坯中剪裁设置为 ；选择【最佳等高精加工】，将【切削方向】设置为“任意”；【公差】“0.02”；【余量】 为“0”，【行距】设置为“0.2”，参数设置后，如图 1-52 所示；然后点击该策略中的 计算 、 接受 即可。生成的刀具路径如图 1-53 所示。

（3）已选曲面边界的创建

选中曲面，如图 1-54 所示，选择【已选曲面】选项，弹出如图 1-55 所示的对话框，将【顶部】和【浮动】勾选，【公差】设置为“0.02”，【径向余量】和【轴向余量】均设置为“0”；【刀具】设置为“E4R0”，然后点击 应用 、 接受 即可，产生的边界如图 1-56 所示。

图 1-52 【最佳等高精加工】对话框

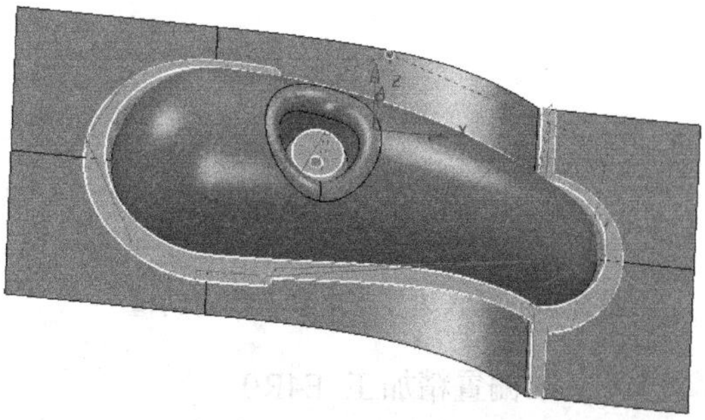

图 1-53　最佳等高精加工刀具路径

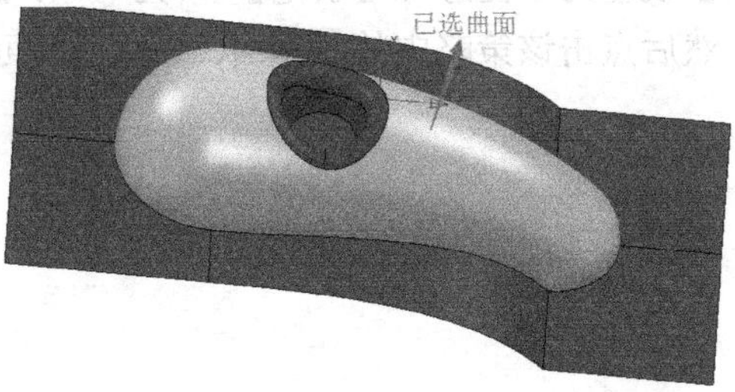

图 1-54　选取的曲面

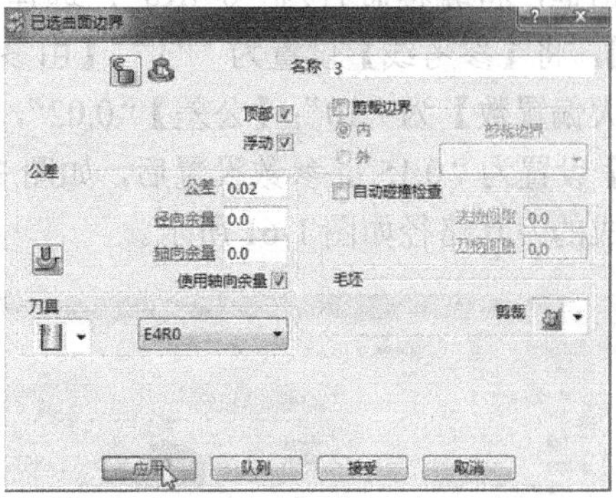

图 1-55 【已选曲面边界】对话框

【编辑边界】将多余的边界删除，最终结果如图 1-57 所示（具体操作，可参考配书光盘【视频文件】/【ch01】/cowling）。

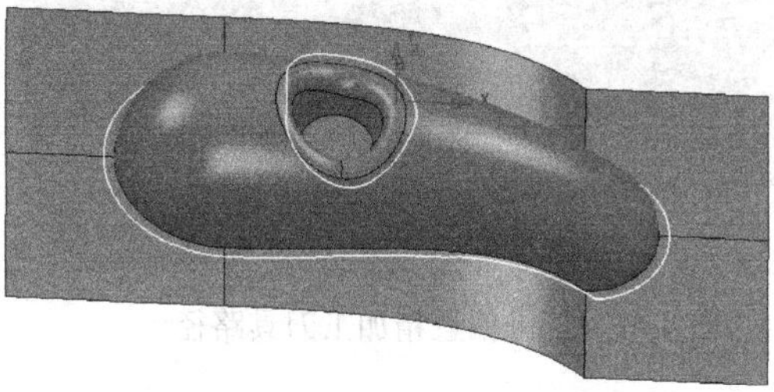

图 1-56　创建的已选曲面边界

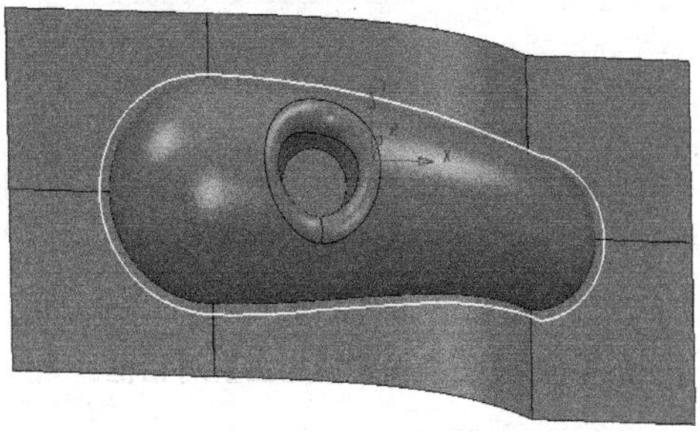

图 1-57　编辑后的已选曲面边界

1）参考线的产生

在资源管理器中找到 参考线 ，选中右击，在出现的下拉菜单中，选择产生参考线，即可产生一空的参考线，选中新建的参考线右击，在出现的下拉菜单中，选择【插入】/【边界】，即可出现如图 1-58 所示对话框，直接输入要参照的边界名称，单击 【确定】即可。

2）参考线的编辑

编辑参考线，使参考线如图 1-59 所示（具体操作可参考下载文件【视频文件】/【ch01】/cowling）。

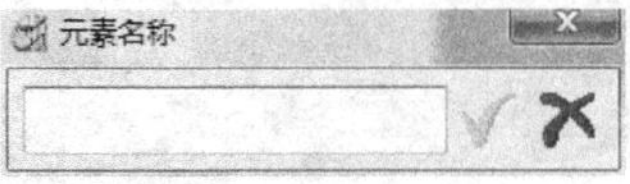

图 1-58　插入边界产生参考线对话框

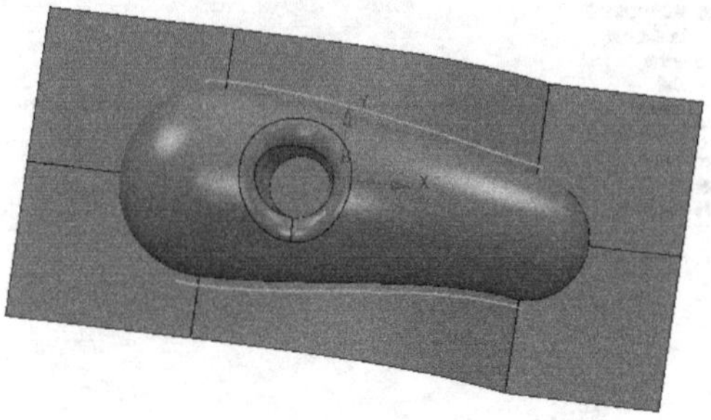

图 1-59　编辑后的参考线

3）三维偏置精加工 E4R0

在主工具栏中选择 → 精加工 → 三维偏置精加工，单击 接受 弹出【三维偏置精加工】策略对话框，将编程命名为“6-4R0”；选择【刀具】，将刀具选为“E4R0”；选择【三维偏置精加工】，将【参考线】设置为 “1”，【由参考线开始】选项勾选；【最大偏置】勾选，设置【指定最大偏置数】为“10”；【公差】“0.02”，【切削方向】设置为“任意”；【余量】 为“0”，【行距】设置为“0.15”，参数设置后，如图 1-60 所示；然后点击该策略中的 计算 、 接受 即可。生成的刀具路径如图 1-61 所示。

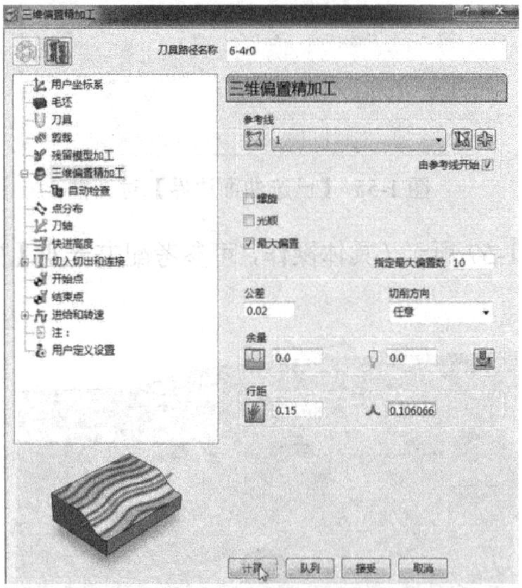

图 1-60　【三维偏置精加工】对话框

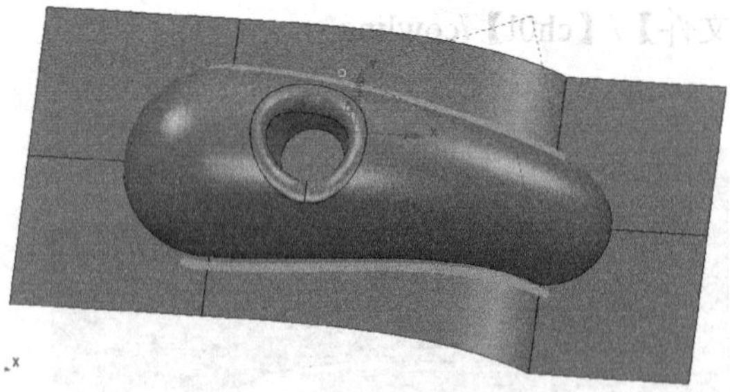

图 1-61　三维偏置精加工刀具路径

提示：读者可以在程序编制完成后，利用仿真加工模拟功能对产生的刀具路径进行模拟仿真，观察刀具路径的合理安全性；可参考视频操作。

详细操作过程，读者可参考下载文件中【视频文件】/【ch01】/cowling。

·第2讲·

PowerMILL2012编程预设置

2.1 创建加工用户坐标系

在 PowerMILL 软件中，一般输入模型之后，项目中有且只有一个世界坐标系。有时世界坐标系难以满足加工需求，不能为刀具设置或应用的加工策略提供适当的位置或方向，此时就需建立新的用户坐标系，如图 2-1 所示。

PowerMILL 软件可根据用户需求进行创建坐标系，也可对创建好的用户坐标系进行编辑（平移、旋转、复制等）操作。

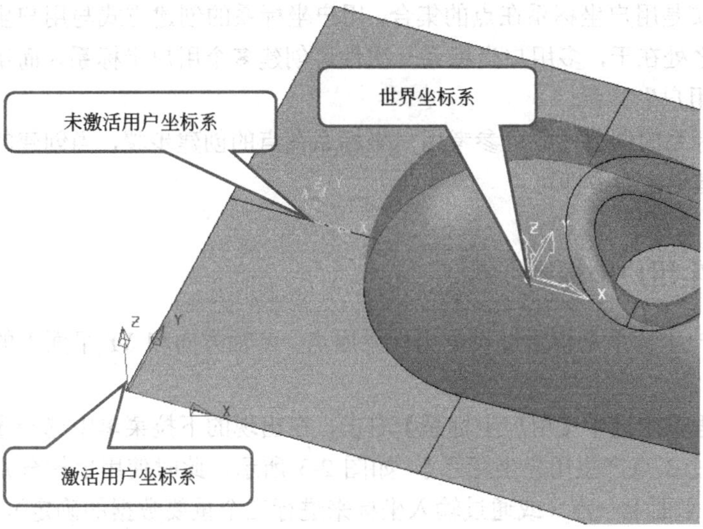

图 2-1　加工坐标系的类型

① 世界坐标系：是模型的原始坐标，在创建模型时所使用的定位模型各个结构特征的坐标系；

② 用户坐标系：是用户自行创建的，所需理想的、不需物理移动部件模型而产生适合的加工原点和对齐定位的坐标系。

2.1.1 用户坐标系在点

用户坐标系在点是指通过继承当前激活坐标系的矢量方向，指定坐标系原点的位置，而定义的用户坐标系；

操作：在资源管理器中找到【用户坐标系】选中右击，在出现的下拉菜单中选择【产生并定向用户坐标系】→【用户坐标系在点】，此时使用鼠标选择坐标系原点的位置，选中后点击鼠标即可。如图2-2所示。

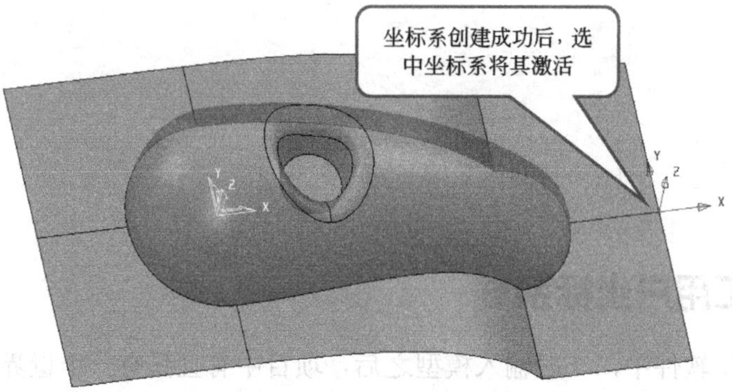

图2-2 用户坐标系在点

2.1.2 多用户坐标系

多用户坐标系其实是用户坐标系在点的集合，用户坐标系的创建方式与用户坐标系在点的创建方式相同，不同之处在于，多用户坐标系一次性可创建多个用户坐标系，而用户坐标系在点一次只能创建一个用户坐标系。

操作：多用户坐标系的创建过程可参考用户坐标系在点的创建步骤，当创建的坐标系完成后，直接按【ESC】键退出命令即可。

2.1.3 通过3点产生用户坐标系

通过3点产生用户坐标系是指通过设定坐标系原点、*X*轴方向和*XY*平面上的任意一点来创建的用户坐标系。

操作：在资源管理器中选中【用户坐标系】右击，在出现的下拉菜单中选择【产生并定向用户坐标系】→【通过3点产生用户坐标系】，如图2-3所示，此时使用鼠标分别选择坐标系原点、*X*轴方位和*XY*平面上一点（或通过输入坐标来进行三个重要数据的确定），设置完成后点击【接受】即可，如图2-4所示。

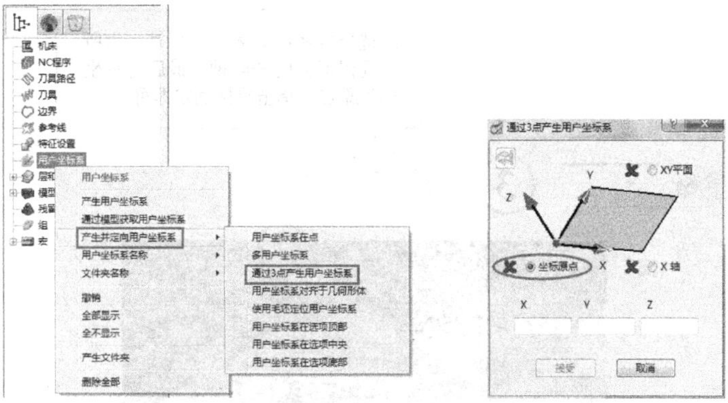

图 2-3　通过 3 点产生用户坐标系

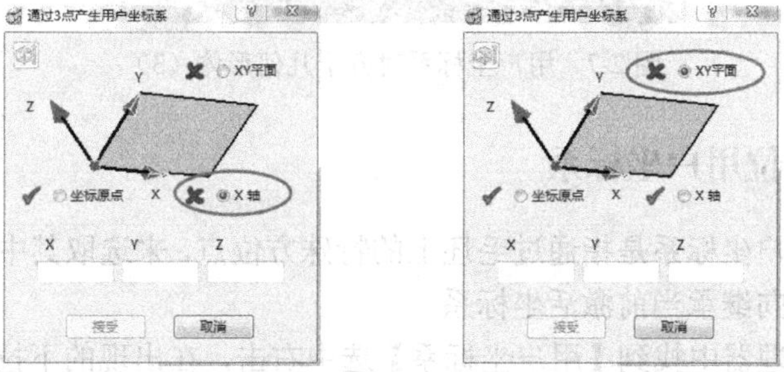

图 2-4　定义通过 3 点产生的用户坐标系平面

2.1.4　用户坐标系对齐于几何形体

用户坐标系对齐于几何形体是指通过指定某个坐标轴作为对齐于几何形体的法向矢量，通过选取坐标原点和所选几何形体自身的 U、V 方向来确定用户坐标系，坐标系其中一坐标平面与所选几何形体相切或共面。

操作：在资源管理器中选中【用户坐标系】右击，在出现的下拉菜单中选择【产生并定向用户坐标系】→【用户坐标系对齐于几何形体】，然后选择坐标原点，点击鼠标左键即可。如图 2-5～图 2-7 所示为用户坐标系对齐于几何形体创建过程。

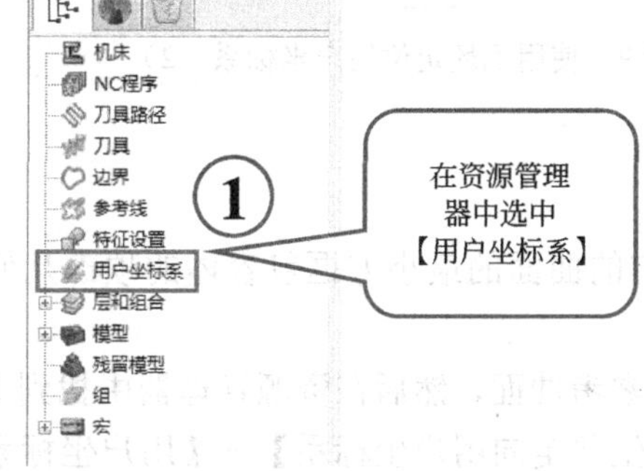

图 2-5　用户坐标系对齐于几何形体（1）

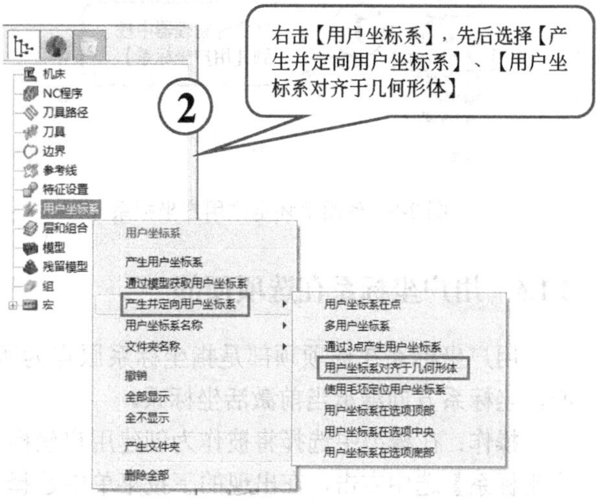

图 2-6　用户坐标系对齐于几何形体（2）

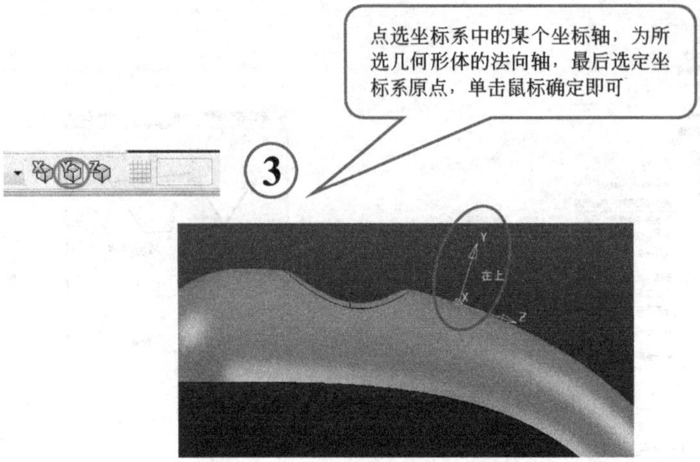

图 2-7　用户坐标系对齐于几何形体（3）

2.1.5　使用毛坯定位用户坐标系

使用毛坯定位用户坐标系是指通过毛坯上的特殊方位点，来选取其中任意一个来定义坐标系原点，坐标系的方向继承当前激活坐标系。

操作：在资源管理器中找到【用户坐标系】选中右击，在出现的下拉菜单中选择【产生并定向用户坐标系】→【使用毛坯定位用户坐标系】，然后选择毛坯上的一个方位点作为坐标原点，单击鼠标左键即可；如图 2-8～图 2-10 所示为使用毛坯定位用户坐标系的创建过程。

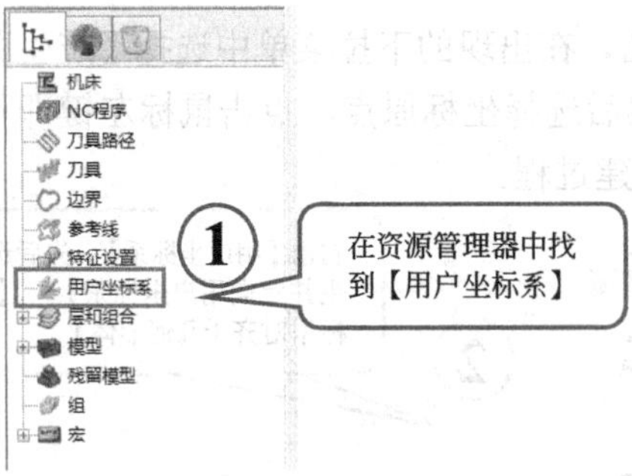

图 2-8　使用毛坯定位用户坐标系（1）

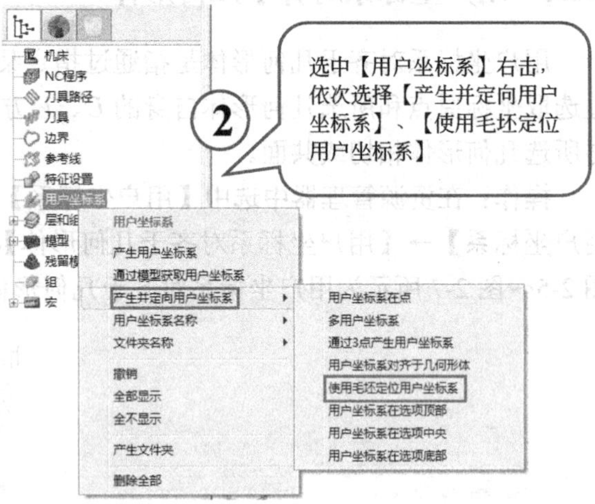

图 2-9　使用毛坯定位用户坐标系（2）

2.1.6　用户坐标系在选项顶部

用户坐标系在选项顶部是指坐标系原点为所选定的曲面的最小方框包容体的顶部几何中心，坐标系方向继承当前激活坐标系。

操作：在模型中选择将被作为创建用户坐标系的参考曲面，然后在资源管理器中找到【用户坐标系】选中右击，在出现的下拉菜单中选择【产生并定向用户坐标系】→【用户坐标系在选项顶部】即可。图 2-11 和图 2-12 为用户坐标系在选项顶部的创建过程。

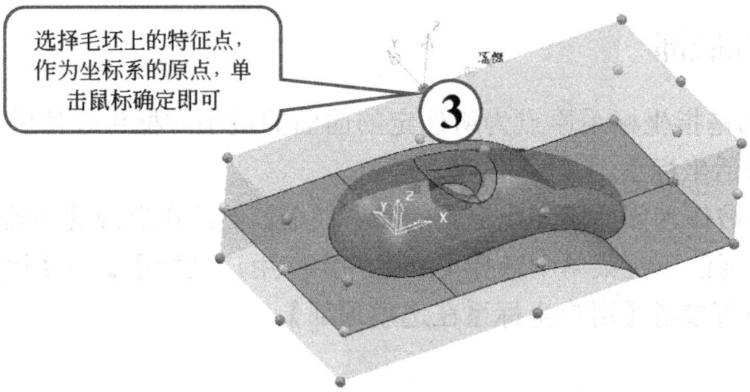

图 2-10 使用毛坯定位用户坐标系（3）

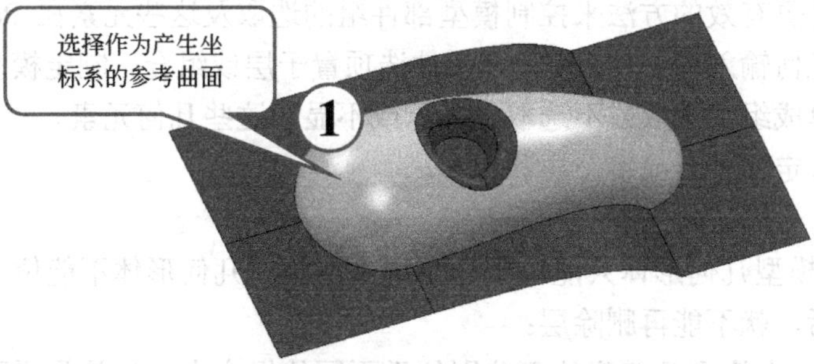

图 2-11 用户坐标系在选项顶部（1）

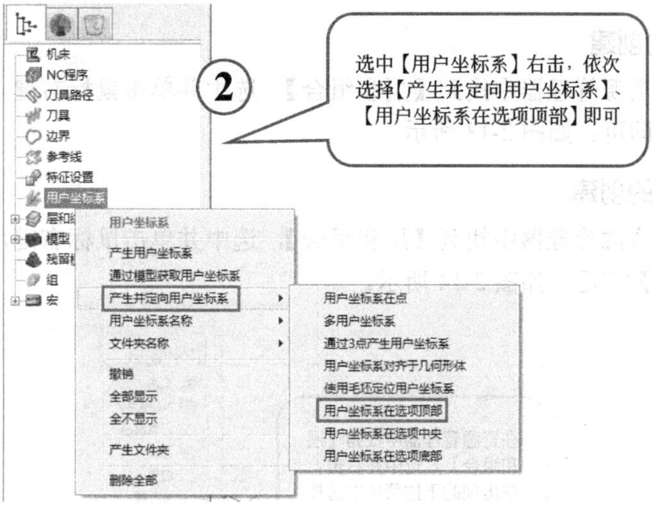

图 2-12 用户坐标系在选项顶部（2）

2.1.7 用户坐标系在选项中央

用户坐标系在选项中央是指坐标系原点为所选定的曲面的最小方框包容体的几何中心，坐标系方向继承当前激活坐标系。

操作：在模型中选择将被作为创建用户坐标系的参考曲面，然后在资源管理器中找到【用户坐标系】选中右击，在出现的下拉菜单中选择【产生并定向用户坐标系】→【用户坐标系在选项中央】即可。具体操作可参考【用户坐标系在选项顶部】。

2.1.8 用户坐标系在选项底部

用户坐标系在选项底部是指坐标系原点为所选定的曲面的最小方框包容体的底部几何中心，坐标系方向继承当前激活坐标系。

操作：在模型中选择将被作为创建用户坐标系的参考曲面，然后在资源管理器中找到【用户坐标系】选中右击，在出现的下拉菜单中选择【产生并定向用户坐标系】→【用户坐标系在选项底部】即可。具体操作可参考【用户坐标系在选项顶部】。

2.2 层和组合

层和组合提供了一种更有效的方法来控制模型部件组的选取及这些元素在 PowerMILL 图形视图中的显示，可将任何输入的 CAD 模型零部件选项置于层或组合。制定模型部件的层或组合后，可使用局部菜单成组地选取或不选取、显示或不显示这些几何元素。

层和组合的定义，可定义一个或多个层和组合。

层和组合的区别：

① 对层来说，一个模型几何形体只能位于一个层中，相同几何形体不能位于不同层，当模型几何形体获取到层后，就不能再删除层；

② 对于组合来说，一个模型几何形体可分别位于不同的组合中，也就是说不同组合中可以有相同的几何形体，当模型几何形体分配到组合后，组合仍然可以被删除。

（1）层的创建

操作：在资源管理器中找到【层和组合】，选中并单击鼠标右键，在出现的下拉菜单中选择【创建层】即可。如图 2-13 所示。

（2）组合的创建

操作：在资源管理器中找到【层和组合】，选中并单击鼠标右键，在出现的下拉菜单中选择【创建组合】即可。如图 2-14 所示。

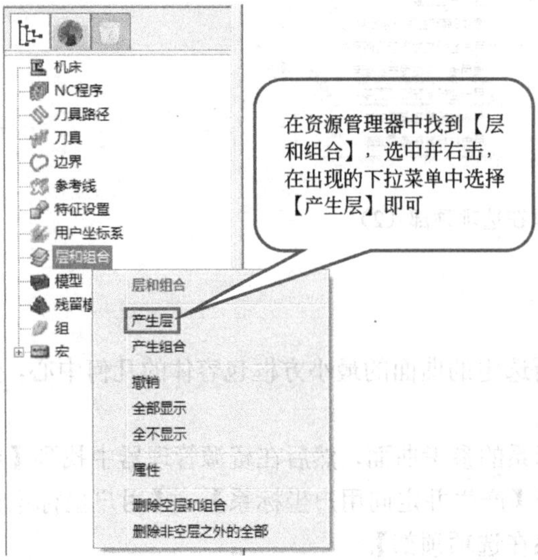

图 2-13 创建层

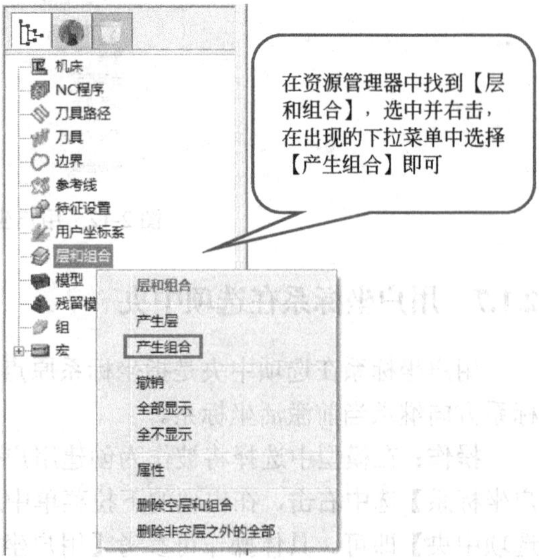

图 2-14 创建组合

2.3 创建刀具

(1) 刀具的基本特点

为适应数控机床加工精度高、加工效率高、加工工序集中及零件装夹次数少等要求，数控机床对所用的刀具有许多性能上的要求；与普通机床的刀具相比，加工中心用刀具及刀具系统具有以下特点：

① 刀片和刀柄高度的通用化、规则化、系列化；

② 刀片和刀具几何参数及切削参数的规范化、典型化；

③ 刀片或刀具材料及切削参数需与被加工工件材料相匹配；

④ 刀片或刀具的使用寿命长，加工刚性好；

⑤ 刀片及刀柄的定位基准精度高，刀柄对机床主轴的相对位置要求也较高；

⑥ 刀柄须有较高的强度、刚度和耐磨性，刀柄及刀具系统的重量不能超标；

⑦ 刀柄的转位、拆装和重复定位精度要求高。

(2) 常用刀具材料

常用的数控刀具材料有高速钢、硬质合金、涂层硬质合金、陶瓷、立方氮化硼、金刚石等；其中，高速钢、硬质合金和涂层硬质合金在数控铣削刀具中应用最广。

2.3.1 刀具的分类

PowerMILL 软件中提供了 12 种加工刀具，分别为端铣刀、球头刀、刀尖圆角端铣刀、锥度球铣刀、圆角锥度端铣刀、钻头、圆角盘铣刀、偏心圆角端铣刀、锥形刀具、螺纹铣削、自定义刀具和靠模。

2.3.2 定义刀具

刀具的定义有两种方式：一是从【刀具】工具栏中产生刀具，另一种是通过在资源管理器中选中【刀具】产生刀具。

在资源管理器中找到【刀具】，选中并右击在出现的下拉菜单中，依次选择【产生刀具】→【端铣刀】，即可弹出【端铣刀】的对话框，其对话框如图 2-15 所示。

对话框中有六个选项表格：刀尖、刀柄、夹持、夹持轮廓、切削数据、描述。

①【刀尖】：主要用来定义刀具的一些几何参数，如名称、长度、直径等。

a．刀具名称：定义刀具的名称，通常为了清晰分辨刀具，尽量用刀具的形状及大小来定义刀具名称。

b．刀具长度：系统默认刀具长度值为刀具直径的 5 倍，也可以根据需要改变。

c．刀具状态：此项设置可反映刀具直径定义是否有效。

d．刀具编号：用户定义的刀具编号，它将增加到切削文件中，在换刀时便于区分刀具加工顺序。

e．槽数：用于设置刀具的齿数。

②【刀柄】：指用来装夹的非切削部位，可定义刀柄的顶部直径、底部直径和长度等几何参数。其参数界面如图 2-16 所示。

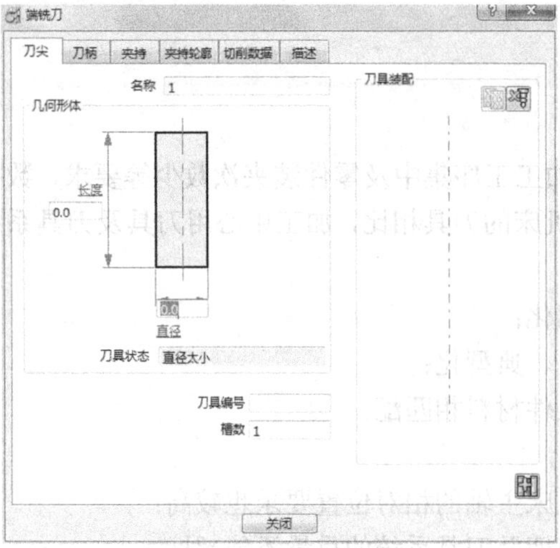

图 2-15 【端铣刀】对话框

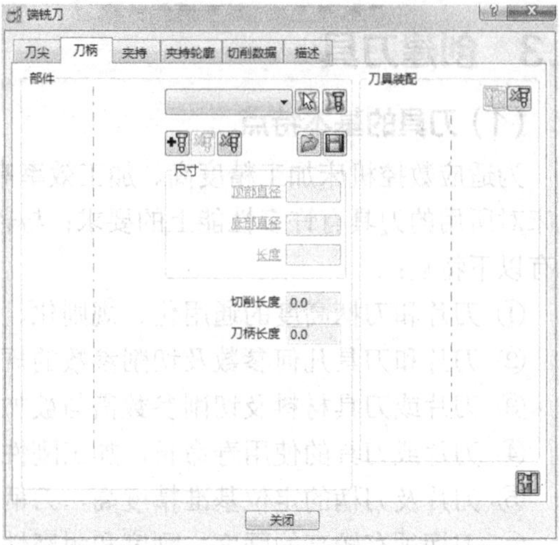

图 2-16 【刀柄】对话框

【部件】：自定义刀柄的控制选项；

下拉菜单：选取一产生刀柄的参考线；

按钮：在图形域中选取参考线产生刀柄；

按钮：通过已选取的参考线产生刀柄；

按钮：单击此按钮，将增加一新的刀柄部件到刀具中；

按钮：单击此按钮，将从刀具中删除当前已选刀柄部分；

按钮：单击此按钮，将从刀具中删除全部刀柄部分；

按钮：自文件装载刀柄；

按钮：保存刀具刀柄文件；

【顶部直径】：定义当前已选刀具刀柄部件顶部直径；

【底部直径】：定义当前已选刀具刀柄部件底部直径；

【长度】：定义当前已选刀具刀柄部件的长度；

【切削长度】：显示刀具切削部分的长度，仅显示而已，不能在此选项中修改，在刀尖选项中可以做修改；

【刀柄长度】：显示刀具所有刀柄部分积累的长度；

【刀具装配】

按钮：基于此刀具全部元素产生一新的刀具元素，即复制成另一把新的刀具，如果此刀具被用于激活的刀具路径，则新的刀具元素将替代旧的刀具元素；

按钮：删除所有的刀具装配，包括刀尖、刀柄和夹持；

按钮：增加此刀具到刀具数据库。

【夹持】：通常指用来装夹刀具的刀头部件，用户可自定义夹持的直径和长度等几何参数，其界面如图 2-17 所示。

夹持选项表格中的按钮含义与刀柄选项表格中的相似，只是定义的部件不同，其含义可参考刀柄选项，不同的选项含义如下所述：

按钮：在刀具数据库中搜索夹持；

按钮：基于刀具夹持轮廓增长或缩短刀具伸出长度；

【球头刀】与【刀尖圆角端铣刀】对话框的内容及含义与【端铣刀】相似，可参考【端铣刀】进行设置。

自定义刀具是指刀具的尺寸及形状由用户自行定义，其对话框如图 2-18 所示。

下拉菜单：选取一产生刀柄的参考线。

按钮：在图形域中选取参考线。

按钮：通过已选取的参考线产生刀尖。

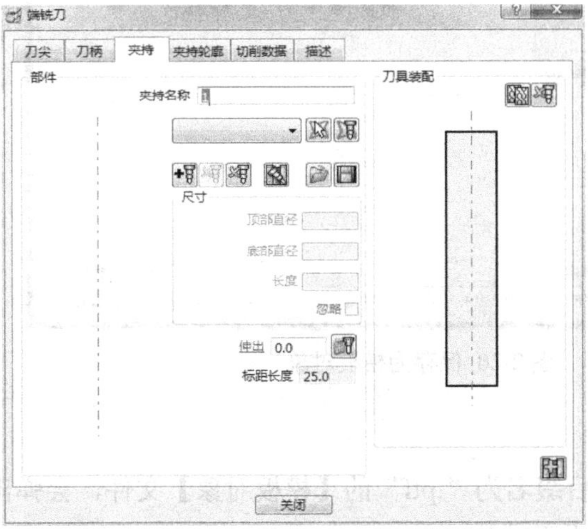

图 2-17 【夹持】对话框

图 2-18 【自定义刀具】对话框

按钮：将直线跨增加到当前刀具轮廓。

按钮：将圆弧跨增加到当前刀具轮廓。

按钮：删除轮廓中的上一跨。

按钮：清除所有的刀具轮廓。

按钮：自文件装载刀具轮廓。

按钮：保存刀具轮廓到文件。

【跨尺寸】

开始点：编辑轮廓最后跨开始点的 X 和 Y 值；

中心点：编辑圆弧跨中心点的 X 和 Y 值；

结束点：编辑跨结束点的 X 和 Y 值；

【更新跨】按钮：使用当前编辑尺寸更新跨。

2.3.3　模板对象的创建

（1）刀具增加到数据库

选中【刀具】右击，在出现的下拉菜单中选择 增加全部刀具到数据库 ，将弹出如图 2-19 所示的对话框，选择相应的毛坯材料和其他设置后，单击【输出】按钮，将把【刀具】目录下的所有刀具输入到数据库中。

（2）模板对象的创建

刀具创建完成后，在【菜单栏】中分别选择 文件(F)、 保存模板对象(T)... ，将弹出【保存模板文件】的对话框，如图 2-20 所示；选择模板将要存放的位置，输入模板文件名，保存为一个后缀名为“.ptf”的文件，单击【保存】即可。

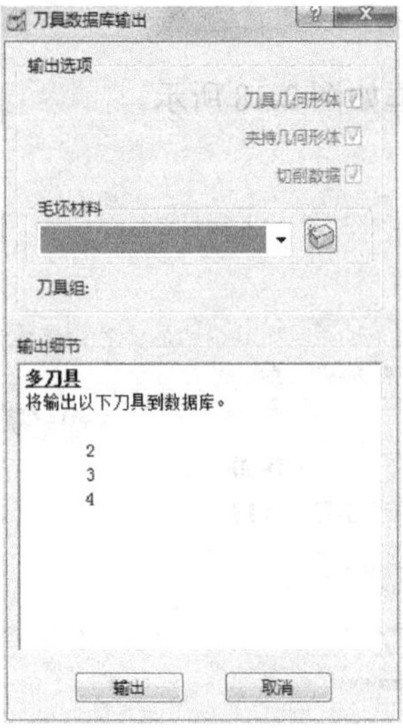

图 2-19 刀具数据库对话框

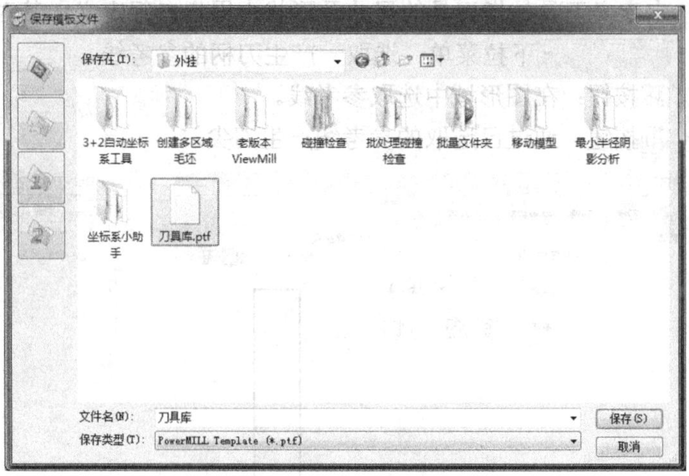

图 2-20 保存为模板对象

（3）模板的调入

直接在菜单栏中，分别选择【插入】一个后缀名为“.ptf”的【模板对象】文件，会弹出如图 2-21 所示对话框，选择模板存放的位置，点击打开。

图 2-21 输入模板对象文件

2.4 毛坯的创建

毛坯是用来定义模型加工的工作界限，控制刀具路径的加工范围；可以是实际尺寸的原材料，也可以是用户定义的零件中的某一特殊位置的 3D 体积；毛坯是数控加工的必定元素。

在主工具栏中选择【毛坯】按钮，此时会弹出一个对话框，如图 2-22 所示。

单击红色区域内的黑色三角，会弹出一个下拉菜单，这里提供了五种创建毛坯的方式，如图 2-23 所示。

提示：创建毛坯时，必须选定加工坐标系，加工坐标系的选择方法和创建毛坯的选择方法相同，单击坐标系后边的黑色三角，在弹出的下拉菜单中选择所需坐标系即可。

图 2-22 【毛坯】设置对话框

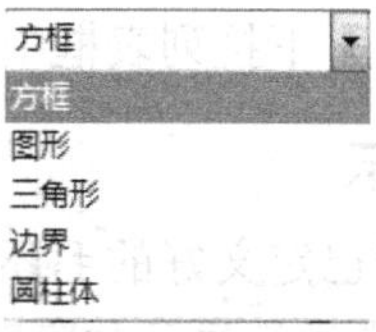

图 2-23 毛坯的类型

2.4.1 方框毛坯的创建

在数控加工中必须定义加工毛坯，产生的刀具路径始终在毛坯内部生成。因此毛坯的大小直接影响到刀具路径的加工范围。

在主工具栏中选择【毛坯】按钮，此时会弹出一个对话框，如图 2-22 所示：毛坯的创建方式默认为方框，选择基准坐标系，设置参数，单击【计算】、【接受】按钮，完成方框毛坯的创建。如图 2-24 所示。

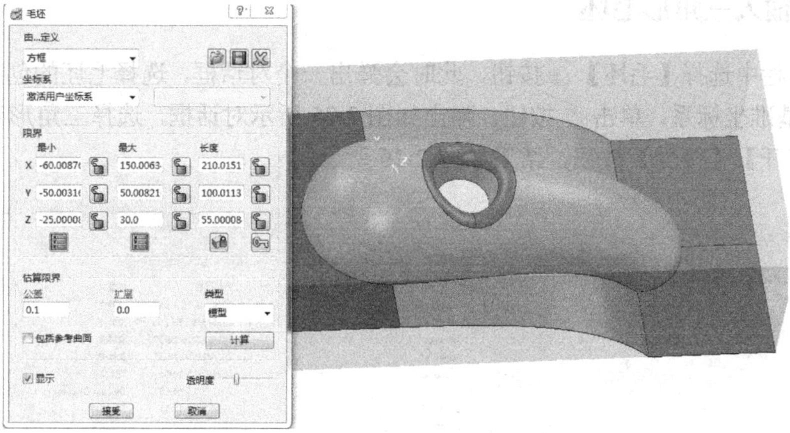

图 2-24 创建的方框毛坯

方框毛坯对话框具体含义如下。

(1) 限界

用户可在“最小”“最大”和“长度”文框框中输入毛坯在 X、Y、Z 方向的最大值和最小值，这里的 X、Y、Z 值是针对于当前激活坐标系而定义的。

也可以单击【计算】按钮，设置毛坯的最大值和最小值，系统自动根据模型的大小自动计算毛坯尺寸，或者手工输入毛坯生成之后进行毛坯编辑，在图形区用鼠标进行单击拖动，调整毛坯。

（2）估算限界

【估算限界】包括【公差】、【扩展】、【类型】、【计算】等选项。

【公差】：用于设置生成毛坯的公差，公差越小，毛坯越精确，但计算时间越长。

【类型】：用于指定选择何种类型的图素来创建毛坯，包括“模型”、“边界”、“激活参考线”、“刀具路径参考线”和“特征”等。

【扩展】：输入毛坯的扩展值，可以对模型毛坯向各个方向进行延伸。

【计算】：单击该按钮，系统自动根据设置好的扩展值进行计算毛坯限界，使其大到足以包括【由...定义】下拉列表框中所选的元素。

（3）显示

用于控制已定义好的毛坯显示与不显示。另外，用户也可以单击【查看】工具栏上的【毛坯】按钮来进行显示与隐藏进行切换。

（4）透明度

用于控制已定义的毛坯在图形区显示的透明度。

2.4.2 利用图形创建毛坯

图形是指将已保存的二维图形拉伸成三维形体来定义毛坯，此时使用的二维图形必须保存为DUCT图形文件（*.pic）。

2.4.3 外部输入三角形毛坯

在主工具栏中选择【毛坯】按钮，此时会弹出一个对话框，选择毛坯的创建方式为“三角形”，选择基准坐标系，单击按钮，弹出如图2-25所示对话框，选择三角形毛坯存放的位置，单击【打开】、【接受】按钮，结果如图2-26所示。

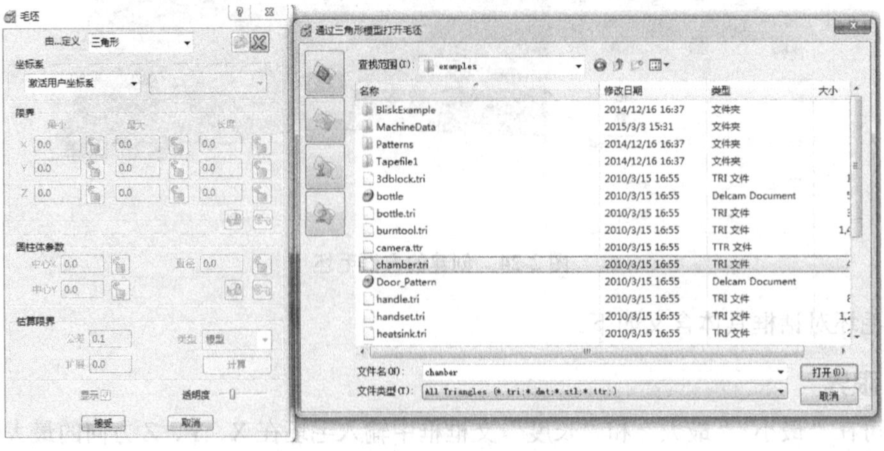

图2-25 输入外部毛坯

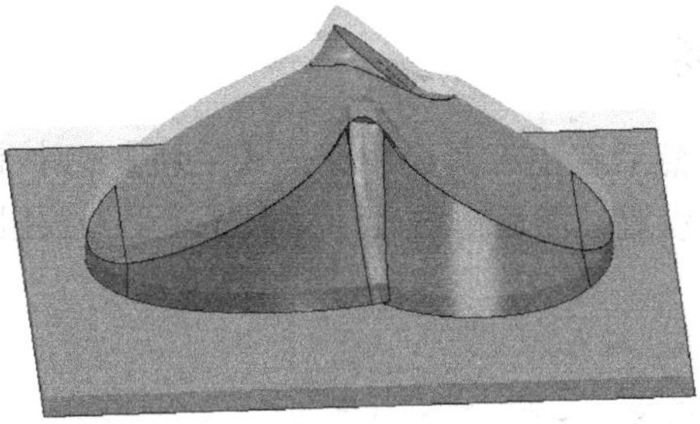

图 2-26　创建的三角形毛坯

2.4.4　利用边界创建毛坯

在主工具栏中选择【毛坯】按钮，此时会弹出一个对话框，选择毛坯的创建方式为“边界”，选择基准坐标系，单击【计算】、【接受】按钮，结果如图 2-27 所示。

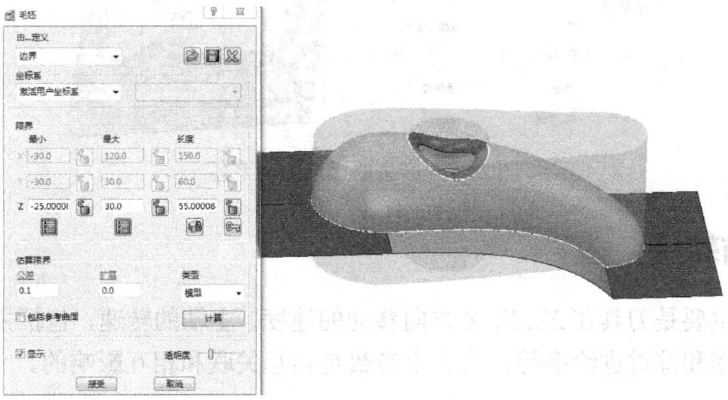

图 2-27　产生的边界毛坯

2.4.5　创建圆柱体毛坯

在主工具栏中选择【毛坯】按钮，此时会弹出一个对话框，选择毛坯的创建方式为“圆柱体”，选择基准坐标系，单击【计算】、【接受】按钮，结果如图 2-28 所示。

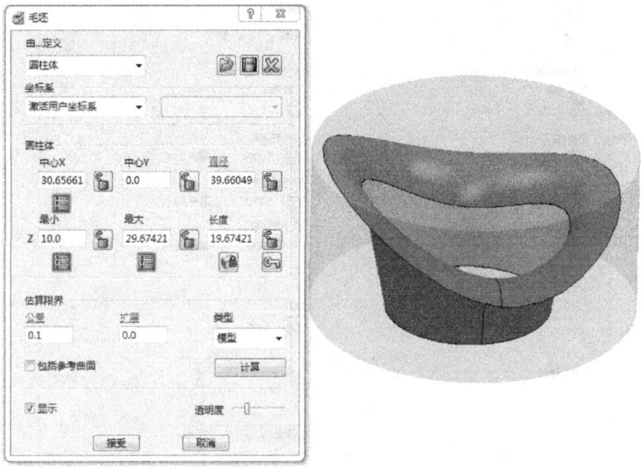

图 2-28　产生的圆柱体毛坯

2.4.6 已选曲面创建毛坯

选择作为参考的曲面，然后在主工具栏中选择【毛坯】按钮，在弹出的对话框中，选择毛坯的创建方式和参数的设置，然后单击【计算】、【接受】按钮，如图 2-29 所示。

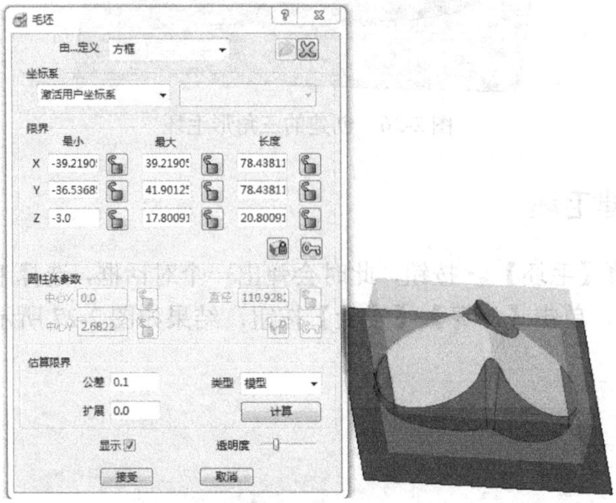

图 2-29 产生的已选曲面毛坯

2.5 进给与转速

进给与转速主要是刀具在 *X*、*Y*、*Z* 方向移动的速度、主轴的转速，包括主轴转速、切削进给率、下切进给率和掠过进给率等，这 3 个参数是相互关联和相互影响的。

2.5.1 进给的设置

在主工具栏中单击【进给和转速】按钮，弹出如图 2-30 所示对话框。

图 2-30 【进给和转速】对话框

在此对话框中可对进给参数进行设置，设置完成后，单击【应用】、【接受】即可；此对话框主要包含刀具路径、刀具属性、刀具/材料属性、切削条件及工作直径五大板块。其含义如下所述。

（1）刀具路径属性

刀具路径属性是控制和显示刀具路径类型与操作的功能框。

【类型】：包括初加工和精加工两个类型；

【操作】：包括普通、插铣、轮廓、面铣加工、插铣、钻孔、仿形铣 7 种，配合类型与刀具对话框中的切削数据，初、精加工的相应操作参数一一对应将自动填写在切削条件功能框中。

（2）刀具属性

仅显示当前激活刀具名称、直径、槽数和伸出长度。

（3）刀具/材料属性

刀具/材料属性是控制和显示刀具表面速度、每齿切削量、轴向和径向切削深度的功能框。

【表面速度】：刀具切削毛坯表面的速度，单位为 m/min；

【进给/齿】：刀具切削毛坯时的每刃的切削用量；

【轴向切削深度】：刀具切削毛坯是 Z 轴层的下切用量；

【径向切削深度】：刀具切削毛坯是径向的行间距。

（4）切削条件

【主轴转速】：指机床主轴旋转的速度，单位为：r/min；主轴转速应根据刀具材料、大小、模型材料的硬度等因素来综合考虑设定，一般遵从以下原则：

① 刀具直径越小，主轴转速越高，反之则相反；

② 模型材料越硬，主轴转速越低，反之，模型的材料韧性越大，主轴转速越高；

③ 刀具材料越硬，主轴转速越高。

【切削进给率】：指刀具在切削材料过程中所运行的速度，也称为进给速度；其单位是 mm/min；进给速度越高，生产效率就越高，但定义进给速度时应根据切削材料、刀具的刚性、模型加工精度和表面粗糙度等因素综合考虑，切削材料硬度较高时，应适当降低进给速度；加工表面粗糙度要求低时，应适当提高进给速度。

【下切进给率】：指刀具在快速移动接近模型后即将进行切削前的运行速度。

【掠过进给率】：指刀具不切除材料快进时的进给率。

【冷却】：指机床在加工模型过程中的冷却方式，一共有 8 种方式可以选择，分别为：无、标准、液体、雾状、水冷、风冷、经主轴、双冷。

2.5.2 转速的设置

转速的设置与进给的设置在同一对话框中，参考进给的设置即可。

2.6 设置开始点与结束点

刀具开始点与结束点是指每次换刀前后或每次进行加工操作时，刀具移动到的安全开始和

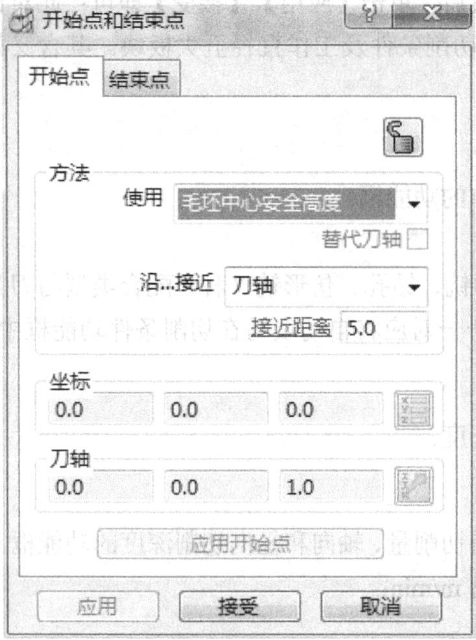

图 2-31 开始点和结束点

结束位置；此位置和所使用的机床有关，某些机床开始点位置即是实际换刀位置，用户可根据需要自行设置刀具路径的开始点和结束点的位置。刀具的开始点位置系统默认为毛坯中心安全高度。

单击【主工具栏】中的【开始点与结束点】按钮，弹出如图 2-31 所示的对话框，默认的为【开始点】选项，其参数含义如下所述。

① 按钮：按表格内所指定的位置和刀具方向，来锁定开始或结束点。

②【使用】：包含毛坯中心安全高度、第一点安全高度、第一点和绝对，其含义如下所述：

a.【毛坯中心安全高度】：定义开始点位于毛坯中心以上的安全区域；

b.【第一点安全高度】：开始点通过自刀具路径的第一点沿刀轴撤回一定距离，然后将它投影或裁剪到指定的安全区域；

c.【第一点】：开始点位于自第一点沿指定方向，按指定的距离回撤处；

d.【绝对】：开始点根据直接输入到坐标域中的值定位。

③【沿……接近】：此项可选取刀具完成接近移动时所沿的方向，分为刀轴、接触点法线及正切三种方式。

④【接近距离】：刀具路径开始时的接近移动长度。

⑤【替代刀轴】：可指定刀具路径和第一段开始处不同的刀轴方向；勾选后，下面的【刀轴】选项激活变为可设置。

⑥【刀轴】：可定义开始点的刀轴。

⑦【应用开始点】按钮：单击此按钮可将表格中指定的开始点应用到已经产生的激活的刀具路径。

结束点选项中的参数与开始点含义相似，可参考开始点选项中的含义介绍。

2.7 模型属性的检验

（1）拔模角阴影分析

将模型输入至软件中，选择【视图查看】工具栏中的阴影显示的【普通阴影】按钮，再选择【线框】按钮将模型的线框隐藏，选择视图查看方式，将模型调整至合适位置，选择【拔模角阴影】按钮，模型将呈现如图 2-32 所示的效果，选择菜单栏中的【显示】，在弹出的下拉菜单中选择【模型】会弹出一个对话框，如图 2-33 所示，调节对话框中【拔模角阴影】的角度设置，通过颜色显示来分析模型。

将【模型】对话框中的【拔模角阴影】的【警告角】改为 89.8，模型如图 2-34 所示。

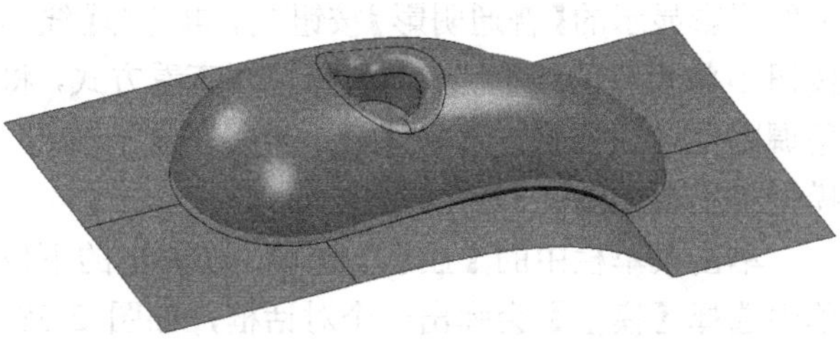

图 2-32　拔模角阴影分析

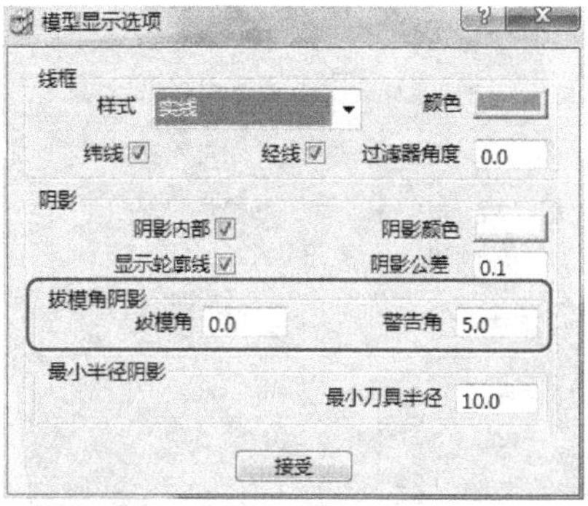

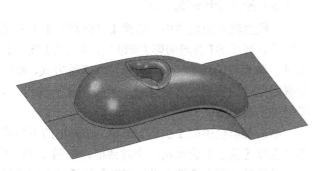

图 2-33 【模型显示选项】对话框

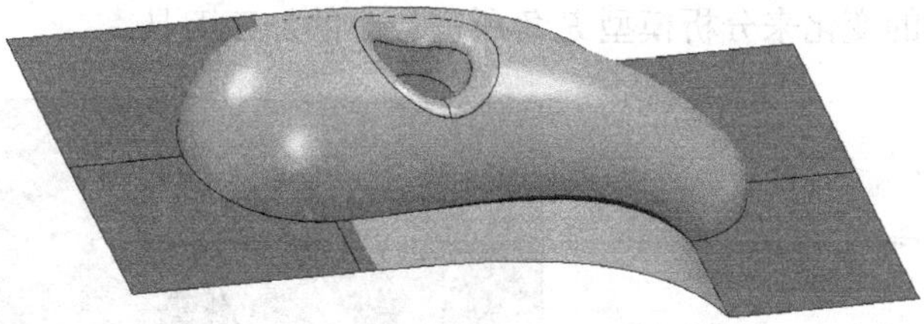

图 2-34　模型分析

图中有三种颜色，绿色的区域代表模型的角度不大于“拔模角”，黄色的区域代表模型的角度介于“拔模角”和“警告角”之间，红色的区域代表模型的角度不小于“警告角”。

（2）尺寸测量

选择主工具栏中的“测量器”按钮，弹出一个如图 2-35 所示的对话框，默认的是“直线”测量，即通过选定两点，可显示出两点所有信息和两点之间的最短距离以及两点所构成的直线与水平面之间的夹角。选择“圆形”测量，则弹出如图 2-36 所示的对话框，圆形测量是通过三点确定一个圆，此对话框会显示所选三点的所有信息，及三点所确定圆的所有信息，包括中心坐标、半径、直径等信息。

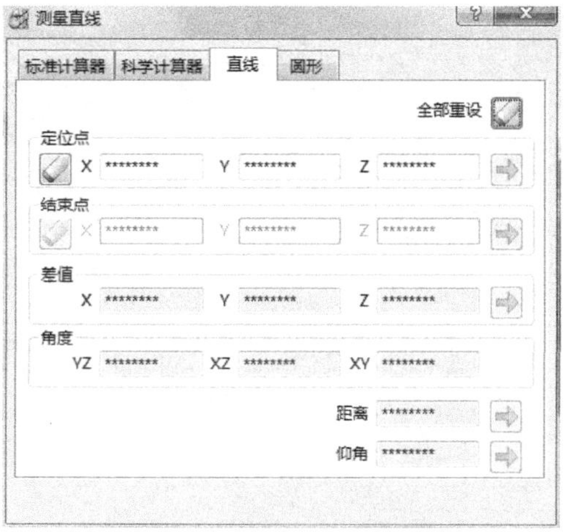

图 2-35 【测量直线】对话框

图 2-36 【测量圆形】对话框

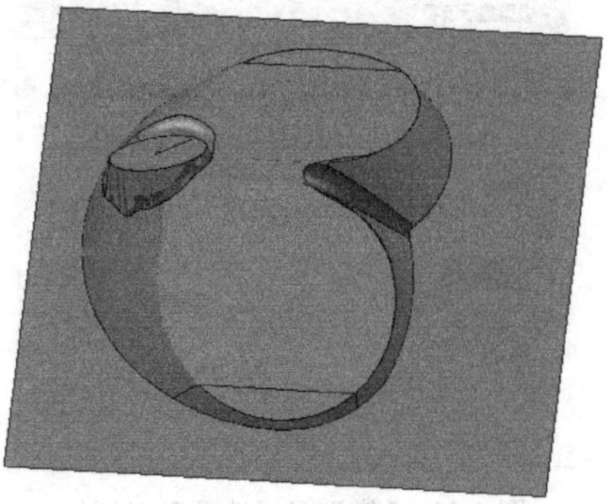

图 2-37　最小半径阴影（1）

（3）最小半径阴影分析

将模型输入至软件中，选择【视图查看】工具栏中的阴影显示的【普通阴影】按钮，再选择【线框】按钮将模型的线框隐藏，选择视图查看方式，将模型调整至合适位置，选择【最小半径阴影】按钮，模型将呈现如图 2-37 所示的效果。

单击菜单栏中的【显示】选项，在弹出的下拉菜单中选择【模型】会弹出一个对话框，如图 2-38 所示，调节对话框中【最小半径阴影】的【最小刀具半径】角度设置值，通过调整【最小刀具半径】角度设置值，带动 R 角颜色的变化来分析模型 R 角所需最小的加工刀具。

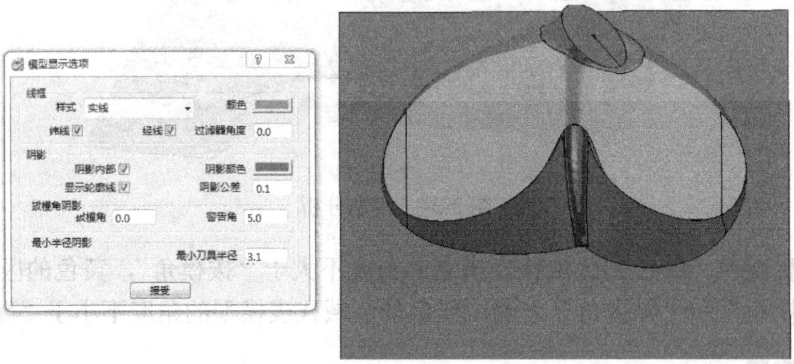

图 2-38　最小半径阴影（2）

· 第 3 讲 ·

PowerMILL2012编程公共设置

3.1 边界

3.1.1 边界的定义

边界是由一条或多条封闭的曲线组成的曲线组，它主要是用来控制刀具在工件中精确的加工范围。PowerMILL2012 提供了多种定义边界的方法，如图 3-1 所示。

3.1.1.1 毛坯边界

毛坯边界是指围绕毛坯轮廓在当前激活坐标系的 *XY* 平面内投影产生的边界。

操作：在资源管理器中找到【边界】选中并右击，在出现的下拉菜单中依次选择【定义边界】→【毛坯】，会出现如图 3-2 所示的【毛坯边界】对话框，设置各选项，设置完成后，点击 应用 、 接受 即可，其中各选项的意义如下。

①【锁定边界】：此按钮控制已生成的边界是否被锁定，锁定后的边界就不能被编辑和删除。对于重要的边界或用于作参考的边界可以加锁保护；所有边界类型中都有此按钮，后续不一一介绍。

②【名称】：用于定义或辨别边界的称呼。

③【毛坯】：单击此按钮将弹出【毛坯】对话框，可重新定义或编辑当前作为产生边界所参考的毛坯。

【范例】

在 PowerMILL 工作界面下，依次单击【文件】、【输入模型】命令，选择“下载文件”/【源文件】/【ch03】/“chamber.igs”文件，单击【打开】，并单击主工具栏上的【毛坯】按钮，计算模型毛坯，如图 3-3 所示。

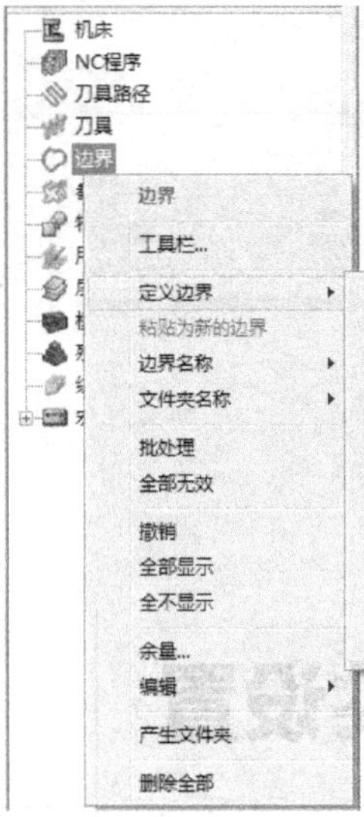

图 3-1　定义边界-子菜单

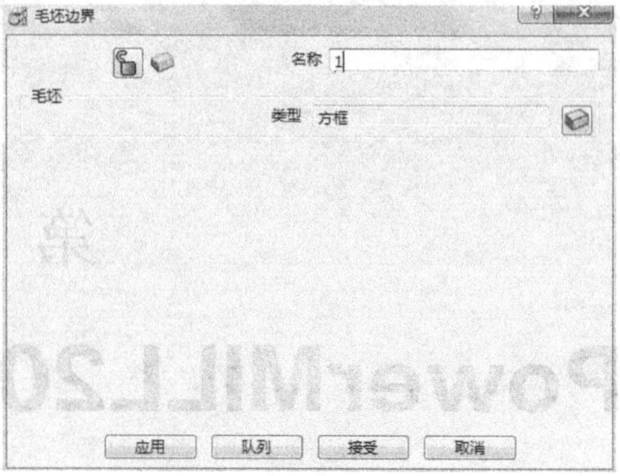

图 3-2 【毛坯边界】对话框

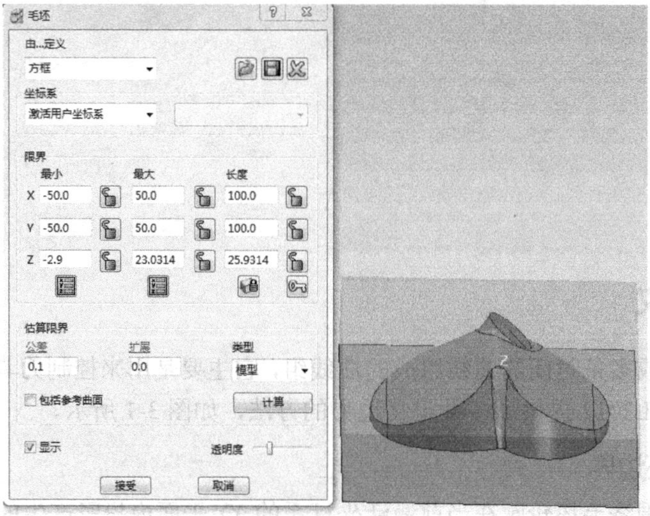

图 3-3　计算模型毛坯

在资源管理器中右击【边界】/【定义边界】/【毛坯】，并单击【应用】、【接受】按钮，结果如图 3-4 所示。

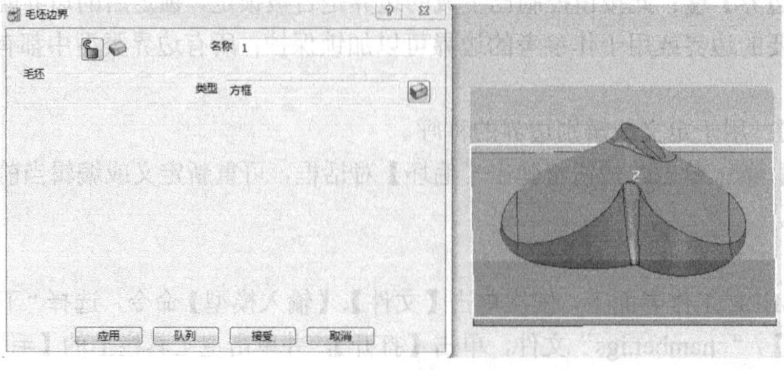

图 3-4　计算毛坯边界

3.1.1.2 残留边界

残留边界是指参考前一刀具无法加工的残留区域，使用当前刀具对残留的区域进行加工范围限制所定义的边界。

操作：在资源管理器中找到【边界】选中并右击，在出现的下拉菜单中依次选择【定义边界】→【残留】，会出现如图3-5所示的【残留边界】对话框，设置各选项，设置完成后，点击【应用】、【接受】即可，其中各选项的意义如下。

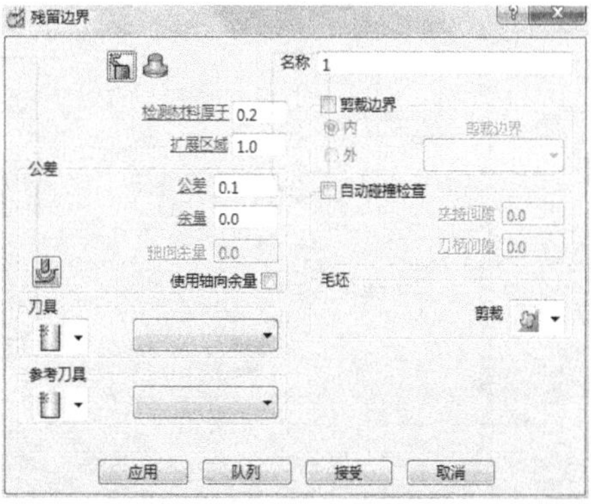

图3-5 【残留边界】对话框

①【检测材料厚于】：此选项用来过滤残留材料小余量区域，如果残留材料区域的余量小于输入的数值，则这部分残留材料区域将不产生边界。

②【扩展区域】：将残留材料区域均匀地扩展到指定的数值。

③【公差】：此选项和刀具路径策略表格中的公差选项一致。

④【刀具】：定义或选择当前边界计算生成时所使用的刀具，生成边界刀具直径需小于参考刀具直径。

⑤【参考刀具】：定义或选择一把用于计算残留区域的参考刀具。

⑥【剪裁边界】：用已定义好的边界，剪裁、控制当前边界的范围，勾选此项后，可在剪裁边界下拉菜单中，选取已定义好的用于剪裁、控制当前边界的边界；内表示保留剪裁边界内部的边界；外表示保留剪裁边界外部的边界。

⑦【自动碰撞检查】：边界计算过程中进行碰撞检查；在刀具定义了刀柄和夹持时，勾选此选项可按刀具伸出长度过滤残留边界，大于刀具定义的长度时，即使有残留区域也不生成边界。

⑧【毛坯】：在毛坯下拉菜单内选取选项，边界将按毛坯边缘剪裁刀具中心；在毛坯下拉菜单中选取选项，边界将允许刀具中心在毛坯之外。

【范例】

在PowerMILL工作界面下，依次单击【文件】、【输入模型】命令，选择“下载文件”/【源文件】/【ch03】/“cowling.dgk”文件，单击【打开】，并单击主工具栏上的【毛坯】按钮，计算模型毛坯，如图3-6所示。

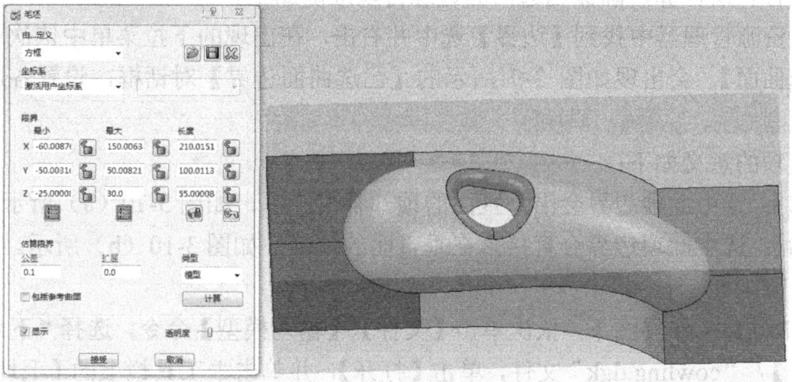

图3-6 计算模型毛坯

在资源管理器中右击【刀具】/【产生刀具】，单击【球头刀】选项，产生球头刀 B16R8 和球头刀 B8R4，如图 3-7 所示。

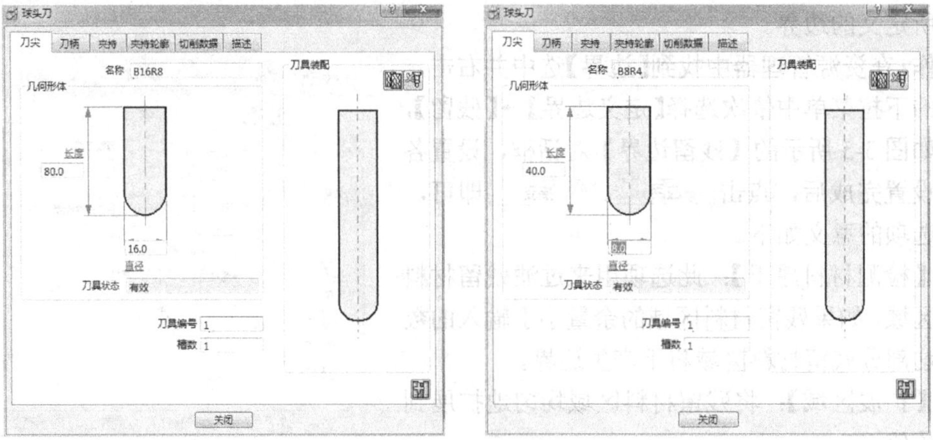

图 3-7 产生的刀具

在资源管理器中右击【边界】/【定义边界】/【残留】，并严格按照图 3-8（a）进行设置，单击【应用】、【接受】按钮，结果如图 3-8（b）所示。

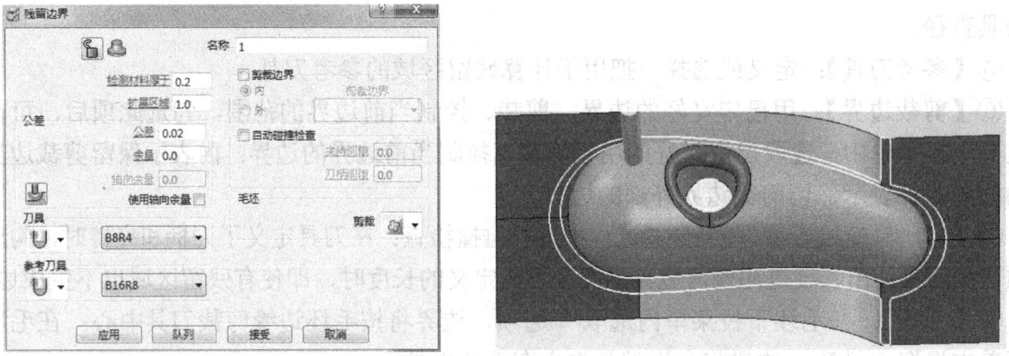

（a）【残留边界】参数设置　　（b）产生的残留边界

图 3-8 残留边界参数设置和产生的残留边界

3.1.1.3 已选曲面边界

已选曲面边界是指对已选曲面的加工范围进行限定的边界，它会按当前刀具、公差、余量及相邻曲面进行补偿计算，确保已选曲面边缘得以准确加工。

操作：在资源管理器中找到【边界】选中并右击，在出现的下拉菜单中依次选择【定义边界】→【已选曲面】，会出现如图 3-9 所示的【已选曲面边界】对话框，设置各选项，设置完成后，点击 应用 、 接受 即可。

其中各选项的意义如下：

①【顶部】：选中此项边界会沿垂直面的顶部补偿产生，如图 3-10（a）所示；

②【浮动】：选中此项边界会直接落在垂直面的顶部，如图 3-10（b）所示。

【范例】

在 PowerMILL 工作界面下，依次单击【文件】、【输入模型】命令，选择“下载文件”/【源文件】/【ch03】/“cowling.dgk”文件，单击【打开】，并单击主工具栏上的【毛坯】按钮，计算模型毛坯，如图 3-6 所示。

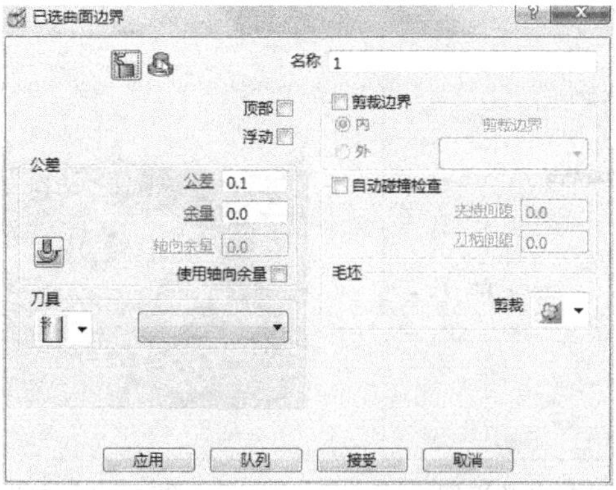

图 3-9 【已选曲面边界】对话框

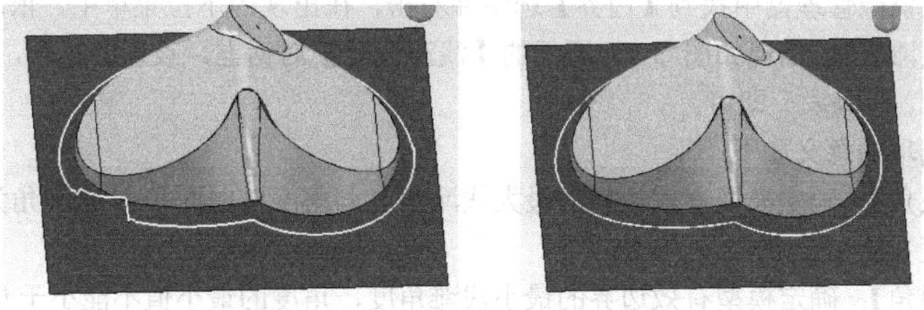

(a) 顶部　　(b) 浮动

图 3-10 已选曲面边界“顶部”与“浮动”

在资源管理器中右击【刀具】/【产生刀具】，单击【球头刀】选项，产生球头刀 B8R4，如图 3-11 所示。

在资源管理器中右击【边界】/【定义边界】/【已选曲面】，选取如图 3-12 所示的曲面，并严格按照图 3-13 进行设置，单击【应用】、【接受】按钮，结果如图 3-14 所示。

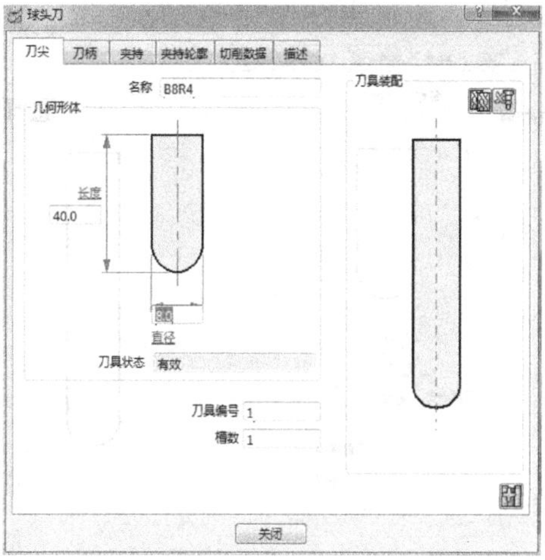

图 3-11 产生的刀具

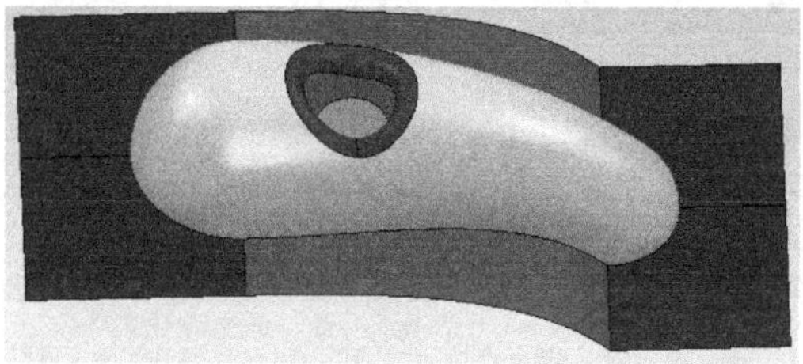

图 3-12 选取的曲面

3.1.1.4 浅滩边界

浅滩边界是根据自由模型上的上限角和下限角所定义的模型区域计算出的边界；区分模型上的陡峭和浅滩区域后，可使用不同的策略对相应的区域进行加工。

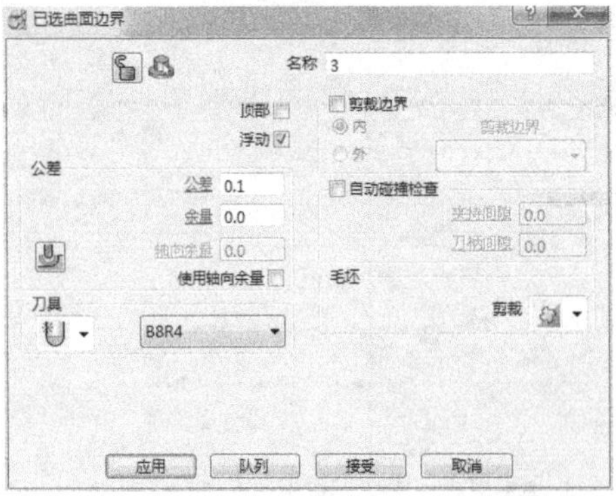

图 3-13 【已选曲面边界】参数设置

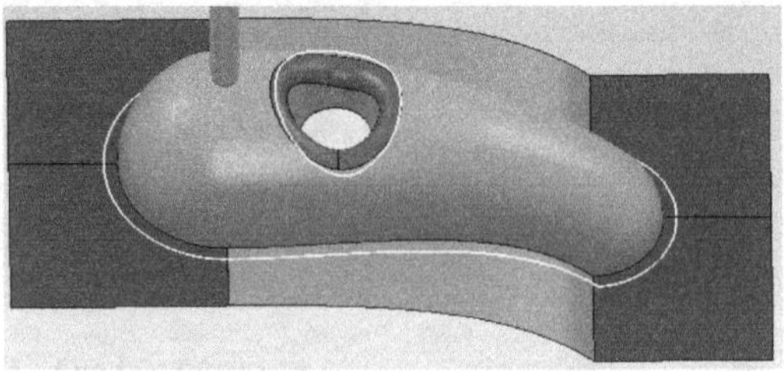

图 3-14 产生的已选曲面边界

操作：在资源管理器中找到【边界】选中并右击，在出现的下拉菜单中，依次选择【定义边界】→【浅滩】，会出现如图 3-15 所示的【浅滩边界】对话框，设置各选项，设置完成后，点击 应用 、 接受 即可。

其中各选项的意义如下：

①【上限角】：确定模型有效边界的最大浅滩角度，角度以曲面和 X 轴夹角为基准进行测量。最大角度只能小于 90°。

②【下限角】：确定模型有效边界的最小浅滩角度，角度的最小值不能小于 0°。

【范例】

在 PowerMILL 工作界面下，依次单击【文件】、【输入模型】命令，选择“下载文件”/【源文件】/【ch03】/“cowling.dgk”文件，单击【打开】，并单击主工具栏上的【毛坯】按钮，计算模型毛坯，如图 3-6 所示。

在资源管理器中右击【刀具】/【产生刀具】，单击【球头刀】选项，产生球头刀 B10R5，如图 3-16 所示。

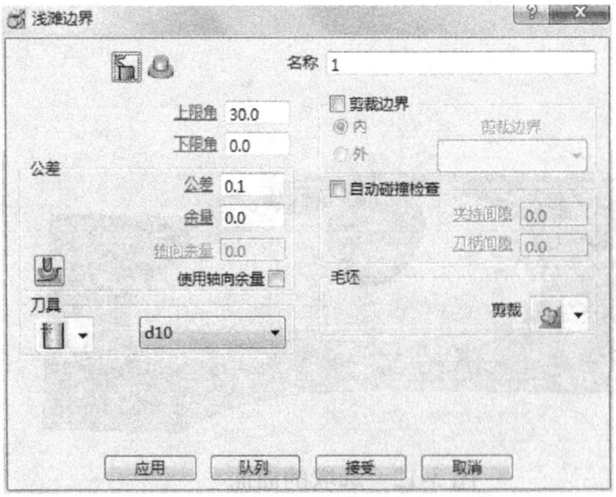

图 3-15 【浅滩边界】对话框

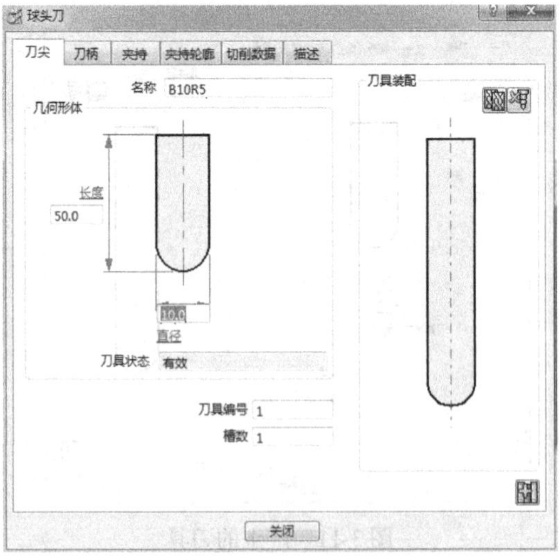

图 3-16 产生的刀具

在资源管理器中右击【边界】/【定义边界】/【浅滩】，并严格按照图 3-17 进行设置，单击【应用】、【接受】按钮，结果如图 3-18 所示。

图 3-17 【浅滩边界】参数设置

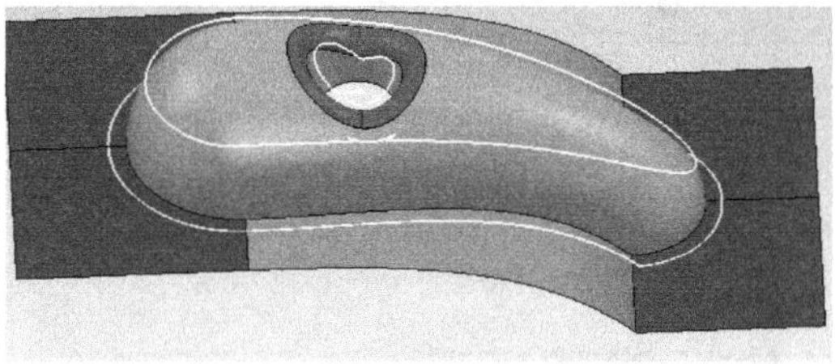

图 3-18 产生的浅滩边界

提示：本例中产生浅滩边界是模型的陡峭区域的加工边界，读者可以用同样的办法创建浅滩区域的加工边界。

3.1.1.5 无碰撞边界

无碰撞边界是指在设定的刀具、刀柄和夹持参数范围内，为保障刀具各部分不与模型发生碰撞而产生的边界。

操作：在资源管理器中找到【边界】选中并右击，在出现的下拉菜单中，依次选择【定义边界】→【无碰撞边界】，会出现如图 3-19 所示的【无碰撞边界】对话框，设置各选项，设置完成后，点击 应用 、 接受 即可。

其中各选项的意义如下：

①【夹持间隙】：计算边界时考虑夹持与模型不发生碰撞的最小距离；

②【刀柄间隙】：计算边界时考虑刀柄与模型不发生碰撞的最小距离。

【范例】

在 PowerMILL 工作界面下，依次单击【文件】、【输入模型】命令，选择“下载文件”/【源文件】/【ch03】/“cowling.dgk”文件，单击【打开】，并单击主工具栏上的【毛坯】按钮，计算模型毛坯，如图 3-6 所示。

在资源管理器中右击【刀具】/【产生刀具】，单击【球头刀】选项，产生球头刀 B6R3，并参照刀具的创建方法，创建刀具的刀柄和夹持，如图 3-20 所示。

图 3-19 【无碰撞边界】对话框

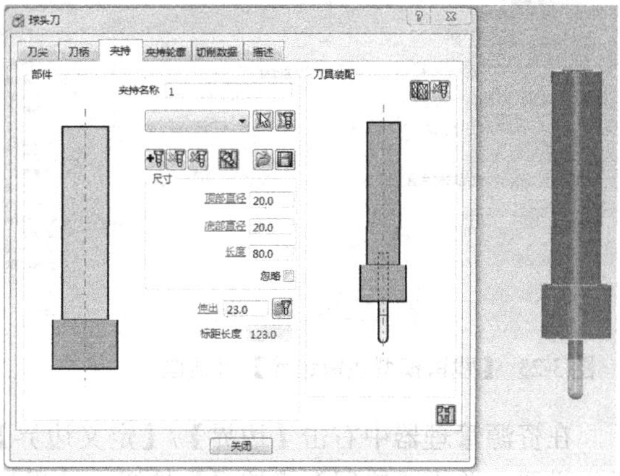

图 3-20 产生的刀具

在资源管理器中右击【边界】/【定义边界】/【无碰撞边界】，并严格按照图 3-21 所示进行设置，单击【应用】、【接受】按钮，结果如图 3-22 所示。

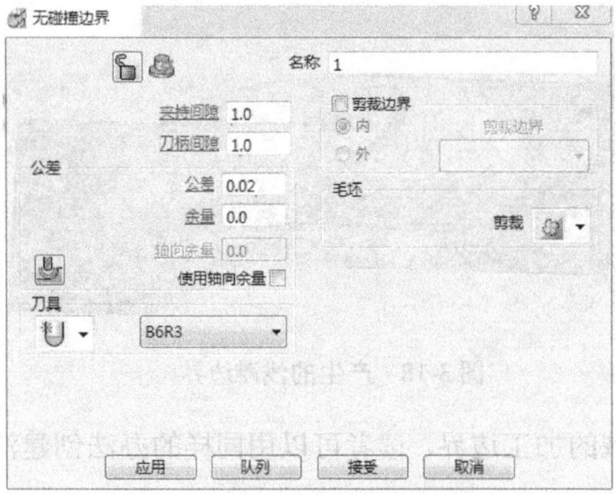

图 3-21 【无碰撞边界】参数设置

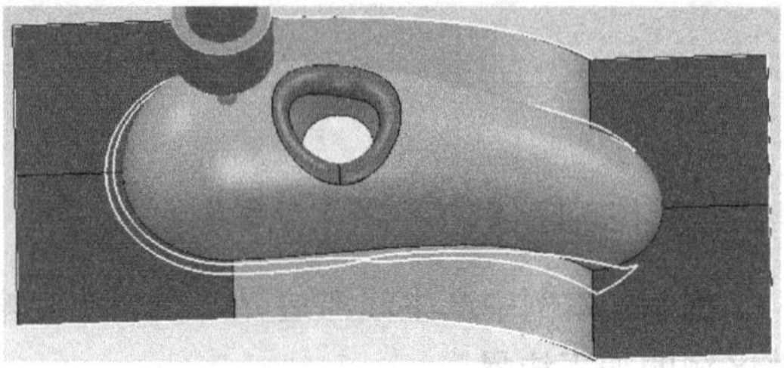

图 3-22 产生的无碰撞边界

提示：在创建无碰撞边界的时候，读者需注意所用的刀具需创建刀柄和夹持，否则将无法创建无碰撞边界。

3.1.1.6 残留模型残留边界

残留模型残留边界是指参考残留模型所留下的残留区域，使用当前刀具对残留区域进行加工时刀具中心所加工的区域所形成的边界。

操作：在资源管理器中找到【边界】选中并右击，在出现的下拉菜单中，依次选择【定义边界】→【残留模型残留边界】，会出现如图 3-23 所示的【残留模型残留边界】对话框，设置各选项，设置完成后，点击 应用 、 接受 即可。

【范例】

在 PowerMILL 工作界面下，依次单击【文件】、【打开项目】命令，选择“下载文件”/【源文件】/【ch03】/“cowling”项目，该项目文件，编者已经创建好刀具 D16R4、D8R0 和 1-16R4 粗加工程序及残留模型“1”，如图 3-24 所示。

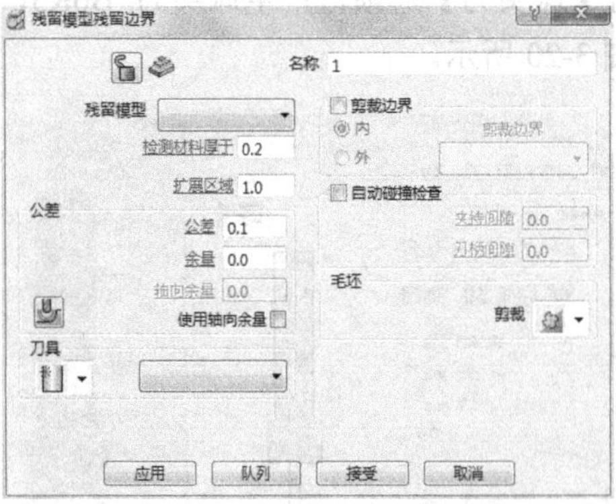

图 3-23 【残留模型残留边界】对话框

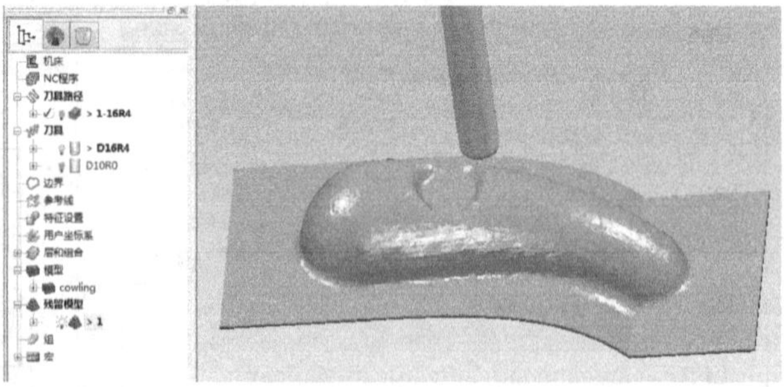

图 3-24 项目文件

在资源管理器中右击【边界】/【定义边界】/【残留模型残留】，并严格按照图 3-24 所示进行设置，单击【应用】、【接受】按钮，结果如图 3-25 所示。

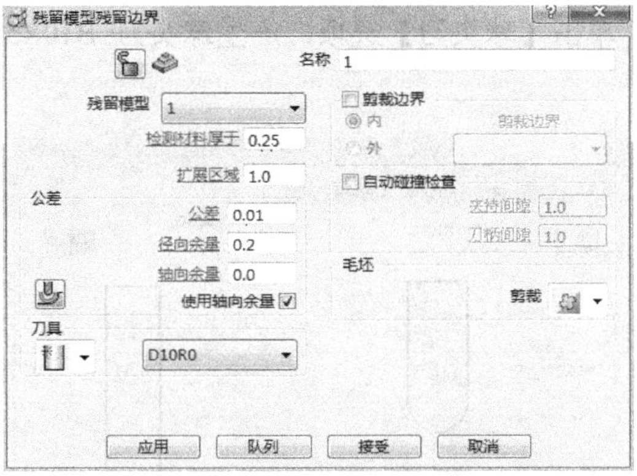

图 3-25 【残留模型残留边界】参数设置

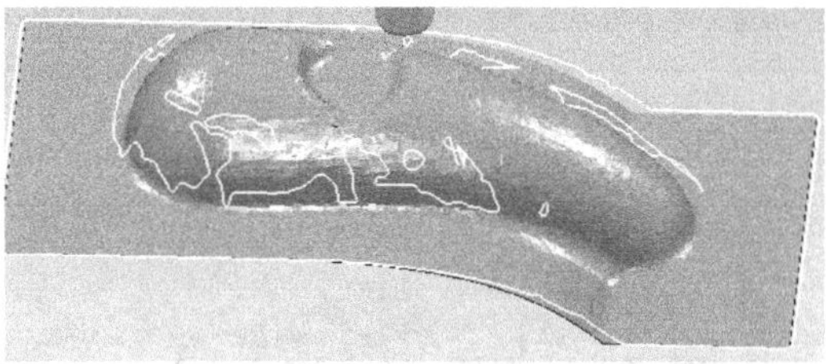

图 3-26 产生的残留模型残留边界

提示：在创建残留模型残留边界的时候，读者需事先产生一个有效的残留模型，否则将无法创建残留模型残留边界。

3.1.1.7 轮廓边界

轮廓边界是指沿 Z 轴向下投影模型的轮廓，同时考虑刀具参数补偿而产生的边界。

操作：在资源管理器中找到【边界】选中并右击，在出现的下拉菜单中，依次选择【定义边界】→【轮廓】，会出现如图 3-27 所示的【轮廓边界】对话框，设置各选项，设置完成后，点击 应用 、 接受 即可。

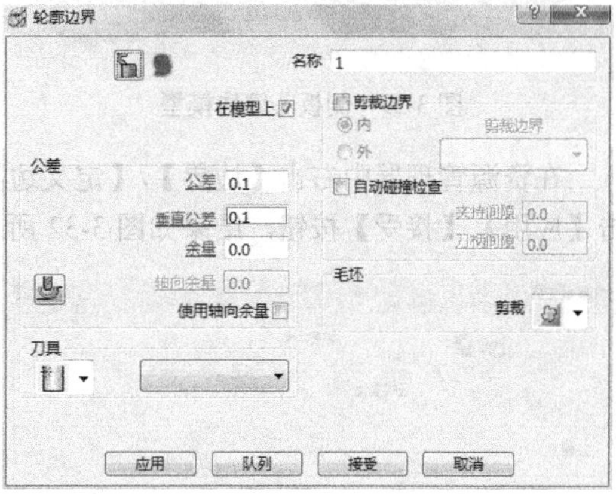

图 3-27 【轮廓边界】对话框

其中各选项的意义如下：

①【在模型上】：选中此项，产生的边界位于模型上，否则产生的边界将在模型的底部，如图 3-28 所示。

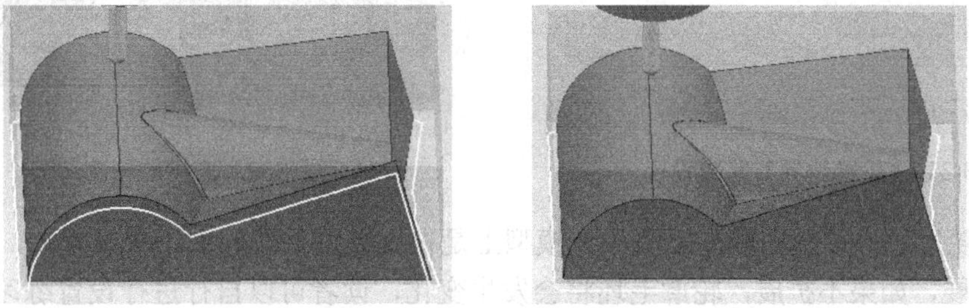

（a）勾选“在模型上”　　（b）不勾选“在模型上”

图 3-28 【在模型上】示意图

②【垂直公差】：用来决定模型边缘的陡峭曲面是否为垂直面的公差。

【范例】

在 PowerMILL 工作界面下，依次单击【文件】、【输入模型】命令，选择“下载文件”/【源文件】/【ch03】/“侧板芯镶块.dgk”文件，单击【打开】，并单击主工具栏上的【毛坯】按钮，计算模型毛坯，如图 3-29 所示。

在资源管理器中右击【刀具】/【产生刀具】，单击【球头刀】选项，产生球头刀 B10R5，如图 3-30 所示。

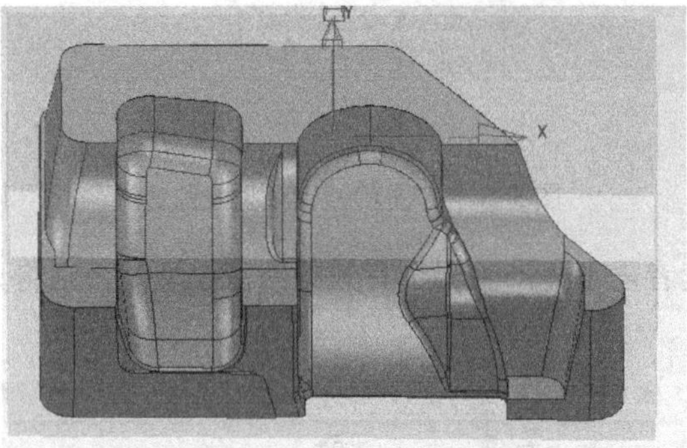

图 3-29 侧板芯镶块模型

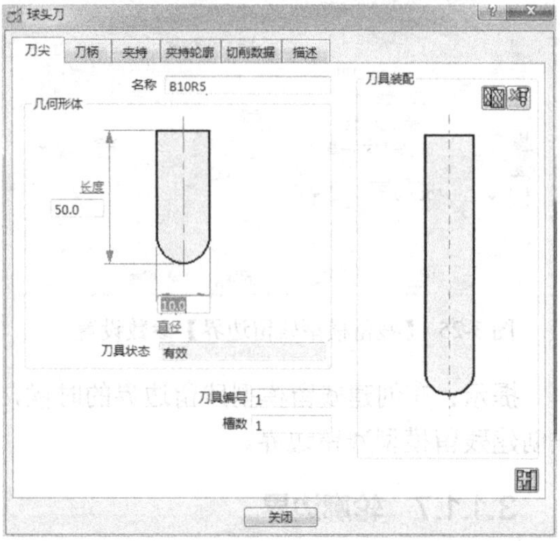

图 3-30 产生的刀具

在资源管理器中右击【边界】/【定义边界】/【轮廓】，并严格按照图 3-31 进行设置，单击【应用】、【接受】按钮，结果如图 3-32 所示。

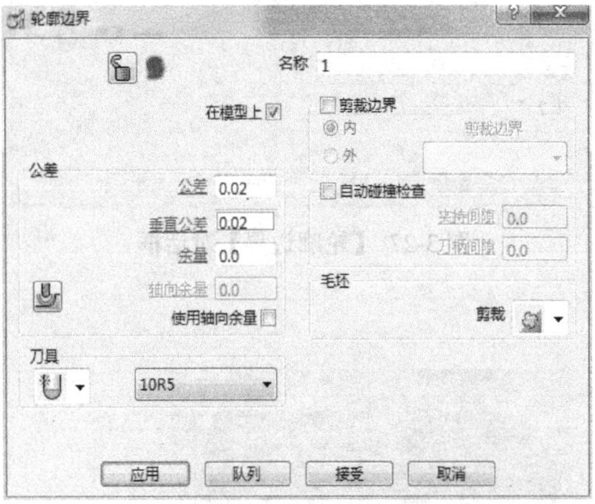

图 3-31 【轮廓边界】参数设置

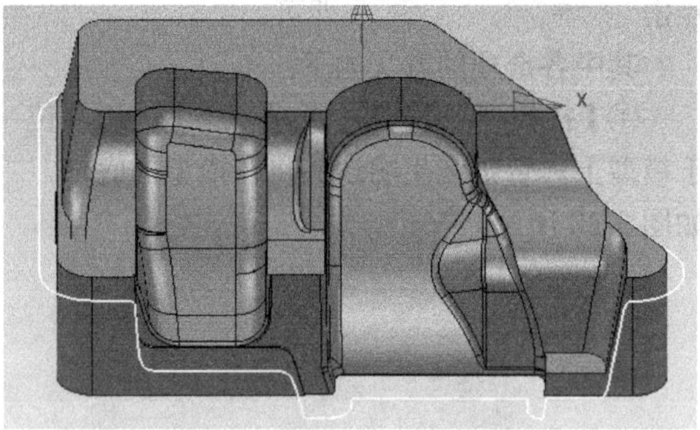

图 3-32 产生的轮廓边界

提示：轮廓边界设置在模型上和不在模型上是根据模型毛坯的大小来设置的，本例模型毛坯进行了扩展，如果不扩展，轮廓毛坯将会发生变化，读者可以自行进行设置练习。

3.1.1.8 接触点边界

接触点边界是指控制刀具和工件接触的范围而形成的边界。

操作：在资源管理器中找到【边界】选中并右击，在出现的下拉菜单中，依次选择【定义边界】→【接触点】，会出现如图 3-33 所示的【接触点边界】对话框，设置各选项，设置完成后，点击 应用 、 接受 即可。

其中各选项的意义如下：

①【边界】：选取项目中已产生的边界插入到当前边界中；

②【参考线】：选取项目中已产生的参考线插入到当前边界中；

③【刀具路径】：选取项目中已产生的刀具路径插入到当前边界中；

④【模型】：单击按钮，将选取的模型曲面的外形轮廓转换为边界；

⑤【勾画】：单击按钮，【曲线编辑器】工具条被激活，进入曲线编辑状态，可根据相应命令进行边界的勾画；

⑥【模型公差】：产生边界的公差；

⑦【边缘公差】：减少浮动区域周围杂点的剪裁公差，0为自动；

⑧【清除】：单击按钮，可删除激活边界。

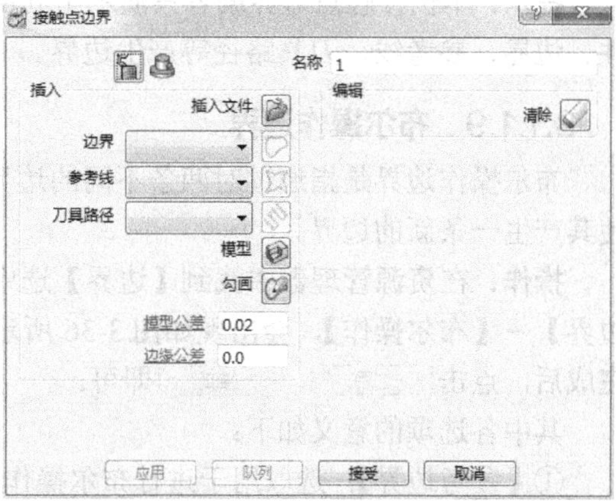

图3-33 【接触点边界】对话框

【范例】

在PowerMILL工作界面下，依次单击【文件】、【输入模型】命令，选择“下载文件”/【源文件】/【ch03】/“侧板芯镶块.dgk”文件，单击【打开】，并单击主工具栏上的【毛坯】按钮，计算模型毛坯，如图3-29所示。

在资源管理器中右击【刀具】/【产生刀具】，单击【球头刀】选项，产生球头刀B10R5，如图3-30所示。

在资源管理器中右击【边界】/【定义边界】/【接触点】，并严格按照图3-34进行选取曲面，单击模型按钮，单击【应用】、【接受】按钮，结果如图3-35所示。

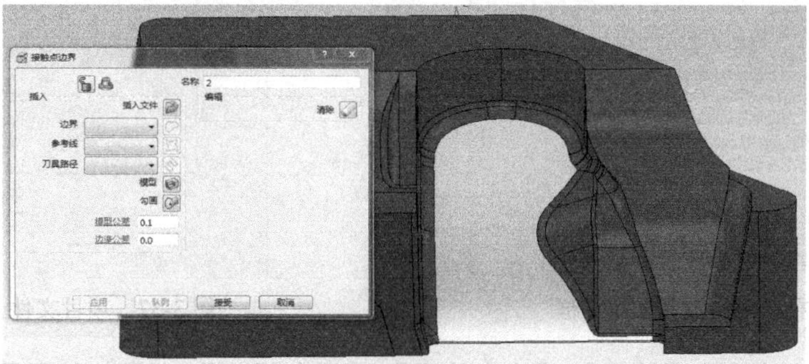

图3-34 选取的曲面

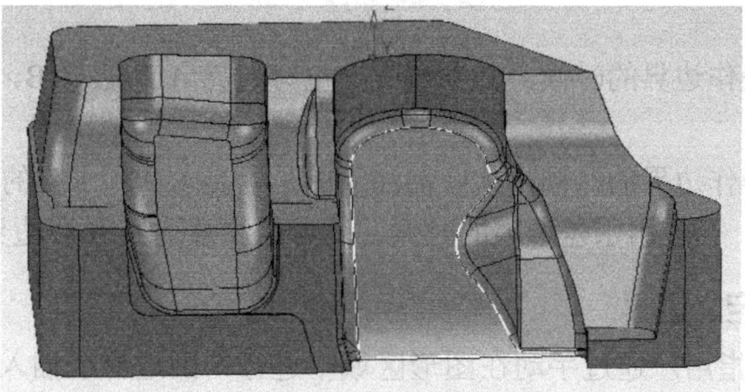

图3-35 产生的接触点边界

提示：本例接触点边界编者只演示了利用模型产生接触点边界，读者可以自行练习插入文件、边界、参考线、刀具路径等产生边界。

3.1.1.9 布尔操作边界

布尔操作边界是指通过对两条不同的边界进行布尔运算，将两边界进行求和、求差或求交，使其产生一条新的边界。

操作：在资源管理器中找到【边界】选中并右击，在出现的下拉菜单中，依次选择【定义边界】→【布尔操作】，会出现如图 3-36 所示的【布尔操作边界】对话框，设置各选项，设置完成后，点击 应用 、 接受 即可。

其中各选项的意义如下：

①【参考边界】：选取用于进行布尔操作的两条参考边界，分为边界 A 和边界 B 两个下拉菜单选项，可在其内部分别选择两条不同的参考边界进行布尔运算；

②【布尔操作】：用于选取进行布尔运算的类型，分别有求和、求差和求交三种类型；

③【公差】：可设定布尔操作的精度。

【范例】

在 PowerMILL 工作界面下，依次单击【文件】、【打开项目】命令，选择“下载文件”/【源文件】/【ch03】/“beczbj”项目，该项目文件，编者已经创建边界 A 和边界 B，如图 3-37 所示。

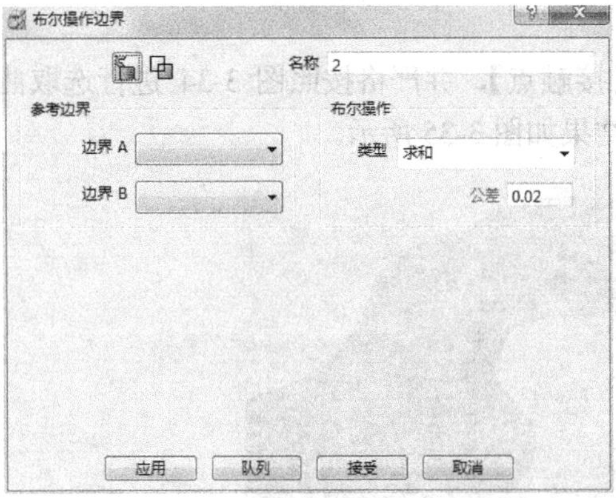

图 3-36 【布尔操作边界】对话框

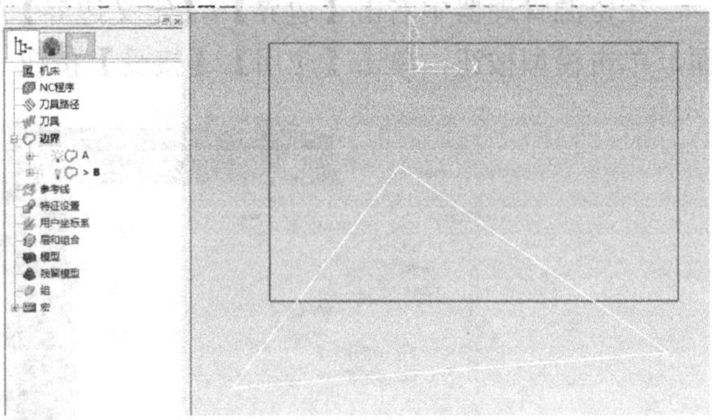

图 3-37 项目文件

在资源管理器中右击【边界】/【定义边界】/【布尔操作】，并严格按照图 3-38 所示进行设置，单击【应用】、【接受】按钮，结果如图 3-39 所示。

提示：

① 在创建布尔操作边界的时候，必须事先产生有边界 A 和边界 B，否则布尔操作边界将无法操作。

② 在创建布尔操作边界的时候，读者需注意的是，当求和和求交的时候，边界 A 和边界 B 是没有先后顺序的，当使用求差选项的时候，读者需注意边界 A 和边界 B 的顺序。

3.1.1.10 用户定义边界

用户定义边界是指用户通过手动在图形区域中进行勾画边界或插入某元素封闭轮廓所产生的边界。

图 3-38 【布尔操作边界】参数设置

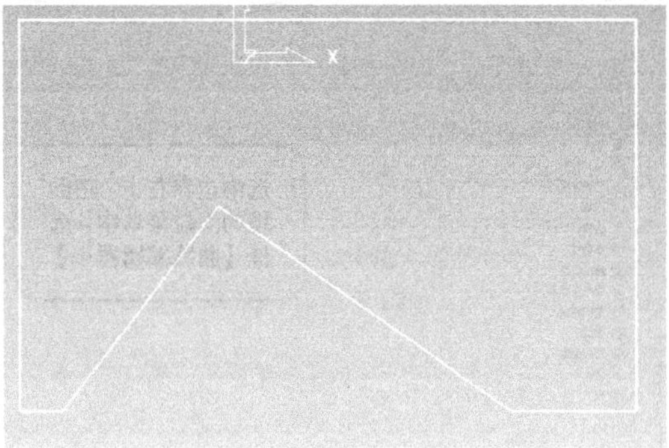

图 3-39　产生的布尔操作边界

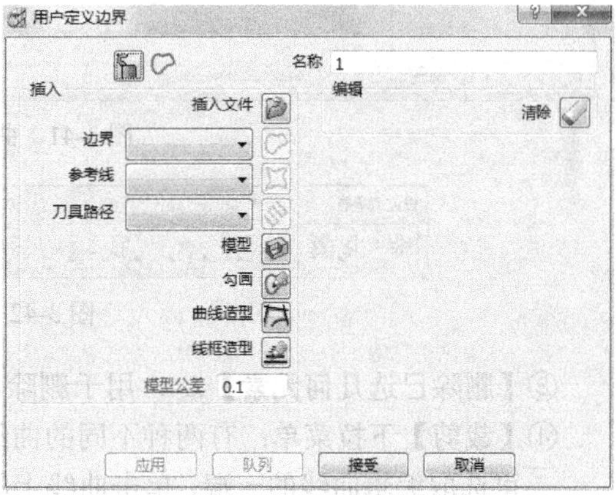

图 3-40 【用户定义边界】对话框

操作：在资源管理器中找到【边界】选中并右击，在出现的下拉菜单中，依次选择【定义边界】→【用户定义】，会出现如图 3-40 所示的【用户定义边界】对话框，设置各选项，设置完成后，点击 应用 、 接受 即可。

其中各选项的意义如下：

①【曲线造型】：单击按钮，可以进入集成 PowerMILL Modelling 的复合曲线勾画器产生复合曲线为边界；

②【线框造型】：单击按钮，可以进入集成 PowerMILL Modelling 的线框造型界面产生封闭线框曲线为边界。

提示：

用户定义边界和接触点边界创建的方法比较类似，不同之处在于接触点边界在加工时是刀具外围和边界进行接触，而用户定义边界在加工时是刀具中心和边界进行接触。

3.1.2　边界的编辑

边界的编辑是指通过相应的指令，来对已创建好的边界进行进一步的编辑，以满足用户的需求。

曲线编辑器是将 PowerMILL Modelling 中的许多曲线编辑命令集中到一起，形成的对边界编辑、修改的模块。

曲线编辑器的调出：

选中要编辑的边界，右击在出现的下拉菜单中选择【曲线编辑器…】，【曲线编辑器】的工具条将被激活，如图 3-41 所示。

曲线编辑器如图 3-42 所示中的各命令含义：

①【获取曲线】：通过模型、参考线和边界获取曲线到当前激活边界。

②【选取】下拉菜单：快速选取曲线的方法有三种，分别如下。

用于选取激活元素中的全部段；

用于切换激活元素的已选段；

用于仅选取激活实体中的闭合段。

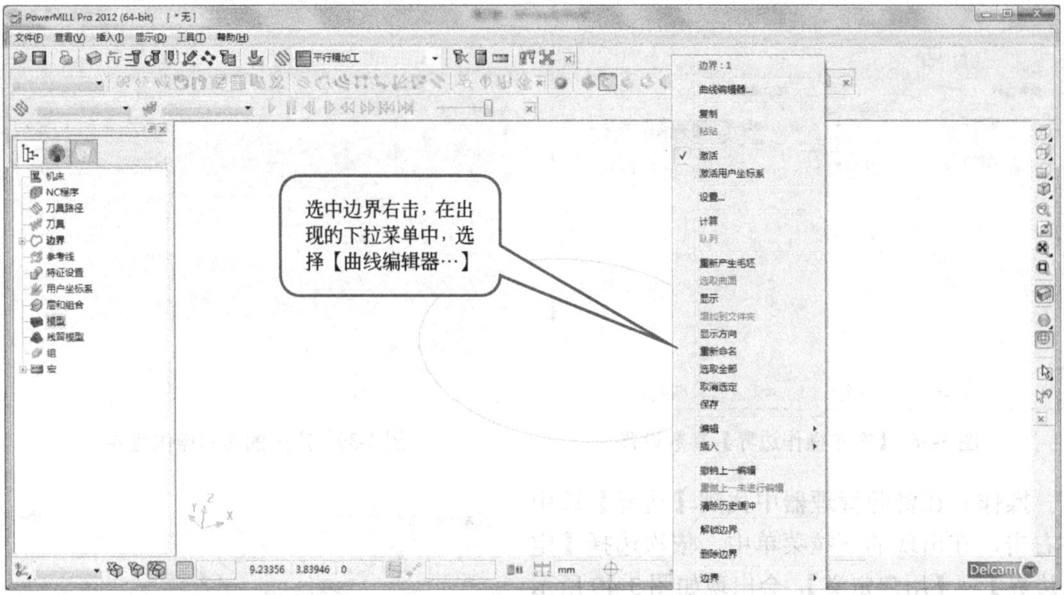

图 3-41　曲线编辑器的调出

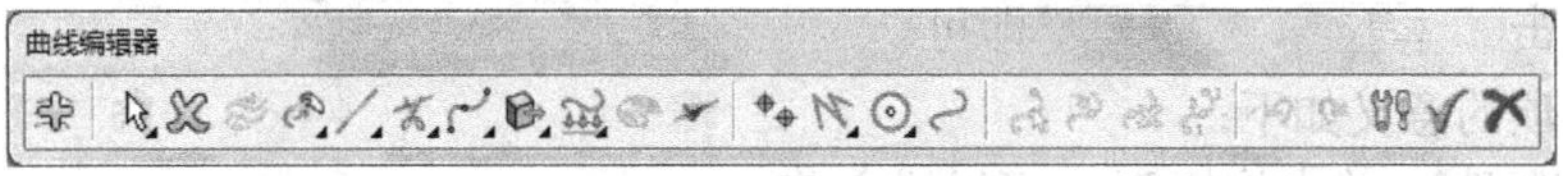

图 3-42　曲线编辑器

③【删除已选几何元素】：用于删除已选的几何元素。

④【裁剪】下拉菜单：有两种不同的曲线剪裁模式，其修剪方式分别如下。

可选取编辑曲线的一端，单击曲线上的点将曲线裁剪到该点，也可拖动曲线的末端剪裁或延伸它；

可将编辑的曲线剪裁它到和其自身或另一曲线最近的相交位置。

⑤【连接】下拉菜单：不同曲线的连接模式有三种，分别如下所述。

可使两段曲线用直线连接；

可使用切向连续直线连接两段曲线；

可通过连接曲线末端闭合任何已选段。

⑥【段】操作下拉菜单：不同的段操作有下列四种形式。

在曲线上单击小刀光标在该点中断，也可沿曲线拖动光标移去所选段；

用于分割已选段为单独部分；

用于合并已选段；

用于选取一段和相邻段合并。

⑦【曲线拟合】拟合曲线的方式有以下三种。

将选取的曲线段按公差进行样条拟合；

将选取的曲线段按公差进行修圆拟合；

将选取的曲线段按公差进行多边形化拟合。

⑧【变换】变换形式有以下几种选择。

选取将移动的几何元素，通过输入或拖放重新定位原点，然后输入坐标移动几何元素；

选取将旋转的几何元素，通过输入或拖放重新定位原点，使用主编辑平面按钮选取旋转轴，然后输入旋转角度旋转几何元素；

选取将镜像的几何元素，然后选取镜像轴或拖动一用户定义镜像直线，镜像几何元素；

选取将缩放的几何元素，通过输入或拖放重新定位原点，然后输入缩放系数，缩放几何元素；

选取将偏置的几何元素，输入偏置距离，偏置几何元素；

单击【多重变换】按钮，打开多重变换模式对话框，可将选取的几何元素按照所选的规律进行复制。

⑨【水平投影】：单击按钮，可将已选曲线水平投影到激活坐标系的 *XY* 平面内。

⑩【方向指示】：单击按钮，显示方向指示切换。

⑪【产生点】：单击按钮，可通过点取或手动输入坐标产生点。

⑫【直线】下拉菜单：有三种创建直线的方式，分别如下所述。

输入或选取单个连接直线的点，产生连续直线；

输入或选取直线的开始点和结束点坐标，产生单条直线；

输入或选取方形线框两个对角点坐标，产生方形线框。

⑬【圆形和圆弧】下拉菜单：

输入或选取，圆中心点坐标及设定圆半径大小，产生整圆；

输入或选取，圆弧中心点坐标及圆弧上两个点的坐标，产生圆弧；

输入或选取，圆弧上三个点的坐标，产生圆弧；

单击两条曲线，产生圆倒角圆弧，原始曲线被裁剪，或单击复合曲线在全部直线不连续处产生圆倒角；

单击两条曲线产生圆倒角圆弧，产生圆倒角后同时保留原曲线。

⑭【产生一 Bezier 曲线】：单击按钮，通过点取或手动输入坐标点，产生一 Bezier 曲线。

⑮【选取曲线上的点】：单击按钮，可在【选取点】对话框内选取曲线上需要编辑的点。

⑯【插入点】：单击按钮，可在【插入点到曲线】对话框内选择不同方式插入点。

⑰【删除点】：单击按钮，可用于删除曲线上所选的点。

⑱【点数】：单击按钮，可显示曲线上各点的编号。

3.2 参考线

3.2.1 参考线的定义

参考线是由一条或多条封闭或开放的曲线组成的曲线组，主要是用来控制刀具路径策略的驱动轨迹、刀轴的方向向导、特征设置的轮廓向导。

操作：在 PowerMILL 资源管理器中选中 参考线 选项，单击鼠标右键在弹出的下拉菜单中选择 产生参考线，即产生一空的参考线；选中所创建的参考线，然后单击鼠标右键在弹出的下拉菜单中选择【插入】命令，弹出参考线创建方法的子菜单，如图 3-43 所示。

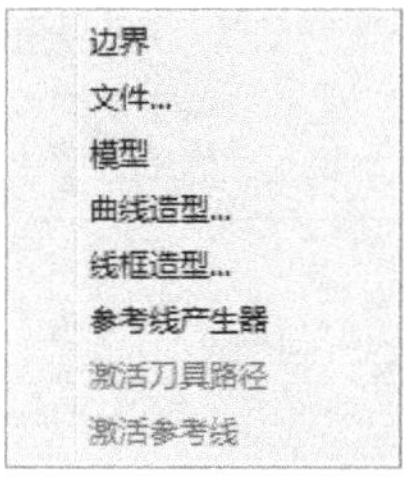

图 3-43 参考线子菜单

①【边界】：用于将现有的边界转换为参考线；

②【文件】：该方法是将现有的曲线类型图形文件插入到 PowerMILL 系统中形成参考线；

③【模型】：将模型（曲面）的边缘线作为参考线；

④【曲线造型】：使用 PowerSHAPE 软件中复合曲线功能创建参考线；

⑤【线框造型】：使用 PowerSHAPE 软件中创建曲线功能创建参考线；

⑥【参考线产生器】：通过偏置已有线条自动产生新的参考线工具。

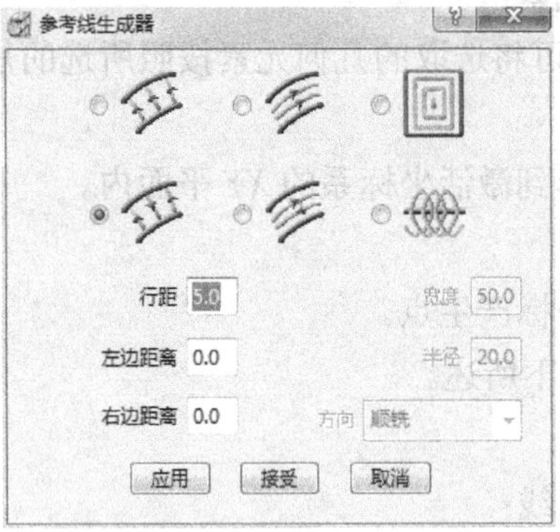

图 3-44 参考线生成器

3.2.1.1 外部元素转换成参考线

【插入】命令的下拉菜单中，除【参考线生成器】外，均属于外部元素转换成参考线，操作简单，直接插入即可。

3.2.1.2 参考线生成器产生参考线

在选择【插入】命令的下拉菜单中选择【参考线生成器】，弹出其对话框，如图 3-44 所示。其中各参数的意义如下所述。

①【产生单向交叉参考线】：产生和已选曲线单向交叉的参考线，如图 3-45 所示。

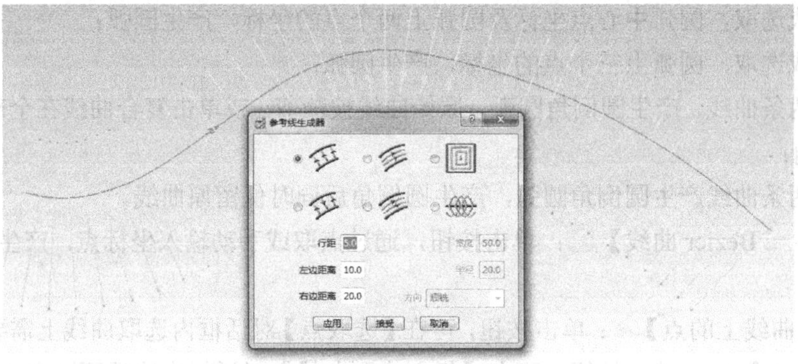

图 3-45 产生单向交叉参考线

②【产生双向交叉参考线】：产生和已选曲线双向交叉的参考线，如图 3-46 所示。

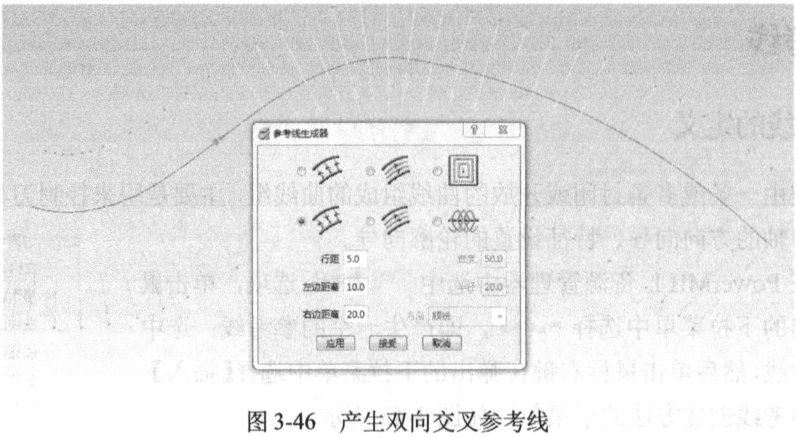

图 3-46 产生双向交叉参考线

③【产生单向沿曲线参考线】：产生沿着已选曲线的单向参考线，如图 3-47 所示。

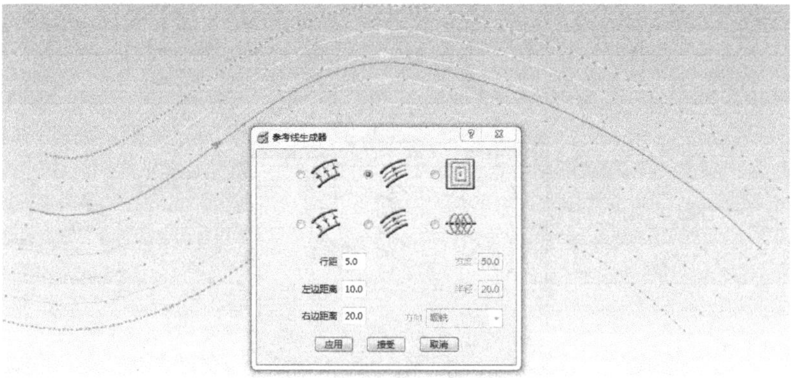

图 3-47 产生单向沿曲线参考线

④【产生双向沿曲线参考线】：产生沿着已选曲线的双向参考线，如图 3-48 所示。

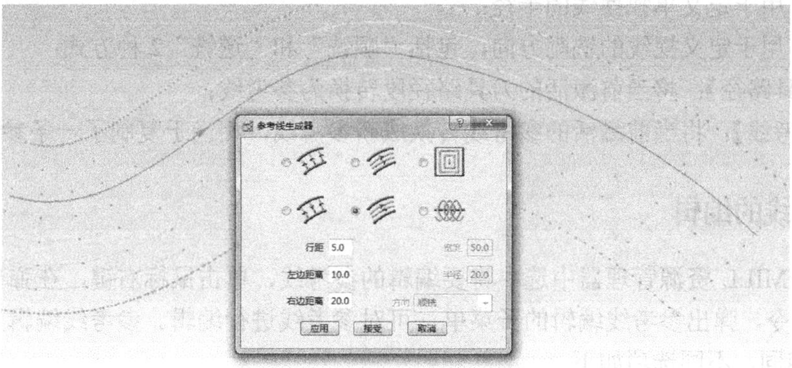

图 3-48 产生双向沿曲线参考线

⑤【产生偏置参考线】：在已选曲线内产生偏置参考线，如图 3-49 所示。

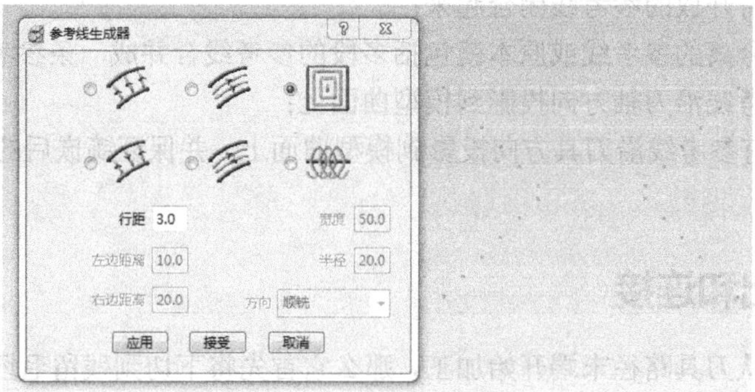

图 3-49 产生偏置参考线

⑥【产生摆线参考线】：按已选曲线产生摆线参考线，如图 3-50 所示。

【行距】：用于控制参考线曲线间的最大距离；

【左边距离】是指当所选曲线是单条曲线时，沿已选曲线左边偏置的距离；

【右边距离】是指当所选曲线是单条曲线时，沿已选曲线右边偏置的距离；

【宽度】：用于定义摆线参考线宽度；

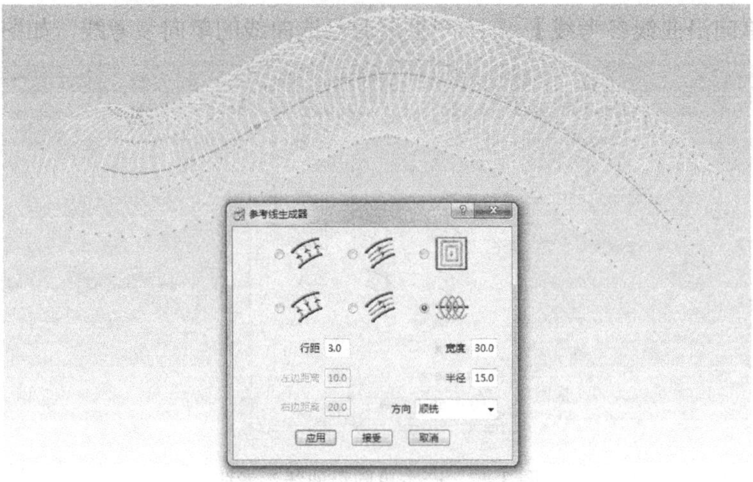

图 3-50 产生摆线参考线

【半径】：用于定义单独摆线的半径；

【方向】：用于定义摆线的铣削方向，包括“顺铣”和“逆铣”2 种方式；

【激活刀具路径】：将当前激活的刀具路径段转换为参考线；

【激活参考线】：将当前激活的参考线转换成新参考线，相当于复制了一条参考线。

3.2.2 参考线的编辑

在 PowerMILL 资源管理器中选中将要编辑的参考线，单击鼠标右键，在弹出的下拉菜单中选择 编辑 命令，弹出参考线编辑的子菜单，可对参考线进行编辑。参考线编辑方法与边界编辑方法基本相同，不同选项如下。

【反向已选】：将参考线的方向反向；

【分离已选】：将参考线分离为若干段直线，参考线分离后，可以删除参考线中不需要的段；

【闭合已选】：将开放的参考线闭合起来；

【合并】：将被分离的参考线或原本就包括多段的参考线合并成一条参考线；

【投影】：将参考线沿刀轴方向投影到模型曲面上；

【镶嵌】：将现有参考线沿刀具方向投影到模型曲面上，并保证镶嵌后的参考线上的各点均在模型曲面上。

3.3 切入切出和连接

如果允许刀具从刀具路径末端开始加工，那么它首先将下切到残留毛坯深度，然后突然改变方向，沿刀具路径进行切削，这样很容易产生刀痕，同时使刀具发生振动，从而导致刀具和机床的额外磨损；对刀具路径进行适当的切入切出移动设置，可避免刀具负荷的突然改变。

刀具路径间的空程移动（连接）会增加大量的额外加工时间，使用适当的连接移动，可以极大减少刀具路径间的空程移动。

一条完整的刀具路径由接近段、切入段、切削段、连接段、切出段和撤回段等组成，一般靠近段、撤回段和连接段被设置成 G00 速度，其中，刀具路径的切削段由粗加工、精加工策略来计算，其余各段一般通过“切入切出和连接参数”设置。如图 3-51 所示。

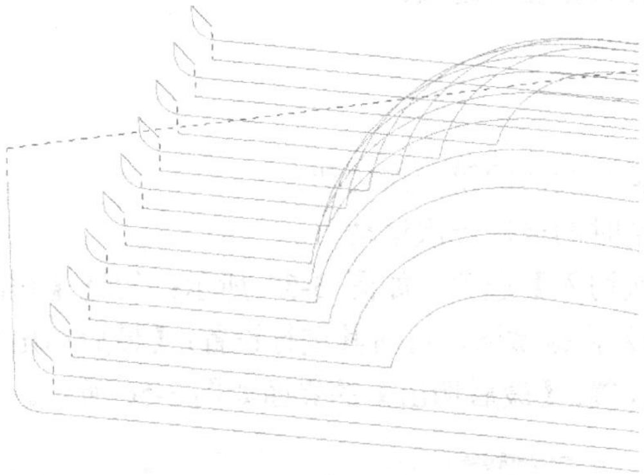

图 3-51　刀具路径各组成部分

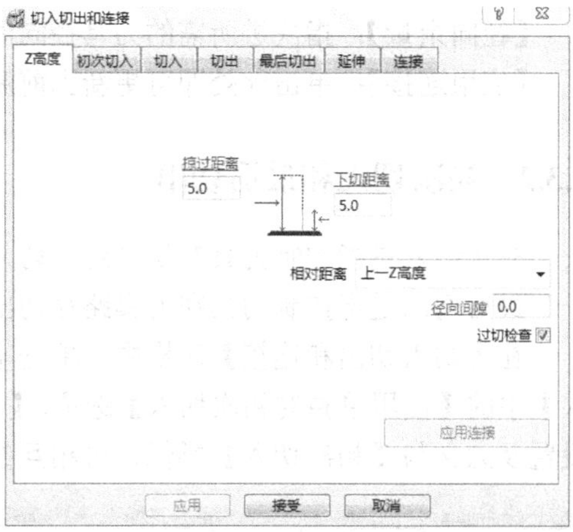

图 3-52　切入切出和连接——Z 高度

3.3.1　*Z* 高度

Z 高度是指通过掠过距离和下切距离来控制刀具在模型上快速移动的高度；主要包括掠过距离和下切距离，设置合适的距离参数，可有效地减少刀具路径在加工过程中的低速移动和空程移动，其界面如图 3-52 所示。

【掠过距离】：刀具在模型上从一个刀具路径末端提刀到另外刀具路径开始处，进行快速移动的相对高度；刀具在掠过距离所设定的高度之上作快速移动，快速跨过模型，到达另一个下切位置，此处为相对安全提刀高度，即快速移动的提刀高度。

【下切距离】：工件表面上的相对距离，刀具下切到此距离后将由快进速度转换为下切速率下切。

【过切检查】：系统自动侦测切入、切出和连接，以及移动过程中刀具与模型实现无过切；切入切出和连接是刀具路径的有效延伸，对其进行过切保护处理，可以避免发生过切；勾选此项后，将不产生任何可能导致过切的切入和切出。

【相对距离】：有两种形式，分别为【刀具路径点】和【前一 Z 高度】。

【刀具路径点】：下切距离的高度起点为刀具路径点，如图 3-53 所示。

【上一 Z 高度】：下切距离的高度起点为刀具路径上一 *Z* 高度点，仅适用于区域清除刀具路径，描述下切移动中斜向切入切出的相对距离，通过相对于刀具路径的开始处之上的 *Z* 高度测量得到，如图 3-54 所示。

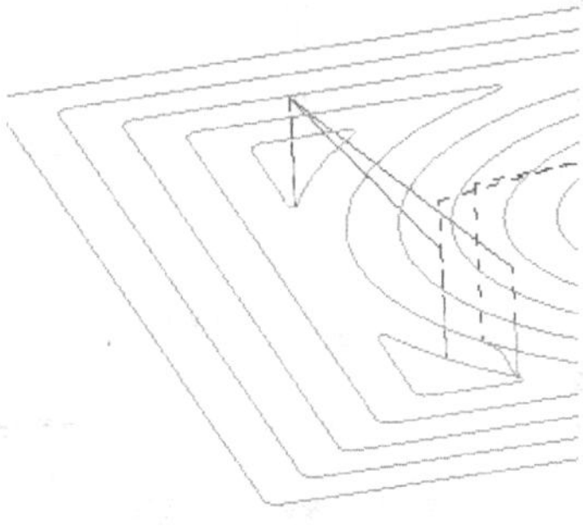

图 3-53　刀具路径点

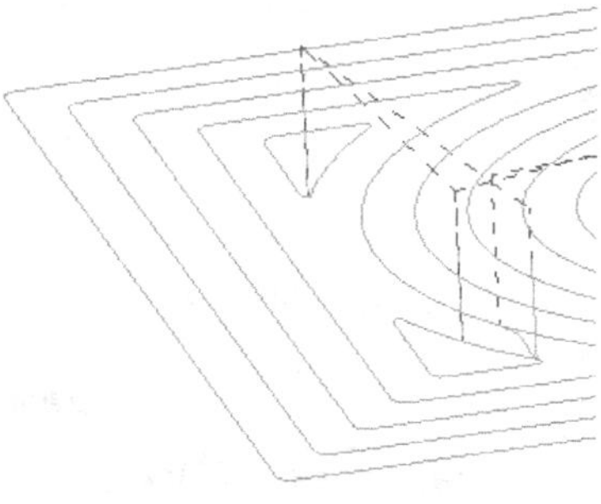

图 3-54　上一 *Z* 高度

【径向余量】：指快进所需的刀具径向间隙。

【应用连接】：单击此处即可更新当前激活刀具路径的连接。

3.3.2 初次切入和最后切出

初次切入是指控制刀具在切削路径切入模型开始前的第一次运动。

最后切出是指控制刀具在刀具路径切出模型时的最后一次运动。

在【切入切出和连接】表格中，单击【初次切入】选项，如图 3-55 所示：勾选【初次切入】中的【使用单独的初次切入】选项，【选项】将被激活，可对其进行设置；【最后切出】的设置及意义与【初次切入】类似，可相互参照设置；【最后切出】的界面如图 3-56 所示。

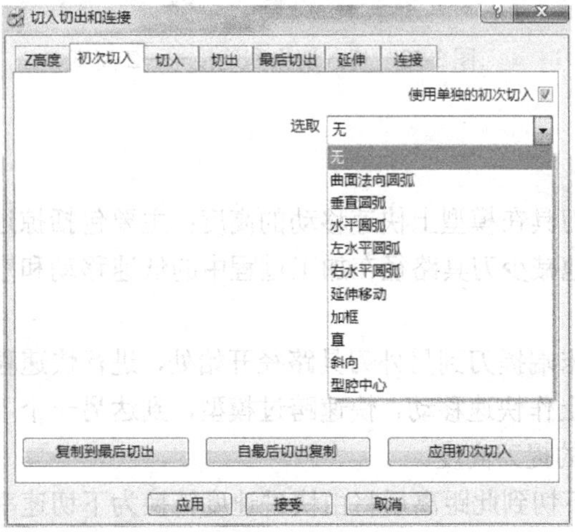

图 3-55 切入切出和连接-初次切入

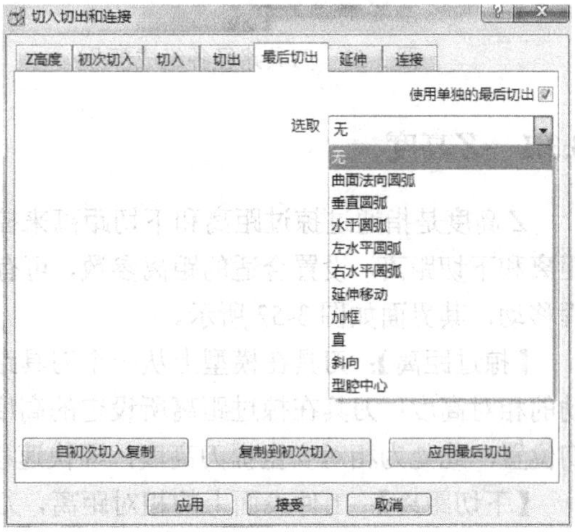

图 3-56 切入切出和连接-最后切出

3.3.3 切入和切出

切入是指控制刀具在切削路径开始切入模型前的运动，如图 3-57 所示。

切出是指控制刀具在刀具路径端点离开模型时的运动，如图 3-58 所示。

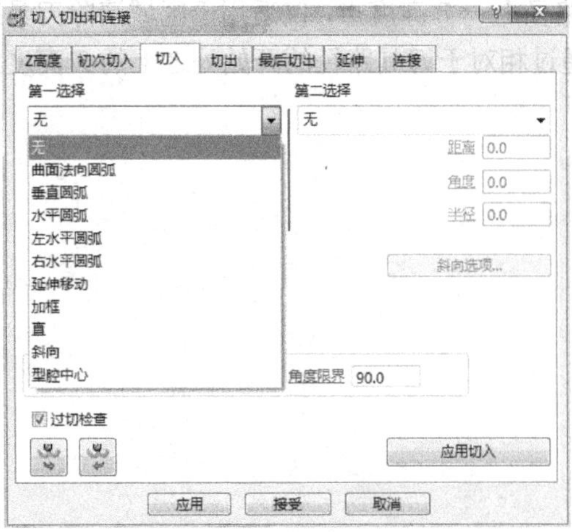

图 3-57 切入切出和连接-切入

图 3-58 切入切出和连接-切出

切入、切出与初次切入和最后切出的区别在于前者适用于所有的加工路径，而后者只适用于第一次切入与最后一次切出的方式设定；切入切出又包含第一选择和第二选择，在过切检查勾选的情况下，第一选择的设定无法满足时，系统会自动应用第二选择，同样第二选择也将失效时，系统将自动设置为无；其中两种选择的参数设置选项相同，分别为无、曲面法相圆弧、垂直圆弧、水平圆弧、左水平圆弧、右水平圆弧、延伸移动、加框、直、斜向及型腔中心，它们的含义分别如下。

①【无】：表示在刀具路径切入切出时不附加任何切削移动路径。

②【曲面法相圆弧】：指位于由切矢方向和接触点法线定义的平面上的切向圆弧切入，如图3-59所示。

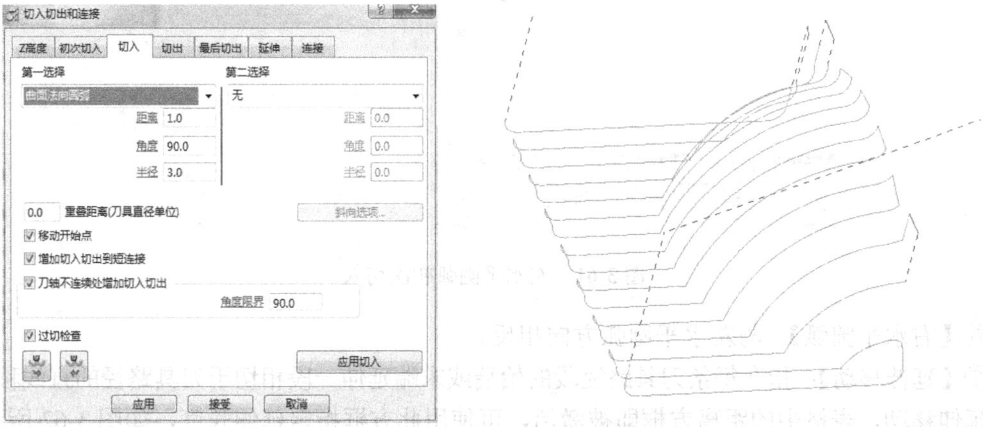

图3-59　曲面法向圆弧切入切出

③【垂直圆弧】：表示在刀具路径的开始处产生一向下的圆弧移动，在刀具路径的结束处产生一向上的圆弧移动，方向与当前刀具路径所移动的坐标Z轴一致；由距离、角度和半径三个参数来决定切入圆弧形状，如图3-60所示。

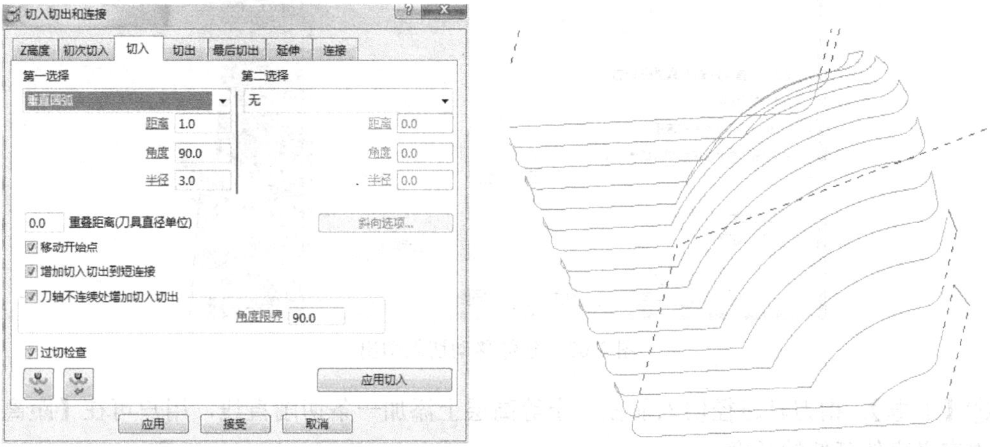

图3-60　垂直圆弧切入切出

④【水平圆弧】：表示在刀具路径切入切出时添加一个水平圆弧路径，其方向与当前刀具路径动作的坐标X、Y平面平行；水平圆弧主要适合在恒定Z高度或Z高度变化较小的刀具路径上。

⑤【左水平圆弧】：表示在刀具路径切入切出时添加一个水平圆弧路径，方向与当前动作刀具路径的坐标 X、Y 平面平行，且圆弧方向摆向该刀具路径的切削方向的左边，与水平圆弧切入的区别在于水平圆弧的摆向是随机的、不确定的，而左水平圆弧则代表只能摆向当前移动刀具路径切削方向的左边，如图 3-61 所示。

图 3-61　左水平圆弧初次切入

⑥【右水平圆弧】：与左水平圆弧方向相反。

⑦【延伸移动】：指在每条刀具路径段的始端或末端延伸一段相切于刀具路径的直线移动；选取延伸移动，表格中的距离方框即被激活，可使用此方框指定延伸长度，如图 3-62 所示。

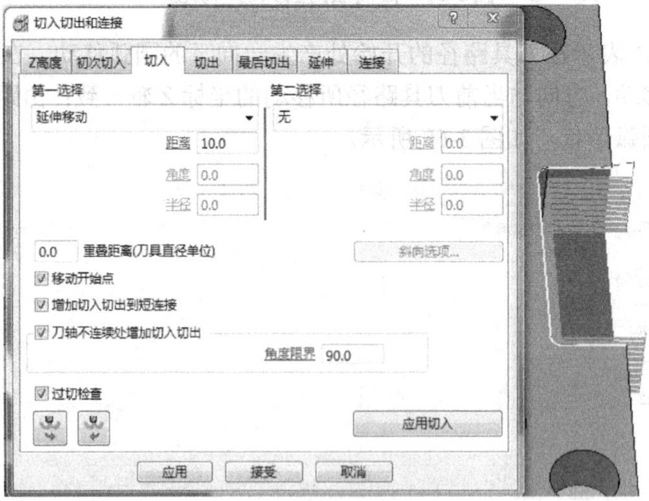

图 3-62　延伸移动切入切出

⑧【加框】：指刀具路径切入前在一个等高层上添加一条切削直线，用户可在【距离】输入框内定义直线延伸的长度。

⑨【直】：与【加框】相似，不同之处在于它可以设置角度移动切削，如图 3-63 所示。

⑩【型腔中心】：始于型腔特征中心（仅闭合段）的切向圆弧切入，如图 3-64 所示。

⑪【斜向】：刀具路径在指定高度，以圆弧、直线或轮廓方式斜向切入路径，如图 3-65 所示为“斜向”设置表格。

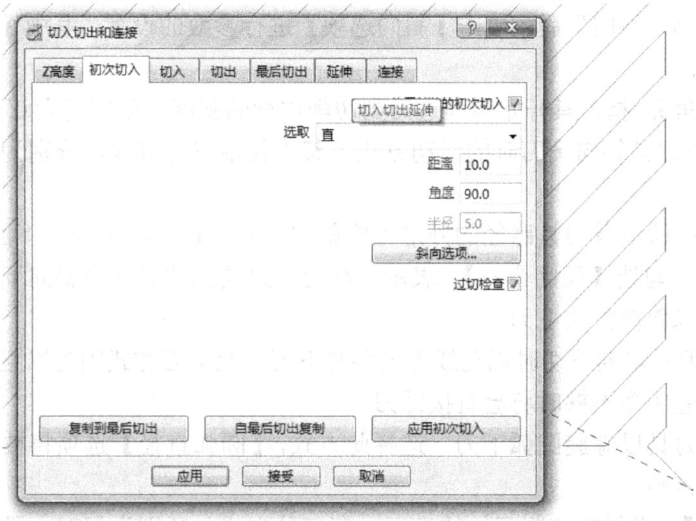

图 3-63 初次切入使用“直”

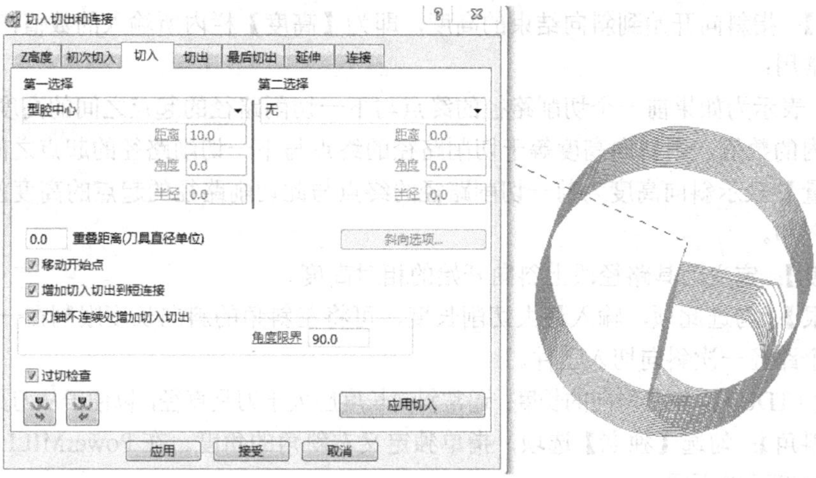

图 3-64 切入切出使用“型腔中心”

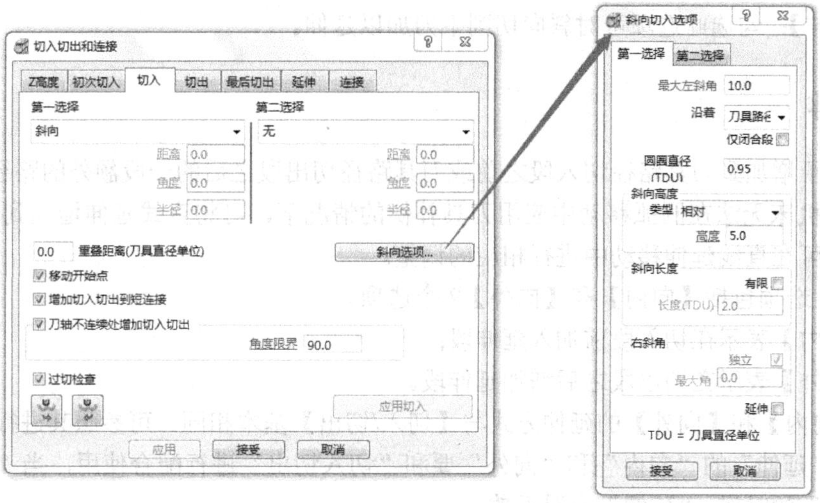

图 3-65 【斜向】设置表格

第一选择设置为“斜向”后，单击【斜向选项】进行参数的设置，其中【斜向选择】中参数的意义如下所述：

a.【最大左斜角】：指刀具开始斜向进刀到切削进行的斜度，限定值为0°～90°。

b.【沿着】：指刀具斜向下刀时的运动方式，其中包括三种方式，分别为刀具路径、直线及圆形。

•【刀具路径】：即沿着刀具路径的外形轮廓斜向下刀，选择此选项，下面的【仅闭合段】将被激活为可选项，勾选【仅闭合段】，表示只在内腔封闭的位置才会斜向下刀，反之，则表示所有的切入都会以斜向方式下刀；

•【直线】：指刀具斜向下切时以直线方式斜向下刀，此下刀方式因为以直线模式，所以距离最短，但如果内腔距离不够时将会直接踩刀；

•【圆形】：指刀具以螺旋圆弧下刀，选择此方式，【圆弧直径】选项将被打开，输入的阀值代表刀具直径的倍数。

c.【斜向高度】：指斜向切削开始的高度，有三种方式，分别为相对、段和段增量，其意义如下所述：

•【相对】：指斜向开始到斜向结束的高度，即为【高度】栏内所输入的数值，此项在实际加工中较为常用；

•【段】：表示为如果前一个切削路径的终点与下一切削路径的起点之间的高度差大于【高度】定义框内的数值，则斜向高度等于切削路径的终点与下一切削路径的起点之间的高度差；

•【段增量】：表示斜向高度为前一切削路径的终点与此切削路径的起点的高度差和【高度】框中的数值之和。

d.【高度】：定义刀具路径段上斜向开始的相对高度。

e.【有限】：勾选此项，输入最大切削长度，可将左斜角的斜向长度限制在一有限距离，不选则以一个路径一次斜向切入工件。

f.【长度（TDU）】：定义斜向的长度；通常斜向长度应大于刀具直径，以便于从刀具底部排屑。

g.【右斜角】：勾选【独立】选项，指单独定义右斜角的角度，在PowerMILL里面，左斜角与右斜角角度可以不同。

h.【独立】：勾选此选项可单独指定右斜角角度。

i.【延伸】：勾选此选项可对斜向切削下刀加以延伸。

3.3.4 延伸

延伸用于增加到刀具路径切入段之前或刀具路径切出段之后的一段额外的路径，如图3-66所示。例如机床无法在圆弧移动中应用刀具补偿的情况下，可将直线延伸增加到圆弧切入/切出中，这样可在直线延伸移动中进行相应的调整。

【延伸】选项包括【向内】和【向外】2个选项。

①【向内】表示在切入段前加入延伸段；

②【向外】表示在切出段之后增加延伸段。

注：【向内】和【向外】的延伸方式与【切入/切出】基本相同，可参照其进行设置。

提示：“延伸”的“向内”和“向外”要和“切入切出”进行配合使用，当“切入切出”设置为“无”的时候，“延伸”设置无效。

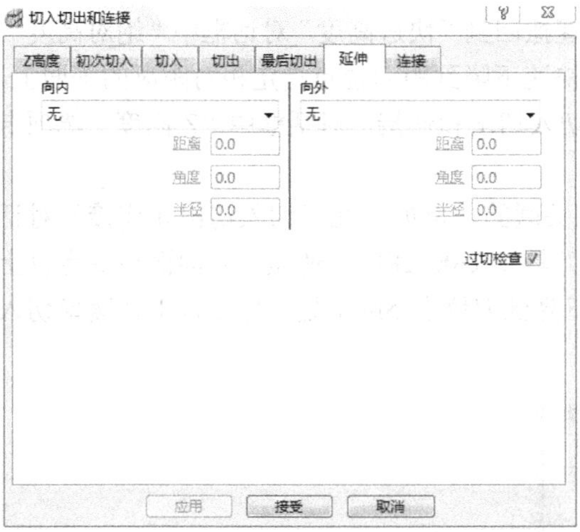

图 3-66 【延伸】选项卡

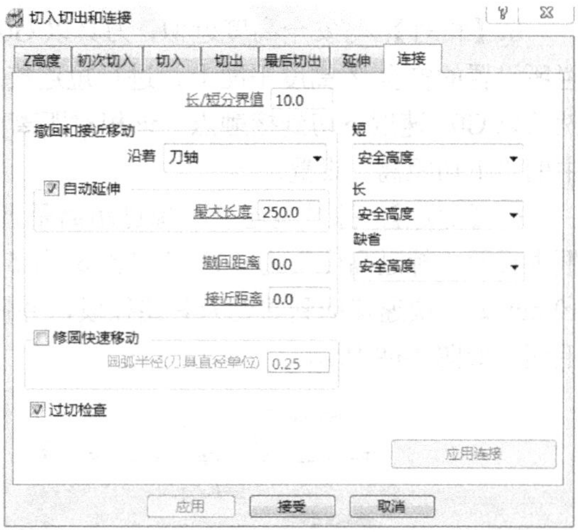

图 3-67 【连接】选项卡

3.3.5 连接

【连接】选项卡用于设置两个相邻刀具路径之间的过渡方式，如图 3-67 所示。连接功能在编程中是经常会用到的功能。

【连接】选项中各参数的意义如下所述：

①【长/短分界值】：指确定区分长、短连接的距离，两者之间的分界值由用户自定义。如果刀具路径之间的连接距离大于用户定义的数值，系统则自定义为长连接；如果切削路径之间的连接距离小于该数值，系统则自定义为短连接。

②【短】：短连接有以下七种连接方式，意义如下所述。

a.【安全高度】：刀具以 G00 速度快速撤回到由“快进高度”对话框中“绝对高度”栏所设置的安全 Z 高度平面上，进行短连接后，快速下降到“快进高度”对话框中“绝对高度”栏所设置的开始 Z 高度平面上，然后以 G01 速度下切到刀位点。该方式比较安全，但效率低，如图 3-68 所示。

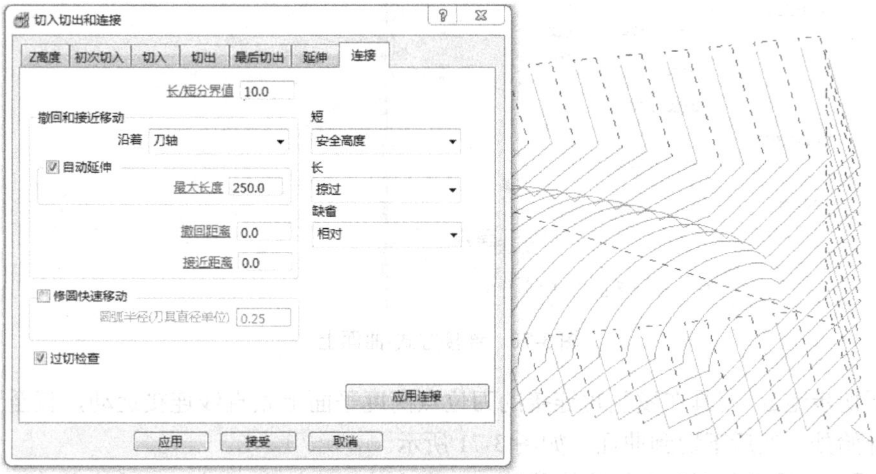

图 3-68 连接方式-安全高度

b.【相对】：与安全高度近似，刀具以 G00 快速撤回到“快进高度”对话框中“绝对高度”栏所设置的安全 Z 高度平面上，进行短连接后，快速下降到距刀位点指定相对距离的平面上，然后以 G01 速度下切到接触点。该相对距离由“切入切出和连接”对话框中“Z 高度”选项卡中的“下切距离”设置。

c.【掠过】：掠过短连接与掠过距离是直接相关联的，例如，在“切入切出和连接”对话框中设置“掠过高度”为 10，下切距离为 5，则刀具以 G00 速度快速撤回到曲面最高点以上 10mm 处，快速移动到邻近刀具路径段，并快速下降到刀位点 5mm 处，然后以下切速率切入毛坯。如图 3-69 所示。

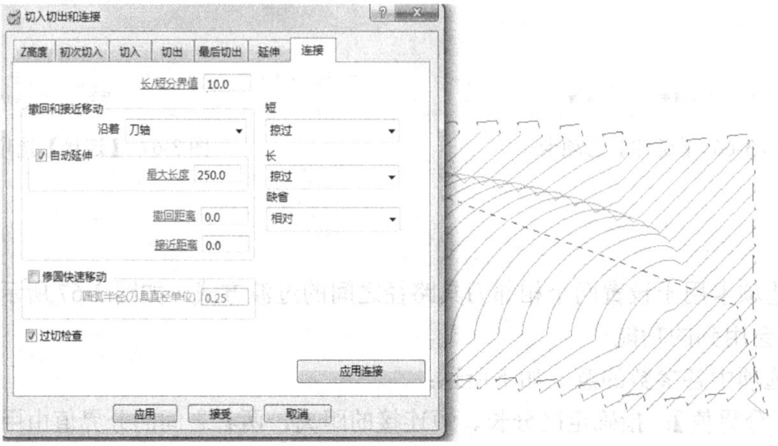

图 3-69 连接方式-掠过

d.【在曲面上】：短连接沿相切曲面进行移动，该方式很少提刀，因此多用于精加工刀具路径中。如图 3-70 所示。

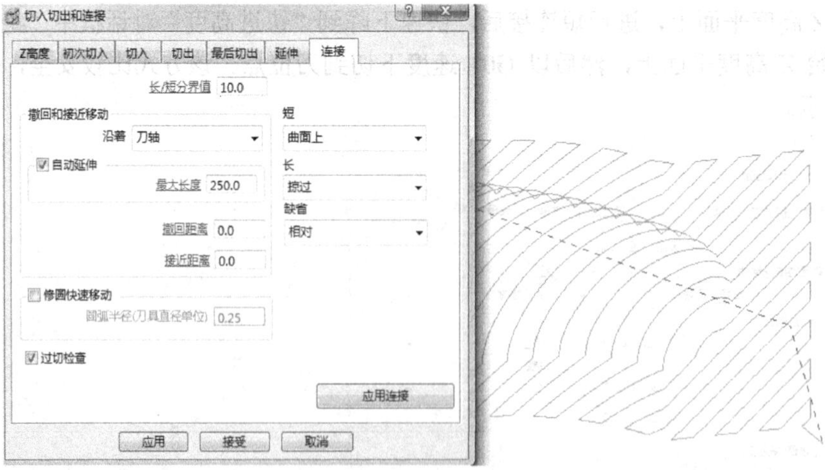

图 3-70 连接方式-曲面上

e.【下切步距】：刀具在发生短连接的刀位点高度平面上做直线连接运动，直至到达下一刀具路径开始处，然后下切到曲面，如图 3-71 所示。

f.【直】：刀具沿曲面做直线连接移动，如果直线短连接发生过切，系统自动用长连接替代该直线连接部分，如图 3-72 所示。

图 3-71　连接方式-下切步距

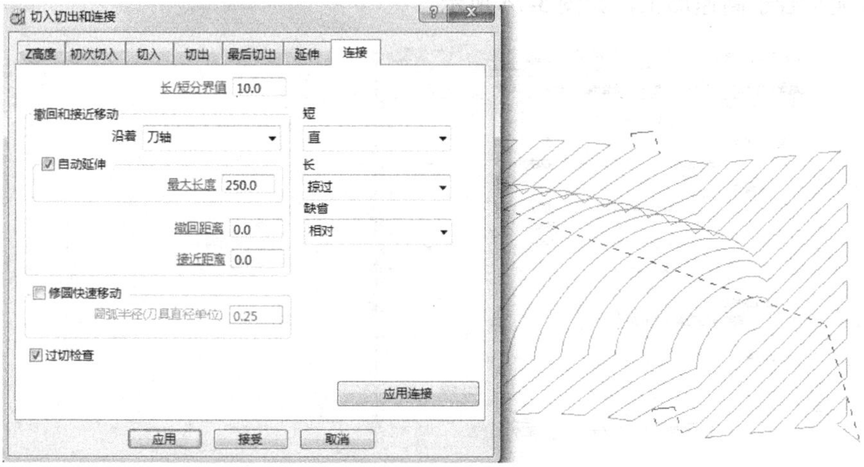

图 3-72　连接方式-直

g.【圆形圆弧】：从一条刀具路径末端以圆弧方式过渡到另一条刀具路径的始端，通常适用于刀具路径末端的几何形状为平行形状的情况，如图 3-73 所示。

图 3-73　连接方式-圆形圆弧

③【长】：长连接有三种连接方式，分别为：安全高度、相对、掠过；其功能与短连接的前三种方式意义相同。

④【缺省】：缺省连接与长连接的参数相同；如果长连接或短连接发生过切时，系统自动应用【缺省】连接。

⑤【撤回和接近移动】：用于定义连接路径的长度和方向，多用于多轴加工编程，控制刀具接近和撤离工件的移动方向，包括以下4种方式，其含义如下所述：

a.【刀轴】：刀具撤离和接近移动沿刀轴方向；

b.【接触点法向】：刀具撤离和接近移动沿曲面法线方向；

c.【正切】：刀具撤离和接近移动沿曲面切向移动；

d.【径向】：刀具撤离和接近移动垂直于刀轴和刀具路径方向。

⑥【修圆快速移动】表示在刀具的连接转折位置定义一个圆弧，确保刀具在快速移动时能以圆弧过渡，这样可有效地增加机床的稳定性，输入数值代表刀具直径的倍数为圆弧过渡时的半径，该项尤适合于高速加工，如图3-74所示。

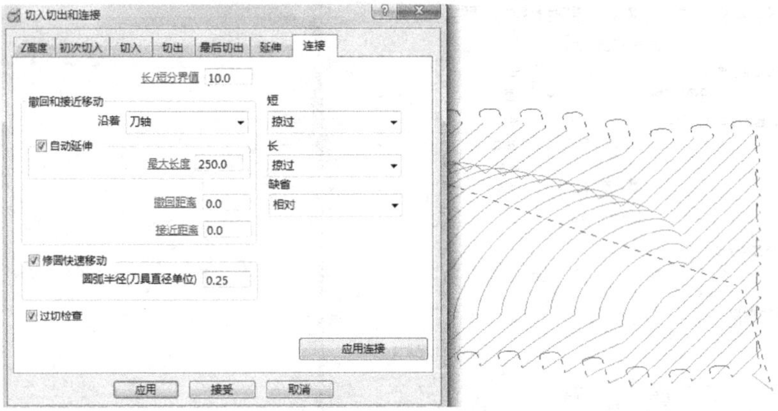

图3-74 修圆快速移动

第 4 讲

PowerMILL2012 2.5维加工介绍和实践

2.5 维加工是一种 2.5 轴的加工方式，它在加工过程中产生的水平方向 *XY* 的 2 轴联动，而 *Z* 轴制作完成一层加工后进入下一层才做单独的下切运动。从而完成整个工件的加工。

单击主工具栏上的刀具路径策略按钮 ，弹出【策略选取器】对话框，单击“2.5 维区域清除”，弹出“2.5 维区域清除”策略选取器，如图 4-1 所示。

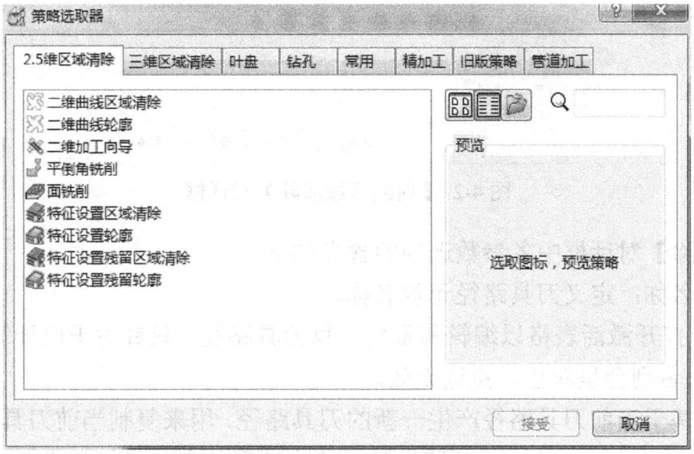

图 4-1 【2.5 维区域清除】选项卡

“2.5 维区域清除”包括二维曲线区域清除、二维曲线轮廓、二维加工向导、平倒角铣削、面铣削、特征设置区域清除、特征设置轮廓、特征设置残留区域清除、特征设置残留轮廓等九种二维加工策略，可以把这九种策略划分为“2.5 维的曲线加工”和“2.5 维的特征加工”。

本讲将重点介绍“2.5 维的曲线加工”的【二维曲线区域清除】、【二维曲线轮廓】和“2.5 维的特征加工”的【特征设置区域清除】、【特征设置残留区域清除】共 4 种 2.5 轴加工策略。

4.1 二维曲线区域清除

【二维曲线区域清除】策略是指刀具路径在 Z 轴方向是按下切步距分成多个层切累积而成的，而每一切层的刀具路径轨迹是依据封闭的参考线轮廓作平行或偏置路径填充。

单击【主工具栏】上的【刀具路径策略】按钮，在弹出的【策略选取器】对话框中单击选择【2.5 维区域清除】策略选项卡，双击其中的【二维曲线区域清除】策略，弹出如图 4-2 所示的【曲线区域清除】对话框。

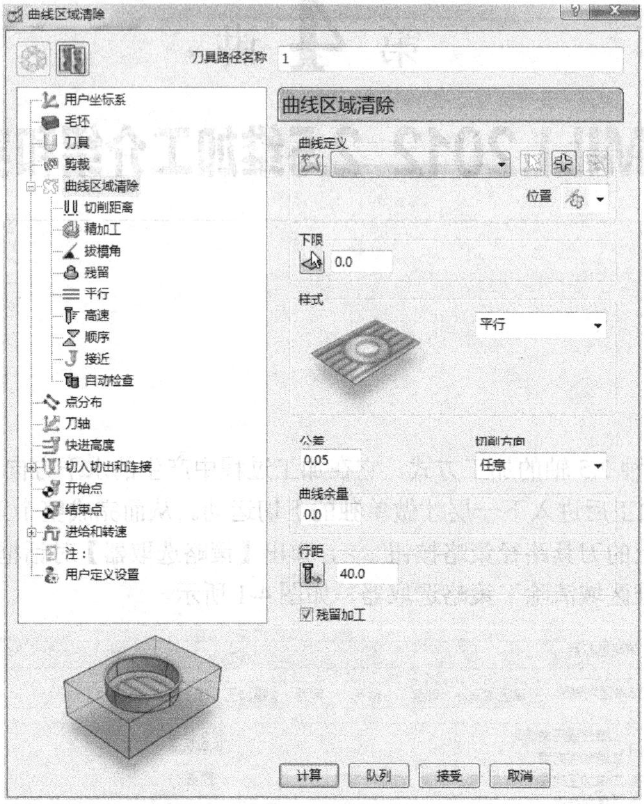

图 4-2 【曲线区域清除】对话框

【曲线区域清除】对话框中各参数选项的含义如下。

① 刀具路径名称：定义刀具路径元素名称。

② 按钮：打开激活表格以编辑和重新计算刀具路径。只针对于已计算好的刀具路径进行再编辑时有效，否则会呈灰色，点选无效。

③ 按钮：基于当前刀具路径产生一新的刀具路径，用来复制当前刀具路径的参数信息，新路径处于还未计算状态。路径名称会在当前路径名称后加“_1”。

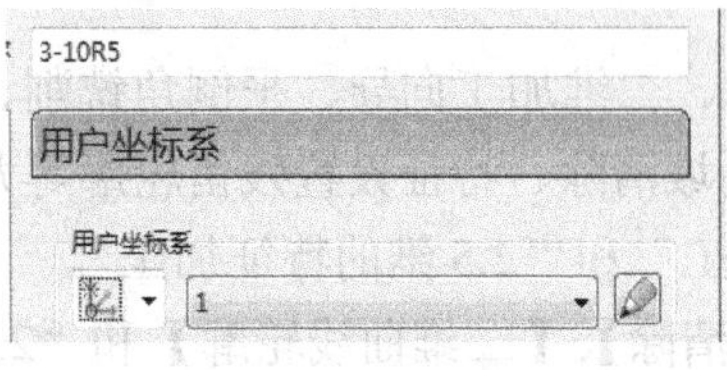

图 4-3 【用户坐标系】对话框

④ 用户坐标系：单击对话框左边树形目录表格中的【用户坐标系】按钮，右边将弹出【用户坐标系】对话框，如图 4-3 所示。

⑤ 毛坯：单击对话框左边树形目录表格中的【毛坯】按钮，右边将弹出【毛坯】对话框。如图 4-4 所示。

⑥ 刀具：单击对话框左边树形目录表格中的【刀具】按钮，右边将弹出【刀具】选项框，如图 4-5 所示。

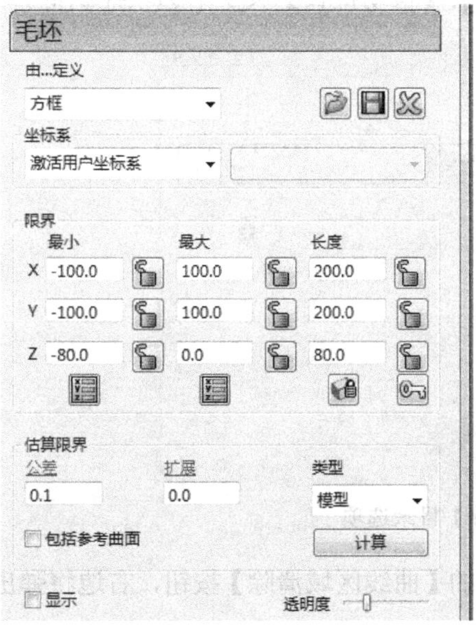

图 4-4 【毛坯】对话框

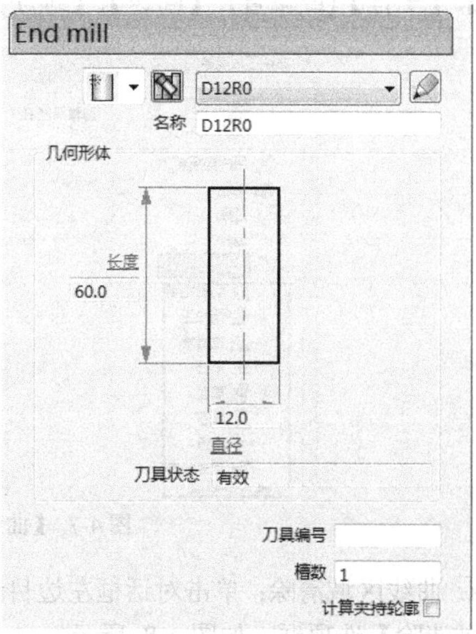

图 4-5 【刀具】对话框

⑦ 剪裁：单击对话框左边树形目录表格中的【剪裁】按钮，右边将弹出【剪裁】选项框，如图 4-6 所示。

a．边界。

• 下拉按钮 ：产生一新的边界，单击下拉箭头，可弹出产生边界类型，选择相应的边界类型，将弹出所选边界类型的生成对话框，也可以点击其后面的下拉按钮，选取已产生好的边界，并自动激活。有关各边界的产生操作和具体应用请参见“第 3 讲 PowerMILL2012 编程公共设置”。

• 剪裁下拉按钮 ：选择边界剪裁的方式，包括刀具中心和刀具外围两种。刀具中心即按边界剪裁刀具中心，刀具外围及按边界剪裁刀具外围。

• 裁剪下拉按钮 保留内部 ：按当前边界裁剪刀具路径并决定保留边界外面还是边界里面的刀具路径。

图 4-6 【剪裁】对话框

b．毛坯。

剪裁按钮 剪裁 ：选取如何按毛坯剪裁刀具路径，包括【允许刀具中心在毛坯之外】和【按毛坯边缘剪裁刀具中心】两种选项，单击下拉箭头可选择。

c．*Z* 限界。

• 最大 最大：限制刀具路径轨迹的最高 *Z* 坐标值，后面的数值框可以直接填写最高 *Z* 坐标数值，也可单击【拾取最高 *Z* 值】按钮后，直接在模型上拾取 *Z* 坐标值。

• 最小 最小 ：限制刀具路径轨迹的最低 *Z* 坐标值，后面的数值框可以直接填写最低 *Z* 坐标数值，也可单击【拾取最低 *Z* 值】按钮后，直接在模型上拾取 *Z* 坐标值。

⑧ 曲线区域清除：单击对话框左边树形目录表格中的【曲线区域清除】按钮前的“⊞”号，将打开如图4-7所示树形目录选项，包括【曲线区域清除】、【切削距离】、【精加工】、【拔模角】、【平行】(或偏置)、【高速】、【顺序】、【接近】、【自动检查】共9个选项控制框。

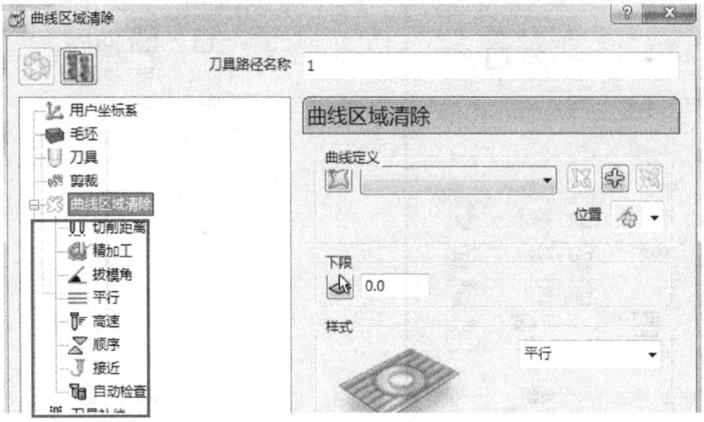

图4-7 【曲线区域清除】目录选项

a. 曲线区域清除：单击对话框左边目录表格中的【曲线区域清除】按钮，右边将弹出【曲线区域清除】选项框，如图4-8 所示。

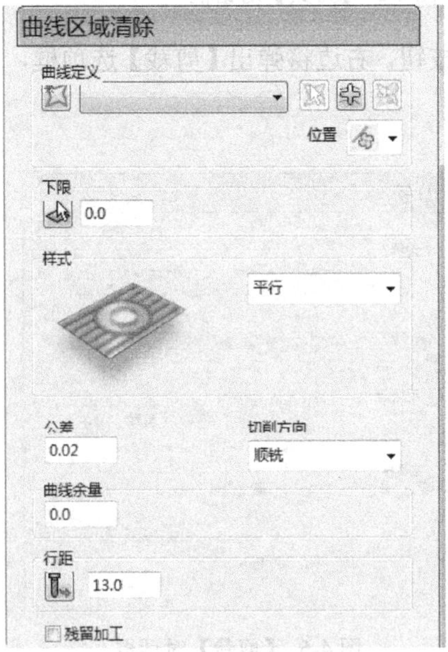

图4-8 【曲线区域清除】对话框

• “曲线定义”按钮：产生一新的参考线。单击右边下拉按钮，可选取已产生好的参考线，并自动激活。

• 下限：设置定义将要加工的最低Z高度值。单击【拾取最低Z高度】按钮后直接在模型或参考线等元素上拾取Z值，也可在后面的数值框直接填写最低Z值。

• 样式：指定区域清除的类型，包括平行区域清除刀具路径和偏置区域清除刀具路径，两者轨迹的区别示意图如图4-9所示。

b. 切削距离：单击对话框左边目录表格中的【曲线区域清除】下的【切削距离】按钮，右边将弹出【切削距离】选项框，如图4-10所示。

ⅰ. 垂直范围：设置垂直方向的切削范围与Z轴切削层之间的高度值，包括限界、残留深度和切削次数三种选择。

• 限界：垂直方向切削范围按限界来设定，即切削范围为毛坯高度或Z限界值，选择此选项后，右边的【毛坯深度】选项将不可使用，只需要设置【下切步距】即可。

• 残留深度：垂直方向切削范围将按后面的【毛坯深度】文本框中的数值来设定。

• 切削次数：选择了【切削次数】选项后，右边的【毛坯深度】选项将改为【切削次数】文本框，用户可手动填写垂直方向的切削次数。配合垂直范围为“切削次数”而使用，文本框控制的是垂直方向切削的层数。

ⅱ. 毛坯深度：自定义垂直方向毛坯范围，配合【残留深度】选项使用。

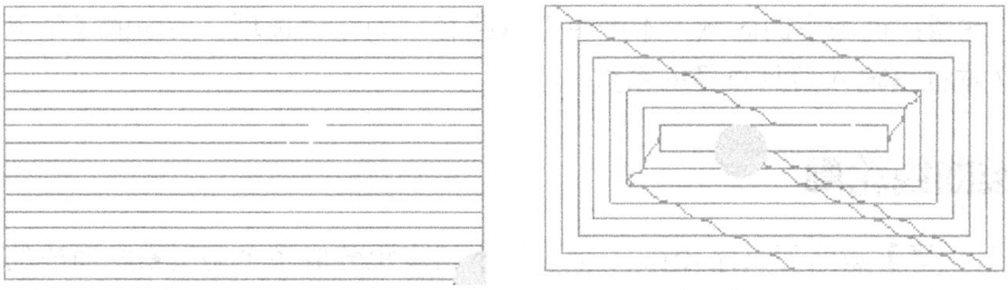

图 4-9 【平行】与【偏置】的区别

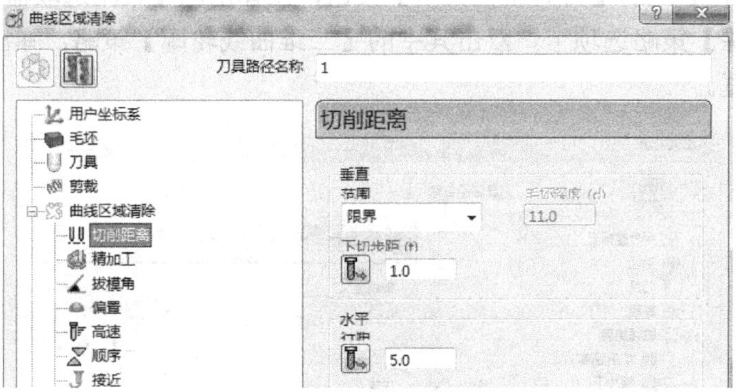

图 4-10 【切削距离】对话框

iii. 下切步距：设置 Z 下切的高度值。单击按钮直接复制刀具所带的下切步距或直接手工在文本框中输入数值。

iv. 水平行距：设置水平方向路径间的距离，单击按钮直接复制刀具所带的行距或直接手工在文本框中输入数值。

c. 精加工：单击对话框左边目录表格中的【精加工】选项框，如图 4-11 所示。

i. 底层最终加工。

最后下切步距：设置最底层轮廓路径使用不同的下切步距。

ii. 壁精加工。

• 最后行距：设置最终径向轮廓路径的行距。

• 仅最后路径：勾选此选项后，仅在最后一 Z 高度层执行最终径向轮廓路径的行间距。

d. 拔模角：单击对话框左边目录表格中【拔模角】按钮，右边将弹出【拔模角】选项框，如图 4-12 所示。

拔模角：勾选了【拔模角】选项，即控制产生带拔模角的刀具路径。

• 下拉按钮：控制拔模角开始的位置，包括【拔模角在顶部】和【拔模角在底部】两个选项。

• 角度：设置拔模角的角度。

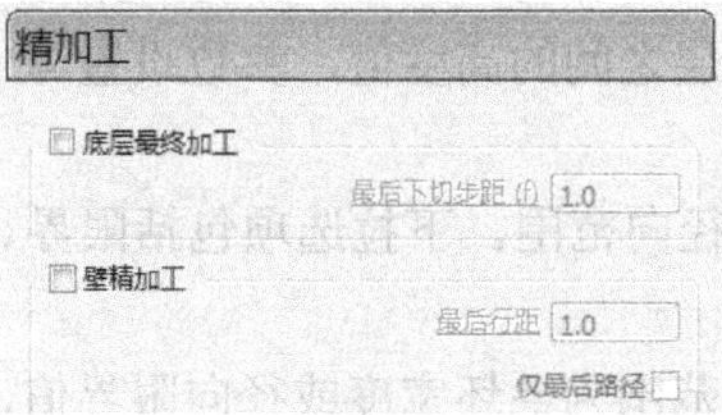

图 4-11 【精加工】对话框

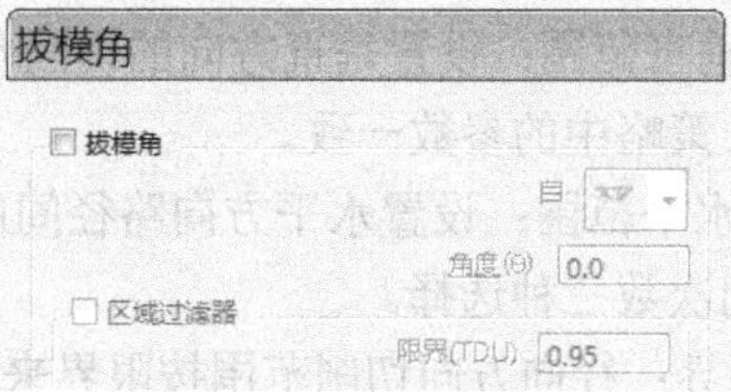

图 4-12 【拔模角】对话框

• 区域过滤器：过滤小的区域，不产生刀具路径。勾选该选项，后面的【限界】激活，可以在后面的文本框里输入刀具直径的系数。

4.2 二维曲线轮廓

【二维曲线轮廓】策略刀具路径在 Z 轴是按下切步距分成多个切层累积而成的，而每一切削层的刀具路径轨迹是依据轮廓和限界来做刀具路径填充。参考线可以是开放或封闭的。

单击【主工具栏】上的【刀具路径策略】按钮，在弹出的【策略选取器】对话框中单击选择【2.5 维区域清除】策略选项卡，双击其中的【二维曲线轮廓】策略，弹出如图 4-13 所示的【曲线轮廓】对话框。

图 4-13 【曲线轮廓】对话框

【曲线轮廓】对话框各参数选项与【曲线区域清除】对话框参数选项基本上是一样的，不同的设置在【切削距离】和【顺序】两个选项上，下面介绍这两个选项的参数含义。

① 切削距离：单击对话框左边目录表格中的【曲线轮廓】按钮下的【切削距离】按钮，右边将弹出【切削距离】选项框，如图 4-14 所示。

a．垂直范围：设置垂直方向的切削范围与 Z 轴切层之间的高度值，参数设置与【曲线区域清除】策略中的参数一致。

b．水平范围：设置水平方向路径间的距离与路径径向范围。下拉选项包括限界、毛坯宽度和切削次数三种选择。

• 限界：径向方向切削范围按限界来设定，即切削范围为毛坯宽度或径向限界值，选择此选项后，右边的【毛坯宽度】选项将不可使用。

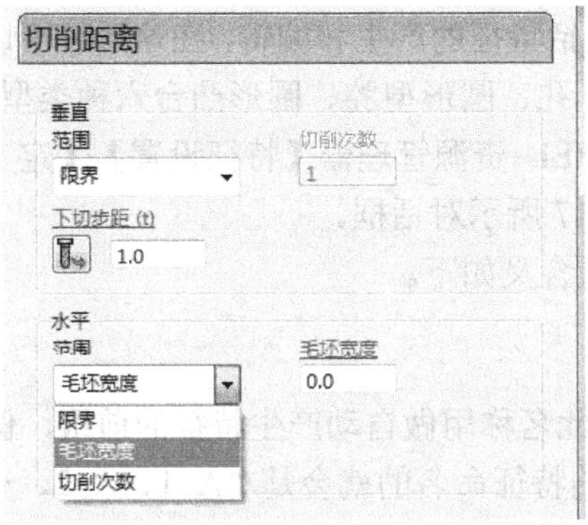

图 4-14 【切削距离】对话框

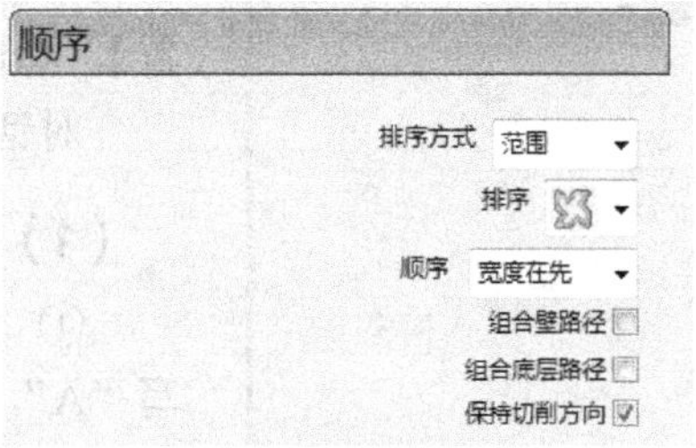

图 4-15 【顺序】对话框

• 毛坯宽度：径向方向切削范围将按后面的【毛坯宽度】文本框中的数值来设定。

• 切削次数：选择了【切削次数】选项后，右边的【毛坯宽度】选项将更改为【切削次数】文本框，用户可根据需要手动填写径向方向的切削次数。

c. 毛坯宽度：自定义径向方向毛坯范围，配合【毛坯宽度】选项使用。

d. 切削次数：配合径向“切削次数”而使用，文本框控制的是径向方向切削的层数。

e. 行距：设置径向行间的宽度距离。单击按钮切换直接复制刀具所带的行距或直接手工在文本框中填入数值。

② 顺序：单击对话框左边目录表格中的【曲线轮廓】按钮下面的【顺序】按钮，右边将弹出【顺序】选项框，如图 4-15 所示。

a. 排序方式：定义工件型腔的加工顺序，可以逐个加工型腔或者是根据每层深度加工型腔，即通常所说的“层优先还是型腔优先”。

• 范围：将按型腔顺序逐个加工型腔。

• 层：按照设定好的下切步距，逐层加工。

b. 排序：定义相同 Z 轴层上区域的加工顺序，单击其下拉箭头将弹出 13 种顺序排列选择。如图 4-16 所示。

c. 顺序：包括宽度在先和深度在先两种选择。

d. 组合壁路径：组合侧壁的刀具路径，加工顺序以侧壁顺序优先。

e. 组合底层路径：组合底层的刀具路径。

f. 保持切削方向：勾选了此选项，刀具路径切削过程中始终保持单一切削方向，抬刀会相应增加。

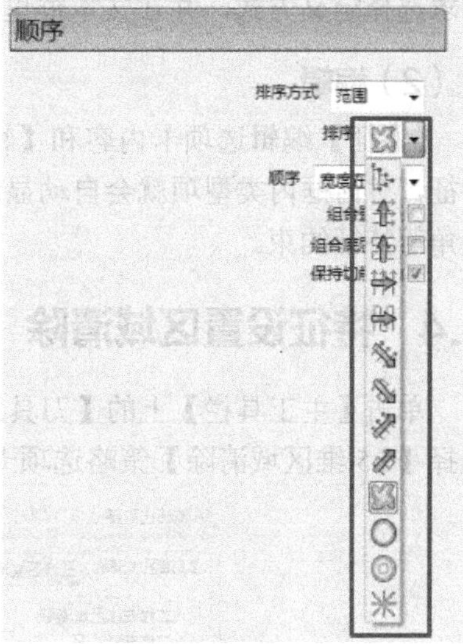

图 4-16 【排序】下拉菜单

4.3 特征设置

在 2.5 轴加工中，特征设置是特征加工必不可少的一个重要选项，没有特征，2.5 维的特征加工将无法实现，前面介绍了按二维曲线加工的 2.5 维加工策略，接下来介绍按特征来产生刀具路径，这些特征是用户在 PowerMILL 系统里根据所选曲线、边界、参考线或模型曲面所产生的特征模型。

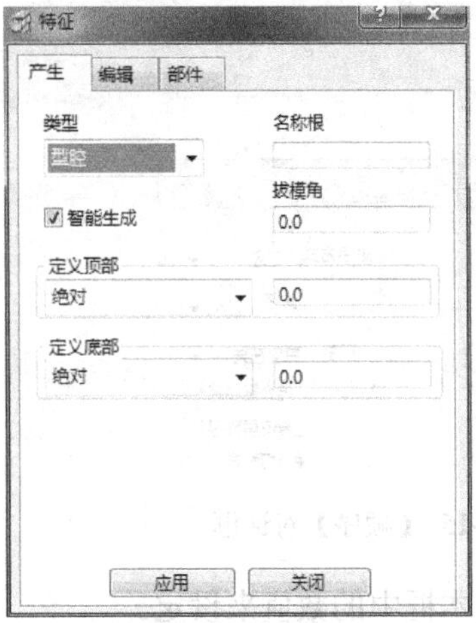

图 4-17 【特征】对话框

特征设置：包括特征的产生和编辑，在这系统可以产生型腔、切口、凸台、孔、圆形型腔、圆形凸台六种类型的特征。右键单击 PowerMILL 资源管理器【特征设置】、【定义特征设置】，弹出如图 4-17 所示对话框。

对话框各选项含义如下。

（1）产生

① 名称根：此名称用做自动产生特征的前缀，例如：填写“A”，则产生的特征命名的就会是“A_1、A_2、…”。

② 类型：定义特征生成的类型，包括型腔、切口、凸台、孔、圆形型腔、圆形凸台六个类型。

③ 智能生成：如果同时选取了有内外环封闭曲线时，勾选了此选项，则能识别哪个用型腔、哪个用凸台产生特征。

④ 拔模角：产生特征时的拔模角度。读者可以根据需求在文本框里面进行设定。

⑤ 定义顶部：即定义特征的顶部高度。单击框内下拉箭头按钮弹出绝对、自底部的高度、最大曲线 Z、最小曲线 Z、毛坯顶部、直线开始六种特征顶部高度的定义方式。读者可以根据需求选择定义方式，并在文本框里面填入相对应的数值。

⑥ 定义底部：即定义特征的底部深度。单击框内下拉箭头按钮弹出绝对、自顶部的高度、最大曲线 Z、最小曲线 Z、毛坯顶部、直线结束六种特征底部深度的定义方式。读者可以根据需求选择定义方式，并在文本框里面填入相对应的数值。

（2）编辑

【特征】编辑选项卡内容和【特征】产生选项卡的选项基本相同，操作时先选择需编辑的特征，对话框内类型项就会自动显示所选特征类型，然后根据要求改变特征的高度、深度、拔模角等特征约束。

4.4 特征设置区域清除

单击【主工具栏】上的【刀具路径策略】按钮，在弹出的【策略选取器】对话框中单击选择【2.5 维区域清除】策略选项卡，显示对话框如图 4-18 所示。

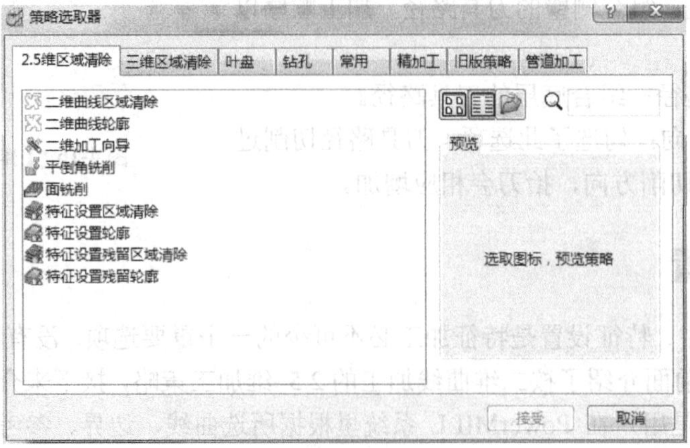

图 4-18 【策略选取器】对话框

特征加工策略主要包括特征设置区域清除、特征设置轮廓、特征设置残留区域清除、特征设置残留轮廓四种策略和一个二维加工向导。本书将重点介绍特征设置区域清除、特征设置轮廓，特征设置残留区域清除、特征设置残留轮廓和后面学习的模型残留区域清除类似，读者可以参考第五讲的【模型残留区域清除】策略的参数设置。

在图 4-18 所示的【2.5 维区域清除】选项卡中，双击【特征设置区域清除】策略，弹出如图 4-19 所示的【特征设置区域清除】对话框。

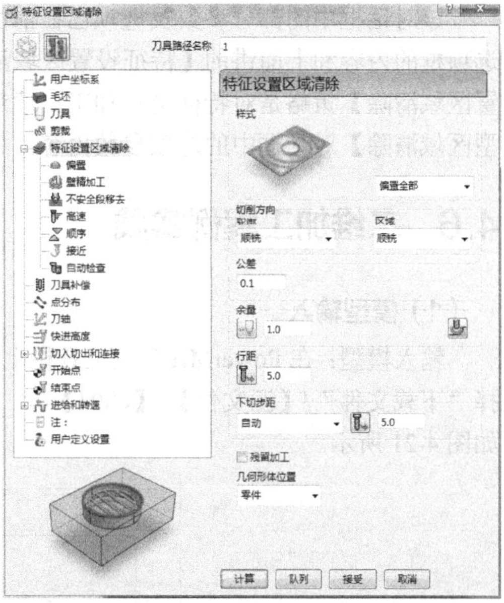

图 4-19 【特征设置区域清除】对话框

该对话框中的部分参数及选项已在前面章节中介绍过，而【特征设置区域清除】及其目录下的选项框的详细介绍请参考本书第五讲的第 5.1 小节介绍的【模型区域清除】对话框中的选项参数内容，主要区别是【特征设置区域清除】策略是对特征进行加工。相同的参数选项在此不再作介绍。

【几何形体位置】：包括零件和刀具路径两个选项。该选项是用来设置刀具路径的中心轨迹和特征侧壁的关系的。

4.5　特征设置轮廓

单击【主工具栏】上的【刀具路径策略】按钮，在弹出的【策略选取器】对话框中单击选择【2.5 维区域清除】策略选项卡，显示对话框如图 4-18 所示。在图 4-18 所示的【2.5 维区域清除】选项卡中，双击【特征设置轮廓】策略，弹出如图 4-20 所示的【特征设置轮廓】对话框。

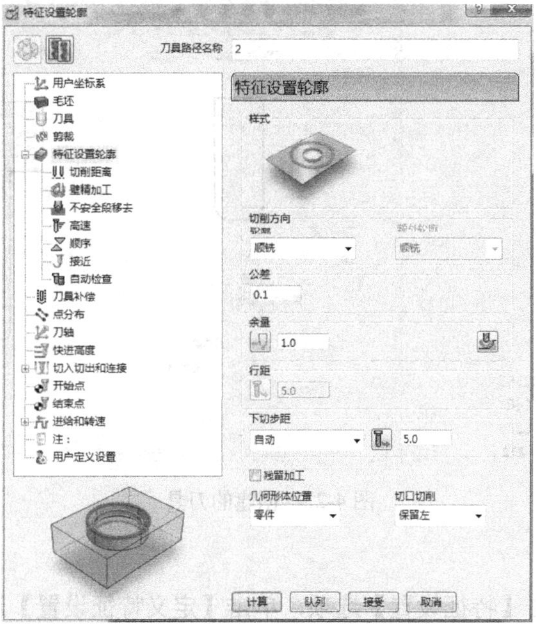

图 4-20 【特征设置轮廓】对话框

该对话框中的部分参数及选项已在前面章节中介绍过，而【特征设置轮廓】及其目录下的选项框的内容和上面讲的【特征设置区域清除】对话框中内容是一样的，主要区别是【特征设置区域清除】策略是对特征进行加工。读者可以一起参考本书第五讲的第 5.1 小节介绍的【模型区域清除】对话框中的选项参数内容，相同的参数选项此处不再重述。

4.6 二维加工案例实践

（1）模型输入

输入模型：在 PowerMILL 主工具栏上点击 文件(F)，选择 输入模型(I)...，在弹出的对话框中选择“下载文件”/【源文件】/【ch04】/“二维线框.igs”，点击 打开(O) 按钮。输入的线框模型如图 4-21 所示。

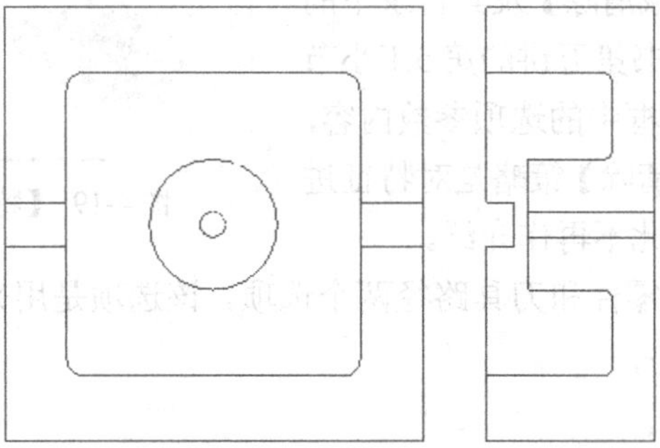

图 4-21 输入的线框模型

（2）创建刀具

参照第 2 讲创建刀具、毛坯的方法，创建本案例加工所需的刀具和毛坯，如图 4-22 所示。

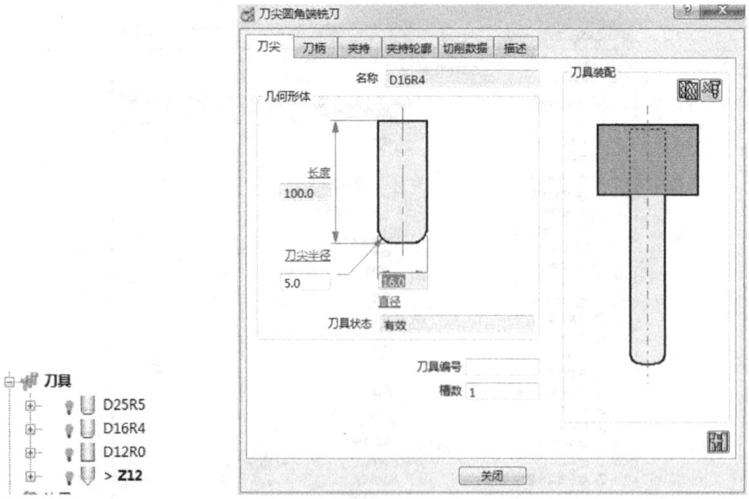

图 4-22 创建的刀具

（3）创建特征

在资源管理器中右击【特征设置】选项，单击【定义特征设置】选项，弹出如图 4-23 所示的特征对话框。

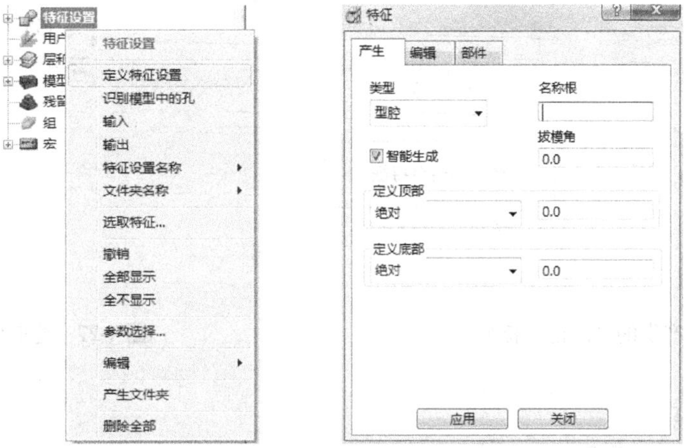

图 4-23　创建【特征】对话框

1）产生线框模型的“凸台”特征

在 PowerMILL 的绘图区选择线框模型的最大外形的四条直线，如图 4-24 所示。

在资源管理器中右击【特征设置】选项，单击【定义特征设置】选项，并严格按照图 4-25 所示的特征对话框进行设置。

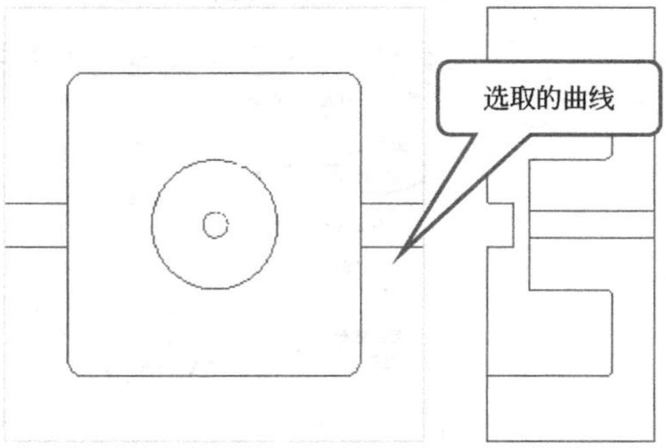

图 4-24　选取曲线

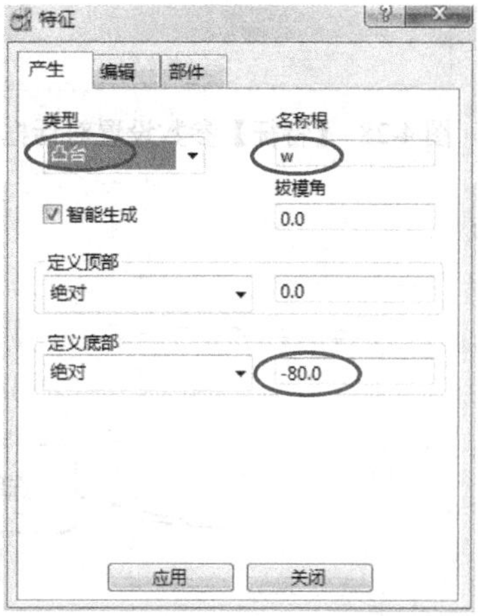

图 4-25　【特征】参数设置对话框

单击【应用】按钮 应用 ，并关闭对话框，产生特征结果如图 4-26 所示。

2）产生线框模型的“型腔”特征

在 PowerMILL 的绘图区选择线框模型的中间的曲线，如图 4-27 所示。

编辑图 4-25 的【特征】表格的设置，结果如图 4-28 所示。

单击 应用 、 关闭 按钮，产生特征结果如图 4-29 所示。

3）产生线框模型中间的“凸台”特征

在 PowerMILL 的绘图区选择线框模型中间的圆形曲线，如图 4-30 所示。

编辑图 4-25 的【特征】表格的设置，结果如图 4-31 所示。

单击 应用 、 关闭 按钮，产生特征结果如图 4-32 所示。

4）产生线框模型的“切口”特征

在 PowerMILL 的绘图区选择线框模型的四条短直线，如图 4-33 所示。

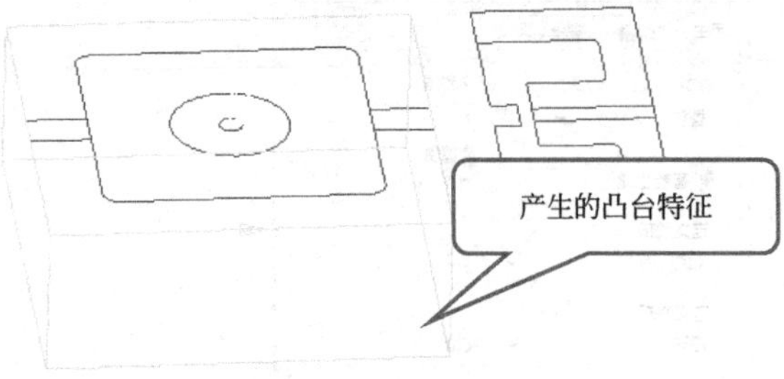

图 4-26　产生的“凸台”特征

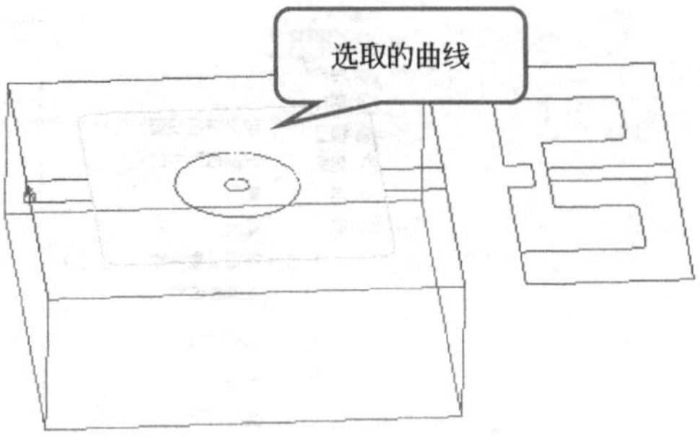

图 4-27　选取曲线

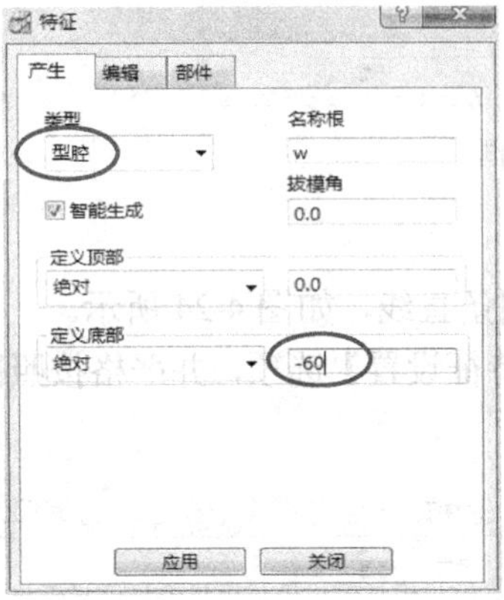

图 4-28　【特征】参数设置对话框

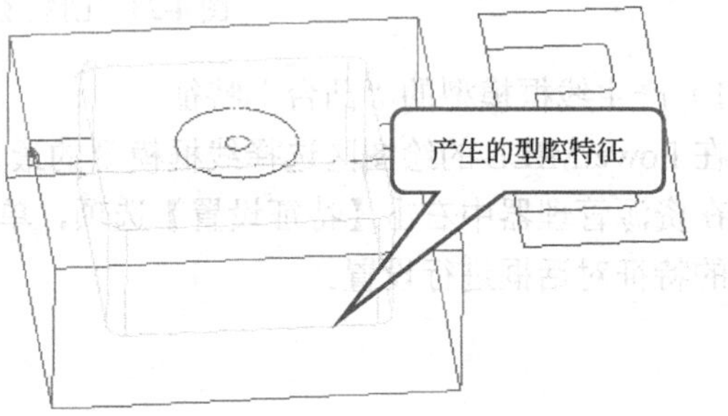

图 4-29　产生的“型腔”特征

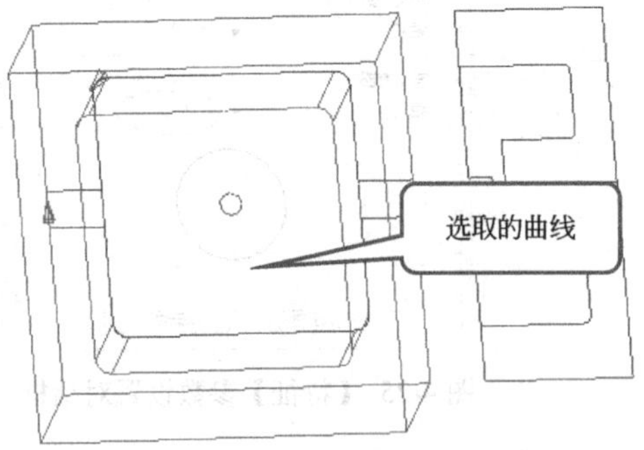

图 4-30　选取曲线

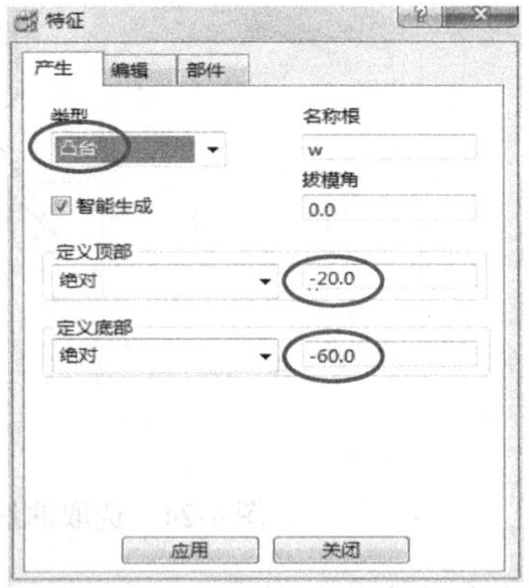

图 4-31　【特征】参数设置对话框

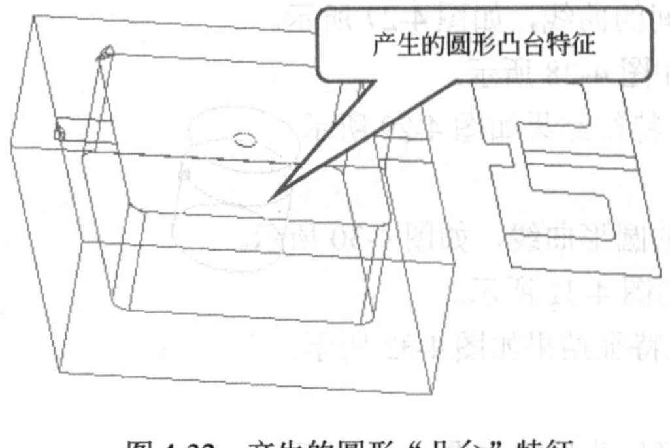

图 4-32　产生的圆形“凸台”特征

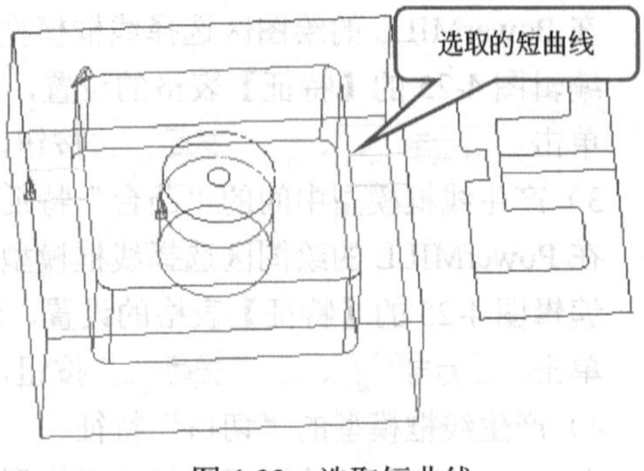

图 4-33　选取短曲线

编辑图 4-25 的【特征】表格的设置，结果如图 4-34 所示。

单击 应用 、 关闭 按钮，产生特征结果如图 4-35 所示。

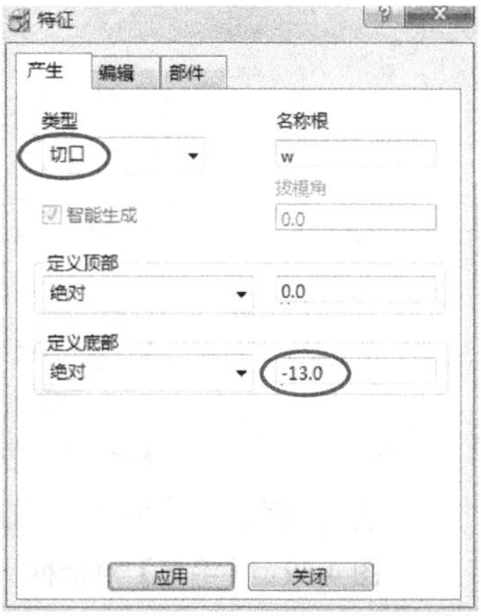

图 4-34 【特征】参数设置对话框

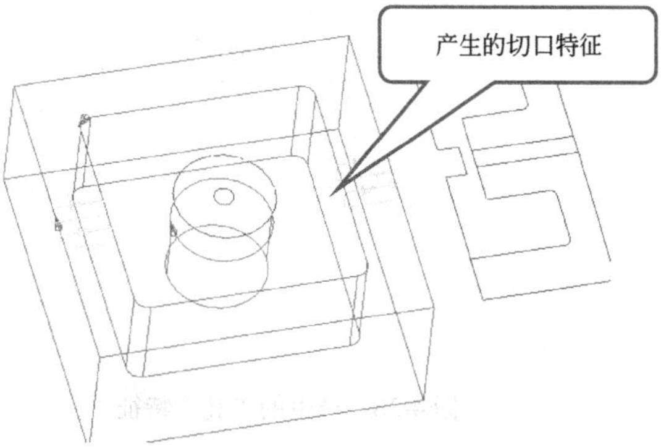

图 4-35 产生的“切口”特征

5）产生线框模型的“孔”特征

在 PowerMILL 的绘图区选择线框模型最中间的小圆，如图 4-36 所示。

在资源管理器中右击【特征设置】选项，单击【定义特征设置】选项，并严格按照图 4-37 所示的特征对话框进行设置。

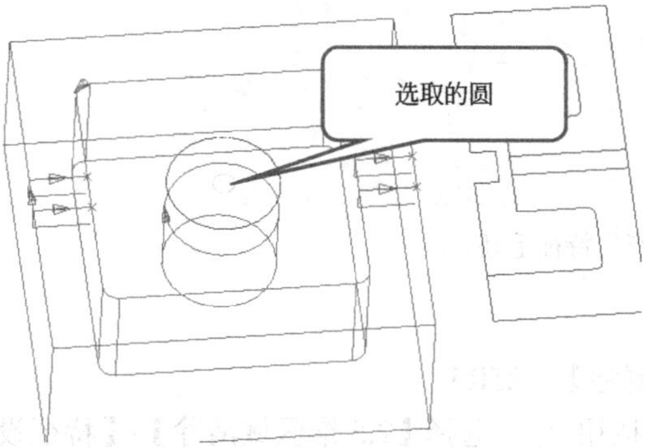

图 4-36 选取的圆

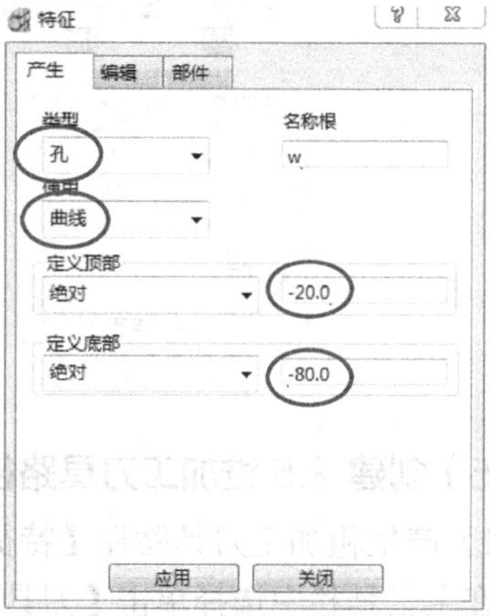

图 4-37 【特征】参数设置对话框

单击【应用】按钮 应用 ，并关闭对话框，产生特征结果如图 4-38 所示。

（4）创建加工毛坯

在资源管理器中点击【特征设置】前面的扩展符号 ⊞，在其下方出现两个特征“1”“2”，右击特征“1”，对它进行激活，再在主工具栏上单击【毛坯】按钮，弹出如图 4-39 所示【毛坯】对话框，并严格按照对话框进行设置。

选择图形区的所有特征，单击图 4-39 中的 计算 、 接受 按钮；产生特征毛坯，如图 4-40 所示。

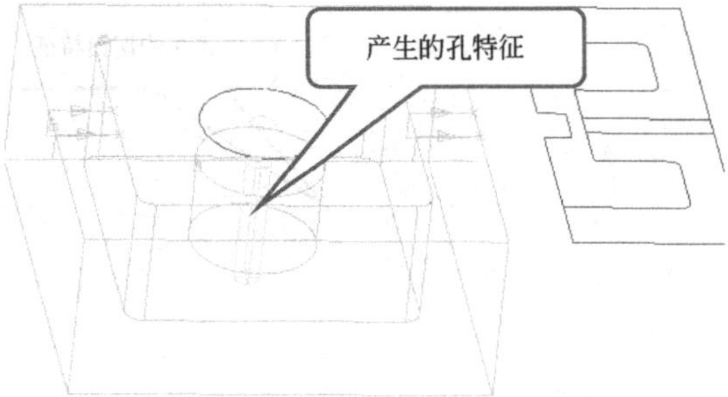

图 4-38　产生的“孔”特征

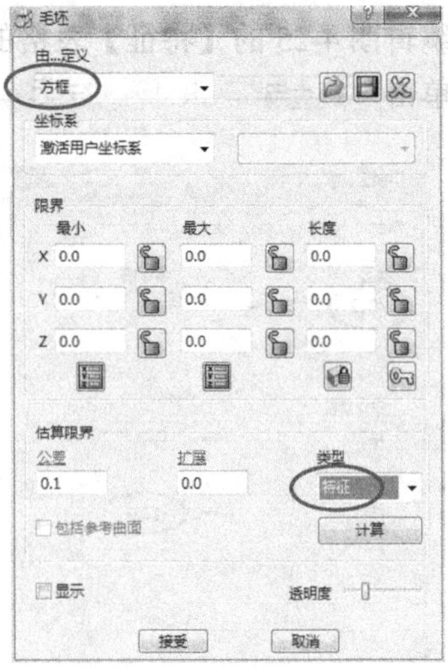

图 4-39　【毛坯】对话框

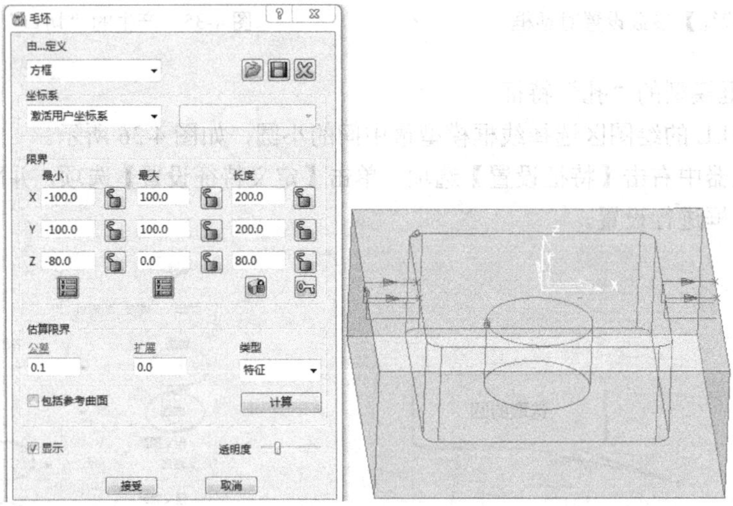

图 4-40　产生特征毛坯

（5）创建 2.5 维加工刀具路径

1）产生粗加工刀具路径【特征设置区域清除】1-25R5

在主工具栏中选择单击【刀具路径策略】按钮，选择【2.5 维区域清除】/【特征设置区域清除】，单击 接受 按钮，弹出【特征设置区域清除】策略对话框，设置刀具路径名称为“1-25R5”，设置刀具选为“D25R5”；选择【模型区域清除】，将【样式】设置为 偏置全部 ，【切削方向】设置为【轮廓】“顺铣”，【区域】“任意”；【公差】“0.02”；【余量】为“0.3”，【行距】设置为“13”，【下切步距】选择为“自动”，值设置为“0.5”；如图 4-41 所示。

在特征“1”上选择如图 4-42 所示的特征。

单击【计算】按钮，得出如图 4-43 所示刀具路径。

单击主工具栏上的 ViewMill 开关按钮，激活实体仿真 ViewMill 工具条，如图 4-44 所示。

点击 ViewMill 工具条上的彩虹图标，右击刀具路径“1-25R5”，选择【自开始仿真】，激活【仿真工具栏】，如图 4-45 所示。

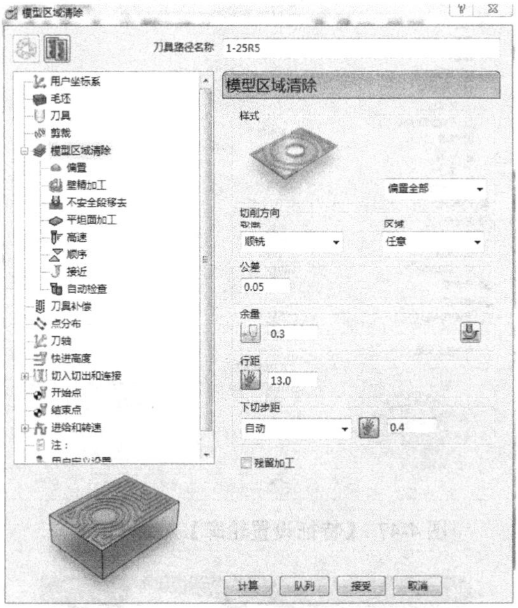

图 4-41 【特征设置区域清除】对话框

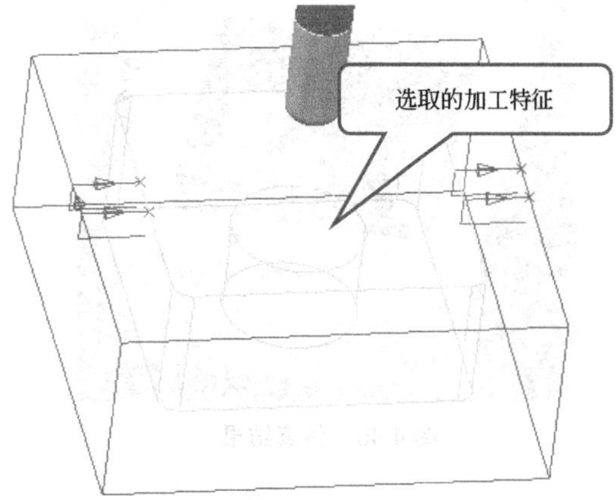

图 4-42 选取的加工特征

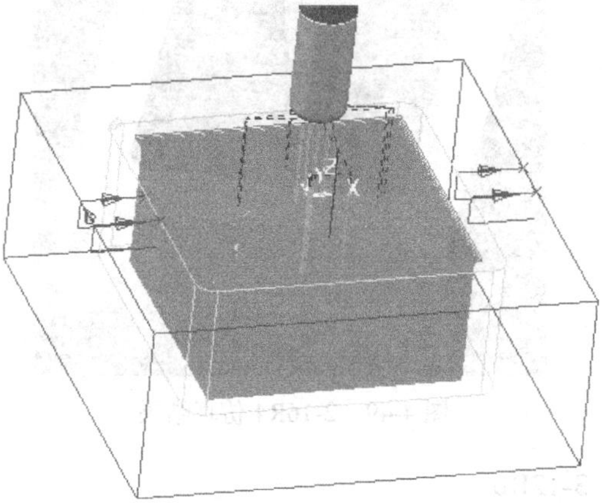

图 4-43 刀具路径

图 4-44 ViewMill 仿真工具栏

图 4-45 仿真工具栏

单击【仿真工具栏】上的开始按钮 ，结果如图 4-46 所示。

2）产生侧壁精加工刀具路径【特征设置轮廓】2-16R4

在主工具栏中选择单击【刀具路径策略】按钮 ，选择【2.5 维区域清除】/【特征设置轮廓】，单击 接受 按钮，弹出【特征设置轮廓】策略对话框，设置刀具路径名称为“2-16R4”，设置刀具选为“D16R4”；选择【特征设置轮廓】，严格按照图 4-47 所示进行设置。

选取的加工特征与图 4-42 一样，单击【计算】按钮，结果如图 4-48 所示。

右击刀具路径 2-16R4，选择【自开始仿真】选项，结果如图 4-49 所示。

图 4-46 仿真结果

图 4-47 【特征设置轮廓】对话框

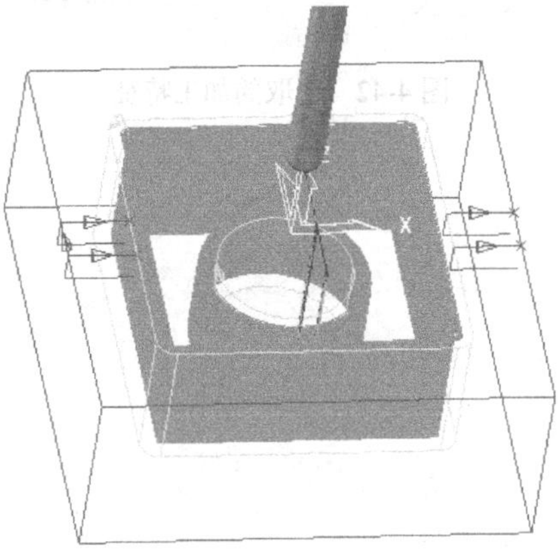

图 4-48 刀具路径

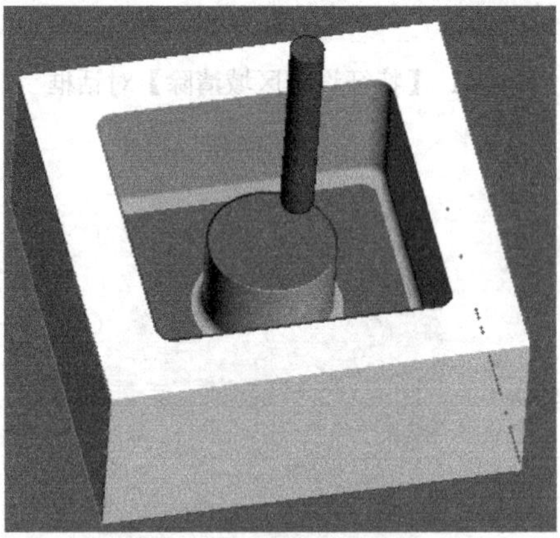

图 4-49 2-16R4 仿真结果

3）产生切口加工刀具路径【特征设置轮廓】3-12R0

在主工具栏中选择单击【刀具路径策略】按钮，选择【2.5 维区域清除】/【特征设置轮廓】，单击接受按钮，弹出【特征设置轮廓】策略对话框，设置刀具路径名称为“3-12R0”，设置刀具选为“D12R0”；选择【特征设置轮廓】，严格按照图 4-50 所示进行设置。

在特征“1”上选择如图 4-51 所示的【切口】特征。

右击【设置】，打开【特征编辑】对话框，如图 4-52 所示。

单击图 4-52【特征编辑】对话框中的【反向切口】，结果如图 4-53 所示。

在特征“1”上选择如图 4-53 所示的【切口】特征，单击图 4-50【特征设置轮廓】下面的【计算】按钮，结果如图 4-54 所示。

右击刀具路径 3-12R0，选择【自开始仿真】选项，结果如图 4-55 所示。

4）点孔加工

激活特征“2”，参照第 8 讲的点孔加工，对模型进行点孔加工，点孔加工的仿真结果如图 4-56 所示。

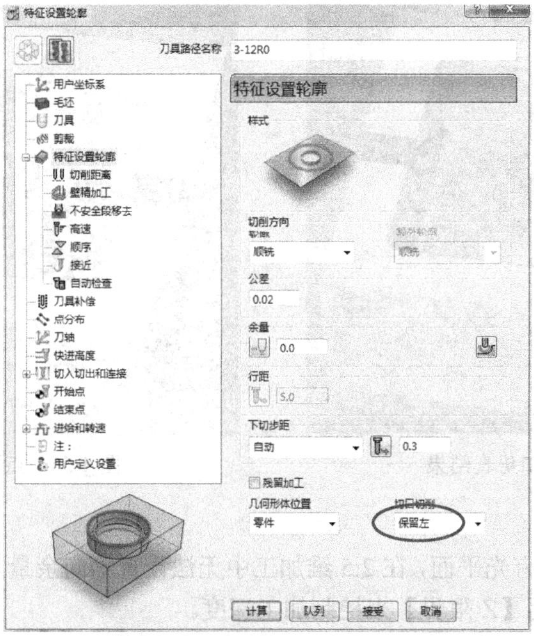

图 4-50 【特征设置轮廓】对话框

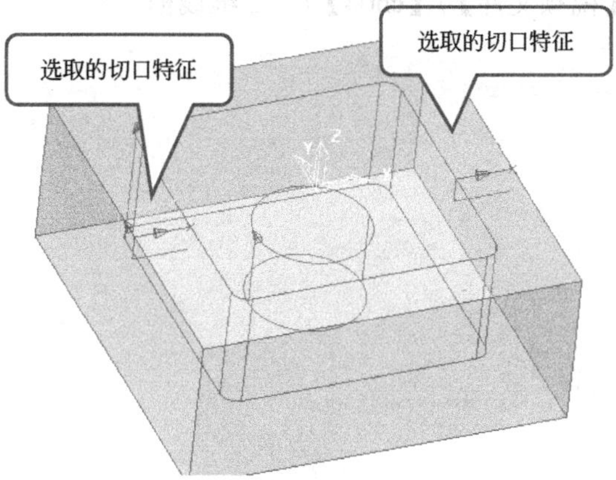

图 4-51　选择的切口特征

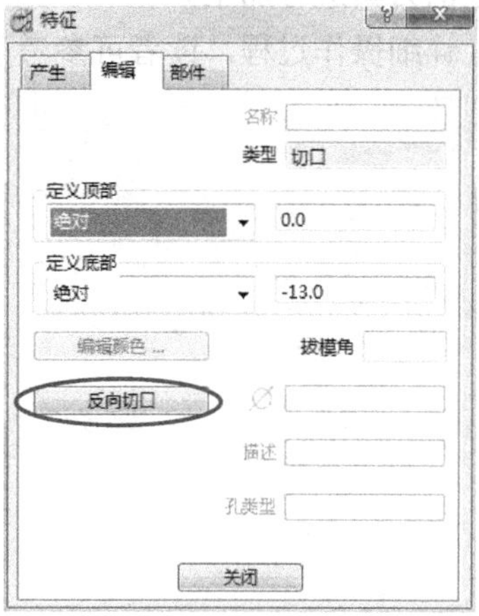

图 4-52 【特征编辑】对话框

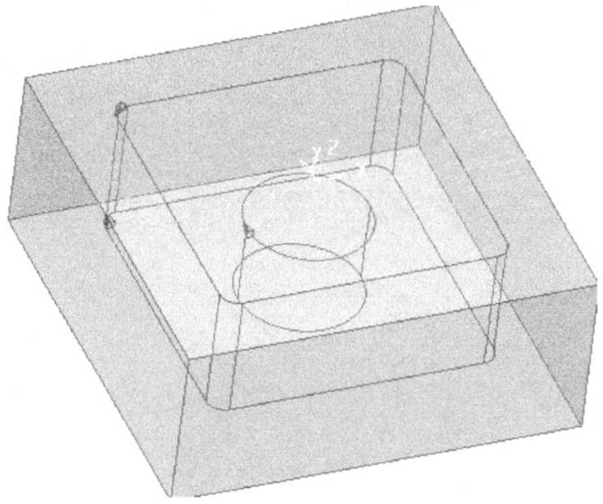

图 4-53　反向后的切口

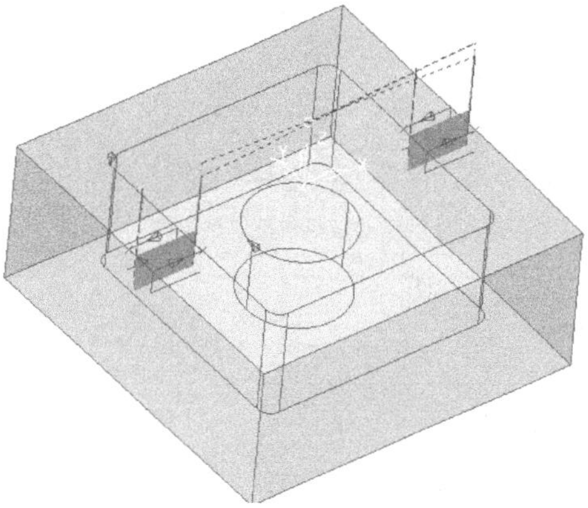

图 4-54　切口计算结果

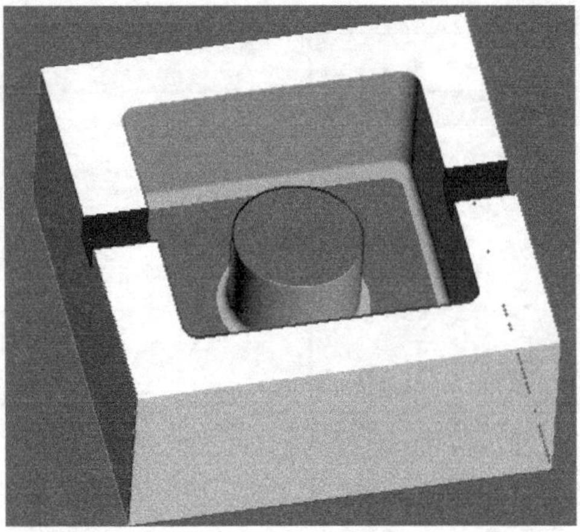

图 4-55　切口仿真结果

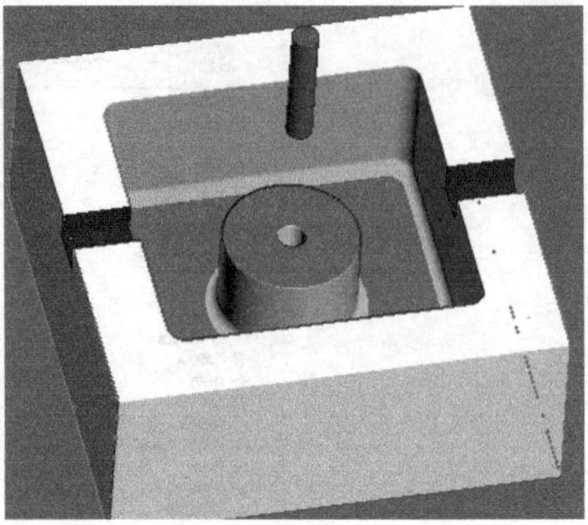

图 4-56　点孔仿真结果

提示：

① 本案例的底面没有光平面，在 2.5 维加工中无法设置轴向余量，读者可以用毛坯来控制轴向加工余量，也可以用【Z 限界】来控制加工深度。

② 本例底部的圆角是 *R*4，在 2.5 维加工中如果底部是圆角的话，读者要产生端部半径相对应的刀具进行加工。

详细操作过程，读者可参考下载文件中的【视频文件】/【ch04】/“二维线框”。

第 5 讲

PowerMILL2012粗加工介绍和实践

对三维模型零件进行粗加工的主要方法称之为三维区域清除策略，它提供了多个二维材料清除方法，来从零件的最上层轮廓，按照用户指定的 Z 高度一个切面一个切面地一次逐层向下加工等高切面，直到零件轮廓。

三维区域清除包括以下几种策略，如图 5-1 所示。

三维区域清除各个策略的特点及图例如表 5-1 所述。

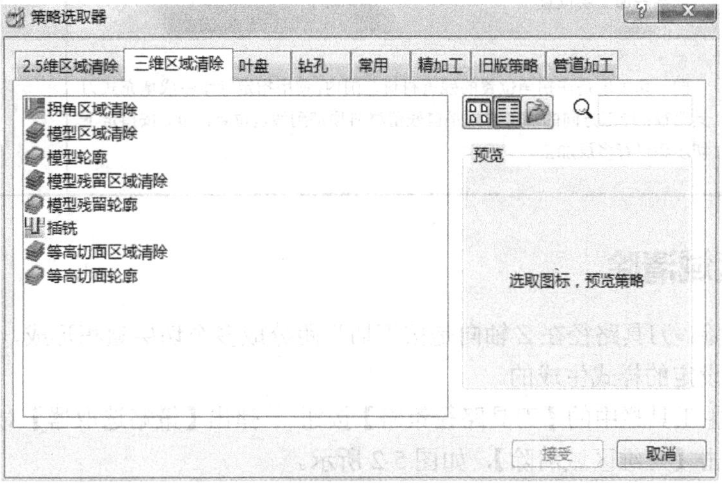

图 5-1 策略选取器

表 5-1　三维区域清除各个策略的特点及图例

加工策略	加工特点	图例
模型区域清除	同一切削层的刀具路径是根据模型轮廓到毛坯轮廓的范围内，以指定行距生成的填充式刀具路径；加工方向的加工方式是自毛坯顶面到模型轮廓深度，按指定下切步距进行多层加工	
模型轮廓	同一切削层的刀具路径是沿模型轮廓生成的刀具路径；加工方向的加工方式是指刀具路径自毛坯顶面到模型轮廓深度，按指定下切步距进行多层加工	
模型残留区域清除	在残留材料范围内，同一切削层以指定行距生成填充式刀具路径，加工方向的加工方式是自残留材料顶部到残留位置深度，按指定下切步距进行多层加工	
模型残留轮廓	在残留材料范围内，同一切削层沿模型轮廓生成一层或指定层数刀具路径，加工方向的加工方式是自残留材料顶部到残留位置深度，按指定下切步距进行多层加工	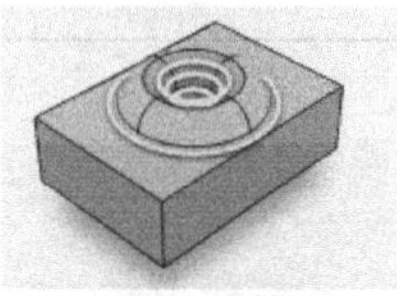
插铣	同一切削层是按照参考刀具路径，生成水平的加工范围；加工方向的加工方式是自毛坯顶面到模型轮廓深度，垂直切削加工	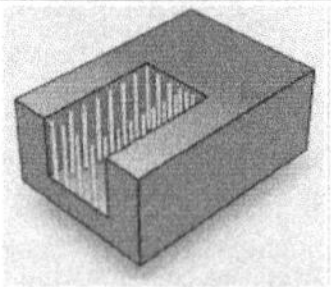
等高切面区域清除	同一切削层是使用指定边界、参考线等元素作为轮廓，生成填充式的刀具路径；加工方向的加工方式是按指定的边界、参考线等元素来确定某一或某些加工层的位置	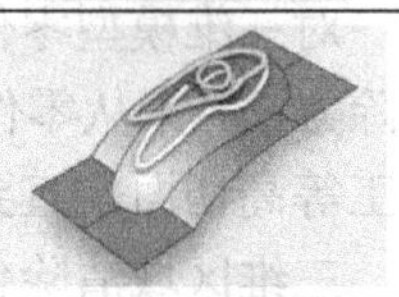
等高切面轮廓	同一切削层是使用指定边界、参考线等元素作为轮廓，生成一层或指定层数刀具路径；加工方向的加工方式是按指定的边界、参考线等元素来确定某一或某些加工层位置	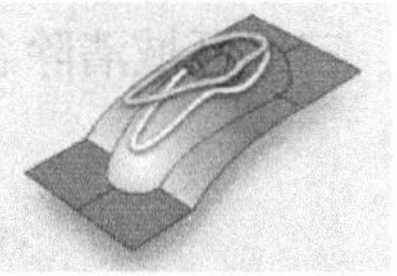
拐角区域清除	同一切削层是在拐角位置的残留材料范围内，使用指定行距生成填充式刀具路径；加工方向的加工方式是自残留材料顶部到残留位置深度，按指定下切步距进行多层加工	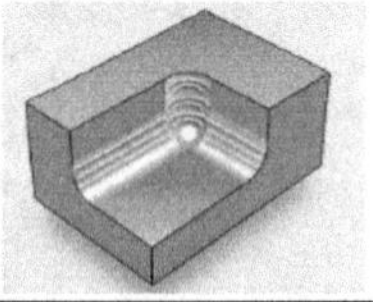

5.1　模型区域清除

模型区域清除：刀具路径在 *Z* 轴向是按下切步距分成多个切层累积形成，每一切层的刀具路径轨迹是依据设定的样式生成的。

操作：单击主工具栏中的【刀具路径策略】按钮 弹出【策略选取器】对话框，并在【策略选取器】中单击【三维区域清除】，如图 5-2 所示。

在图 5-2 中单击【模型区域清除】，弹出【模型区域清除】对话框，如图 5-3 所示。

在【模型区域清除】的策略界面中，可以选择策略树中相应的选项，来进行参数的设置，界面默认的是【模型区域清除】选项，可通过策略树分枝的选择，来进行选项之间的转换。

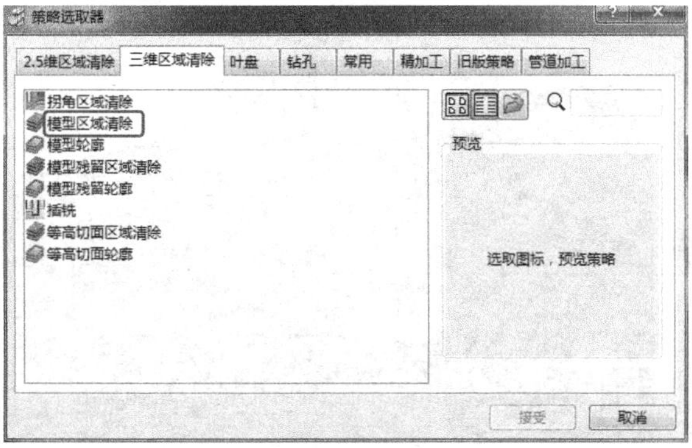

图 5-2 策略选取器

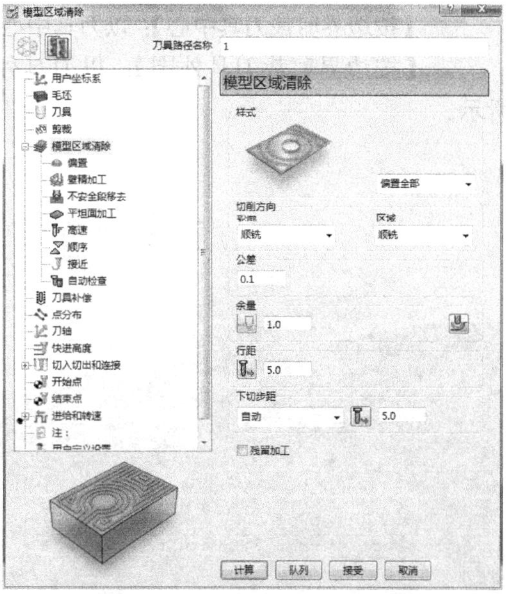

图 5-3 【模型区域清除】对话框

① 用户坐标系和毛坯：用来确定模型加工的坐标系和模型毛坯。

② 刀具的选择：在策略树中选择刀具分枝，会显示出当前激活刀具的一些信息，可通过当前激活刀具的选择，在弹出的下拉菜单中选择之前已创建好的刀具，也可点击刀具创建按钮，来创建新的刀具，或通过刀具编辑按钮来进行当前激活刀具的编辑、修正；如图 5-4 所示，当前若有激活刀具时，该选项会默认选择激活刀具，且编辑也是处于激活状态的。

③ 剪裁：选中裁剪分枝，在显示的剪裁界面中，可选择当前激活边界；在弹出的边界下拉菜单中选择所要激活的边界；或对当前激活边界进行编辑或修正，选择边界编辑按钮，进入边界编辑状态，对边界进行修正、编辑；或创建新的边界，点击边界创建右边三角按钮，选择创建边界的类型，进行边界的创建如图 5-5 所示。

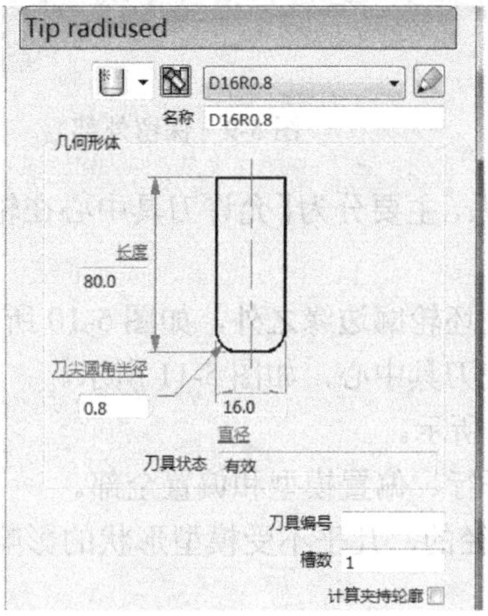

图 5-4 【刀具】对话框

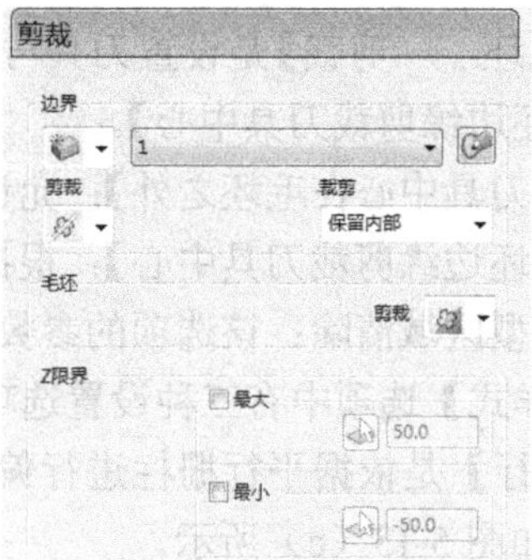

图 5-5 【剪裁】对话框

a.【剪裁】用于设置剪裁边界的形式，其包括两种形式，分别为【按边界剪裁刀具中心】和【按边界剪裁刀具外围】。

【按边界剪裁刀具中心】：以刀具中心作为剪裁边界进行刀具路径的剪裁，如图5-6所示。

【按边界剪裁刀具外围】：以刀具外围作为剪裁边界进行刀具路径的剪裁，如图5-7所示。

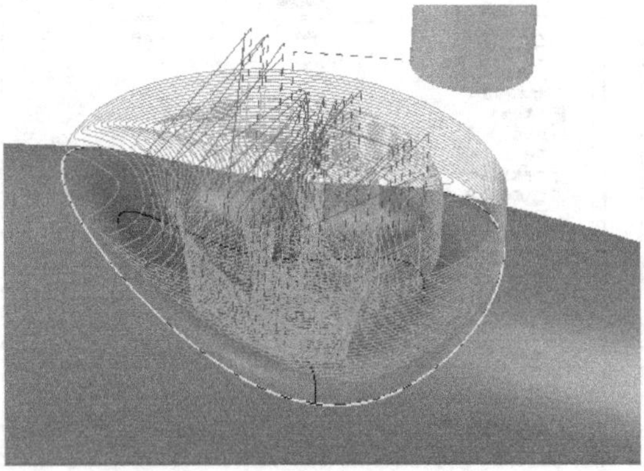

图5-6 按边界剪裁刀具中心

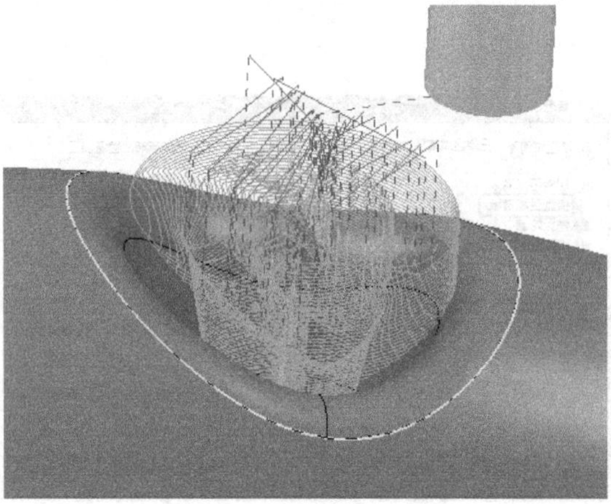

图5-7 按边界剪裁刀具外围

b.【裁剪】是根据当前选择的形式和边界限制来进行刀具路径的剪裁，主要分为【保留内部】和【保留外部】两种方式。

【保留内部】：根据当前的设置保留边界内部的刀具路径，如图5-8所示。

【保留外部】：根据当前的设置保留边界外部的刀具路径，如图5-9所示。

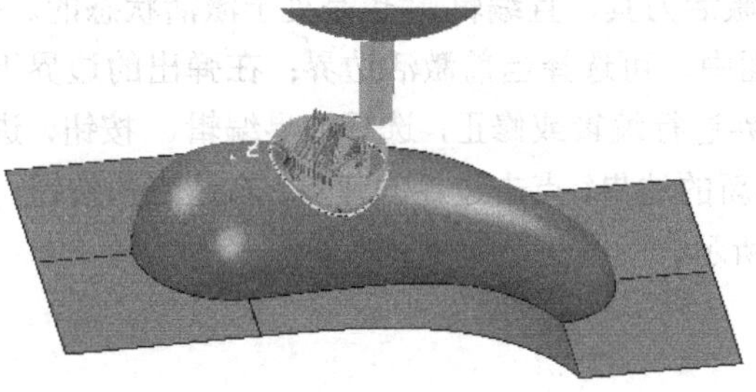

图5-8 保留内部

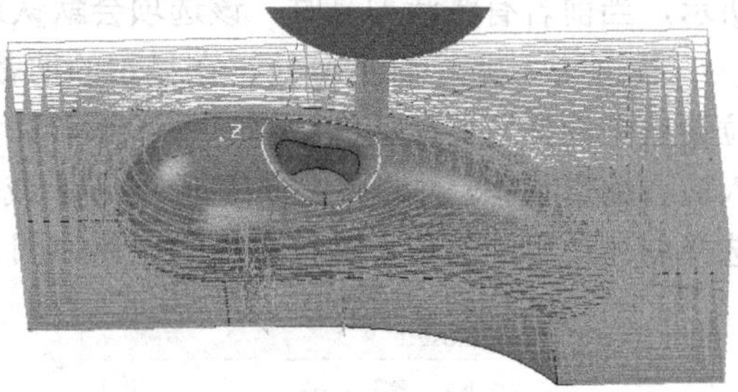

图5-9 保留外部

c.【毛坯——剪裁】是设置刀具与毛坯的位置关系，主要分为【允许刀具中心在轮廓之外】和【按毛坯边缘剪裁刀具中心】。

【允许刀具中心在毛坯之外】：允许刀具中心在毛坯轮廓边缘之外，如图5-10所示。

【按毛坯边缘剪裁刀具中心】：根据毛坯边缘剪裁刀具中心，如图5-11所示。

④ 模型区域清除：该选项的参数设置如图5-12所示。

a.【样式】选项中有三种设置选项，分别为：平行、偏置模型和偏置全部。

•【平行】是依据平行栅栏进行偏置产生刀具路径的，几乎不受模型形状的影响，产生的刀具路径如图5-13（c）所示。

•【偏置模型】是依据模型轮廓进行偏置产生刀具路径的，刀具路径如图5-13（b）所示。

•【偏置全部】是依据模型轮廓和毛坯轮廓相互结合而产生刀具路径的，刀具路径如图5-13（a）所示。

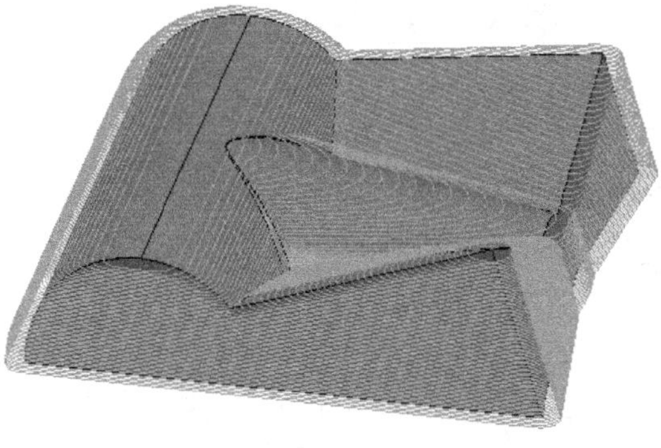

图 5-10　允许刀具中心在毛坯之外

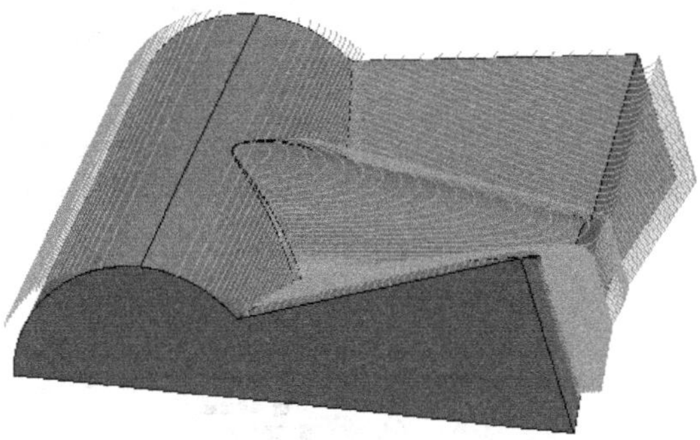

图 5-11　按毛坯边缘剪裁刀具中心

b.【切削方向】可分别指定轮廓和区域部分的刀具路径加工方向：

•【轮廓】控制每层刀具路径靠近轮廓的最终路径的切削方向；

•【区域】控制每层除靠近模型轮廓以外的刀具路径的切削方向。

【切削方向】可分别指定三种方式来进行刀具路径加工方向的控制。

•【顺铣】控制刀具路径加工方向只进行顺铣加工；

•【逆铣】控制刀具路径加工方向只进行逆铣加工；

•【任意】是两者的结合，系统根据模型自动安排的加工方式，或顺或逆或两者结合。

c.【公差】是确定刀具路径拟合模型的精度，其值越小，加工精度值就越高，拟合程度也就越好。

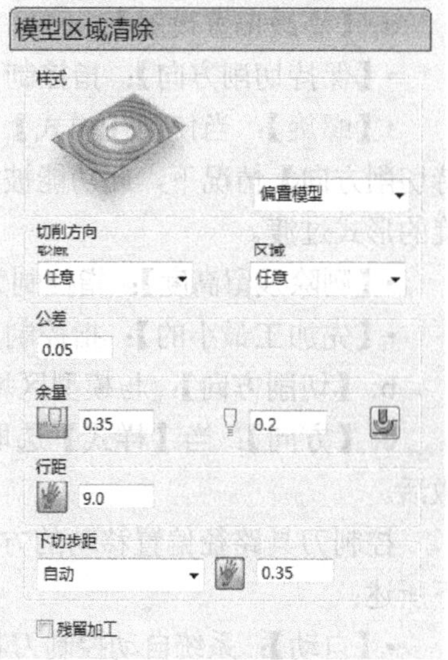

图 5-12 【模型区域清除】设置表格

d.【余量】指模型加工后表面剩余或残留的材料量，分为余量设置和部件余量控制两种。

e.【行距】指设定相邻两刀具路径之间的距离。

f.【下切步距】指两个切削层之间的距离，即每次刀具路径的下切深度。

⑤ 偏置：该选项参数设置如图 5-14 所示。

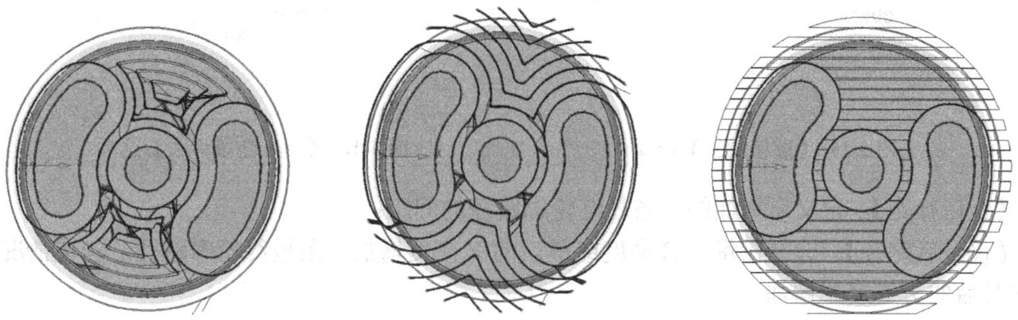

(a) 偏置全部　(b) 偏置模型　(c) 平行

图 5-13　样式

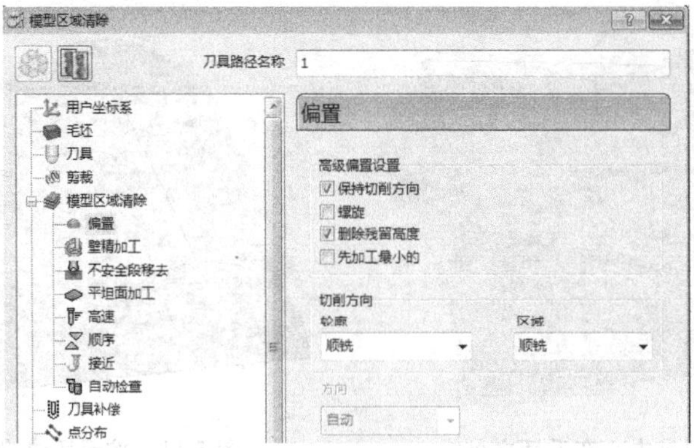

图 5-14 【偏置】选项

a.【高级偏置设置】。

•【保持切削方向】：指控制刀具路径产生时，选择最小空行程移动或保持切削方向。

•【螺旋】：当使用【样式】为【偏置模型】时，或者【样式】为【偏置全部】，勾选【保持切削方向】情况下，此功能被激活。勾选此选项后，刀具路径行距没有连接轨迹，而使用螺旋的形式过渡。

•【删除残留高度】：指控制刀具路径产生时，是否删除刀尖和下切步距所导致的残留高度。

•【先加工最小的】：指控制刀具路径产生时，是否先加工模型中最小的区域。

b.【切削方向】：与模型区域清除对话框中【切削方向】意义一致。

c.【方向】：当【样式】选取【偏置全部】，【保持切削方向】不勾选时，此选项功能将被激活。

控制刀具路径偏置移动的方向，包括自动、由内向外和由外向内三种方式，其意义分别如下所述：

•【自动】：系统自动控制刀具路径加工方向由内向外或由外向内，主要取决于模型的形状；

•【由内向外】：从最内层轮廓开始向外层轮廓加工；

•【由外向内】：从最外层轮廓开始向内层轮廓加工。

⑥ 壁精加工：该选项框控制是否增加一条最终轮廓路径，如图 5-15 所示，其选项的意义如下所述。

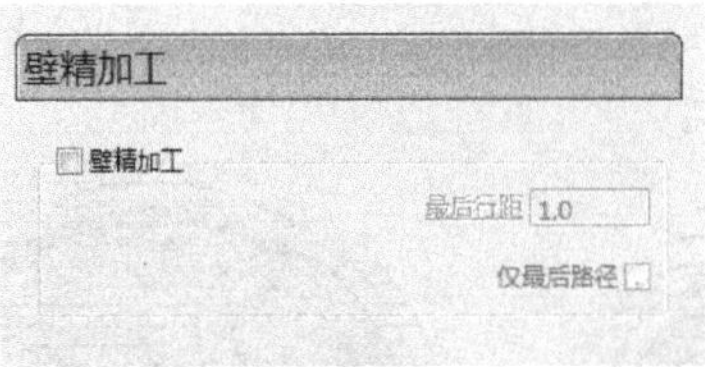

图 5-15 【壁精加工】选项

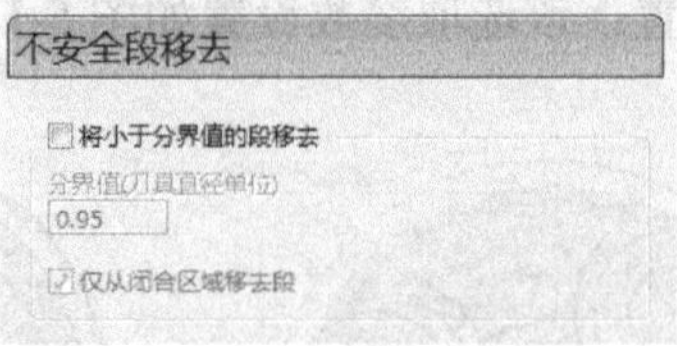

图 5-16 【不安全段移去】选项

【最后行距】：定义所增加的一条最终轮廓路径的间距；

【仅最后路径】：选择在每一 Z 高度或最后的 Z 高度增加一条最终轮廓路径，勾选情况下，只在最后的 Z 高度层增加。

⑦ 不安全段移去：可根据刀具直径和工件模型间的相对关系，来自动忽略工件上的一些区域，主要是控制粗加工时工件不顶刀底，保证加工小区域的安全性。选项如图 5-16 所示，其意义如下所述。

【将小于分界值的段移除】：控制是否使用不安全段移除功能，勾选此项后，其他控制选项才能使用；

【分界值(刀具直径单位)】：控制对模型全部区域做比较的分界值大小，此值是一个系数，它和刀具直径有关，模型区域分界值=刀具直径×分界值+刀具直径。如果是过滤小区域，分界值一般要大于 0.7；

【仅从闭合区域移去段】：移除的模型小区域可以是闭合的，也可以是开放的，勾选此选项，计算时不移去开放区域刀具路径。

⑧ 平坦面加工：该选项参数设置如图 5-17 所示。

a.【加工平坦区域】：该选项包含关、层和区域三种选项，其意义分别如下所述。

•【关】：选择此选项，下切步距计算不侦测平坦区域，按照上述原则定义层高度值。平坦区域轴向余量不一定等于所设置的余量值。

•【层】：选择此选项，如果模型在毛坯高度间有平坦面，下切步距计算时侦测平坦区域，且将平坦区域和毛坯的顶部和底部之间分割高度区域，每个高度区域再按上述原则定义层高度值，这样平坦区域轴向余量将等于所设置的余量值加公差值。

•【区域】：选择此选项，下切步距计算也将侦测平坦区域，但只在平坦区域范围内产生一增补的刀具路径，不会在整个切层内产生，而且增补的刀具路径层高度值不一定均匀。

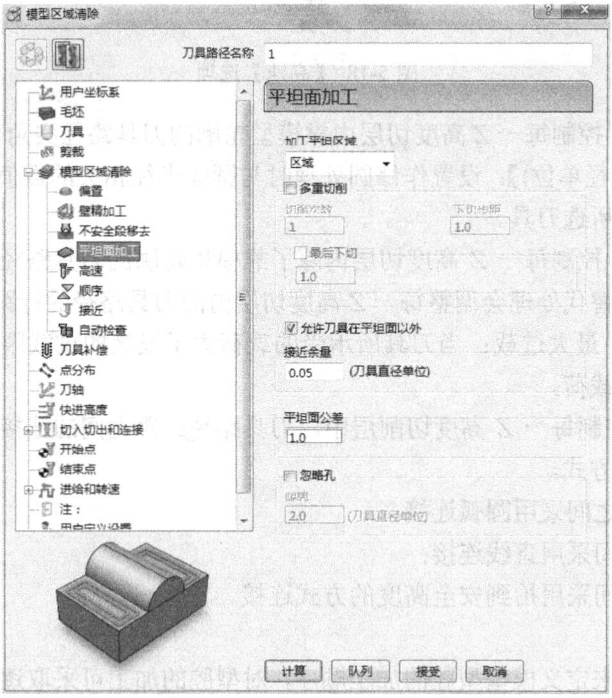

图 5-17 【模型区域清除】之【平坦面加工】选项

b.【多重切削】：平坦面上在 Z 轴方向分几层进行平面加工。

•【切削次数】：定义总切削次数；

•【下切步距】：定义 Z 高度层下切步距的距离；

•【最后下切】：定义最后一 Z 高度层下切步距的距离。

c.【允许刀具在平坦面以外】：勾选此选项，在光平面过程中，必要时允许刀具中心在平坦面以外。

d.【接近余量(刀具直径单位)】：刀具在外部切入时，离工件边缘的距离，此数值是以刀具直径为单位，即刀具中心离工件边缘的距离，等于刀具直径乘以此系数值再加上一个刀具半径。

e.【平坦面公差】：平坦面公差为侦测(识别) 模型平面时的公差值。

f.【忽略孔】：根据用户设置的限界，忽略比阀值小的型腔区域，能得到平顺的平面加工刀具路径；其中【限界】的含义和【不安全段移去】中的分界值的意义相同。

⑨ 高速：该选项参数设置如图 5-18 所示。

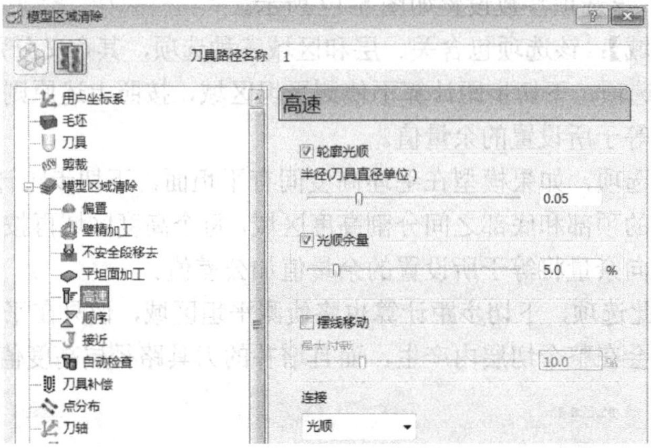

图 5-18 【高速】选项

a.【轮廓光顺】：控制每一 Z 高度切层内靠模型轮廓的刀具路径尖角位作修圆处理。

b.【半径(刀具直径单位)】：设置作修圆处理时与圆弧半径相关的数值，修圆时圆弧的半径是此处的数值与当前所选刀具。

c.【光顺余量】：控制每一 Z 高度切层内除了靠模型轮廓的刀具路径之外的尖角位作圆弧替代处理。这种圆弧替代处理会调整每一 Z 高度切层内的刀具路径的行距。

d.【摆线移动】：最大过载：当刀具所承受的载荷大于设置的过载限界时，刀具路径采用摆线运动以减少刀具载荷。

e.【连接】：是控制每一 Z 高度切削层中，刀具路径行距之间的连接方式，此连接方式分为光顺、直和无三种方式。

- 【光顺】：行距之间采用圆弧连接；
- 【直】：行距之间采用直线连接；
- 【无】：行距之间采用抬到安全高度的方式连接。

⑩ 顺序。

【排序方式】：用来定义模型型腔的加工顺序，对型腔的加工可采取逐个加工或是根据每层深度加工，即通常所说的“层优先还是型腔优先”。

【型腔】：将按一定顺序逐个加工型腔。

【层】：逐层加工所有型腔。

【排序】：用于刀具路径加工顺序的排序安排，其排序方式有以下几种，意义分别如下所述。

：以在目录树中出现的次序加工；

：先沿 Y 轴方向，再沿 X 轴单向加工；

：先沿 Y 轴方向，再沿 X 轴双向加工；

：先沿 X 轴方向，再沿 Y 轴单向加工；

：先沿 X 轴方向，再沿 Y 轴双向加工；

：沿对角线 1 单向加工；

：沿对角线 1 双向加工；

：沿对角线 2 单向加工；

：沿对角线 2 双向加工；

：按最短路径加工；

：加工最靠近前一区域的区域；

：沿同心圆加工区域；

：沿放射参考线加工区域。

⑪ 接近：该选项如图 5-19 所示。

a.【钻孔】：从刀具路径起点垂直切入，下一个 Z 高度切层，但下刀位置总是在预先钻孔位置。选择此类型，接下来的【钻孔】控制框选项激活，用户可以自动或手动定义预先钻孔位置。

•【输入参考线】：选取作为钻孔位置的参考线；

•【输出孔】：选取特征名称。

b.【增加从外侧接近】：勾选此项，将控制切入移动从毛坯外部切入工件。

⑫ 快进高度：快进高度的参数设置如图 5-20 所示（需注意：在设置快进间隙和下切间隙时，设置完成后需点击计算）。

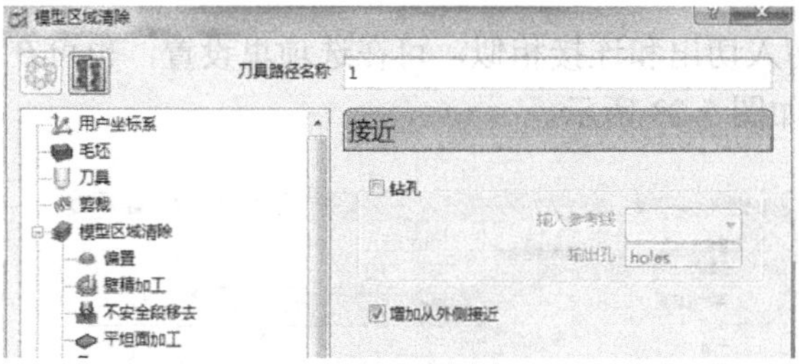

图 5-19 【接近】选项

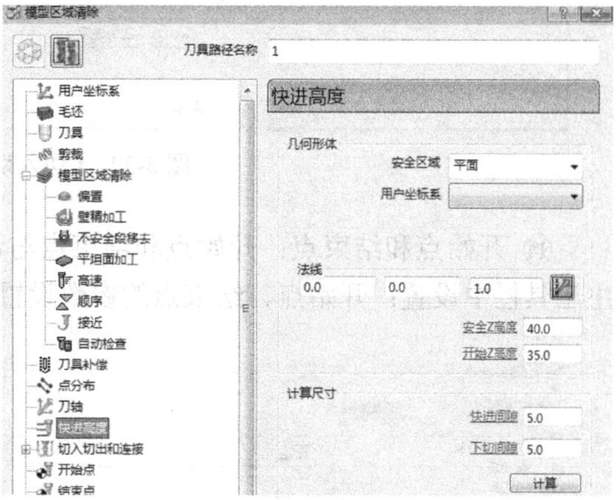

图 5-20 【快进高度】选项

【快进间隙】：刀具由安全高度到下切高度的距离；

【下切间隙】：刀具由快进速度转变为下切速度时的高度距模型的距离。

⑬ 切入切出和连接：此选项的设置，可在此处设置，也可在刀具路径生成之后，在主工具栏中点击【切入切出和连接】按钮进行设置。在此处设置时，同样点击【切入切出和连接】按钮进入【切入切出和连接】设置界面，进行参数的设置。【切入切出和连接】选项界面显示的是当前该选项的设置信息，如图 5-21 所示。

【切入】：是指控制刀具路径在切入模型之前的运动；

【切出】：是指控制刀具路径在切出离开模型时的运动。

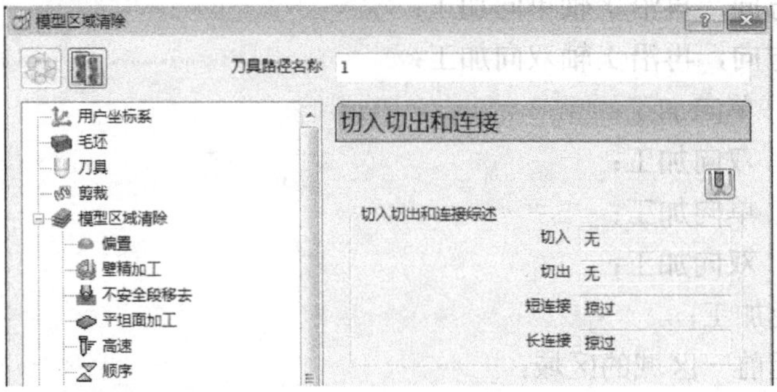

图 5-21 【切入切出和连接】选项

切入、切出和连接的设置如图 5-22 所示。

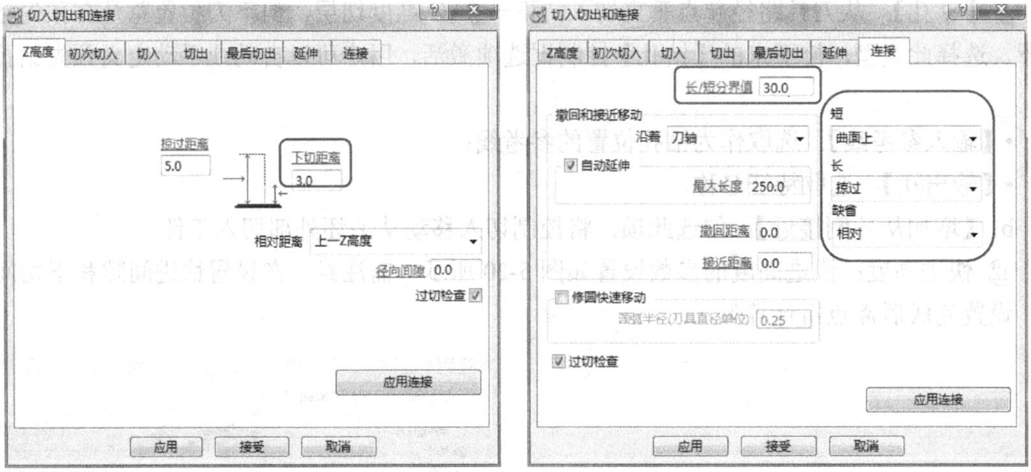

图 5-22 【切入切出和连接】对话框

⑭ 开始点和结束点：开始点和结束点与切入切出和连接相似，可在选项里设置，也可在主工具栏中设置；开始点、结束点的参数设置如图 5-23 所示。

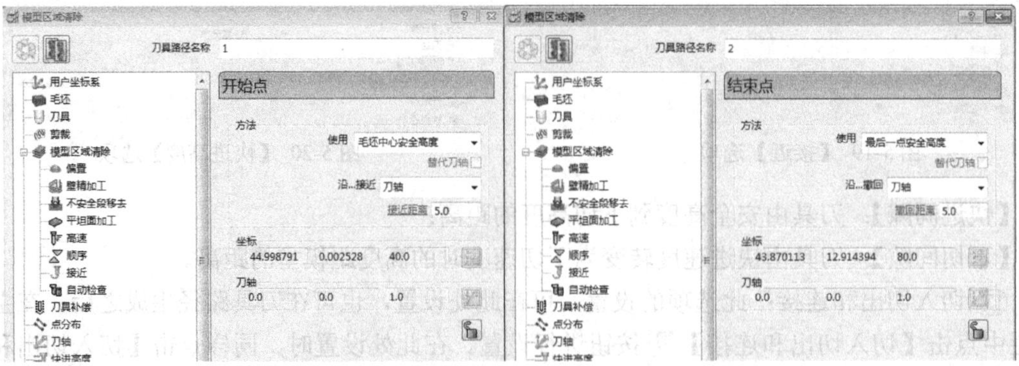

图 5-23 【开始点与结束点】选项

⑮ 进给和转速：进给和转速的参数设置也较灵活，可在刀具路径生成后设置，也可在此选项里设置。如图 5-24 所示。

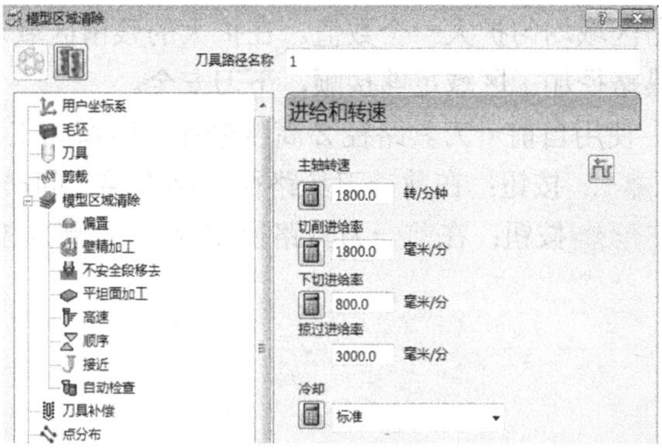

图 5-24 【进给和转速】选项

5.2 模型残留区域清除

在最初的区域清除加工过程中，尽可能地使用大直径的刀具，以尽快地切除大量的材料；但在很多情况下，大直径刀具并不能切入到零件中的某些拐角和型腔区域，为此，这些区域需要在精加工前，使用较小的刀具进行一次或多次进一步的粗加工，以在精加工前，切除尽可能多的材料。

模型残留区域清除选项，使用较前一加工策略刀具小的一新刀具，来产生一粗加工策略，它将仅加工前一刀具没能够加工到的毛坯区域。

【模型残留区域清除】与【模型区域清除】相比，只多了一项“残留”，即将【模型区域清除】中的“残留加工”勾选，即转变为【模型残留区域清除】策略，如图 5-25 所示。

【模型残留区域清除】中“残留”选项的参数如下所述。

：选取作为参考的元素，包括有刀具路径和残留模型两元素。

：用于选取参考元素的名称。

【检测材料厚于】：检测残留材料，只对厚于指定值的残留区域产生刀具路径。主要是为了过滤一些碎小刀具路径。使用此选项，同时【扩展区域】数值框内也应该输入大于【检测材料厚于】的数值。

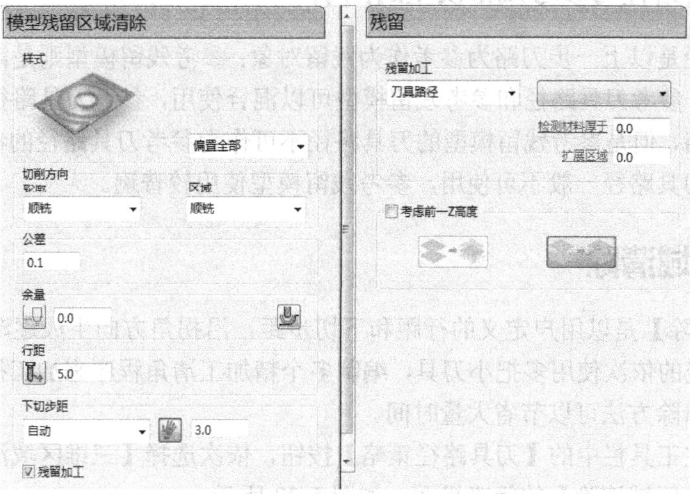

图 5-25 【残留】选项

【扩展区域】：将残留区域均匀扩大一个数值。在扩大的残留区域内再产生刀具路径。主要是保证下一刀具路径加工区域足够接顺，下刀安全。

【考虑前一 Z 高度】：使用自前一刀具路径 Z 高度来计算残留加工。

【加工中间 Z 高度】按钮：在前一刀具路径 Z 高度层之间产生一层刀具路径。

【加工和重新加工】按钮：在前一刀具路径 Z 高度重新加工，并在前一刀具路径 Z 高度层之间产生。

5.2.1 参考刀具路径

参考刀具路径残留加工，其参考对象为刀具路径，并且用作参考的刀具路径只能是区域清除策略或平坦面精加工策略产生的刀具路径。同时也要求用作参考的刀具路径和产生的残留加工刀具路径两者的编程坐标系必须是同一个。如图 5-26 所示。

5.2.2 参考残留模型

残留模型是不同策略或工艺加工完后得到的残留余量所形成的模型，其提供了所选定一条或多条刀具路径加工模型后剩余材料的直观和物理记录。残留模型也可理解为是三维的毛坯。如图 5-27 所示。

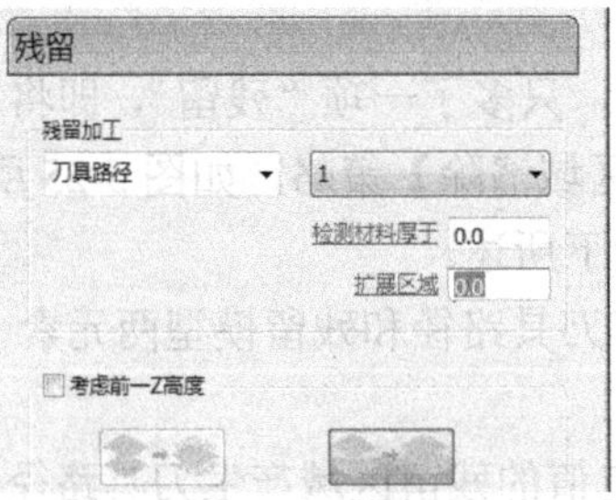

图 5-26 参考刀具路径

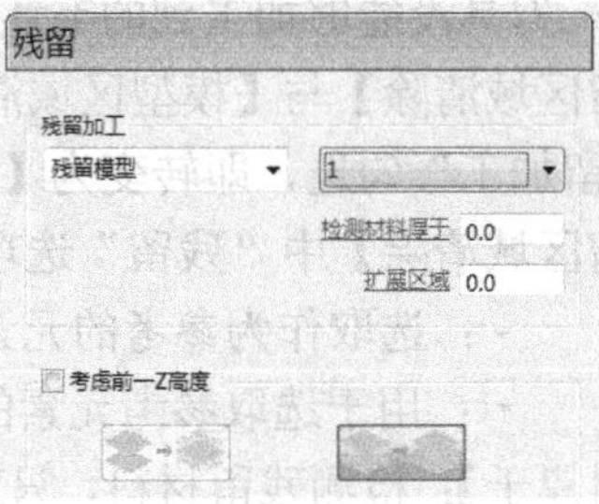

图 5-27 参考残留模型

5.2.3 参考刀具路径与参考残留模型的区别

参考刀具路径是以上一步刀路为参考作为残留对象；参考残留模型则是需创建一残留模型来作为参考对象；参考刀具路径和参考残留模型可以混合使用，参考刀具路径可以作为产生残留模型的参考刀路，但是参考残留模型的刀具路径不可作为参考刀具路径的参考对象；且在多轴加工中，参考刀具路径一般不可使用，参考残留模型使用较普遍。

5.3 拐角区域清除

【拐角区域清除】是以用户定义的行距和下切步距，沿拐角方向生成逐渐清除残余材料的刀具路径。与传统的依次使用多把小刀具，编制多个精加工清角程序来加工拐角位置相比，这种新的残留区域清除方法可以节省大量时间。

操作：选择主工具栏中的【刀具路径策略】按钮，依次选择【三维区域清除】、【拐角区域清除】弹出【拐角区域清除】的策略界面，如图 5-28 所示。

策略选项中的意义如下所述。

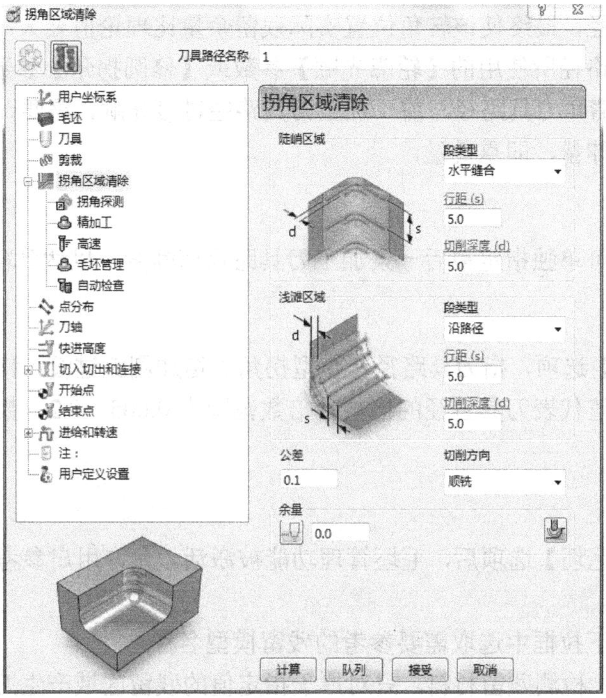

图 5-28 【拐角区域清除】表格

(1) 拐角区域清除

本选项中参数主要控制在模型不同区域采用不同加工刀具路径轨迹。由于模型曲面斜度大小所对应加工工艺要求及切削用量不同，需要对在不同位置拐角区分为陡峭区域和浅滩区域。

①【陡峭区域】指定在陡峭区域产生刀具路径样式。

a.【段类型】：在【段类型】下拉框中主要包括以下两种方式：

•【水平缝合】：是陡峭区域拐角加工默认使用的方式，指在模型的内转角交叉线位置产生多条缝合状的刀具路径，其刀具路径运动轨迹始终是水平；

•【沿路径】：是指沿着模型的转角交叉线轮廓由外向内偏置而产生的刀具路径，刀具路径随着转角交叉线的延伸轨迹变化而变化，但始终与转角延伸轨迹平行。

b.【行距和切削深度】根据刀具切削能力和毛坯材料硬度，在【行距】设定刀具路径水平间距，在【切削深度(d)】设定每层下切步距。

②【浅滩区域】：指定在浅滩区域即模型曲面相对平缓区域产生刀具路径样式。【段类型】方式默认为【沿路径】，与陡峭区域定义一致。另一种方式为【垂直缝合】，与陡峭区域中【水平缝合】类似，但所生成刀具路径运动轨迹始终是垂直的。

(2) 拐角探测

此选项页用于设定拐角位置探测参数，用于确定生成加工刀具路径范围。

【参考刀具】：设定前一刀具路径使用的刀具作为参考，以确定不能加工的转角范围。可新建参考刀具或在下拉框选择之前使用刀具。此参数为必填项，默认将报警。

【拐角半径(刀具直径单位)】：在粗加工刀具路径或者精加工刀具路径中，一般会在【高速】选项页中设定【轮廓光顺】或者【修圆拐角】功能。这些高速选项使轮廓拐角位置尖角刀具路径变成一圆弧刀具路径，最终使该转角位置实际残留余量比理论值要大；因此，为有效识别实际余量，把前一刀具路径所使用的【轮廓光顺】参数或【修圆拐角】参数填入输入框内。

【重叠】：为确保清角刀具路径与前一加工刀具路径过渡光顺，需要设置刀具路径延伸到未加工区域边缘外的延伸量，即重叠量。

（3）精加工

勾选此选项后，可单独指定最后一条加工刀具路径切削量，以达到精加工要求。

（4）高速

勾选【修圆拐角】选项，指刀具路径在模型拐角处增加圆弧过渡。移动滑块可以调节过渡圆弧角度的大小，数值代表刀具直径的倍数，倍数范围为0.005～0.2。数值越小，代表圆弧直径越小。

（5）毛坯管理

勾选【考虑剩余毛坯】选项后，毛坯管理功能被激活。允许用户参考残留模型生成更合理的拐角加工刀具路径。

【残留模型】：在下拉框中选取需要参考的残留模型名称。

【检测材料厚于】：检测残留材料，只对厚于指定值的残留区域产生刀具路径。主要是为了过滤一些碎小刀具路径。

【剩余材料余量】：为使残留模型更接近参考刀具加工后结果，如果剩余材料量大于残留模型上的余量，把多出的值写入到此参数。

5.4 粗加工案例实践

（1）输入模型

输入模型：在PowerMILL主工具栏上点击 文件(F)，选择 输入模型(I)...，在弹出的对话框中选择“光盘文件”/【源文件】/【ch05】/“摩托车转向灯灯罩型腔.igs”，点击 打开(O) 按钮。输入的模型如图5-29所示。

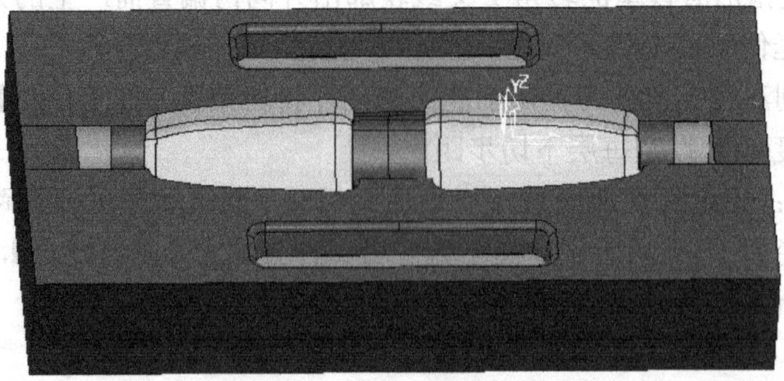

图5-29 输入的模型文件

（2）创建用户坐标系

框选屏幕上的模型，右击资源管理器上的【用户坐标系】，依次点击【产生并定向用户坐标系】/【用户坐标系在选项顶部】，产生用户坐标系“1”，右击用户坐标系“1”，选择激活，结果如图5-30所示。

图 5-30 创建的加工坐标系

(3) 创建刀具、毛坯

参照第 2 讲所讲的创建加工刀具 D25R5 和 D10R0，如图 5-31 所示。

点击主工具栏上的【毛坯】按钮，选择由【方框】方式定义模型毛坯。如图 5-32 所示。

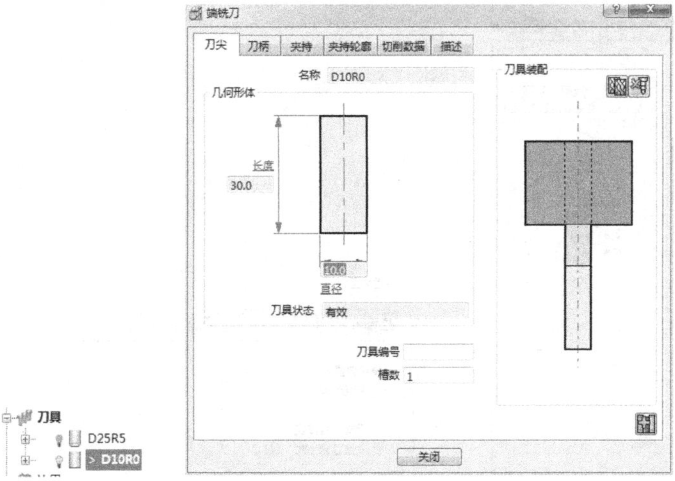

图 5-31 创建的刀具

图 5-32 【毛坯】表格

(4) 设置快进高度

在主工具栏上点击【快进高度】图标弹出如图 5-33（a）所示的【快进高度】对话框，设置【下切间隙】为“2”，单击【计算】按钮，结果如图 5-33（b）所示，改变【安全 Z 高度】为“20”，如图 5-33（c）所示。

(5) 创建加工刀具路径

a. 产生模型粗加工刀具路径 1-粗加工。

在主工具栏中选择单击【刀具路径策略】按钮，选择【三维区域清除】/【模型区域清除】，单击 接受 按钮，弹出【模型区域清除】策略对话框，设置刀具路径名称为“1-粗加工”，设置刀具选为“D25R5”；选择【模型区域清除】，将【样式】设置为 偏置全部 ，【切削方向】设置为【轮廓】“顺铣”，【区域】“任意”；【公差】“0.05”；【余量】为“0.3”，【行距】设置为“13”，【下切步距】选择为“自动”，值设置为“0.4”。如图 5-34 所示。

单击【偏置】，设置如图 5-35 所示参数。

(a) (b) (c)

图 5-33 【快进高度】对话框

图 5-34 【模型区域清除】对话框

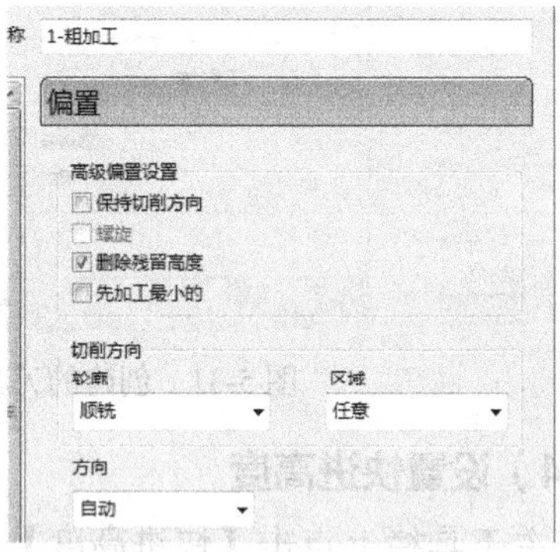

图 5-35 【偏置】设置表格

单击【不安全段移去】，设置如图 5-36 所示参数。

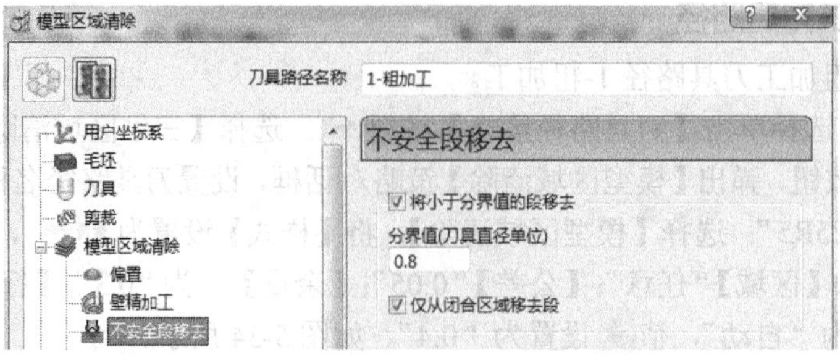

图 5-36 【不安全段移去】设置表格

单击【高速】，设置如图 5-37 所示参数。

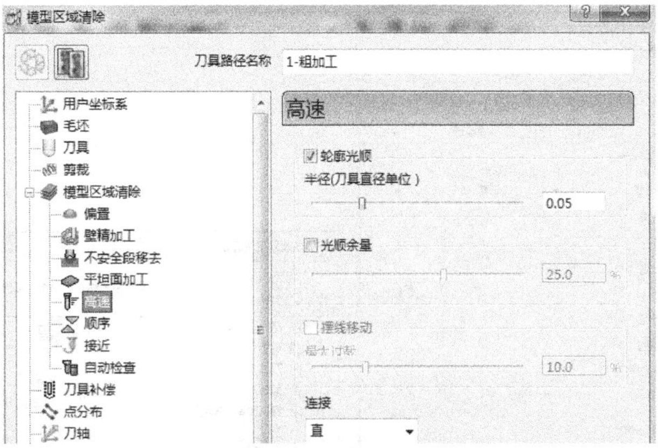

图 5-37 【高速】设置表格

其余参数保持默认，单击【计算】按钮，得出如图 5-38 所示刀具路径。

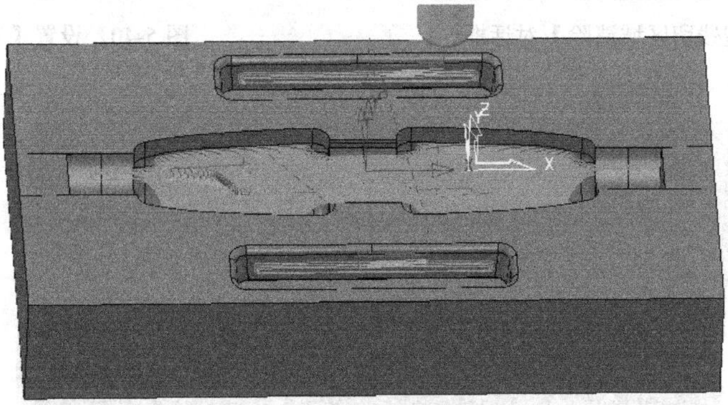

图 5-38　粗加工刀具路径

b. 产生残留加工刀具路径 2-参考刀具路径残留加工。

在主工具栏中选择单击【刀具路径策略】按钮，选择【三维区域清除】/【模型残留区域清除】，单击 接受 按钮，弹出【模型残留区域清除】策略对话框，设置刀具路径名称为“2-参考刀具路径残留加工”，设置刀具选为“D10R0”；选择【模型残留区域清除】，将【样式】设置为 偏置全部 ，【切削方向】设置为【轮廓】“任意”，【区域】“任意”；【公差】“0.05”；【余量】为“0.3”，【行距】设置为“5”，【下切步距】选择为“自动”，值设置为“0.2”。如图 5-39 所示。

点击【残留】，选择【残留加工】参考【刀具路径】，参考的刀具路径名称为“2-参考刀具路径残留加工”，【检测材料厚于】设置为“0.1”，【扩展区域】设置为“1”，如图 5-40 所示。

其余参数设置和刀具路径“1-粗加工”一样，单击【计算】按钮，得出如图 5-41 所示刀具路径。

c. 产生残留刀具路径 3-参考残留模型加工。

在资源管理器上右击【残留模型】，单击【产生残留模型】，右击刀具路径“1-粗加工”，选择增加到【残留模型】，如图 5-42 所示。

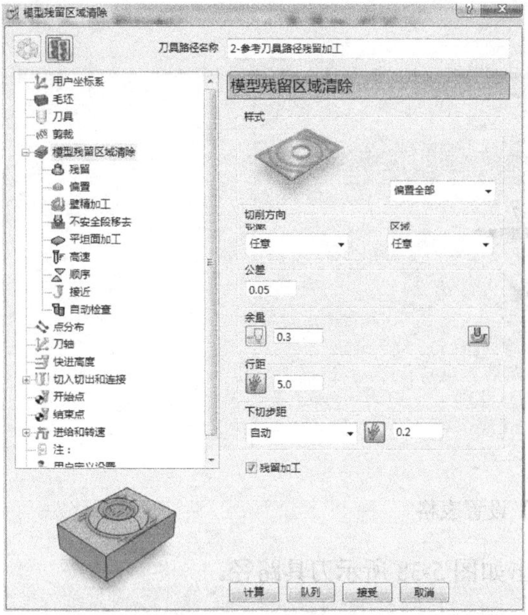

图 5-39 【模型残留区域清除】对话框

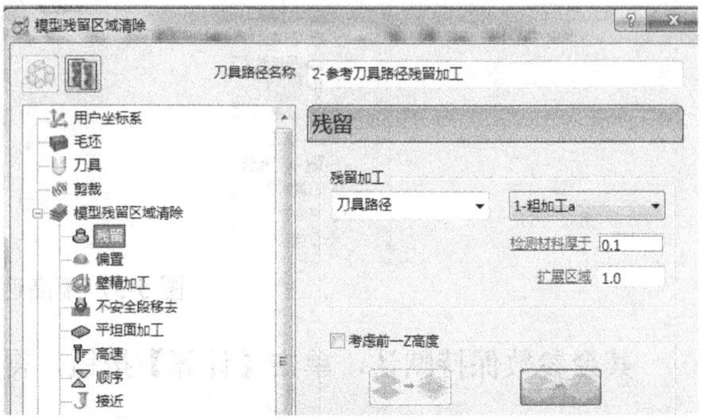

图 5-40 设置【残留】

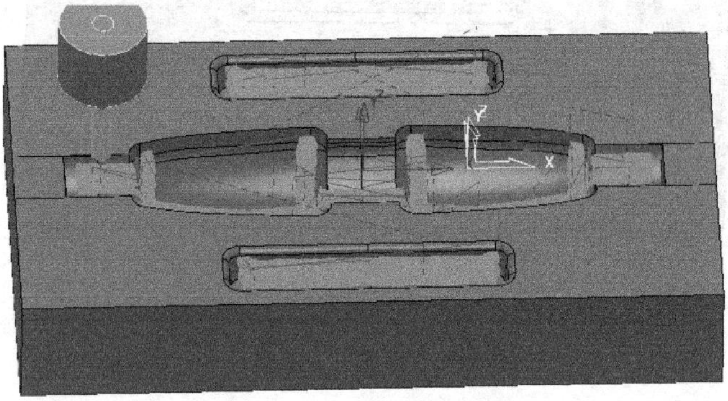

图 5-41 参考刀具路径残留加工

图 5-42 【产生残留模型】选项

右击【残留模型】“1”，选择【计算】选项，计算结果如图 5-43 所示。

参考“2-参考刀具路径残留加工”的参数设置，重新设置【残留】选项，点击【残留】，选择【残留加工】参考【残留模型】，参考的残留模型名称为“1”，【检测材料厚于】设置为“0.1”，【扩展区域】设置为“1”，如图 5-44 所示。

单击【模型残留区域清除】下面的【计算】按钮，得出如图 5-45 所示刀具路径。

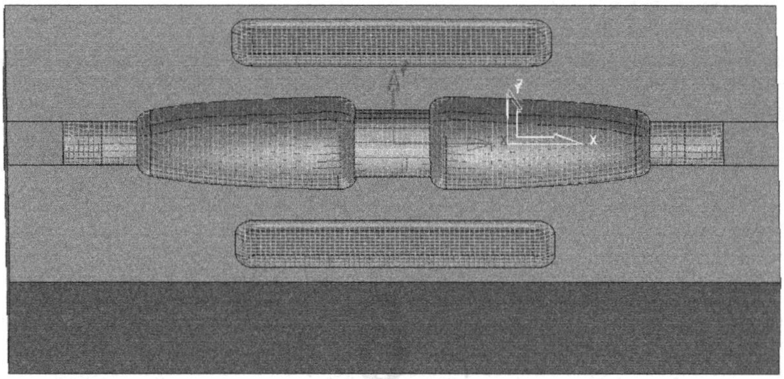

图 5-43　残留模型

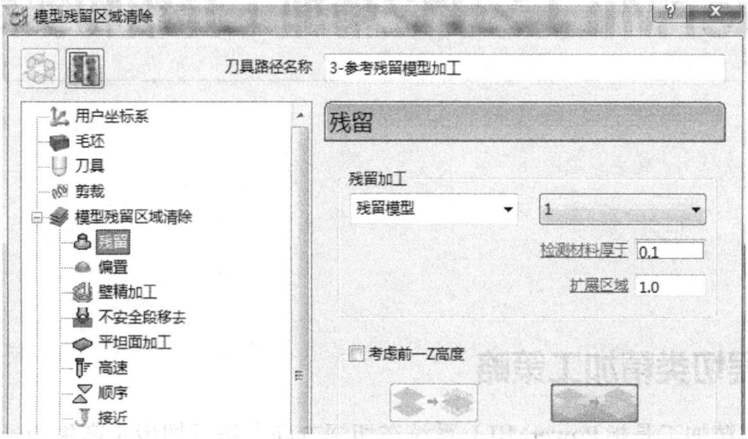

图 5-44　设置【残留】

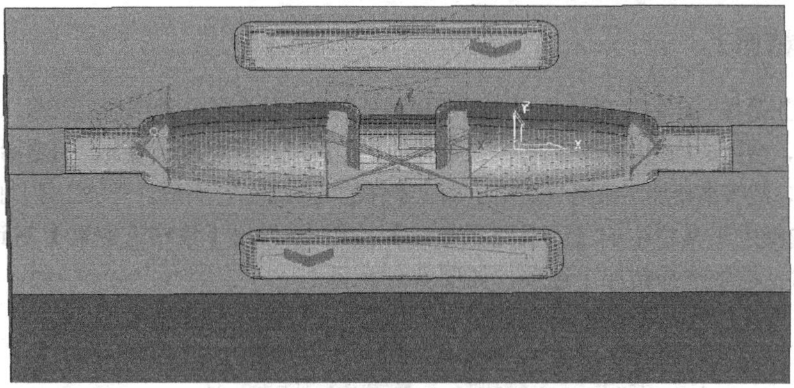

图 5-45　参考残留模型加工刀具路径

详细操作过程，读者可参考下载文件中【视频文件】/【ch05】/“摩托车转向灯灯罩型腔”。

第 6 讲

PowerMILL2012精加工介绍和实践

6.1 等高层切类精加工策略

等高层切类精加工是指PowerMILL系统在切深方向上按下切步距产生的一系列的剖切面，称为等高切面，在剖切面与零件轮廓的交线位置计算刀具路径。

6.1.1 等高精加工

等高精加工是按一定的Z轴下切步距沿着模型外形进行切削的一种精加工策略，因此，在零件的陡峭面部分，会生成均匀的刀具路径；在零件的平坦区域，行距逐渐增大，刀路稀疏，导致表面加工质量不高，故等高精加工策略只适用于加工零件的陡峭部分，不适合于加工零件的平坦区域。

操作：选择主工具栏中的【刀具路径策略】按钮弹出【策略选取器】对话框，在【策略选取器】对话框中选择精加工选项，如图6-1所示。

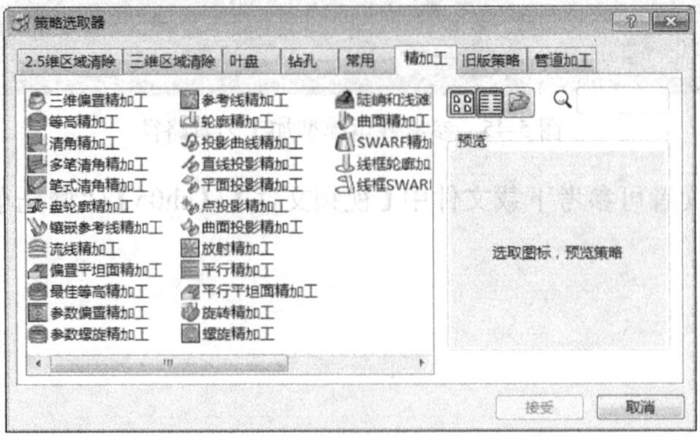

图 6-1　策略选取器

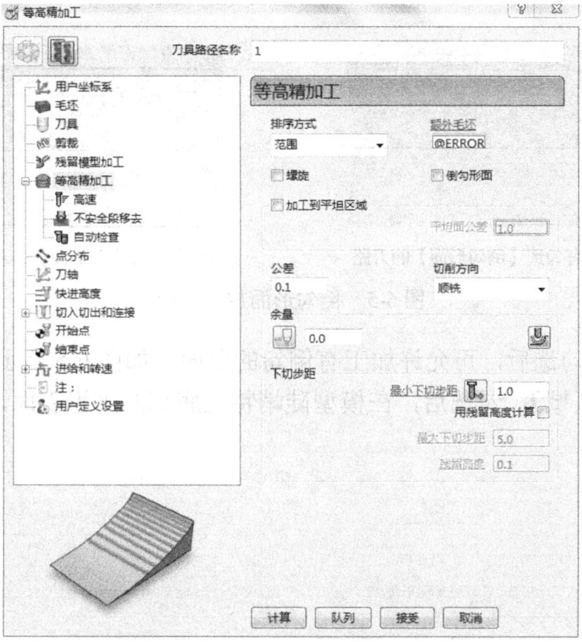

图 6-2 【等高精加工】参数表格

在【精加工】选项里，选择【等高精加工】弹出【等高精加工】的策略界面，如图 6-2 所示。其各参数的意义如下所述。

①【排序方式】：分为“范围”和“层”两种方式，当零件有多个凸台或凹腔时，选择“范围”刀具路径会先加工好一个区域，再加工下一个区域，如图 6-3（a）所示；选择“层”刀具路径则会每一层都加工所有区域，如图 6-3（b）所示。

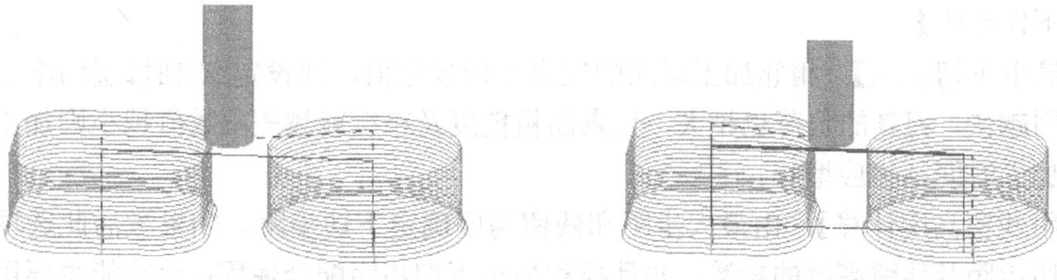

（a）【范围】刀路　　（b）【层】刀路

图 6-3 范围和层加工路径

②【额外毛坯】：估算材料的移去量，它仅用来决定安全的加工顺序，如图 6-4 所示。

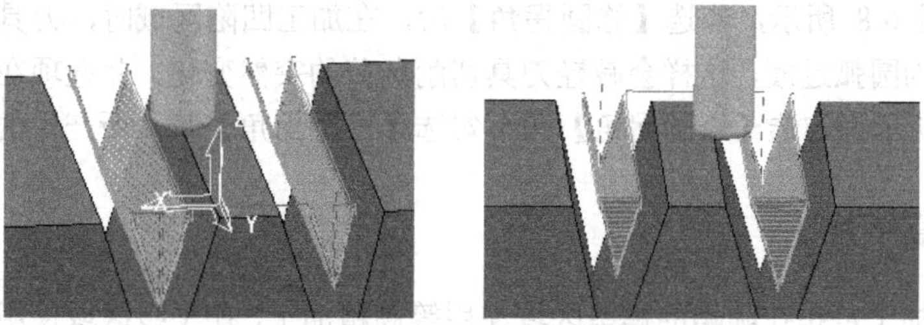

（a）没有设置【额外毛坯】的刀路　　（b）设置【额外毛坯】的刀路

图 6-4 额外毛坯加工路径

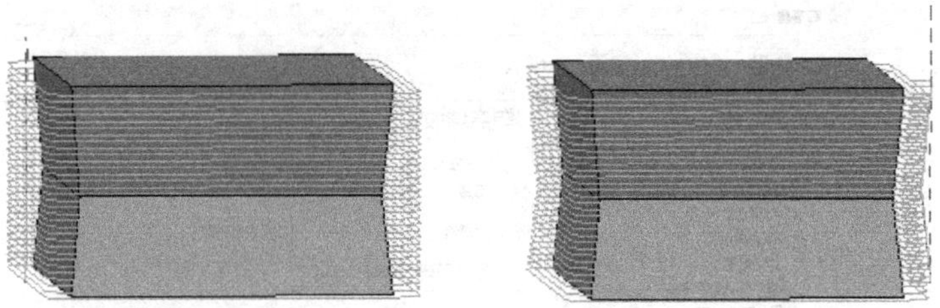

（a）没有勾选【倒勾形面】的刀路　　（b）勾选【倒勾形面】的刀路

图 6-5　倒勾形面加工路径

③【倒勾形面】：勾选后，可允许加工有倒勾的曲面，如图 6-5 所示。

④【加工到平坦区域】：勾选后，在模型陡峭特征底部的平坦表面，增加一层加工刀具路径，如图 6-6 所示。

（a）没有勾选【加工到平坦区域】的刀路　　（b）勾选【加工到平坦区域】的刀路

图 6-6　加工到平坦区域加工路径

⑤【下切步距】。

a.【最小下切步距】：相邻加工层间的恒定下切步距值，即设定 Z 轴每层切削量的步距。数值越大则越快，刀具的负荷也越大，且表面粗糙度及精度就越差；数值越小则加工后的效果越好，但加工时间则相应增长。

b.【用残留高度计算】：由最大步距和残留高度确定下切步距。如果激活此选项，则要设定最大下切步距及残留高度的参数，并且要和最小下切步距配合使用；此功能主要用在切削加工时平坦面会加密步距，而陡峭面则放大步距；最小下切步距就是平坦面加密的最小步距，最大下切步距就是陡峭面的最大下切步距，而残留高度就是相邻刀具路径之间所残留的未加工区域的高度，如图 6-7 所示。

【高速】如图 6-8 所示，勾选【修圆拐角】后，在加工凹陷区域时，刀具路径不会完全加工，而会自动改为圆弧过渡，这样会减轻刀具切削负荷的突然变化，此选项在高速加工时非常适用。如图 6-9 所示为勾选【修圆拐角】和不勾选【修圆拐角】时，所产生的刀具路径。

6.1.2　最佳等高精加工

最佳等高精加工是指在陡峭的模型区域使用等高精加工，在平缓区域使用三维偏置精加工的一种加工策略；它综合了等高精加工和三维偏置精加工的特点，应用非常广泛，对加工一些复杂的模型曲面非常方便，而且刀具路径的加工步距始终保持稳定。

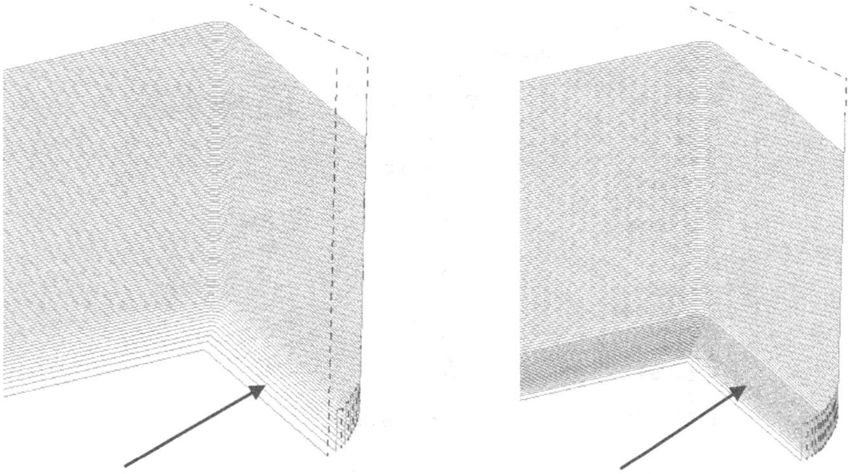

（a）没有勾选【用残留高度计算】的刀路　　（b）勾选【用残留高度计算】的刀路

图 6-7　用残留高度计算加工路径

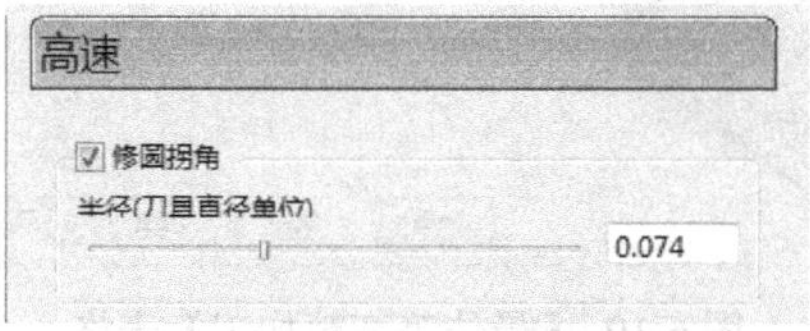

图 6-8　【高速】设置选项

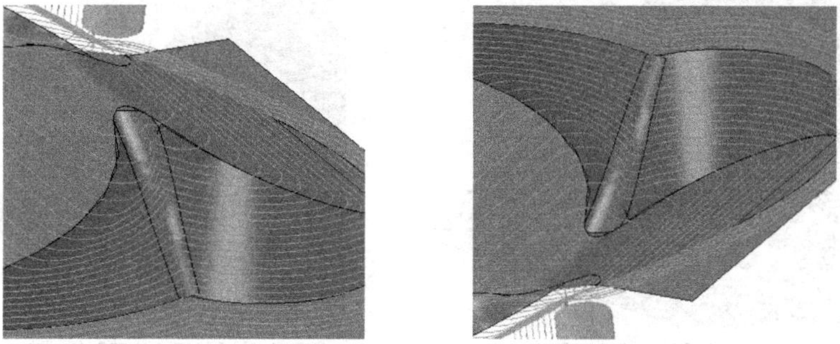

（a）没有勾选【修圆拐角】的刀路　　（b）勾选【修圆拐角】的刀路

图 6-9　设置【修圆拐角】计算的加工路径

操作：在主工具栏中单击【刀具路径策略】按钮，打开【策略选取器】对话框，选择【精加工】选项，在该选项中选择【最佳等高精加工】选项，弹出【最佳等高精加工】表格，如图 6-10 所示。

其各参数的意义如下所述。

【螺旋】勾选此选项，将产生螺旋最佳等高刀具路径，在封闭的刀具路径区域使用；该选项和等高精加工的设置一样。

【封闭式偏置】控制其中三维偏置刀具路径的偏置方式；勾选此项，表示三维偏置加工的方式将为封闭的；反之，则为开放的；如图 6-11 所示。

【使用单独的浅滩行距】：该选项是针对平坦区域刀路而言，选择该选项，可单独设置平坦区域刀路的行距，要求浅滩行距一定要大于或等于【最佳等高精加工】对话框中的行距值，如图 6-12 所示。

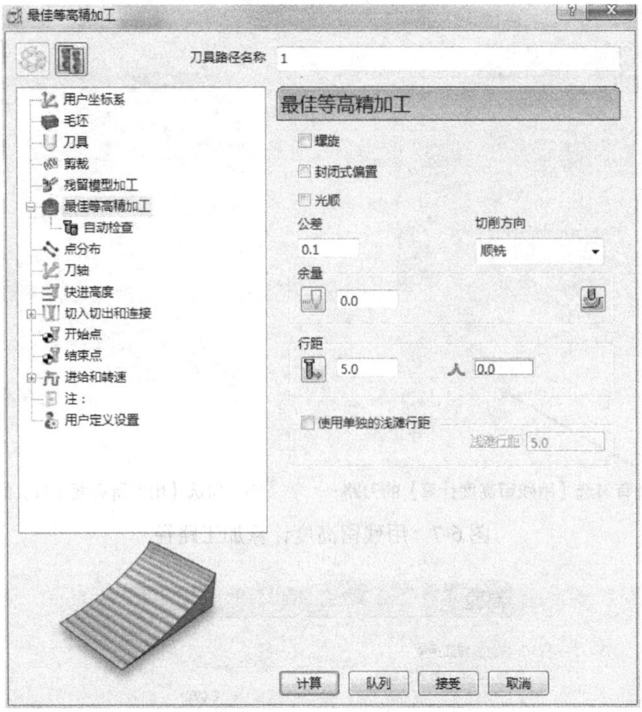

图 6-10 【最佳等高精加工】表格

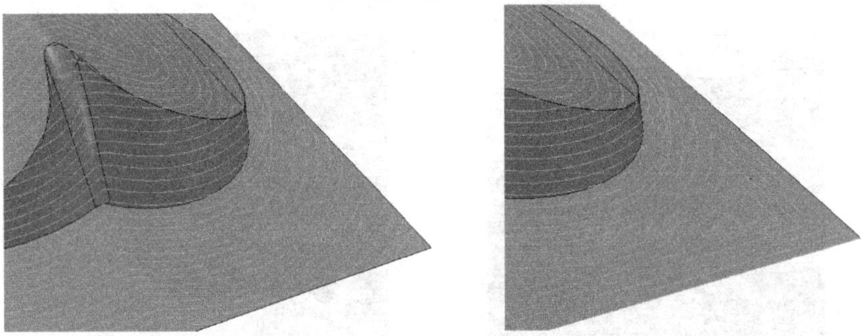

（a）没有勾选【封闭式偏置】的刀路　　（b）勾选【封闭式偏置】的刀路

图 6-11 设置【封闭式偏置】计算的加工路径

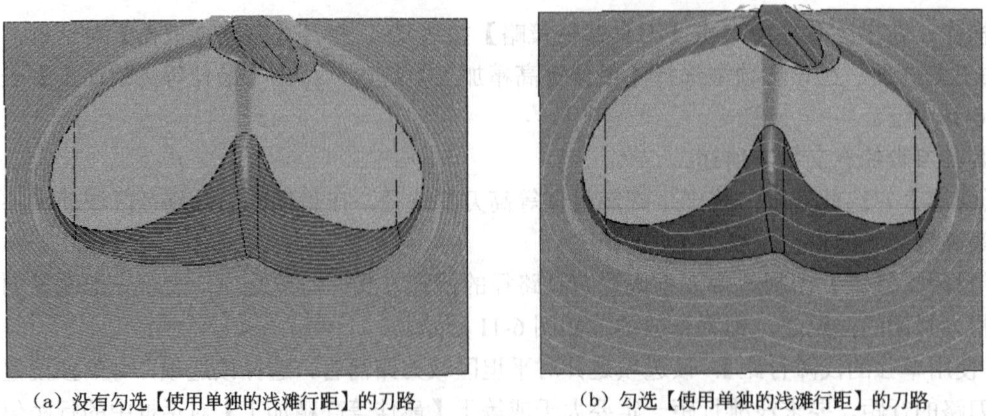

（a）没有勾选【使用单独的浅滩行距】的刀路　　（b）勾选【使用单独的浅滩行距】的刀路

图 6-12 设置【使用单独的浅滩行距】计算的加工路径

6.1.3　陡峭和浅滩精加工

陡峭和浅滩精加工是根据用户定义的分界角角度，把模型分为陡峭区域和平坦（浅滩）区域，采用“等高精加工”加工陡峭区域，采用“三维偏置精加工”或“平行精加工”加工平坦（浅滩）区域的一种综合加工策略。该精加工策略与前面介绍的“最佳等高精加工”方法比较类似。

操作：在主工具栏中单击【刀具路径策略】按钮，打开【策略选取器】对话框，选择【精加工】选项，在该选项中选择【陡峭和浅滩精加工】选项，弹出【陡峭和浅滩精加工】表格，如图6-13所示。

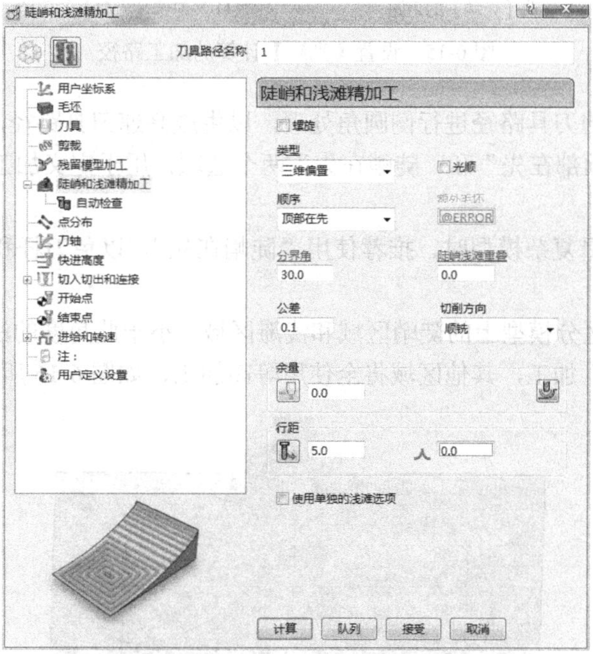

图6-13　【陡峭和浅滩精加工】表格

其各参数的意义如下所述。

【类型】分为“三维偏置”和“平行”两个选项，用于加工小于分界角角度的模型区域，根据模型的加工需求，工作人员可以选择“三维偏置”来加工，也可以使用“平行”方式来加工。如图6-14所示。

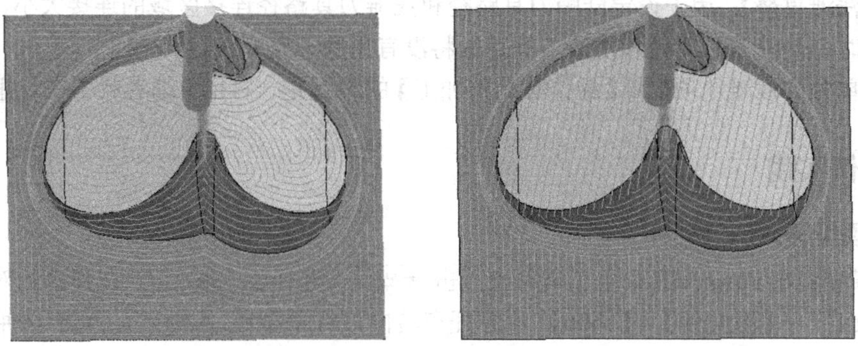

（a）选择【三维偏置】的刀路　　（b）选择【平行】的刀路

图6-14　设置【三维偏置】和【平行】计算的加工路径

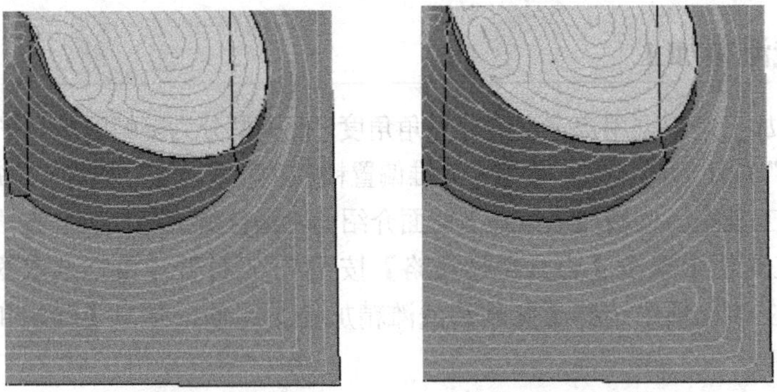

（a）勾选【光顺】的刀路　　（b）勾选【光顺】的刀路

图 6-15　设置【光顺】计算的加工路径

【光顺】：对尖角的刀具路径进行倒圆角处理，以生成高速刀具路径，如图 6-15 所示。

【顺序】：分为“顶部在先”和“陡峭在先”两个选项，用于定义加工模型陡峭区域和浅滩区域的加工顺序。

提示：读者在编辑复杂模型时，推荐使用“陡峭在先”，以免刀杆和未去除余量的侧壁发生碰撞或挤刀现象。

【分界角】：用来区分模型上的陡峭区域和浅滩区域。小于此角度的浅滩区域将使用“三维偏置”加工或“平行”加工，其他区域将全使用等高加工，如图 6-16 所示。

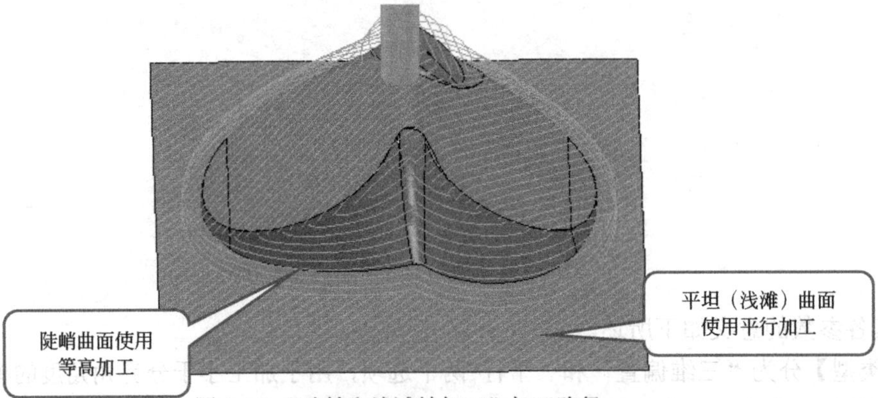

图 6-16　“陡峭和浅滩精加工”加工路径

【陡峭浅滩重叠】：用于设定陡峭刀具路径和浅滩刀具路径连接区域的连接大小，当该值设置为“0”时，陡峭刀具路径和浅滩刀具路径将没有重叠刀路。

【使用单独的浅滩选项】和【最佳等高精加工】的设置是一样的，编者就不在这里重复了。

6.1.4　案例实践

（1）模型输入

输入模型：在 PowerMILL 主工具栏上点击 文件(F)，选择 输入模型(I)...，在弹出的对话框中选择“下载文件”/【源文件】/【ch06】/“摩托车转向灯灯罩型芯 A.dgk”，点击 打开(O) 按钮。输入的模型如图 6-17 所示。

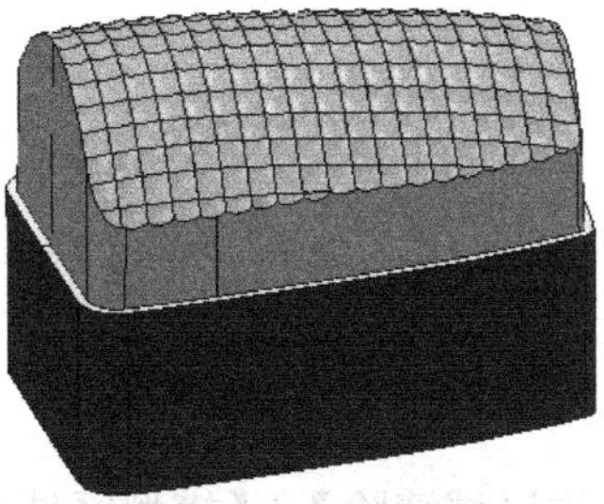

图 6-17　输入的模型

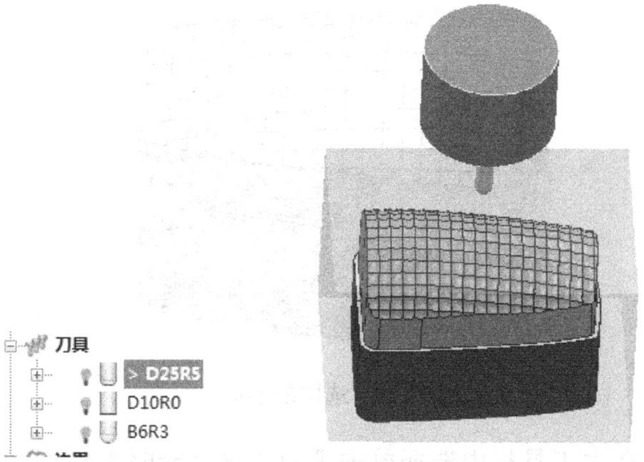

图 6-18　创建的刀具与毛坯

（2）创建刀具、毛坯

参照第 2 讲创建刀具、毛坯的方法，创建本案例加工所需的刀具和毛坯，如图 6-18 所示。

提示：在加工形芯（需要加工外形的工件）时，根据加工需求，把模型的毛坯适当地放大一点，以方便外形的加工。

（3）创建用户坐标系

参照坐标系的创建方法，设置加工坐标系在模型底部，如图 6-19 所示。

（4）创建加工边界

创建【接触点边界】。

在资源管理器中右击【边界】/【定义边界】/【接触点】选项，弹出如图 6-20 所示的【接触点边界】对话框。

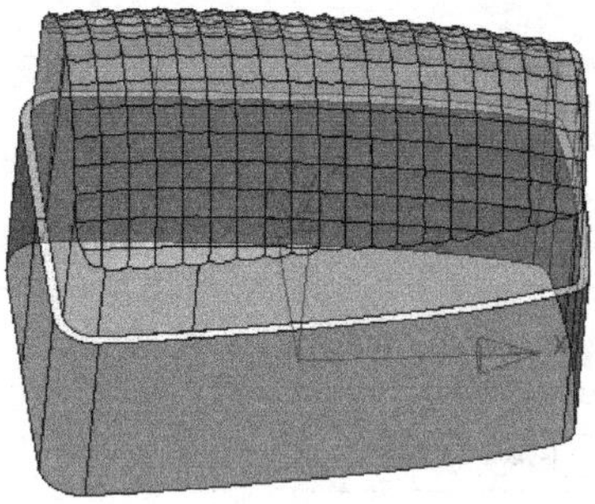

图 6-19　创建的加工坐标系

图 6-20 【接触点边界】对话框

选择创建边界所需的曲面，如图 6-21 所示，点击图 6-20 所示的【模型】按钮，单击接受即可；产生的边界如图 6-22 所示。

（5）创建加工刀具路径

a.【模型粗加工】：产生刀具路径 1-25R5。

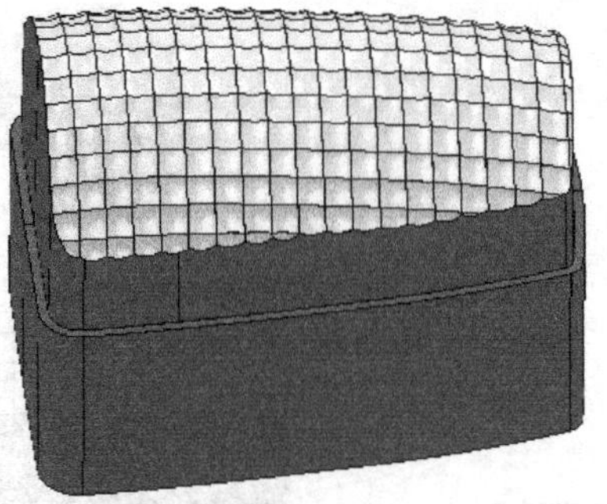

图 6-21　选取的曲面

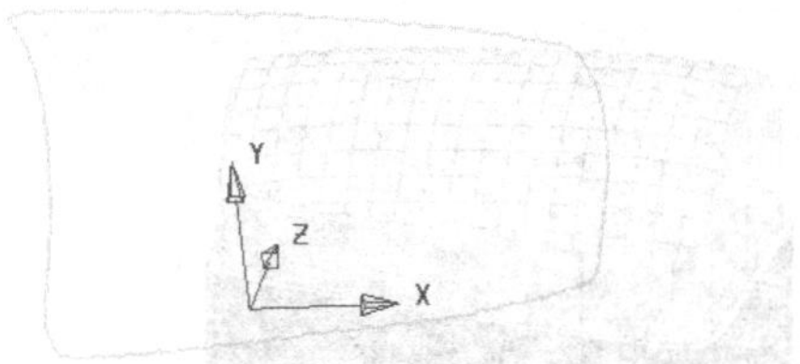

图 6-22　产生的接触点边界“1”

在主工具栏中选择单击【刀具路径策略】按钮，选择【三维区域清除】/【模型区域清除】，单击接受按钮，弹出【模型区域清除】策略对话框，设置刀具路径名称为“1-25R5”，设置刀具选为“D25R5”；选择【模型区域清除】，将【样式】设置为偏置全部，【切削方向】设置为【轮廓】“顺铣”，【区域】“任意”；【公差】“0.05”；【余量】为“0.3”，【行距】设置为“13”，【下切步距】选择为“自动”，值设置为“0.4”；如图 6-23 所示。

图 6-23　【模型区域清除】对话框

单击【计算】按钮，得出如图 6-24 所示刀具路径。

b.【模型精加工】1：产生刀具路径 2-10R0 等高精加工。

在主工具栏中选择单击【刀具路径策略】按钮，选择【精加工】/【等高精加工】，单击接受按钮，弹出【等高精加工】策略对话框，设置刀具路径名称为“2-10R0 等高精加工”，设置刀具选为“D10R0”；选择【等高精加工】，严格按照图 6-25 所示进行设置。

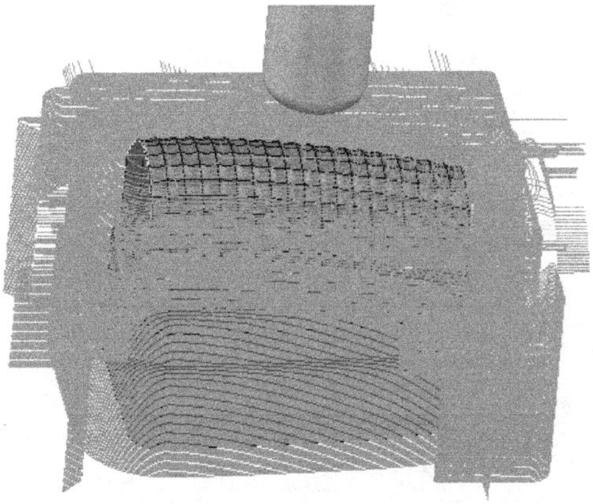

图 6-24 粗加工刀具路径

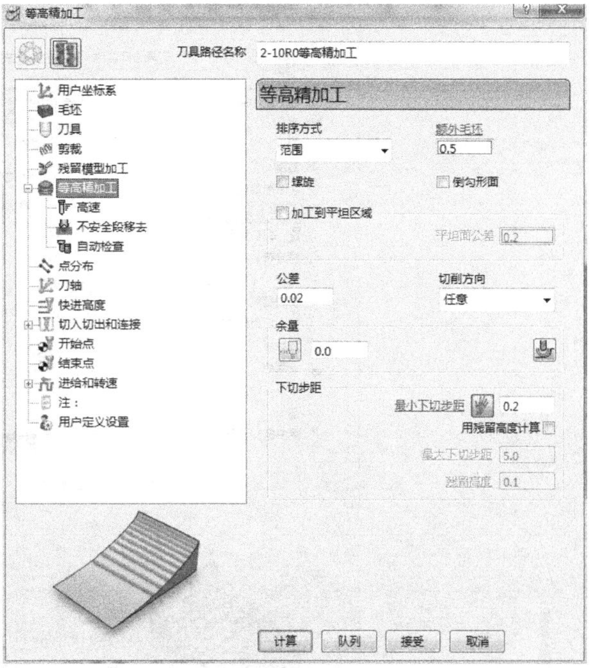

图 6-25 【等高精加工】对话框

点击【剪裁】，选择边界“1”作为加工边界，“裁剪”保留外部，毛坯剪裁设置“允许刀具中心在毛坯之外”，如图 6-26 所示。

单击【计算】按钮，得出如图 6-27 所示刀具路径。

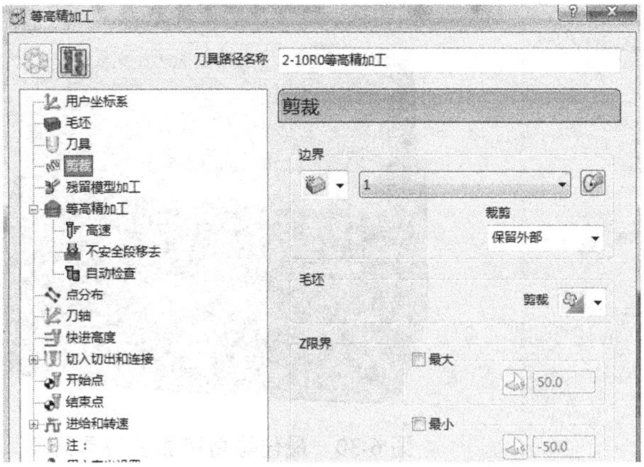

图 6-26 【剪裁】对话框表格

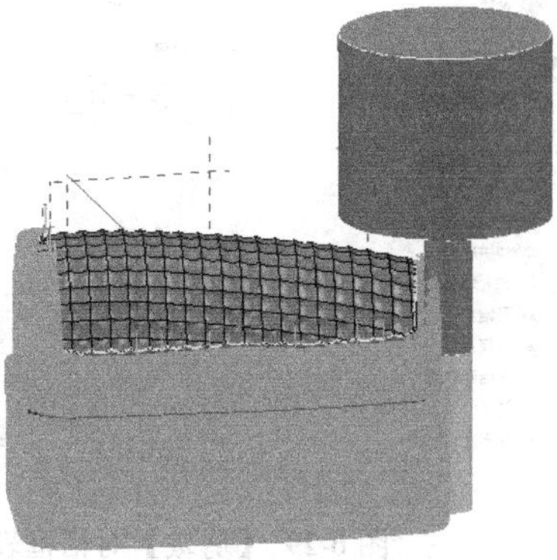

图 6-27 等高加工刀具路径

c.【模型精加工】2：产生刀具路径 3-6R3 最佳等高精加工。

在主工具栏中选择单击【刀具路径策略】按钮，选择【精加工】/【最佳等高精加工】，单击接受按钮，弹出【最佳等高精加工】策略对话框，设置刀具路径名称为“3-6R3 最佳等高精加工”，设置刀具选为“B6R3”；选择【最佳等高精加工】，严格按照图 6-28 所示进行设置。

点击【剪裁】，选择边界“1”作为加工边界，“裁剪”保留内部，如图 6-29 所示。

单击【计算】按钮，得出如图 6-30 所示刀具路径。

图 6-28 【最佳等高精加工】对话框

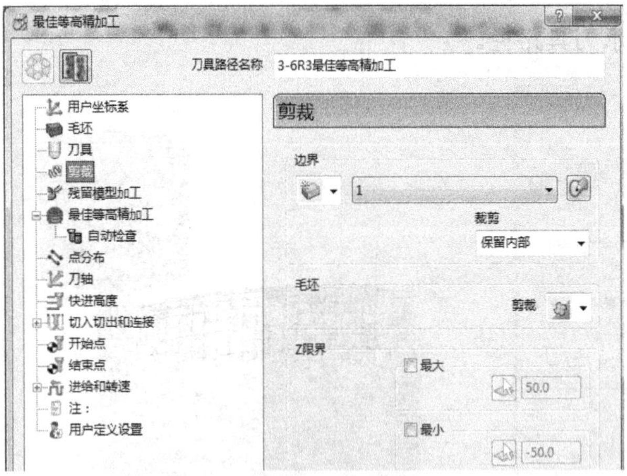

图 6-29 【剪裁】对话框表格

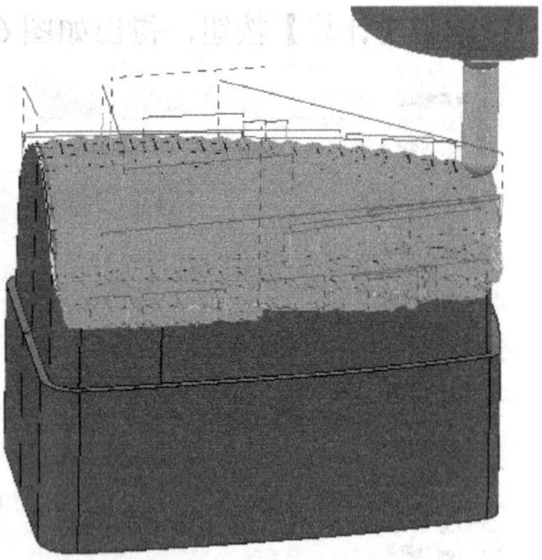

图 6-30 最佳等高精加工刀具路径

d.【模型精加工】3：产生刀具路径 4-6R3 陡峭和浅滩精加工。

在主工具栏中选择单击【刀具路径策略】按钮，选择【精加工】/【陡峭和浅滩精加工】，单击 接受 按钮，弹出【陡峭和浅滩精加工】策略对话框，设置刀具路径名称为“4-6R3 陡峭和浅滩精加工”，设置刀具选为“B6R3”；选择【陡峭和浅滩精加工】，严格按照图 6-31 所示进行设置。

其余参数和“最佳等高精加工”同样设置，单击【计算】按钮，得出如图 6-32 所示刀具路径。

详细操作过程，读者可参考配书光盘【视频文件】/【ch06】/“摩托车转向灯灯罩型芯 A”。

图 6-31 【陡峭和浅滩精加工】对话框

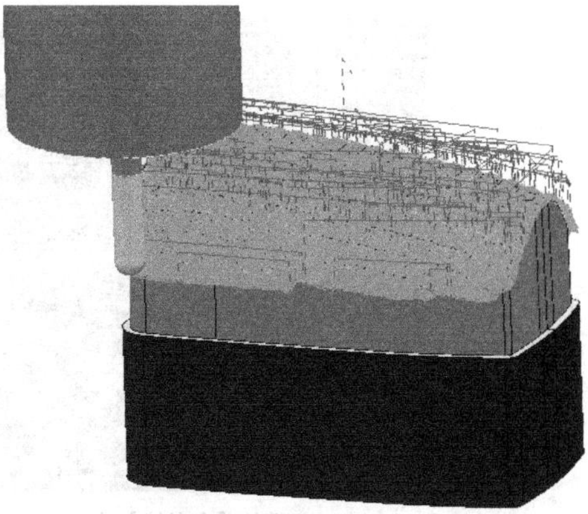

图 6-32 陡峭和浅滩精加工刀具路径

6.2 偏置类精加工策略

6.2.1 三维偏置精加工

三维偏置精加工：其加工方式是根据模型的形状来定义刀具路径的加工顺序及方向，无论是平坦区域还是陡峭区域，它都能提供刀间距相等的稳定的刀具路径。

操作：单击主工具栏中的【刀具路径策略】按钮 会弹出【策略选取器】，在【策略选取器】中依次选择【精加工】/【三维偏置精加工】，弹出【三维偏置精加工】的策略界面，如图 6-33 所示。

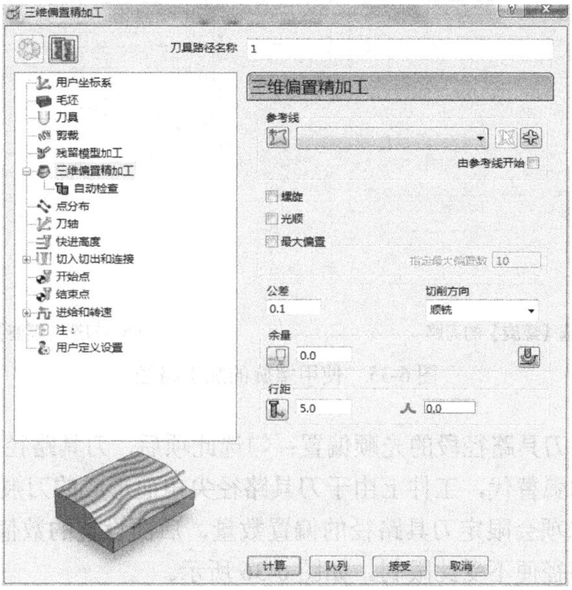

图 6-33 【三维偏置精加工】表格

其各参数的意义如下所述：

【参考线】：可以在下拉菜单中选择一条参考线，所有的刀具路径轨迹会按所选择的参考线轨迹偏置产生；若不选择参考线，刀具路径的轨迹会根据模型或边界的形状来偏置定义。如图6-34所示。

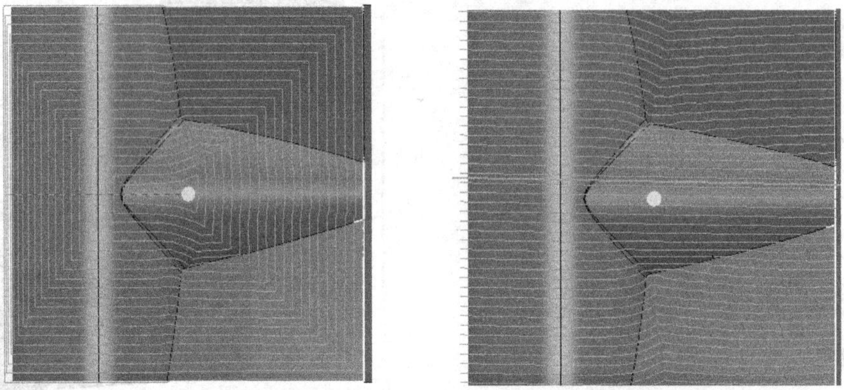

(a) 不选择【参考线】的刀路　　(b) 选择【参考线】的刀路

图6-34　使用参考线加工路径

【由参考线开始】：勾选此项，表示刀具路径从参考线自身开始，而不是从自其偏置一半处开始。

【螺旋】：选择此选项，刀具路径将会以螺旋状加工，可以减少进退刀，而且刀具路径负荷变化较为稳定，加工后模型表面粗糙度值小；如果不选择，则刀具负荷的变化较大，而且容易遗留有进退刀的痕迹，影响模型的表面粗糙度。如图6-35所示。

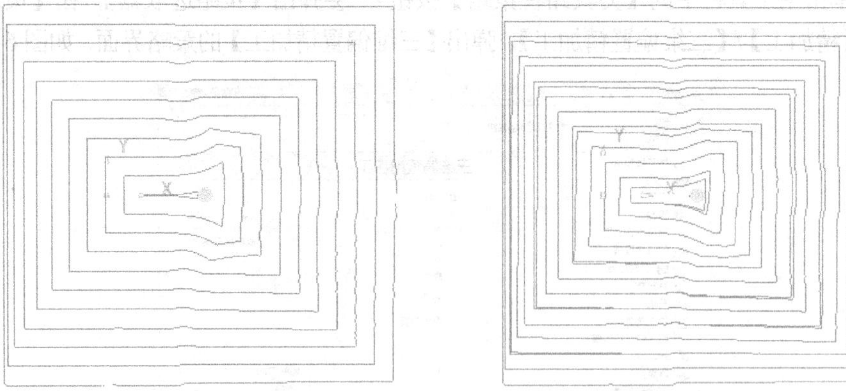

(a) 不勾选【螺旋】的刀路　　(b) 勾选【螺旋】的刀路

图6-35　使用螺旋的加工路径

【光顺】：指模型上刀具路径段的光顺偏置；勾选此项后，刀具路径偏置时，在转折处形成的尖角都将被光顺的圆弧替代，工件上由于刀具路径尖角而形成的刀痕也将被清除。

【最大偏置】：此选项会限定刀具路径的偏置数量，后面设置的数值为最多的刀具路径数；如果不选择，则刀具路径便不受此限制。如图6-36所示。

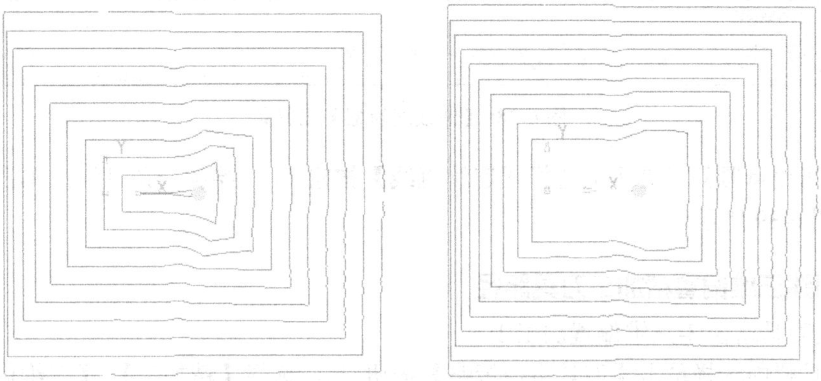

（a）不勾选【最大偏置】的刀路　　（b）勾选【最大偏置】设置为 10 的刀路

图 6-36 使用最大偏置的加工路径

6.2.2 案例实践

（1）模型输入

输入模型：在 PowerMILL 主工具栏上点击 文件(F)，选择 打开项目(O)..，在弹出的对话框中选择“下载文件”/【源文件】/【ch06】/“摩托车转向灯灯罩型芯 B”项目文件，点击 打开(O) 按钮。打开的项目如图 6-37 所示。

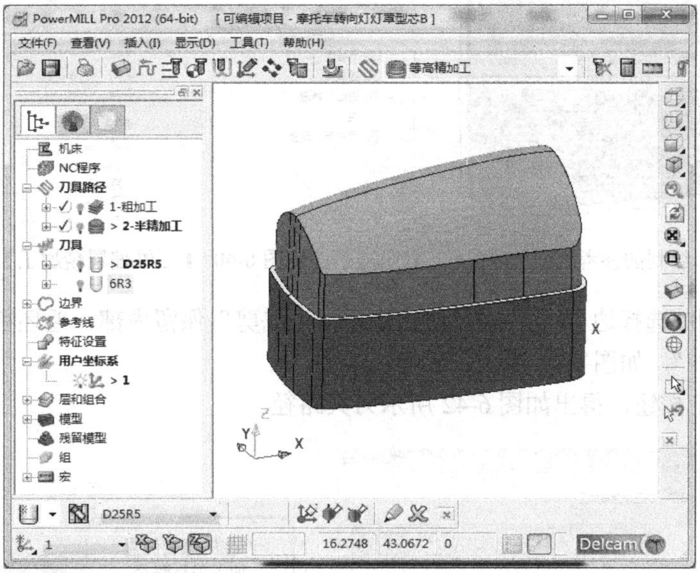

图 6-37 打开的项目文件

该项目文件已经创建好了粗加工、半精加工刀具路径，也创建好了将要使用的加工刀具 6R3。

（2）创建参考线

在资源管理器中右击【参考线】/【产生参考线】，在参考线下方出现一个文件名为“1”的空白的参考线，右击空白的参考线“1”，选择【曲线编辑器】选项 曲线编辑器...，弹出【曲线编辑器】工具条，如图 6-38 所示。

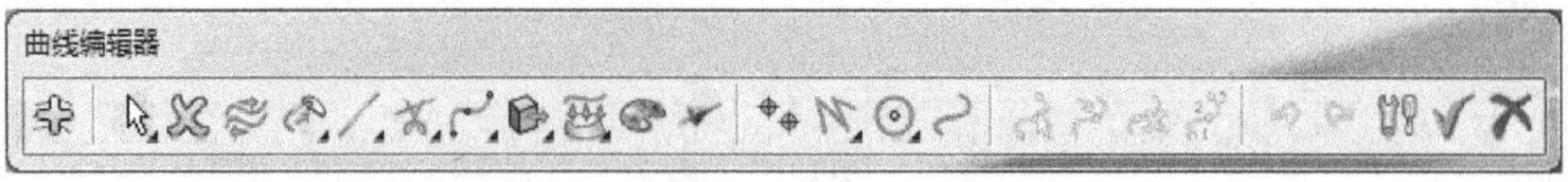

图 6-38 【曲线编辑器】工具条

在【曲线编辑器】工具条上选择【连续直线】按钮，绘制一条直线，单击【接受】按钮，如图 6-39 所示。

（3）创建三维偏置精加工刀具路径

a．产生刀具路径 3-三维偏置加工 1。

在主工具栏中选择单击【刀具路径策略】按钮，选择【精加工】/【三维偏置精加工】，单击 接受 按钮，弹出【三维偏置精加工】策略对话框，设置刀具路径名称为“3-三维偏置加工 1”，设置刀具选为“6R3”，选择【三维偏置精加工】，严格按照图 6-40 所示进行设置。

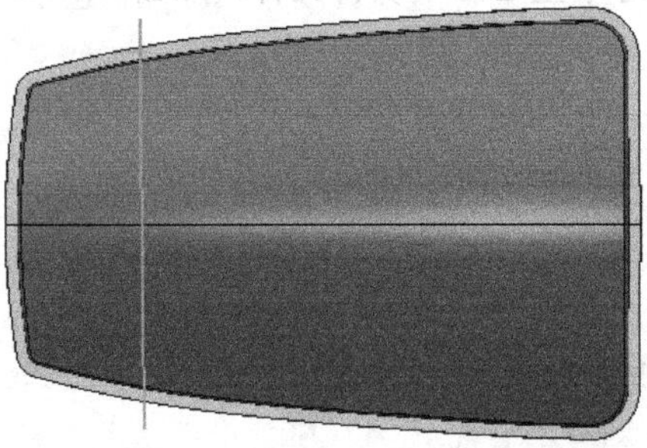

图 6-39 绘制的参考线

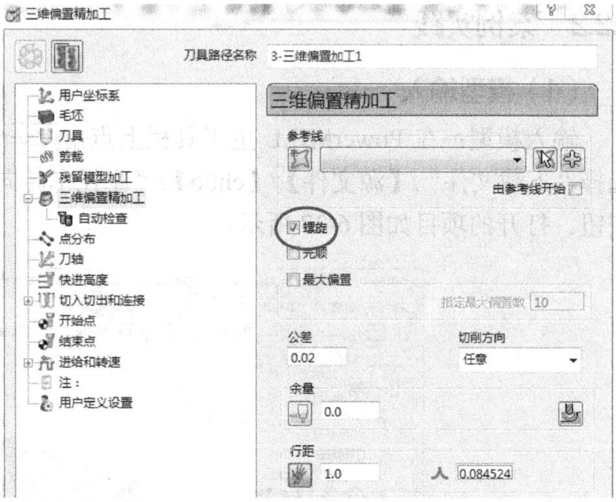

图 6-40 【三维偏置精加工】对话框

点击【剪裁】，选择边界“1”作为加工边界，“裁剪”保留内部，毛坯剪裁设置“允许刀具中心在毛坯之外”，如图 6-41 所示。

单击【计算】按钮，得出如图 6-42 所示刀具路径。

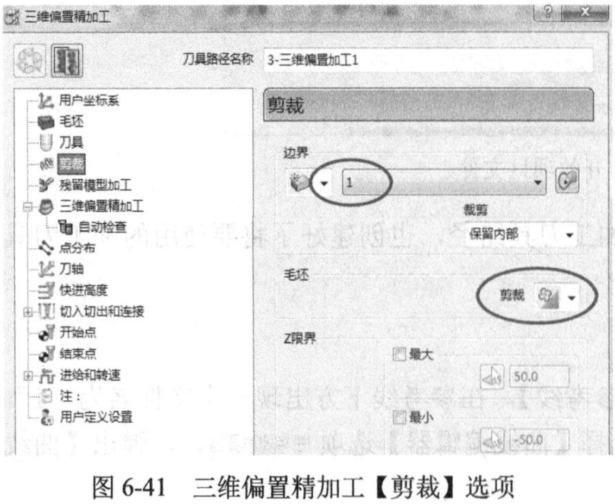

图 6-41 三维偏置精加工【剪裁】选项

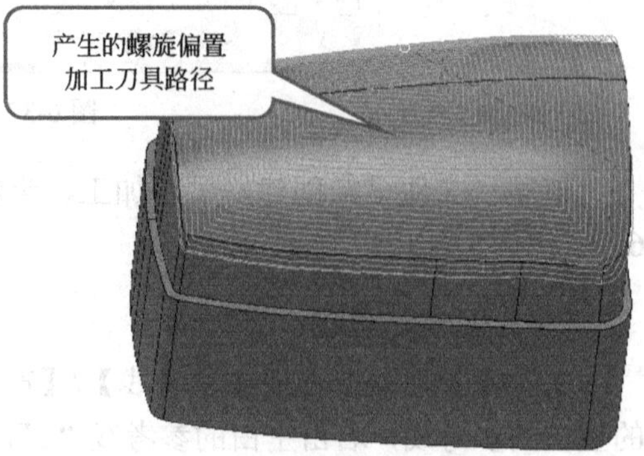

图 6-42 三维偏置精加工螺旋刀具路径

b．产生刀具路径 4-三维偏置加工 2。

参考刀具路径“3-三维偏置加工 1”的参数设置方法，勾选【光顺】，设置刀具路径名称为“4-三维偏置加工 2”，其余设置如图 6-43 所示。

单击【计算】按钮，得出如图 6-44 所示刀具路径。

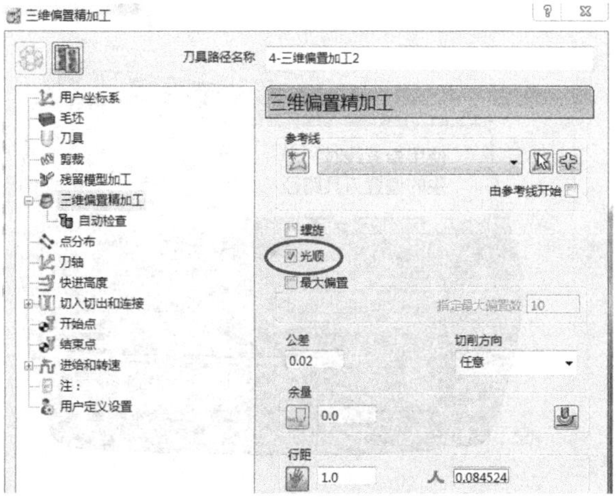

图 6-43 【三维偏置精加工】对话框

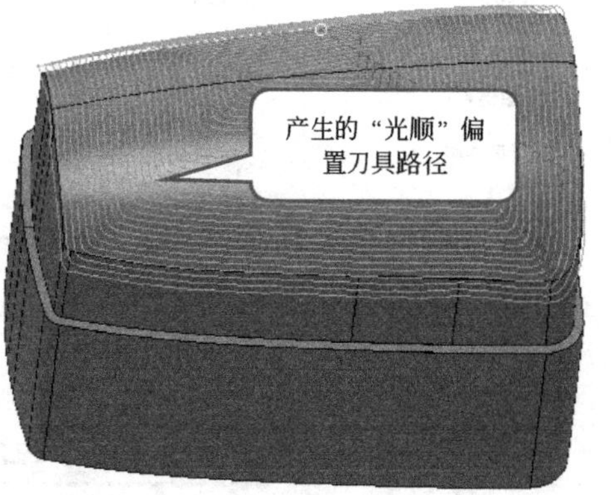

图 6-44 三维偏置精加工光顺刀具路径

c．产生刀具路径 5-三维偏置加工 3。

参考刀具路径“3-三维偏置加工 1”的参数设置方法，勾选【最大偏置】，设置最大偏置数为“10”，刀具路径名称为“5-三维偏置加工 3”，其余设置如图 6-45 所示。

单击【计算】按钮，得出如图 6-46 所示刀具路径。

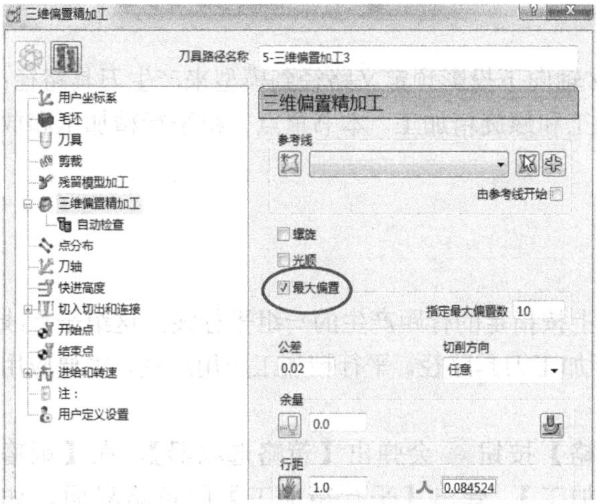

图 6-45 【三维偏置精加工】对话框

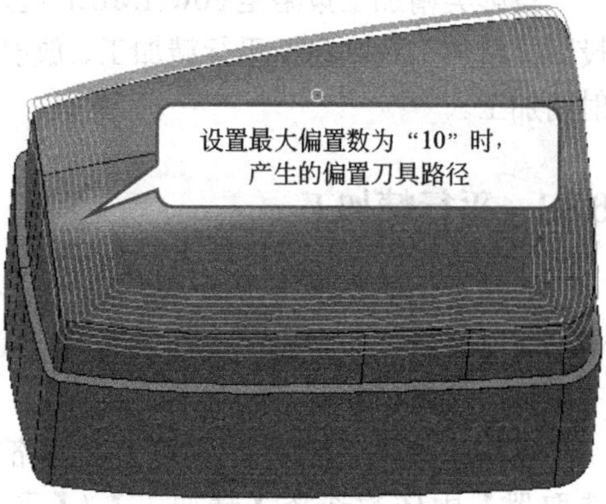

图 6-46 设置最大偏置数为“10”时，产生的偏置刀具路径

d．产生刀具路径 6-三维偏置加工 4。

参考刀具路径“3-三维偏置加工 1”的参数设置方法，在【参考线】选项选择参考线“1”作为加工参考线，设置刀具路径名称为“6-三维偏置加工 4”，其余设置如图 6-47 所示。

单击【计算】按钮，得出如图 6-48 所示刀具路径

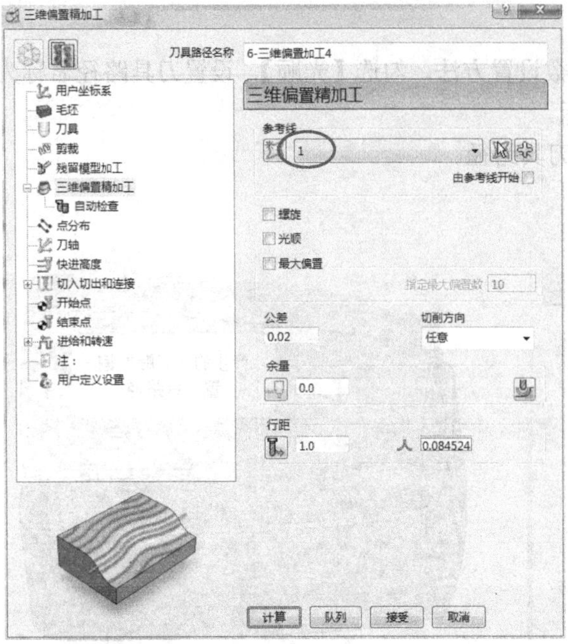

图 6-47 【三维偏置精加工】对话框

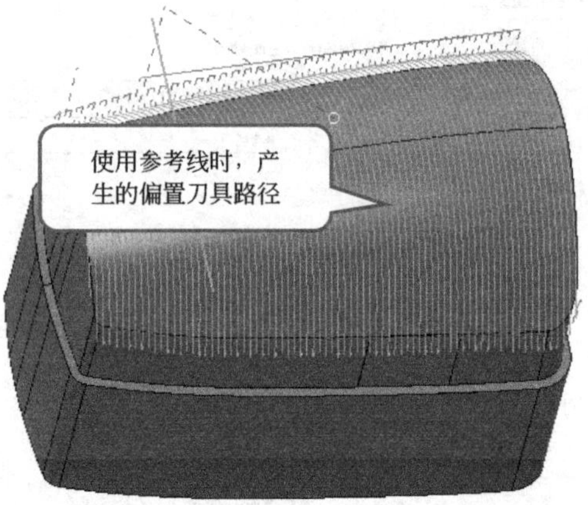

图 6-48 使用参考线产生的刀具路径

单击【保存】按钮，保存项目文件为“摩托车转向灯灯罩型芯 B 完成”。

详细操作过程，读者可参考下载文件中【视频文件】/【ch06】/“摩托车转向灯灯罩型芯 B 完成”。

6.3 投影类精加工策略

投影类精加工策略是 PowerMILL 通过沿 Z 轴向下投影预定义路径到模型来产生刀具路径；投影类精加工策略包括平行精加工、放射精加工和螺旋精加工。本书重点介绍平行精加工和放射精加工。

6.3.1 平行精加工

平行精加工是指在激活坐标系的 XY 平面上按指定的行距产生的一组平行线，这组平行线将沿 Z 轴垂直向下投影到工件表面上形成平行加工刀具路径。平行精加工应用广泛，主要应用于模型的浅滩结构模具的加工。

操作：单击主工具栏中的【刀具路径策略】按钮会弹出【策略选取器】，在【策略选取器】中依次选择【精加工】/【平行精加工】，弹出【平行精加工】的策略界面，如图 6-49 所示。

该对话框的各选项的含义如下。

①【角度】：可以输入平行精加工刀具路径投影到模型时，相对于 X 轴所需偏转的角度；如图 6-50 所示。

图 6-49 【平行精加工】对话框

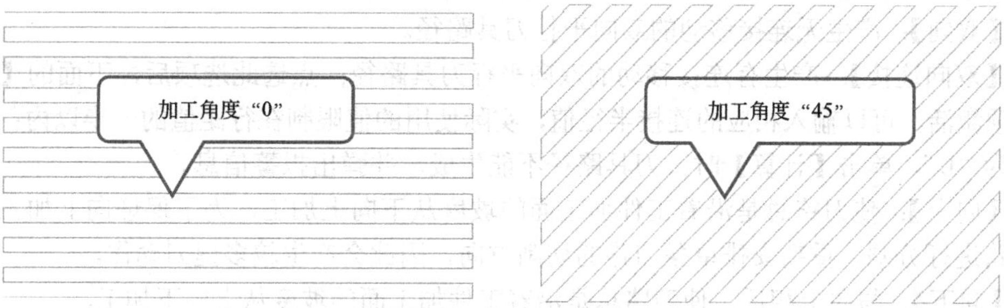

图 6-50 平行精加工-角度

②【开始角】：指刀具路径开始下切时，下切点相对于模型的位置；可分为“左上”、“左下”、“右上”、“右下”四个类型。

③【垂直路径】：产生两条垂直的平行路径，且可以通过选项优化刀具路径；勾选此项，可以定义第二条平行刀具路径垂直于开始刀具路径；如图 6-51 所示。

图 6-51 预览的【垂直路径】

④【浅滩角】：用于定义工件加工面与激活坐标系 *XY* 平面之间的夹角，来区别加工工件的陡峭区域和平坦平坦。当工件上的角度小于所定义的浅滩角时，系统当作为平坦面，不产生垂直路径，如图 6-52 所示。

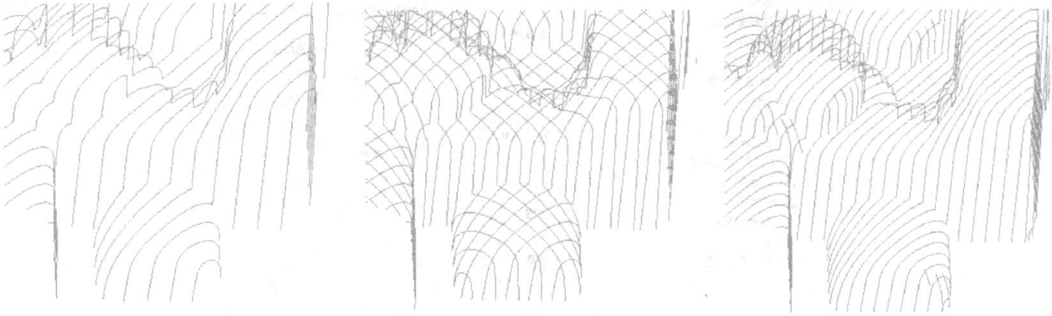

（a）无垂直路径　（b）垂直路径-浅滩角“0”　（c）垂直路径-浅滩角“45”

图 6-52　浅滩角

⑤【优化平行路径】：勾选此项，代表裁剪未被垂直刀具路径加工的平行刀具路径区域。

⑥【加工顺序】：定义平行参考线的连接方式，包括以下六个选项。

a.【单向】：产生单向平行刀具路径。

b.【单向组】：按组分类，产生单向平行刀具路径。

c.【双向】：产生无连接移动的双向平行刀具路径。

d.【双向连接】：产生有连接移动的双向平行刀具路径；点选此选项后，下面的【圆弧半径】选项激活，可以输入相应的连接半径值，实际使用的值限制在行距值的一半以内；如果输入的值为“0”，单击【计算】时，刀具路径不能生成，并弹出报警信息。

e.【向上】：使刀路总是沿着工件加工面的坡度从下向上加工，为了保证向上加工，系统会对刀路进行分割，重新安排单条刀路的切削方向，因此会产生较多提刀动作。

f.【向下】：与向上相反，使刀路总是沿着工件加工面的坡度从上向下加工。

⑦【修圆拐角】：单击对话框中的【高速】，勾选【修圆拐角】选项，可以使刀具路径在模型拐角处增加圆弧过渡；移动滑块可以调节过渡圆弧角度的大小，数值代表刀具直径的倍数；范围为 0.005～0.2，数值越小，代表圆弧越小，如图 6-53 所示。

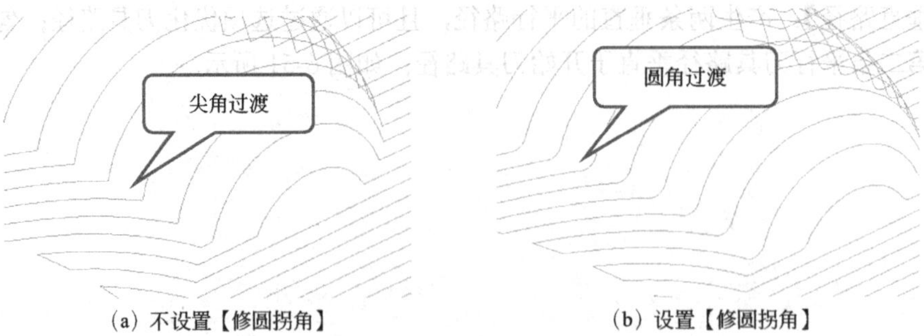

（a）不设置【修圆拐角】　（b）设置【修圆拐角】

图 6-53　修圆拐角

⑧【残留模型加工】：指可以选择参考残留模型对工件进行平行精加工。

单击对话框中的【残留模型加工】，如图 6-54 所示，可以进入【残留模型加工】表格。

a．勾选【切削深度】，可以设置确保切入残留模型的深度不超过指定的深度；

b.【启用/禁止轴向切削深度】：单击图标，则可以分别定义刀具切入残留模型的径向深度和轴向深度，两者数值可以不一致；

c.【仅加工残留模型】：勾选此项，可产生一仅加工残留材料的刀具路径；

d.【检测材料厚于】：可指定数值加工厚于此值的残留材料；

e.【移去的最大长度】：可设定移去段的最大长度。

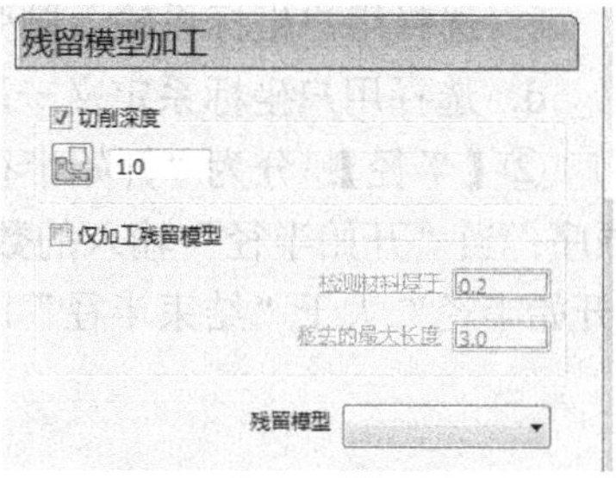

图 6-54 参考残留模型加工

6.3.2 放射精加工

放射精加工是按用户设置的放射线参数生成一组放射线，然后投影到模型曲面而生成刀具路径，适用于零件上旋转类表面的精加工。

操作：单击主工具栏中的【刀具路径策略】按钮会弹出【策略选取器】，在【策略选取器】中依次选择【精加工】/【放射精加工】，弹出【放射精加工】的策略界面，如图 6-55 所示。

其各选项含义如下：

①【中心点】：定义放射参考线原点，默认的中心点即为当前激活坐标系的原点；中心点可以单击位置按钮，打开如图 6-56 所示的对话框，直接输入数值定义；也可以单击按钮，将中心点定义在毛坯中心。

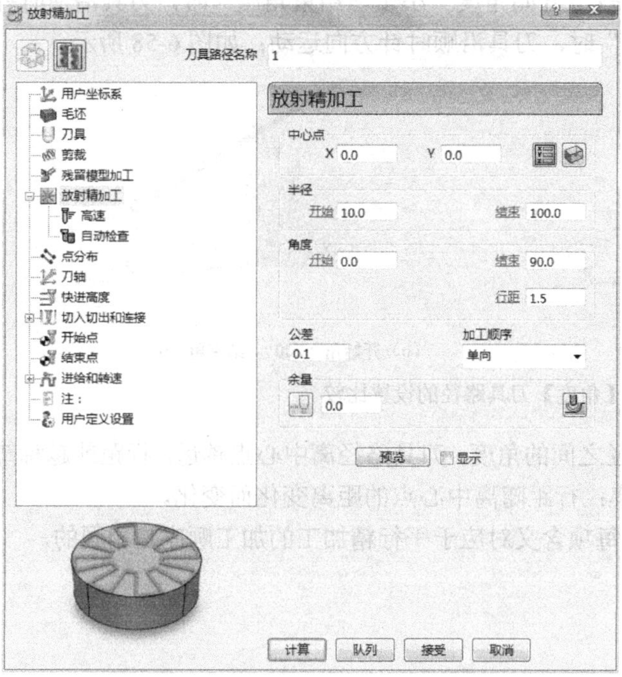

图 6-55 【放射精加工】对话框

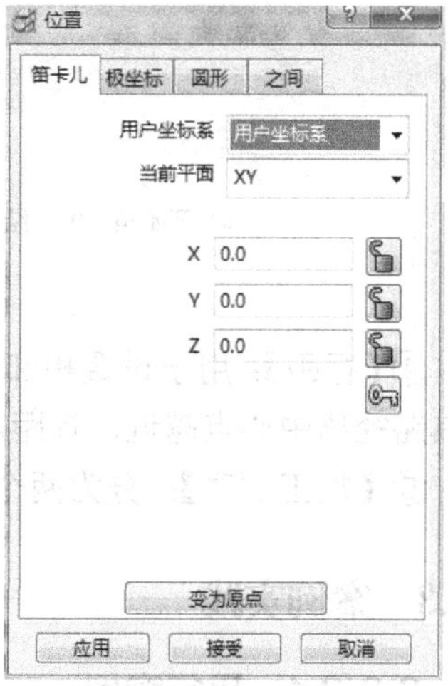

图 6-56 位置表格

在【位置】设置对话框中可以用以下四种方式定义中心点：

a. 选择用户坐标系直接输入坐标值定义中心点；

b. 选择用户坐标系直接输入极坐标值定义中心点；

c．选择用户坐标系输入圆弧上三个点的坐标值，确定一个圆心作为中心点；

d．选择用户坐标系定义一段直线，在直线两点间取一个坐标点作为中心点。

②【半径】：分为“开始半径”和“结束半径”，两个半径的大小可以确定刀具路径的加工顺序；当“开始半径”输入的数值小于“结束半径”时，刀具路径由内向外方向加工；反之，“开始半径”大于“结束半径”时，刀具路径则由外向内方向加工；如图 6-57 所示。

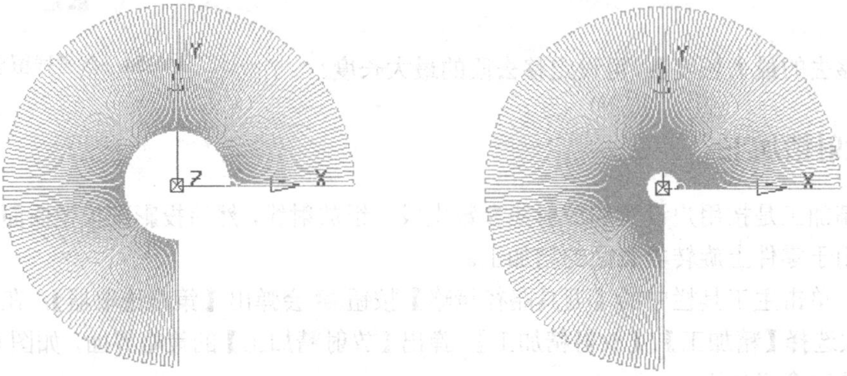

(a) 开始“10”、结束“100”　　(b) 开始“3”、结束“100”

图 6-57 【半径】刀具路径的设置比较

③【角度】：用于控制刀具路径的整圆部分；分为“开始角度”和“结束角度”；两个角度之间的差值，即为刀具路径的加工范围；“开始角度”小于“结束角度”时，刀具沿逆时针方向运动；“开始角度”大于“结束角度”时，刀具沿顺时针方向运动；如图 6-58 所示。

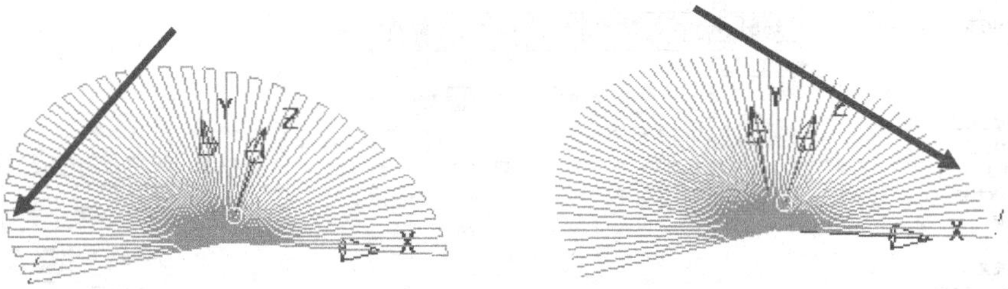

(a) 开始角“0”、结束角“200”　　(b) 开始角“200”、结束角“0”

图 6-58 【角度】刀具路径的设置比较

④【行距】：用于设置相邻刀具路径之间的角度；刀具路径离中心点越远，行距就越稀疏；刀具路径离中心点越近，行距就越密集；行距随离中心点的距离变化而变化。

⑤【加工顺序】：分为两个选项，每项含义对应于平行精加工的加工顺序是相同的。

6.3.3 案例实践

6.3.3.1 平行案例

(1) 模型输入

输入模型：在 PowerMILL 主工具栏上点击 文件(F)，选择 打开项目(O)...，在弹出的对话框中选择“下载文件”/【源文件】/【ch06】/“平行精加工”项目文件，点击 打开(O) 按钮。打开的项目如图 6-59 所示。

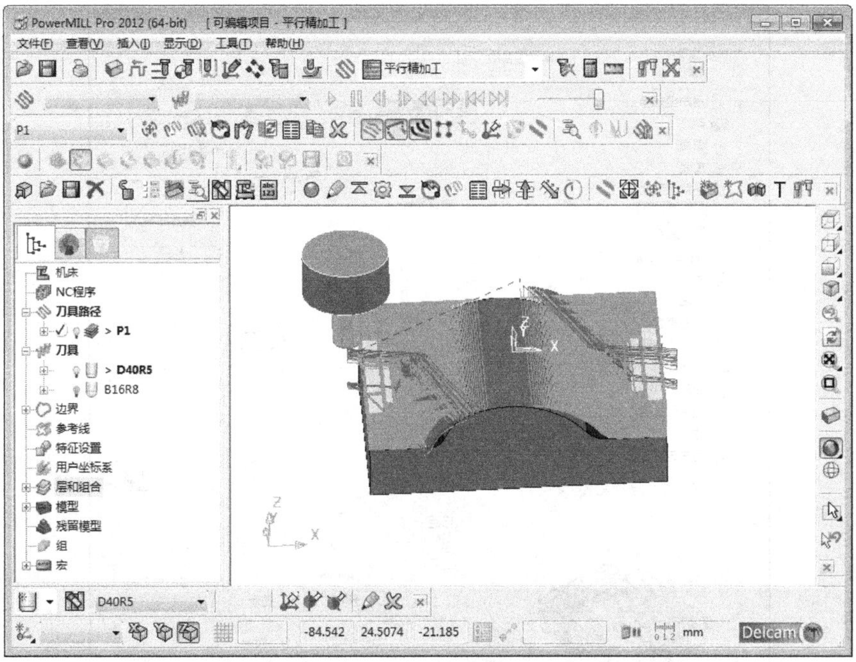

图 6-59　打开的项目文件

该项目文件已经创建好了毛坯，粗加工刀具路径“P1”，也创建好了将要使用的加工刀具“16R8”以及边界“1”。

(2) 创建平行精加工刀具路径

a．产生刀具路径 P2。

在主工具栏中选择单击【刀具路径策略】按钮，选择【精加工】/【平行精加工】，单击 接受 按钮，弹出【平行精加工】策略对话框，设置刀具路径名称为“P2”，设置刀具选为“16R8”，【剪裁】/【边界】选择边界“1”，如图 6-60 所示。

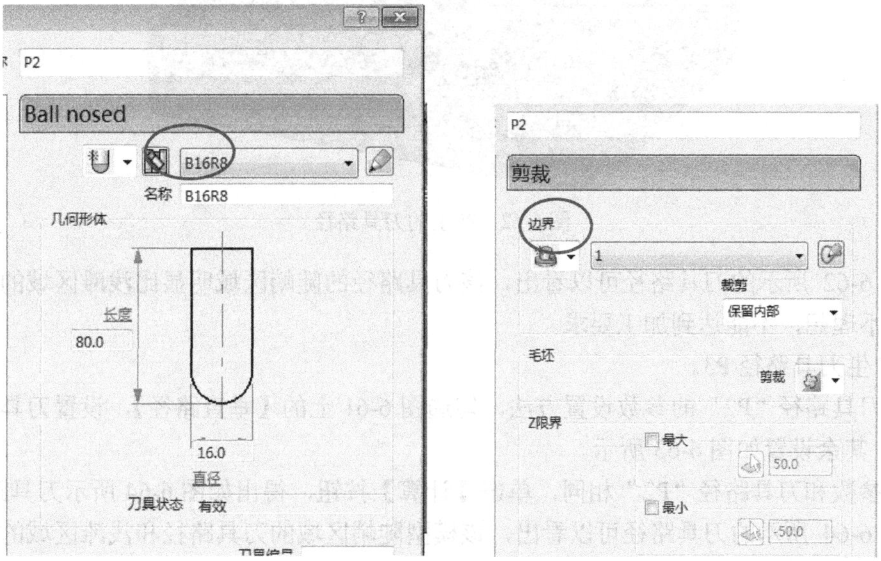

图 6-60　设置加工刀具和边界

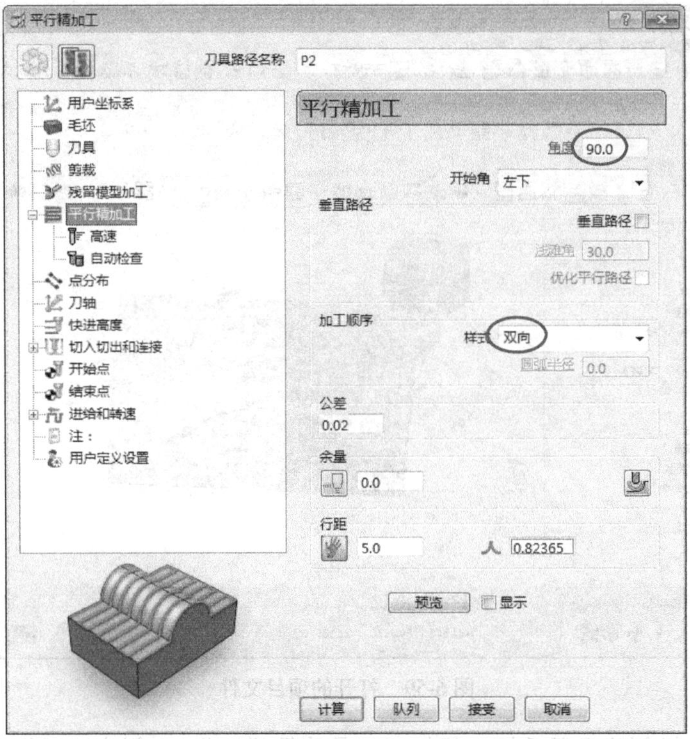

图 6-61　【平行精加工】对话框

单击【平行精加工】对话框中的【平行精加工】选项，严格按照图 6-61 所示进行设置。

单击【计算】按钮，得出如图 6-62 所示刀具路径。

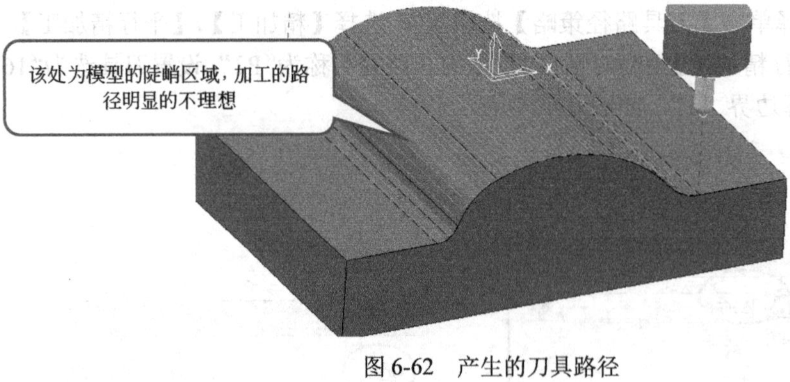

图 6-62　产生的刀具路径

从图 6-62 所示的刀具路径可以看出，该刀具路径的陡峭区域明显比浅滩区域的刀具路径稀疏，并不理想，不能达到加工要求。

b．产生刀具路径 P3。

参考刀具路径“P2”的参数设置方法，勾选图 6-61 上的【垂直路径】，设置刀具路径名称为“P3”，其余设置如图 6-63 所示。

其余参数和刀具路径“P2”相同，单击【计算】按钮，得出如图 6-64 所示刀具路径。

从图 6-64 所示的刀具路径可以看出，该模型陡峭区域的刀具路径和浅滩区域的刀具路径的行距比较均匀，但陡峭区域的刀具路径明显重复加工，浪费了加工时间和资源。

图 6-63 【平行精加工】对话框

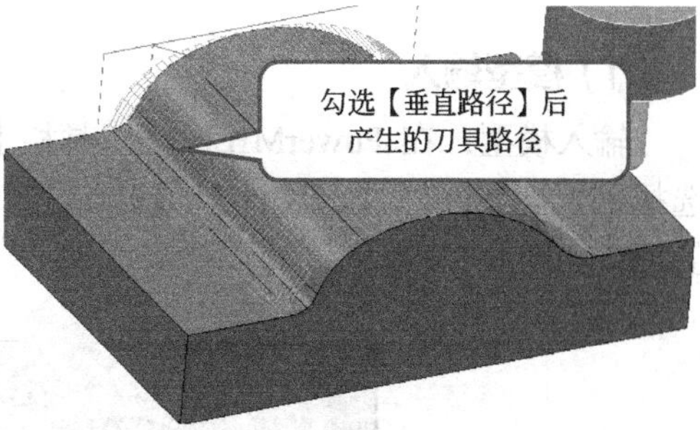

图 6-64　勾选【垂直路径】后产生的刀具路径

c．产生刀具路径 P4。

参考刀具路径“P3”的参数设置方法，勾选【优化平行路径】，设置【浅滩角】为“30°”，刀具路径名称为“P4”，其余设置如图 6-65 所示。

其余参数和刀具路径“P3”相同，单击【计算】按钮，得出如图 6-66 所示刀具路径。

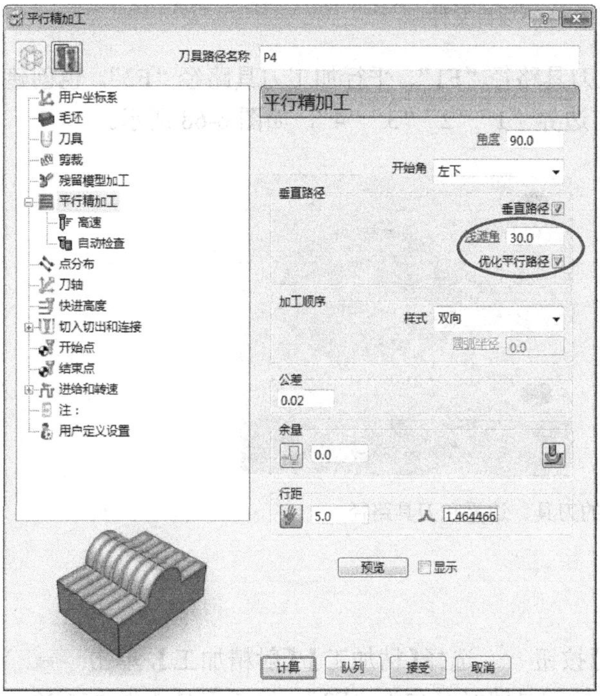

图 6-65 【平行精加工】对话框

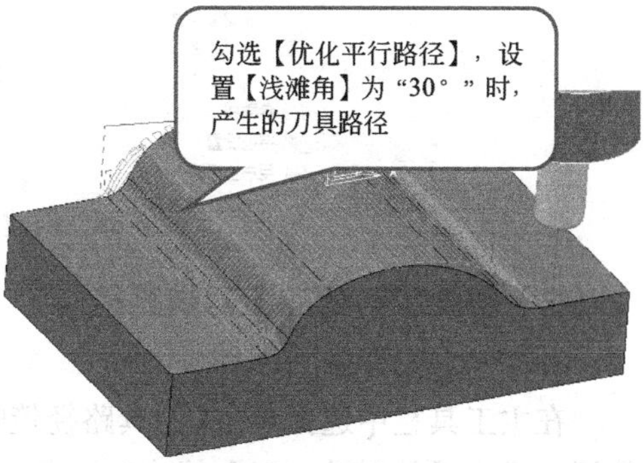

图 6-66　勾选【优化平行路径】，设置【浅滩角】为“30°”时，产生的刀具路径

从图 6-66 所示的刀具路径可以看出，在加工该模型时，根据【浅滩角】把模型的“陡峭区域”和“浅滩区域”区分开来进行加工，在“陡峭区域”产生和“平坦区域”相垂直的刀具路径，使模型整体加工的行距比较均匀，大大提高了加工质量，节省了加工时间。

提示：在该模型的加工过程中，编者在行距的文本框中一直是设置“5”，而在实际的加工中一般设置为“0.3-0.5”就可以了，读者在实际加工中应根据各自企业的加工参数进行设置，编者这里所设置的参数只是作为方便观察刀具路径使用。

详细操作过程，读者可参考下载文件中【视频文件】/【ch06】/“平行精加工”。

6.3.3.2 放射案例

(1) 模型输入

输入模型：在 PowerMILL 主工具栏上点击 文件(F)，选择 打开项目(O)..，在弹出的对话框中选择“光盘文件”/【源文件】/【ch06】/“放射精加工”项目文件，点击 打开(O) 按钮。打开的项目如图 6-67 所示。

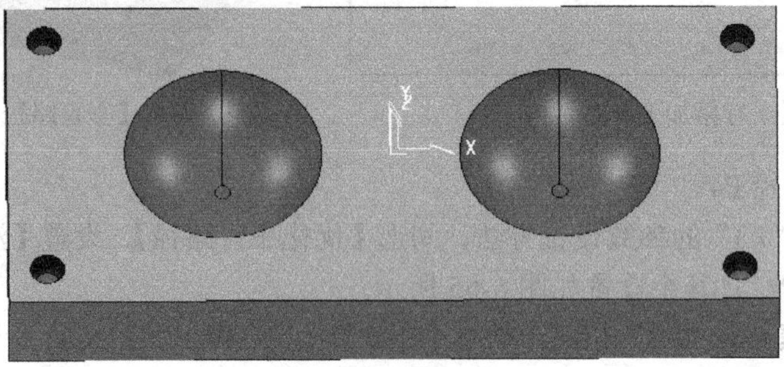

图 6-67 打开的项目文件

该项目文件已经创建好了毛坯，粗加工刀具路径“F1”、平行加工刀具路径“F2”，也创建好了将要使用的加工刀具“16R8”以及加工边界“1”“2”“3”“4”，如图 6-68 所示。

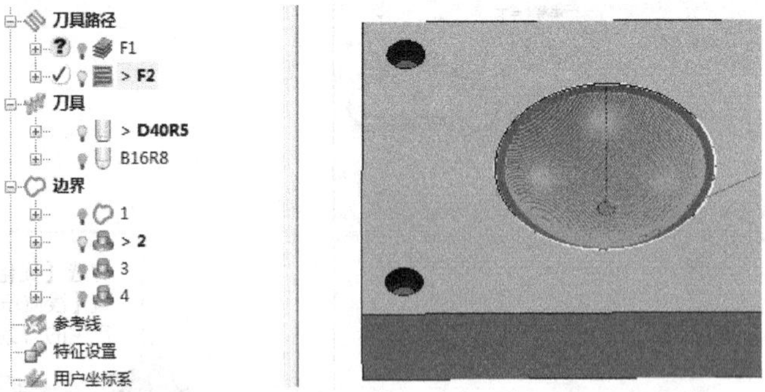

图 6-68 创建好的刀具、边界和刀具路径

(2) 创建放射精加工刀具路径

a. 产生刀具路径 F3。

在主工具栏中选择单击【刀具路径策略】按钮，选择【精加工】/【射精加工】，单击 接受 按钮，弹出【放射精加工】策略对话框，设置刀具路径名称为“F3”，设置刀具选为“16R8”，【剪裁】/【边界】选择边界“1”，如图 6-69 所示。

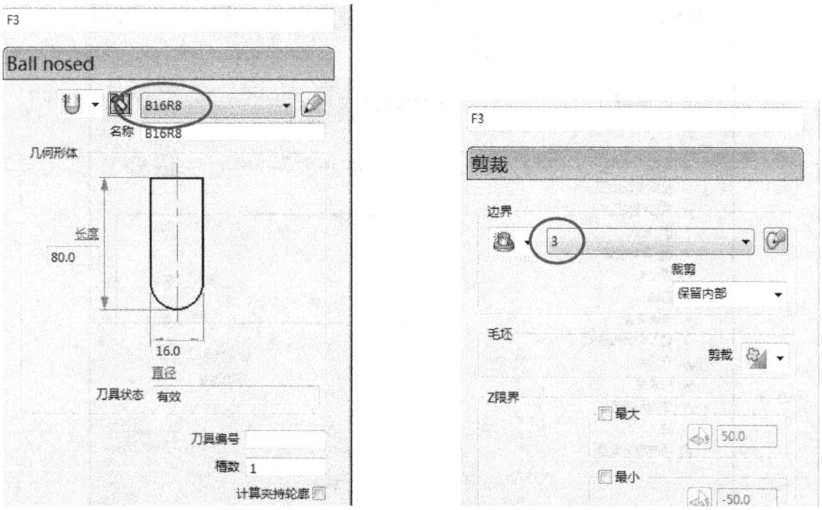

图 6-69　设置加工刀具和边界

单击【放射精加工】对话框中的【放射精加工】选项，设置【中心点】X:348.4107，Y:-1.29728，设置【半径】开始为“100”，结束“250”，设置【角度】开始为“0°”，结束为“180°”，设置【行距】为“3”，结果如图 6-70 所示，其余参数参考前面的【平行精加工】进行设置。

单击【计算】按钮 计算 ，得出如图 6-71 所示刀具路径。

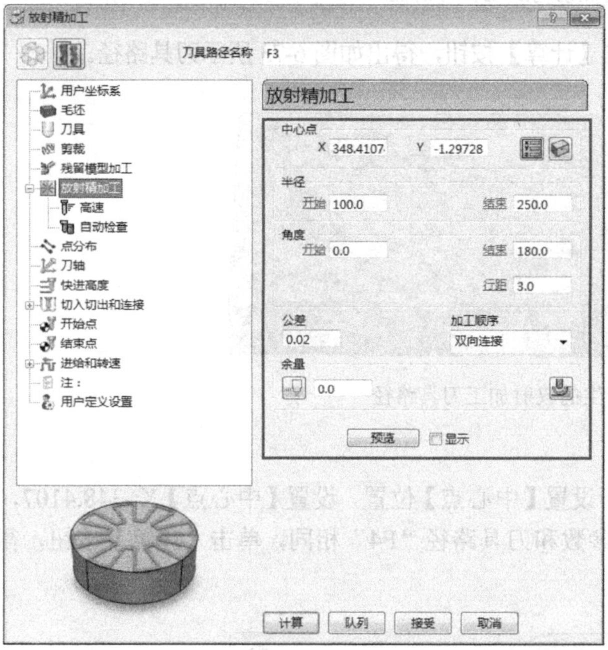

图 6-70　【放射精加工】对话框

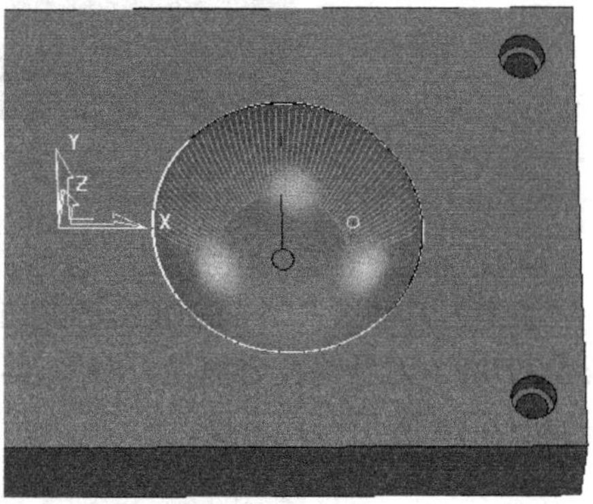

图 6-71　产生的刀具路径

从图 6-71 所示的刀具路径可以看出，该刀具路径并没有加工整个型腔，不能达到加工要求。

b．产生刀具路径 F4。

参考刀具路径“F3”的参数设置方法，重新设置图 6-70 上的【半径】和【角度】，设置【半径】开始为“0”，结束“250”，设置【角度】开始为“0°”，结束为“360°”，刀具路径名称为“F4”，如图 6-72 所示。

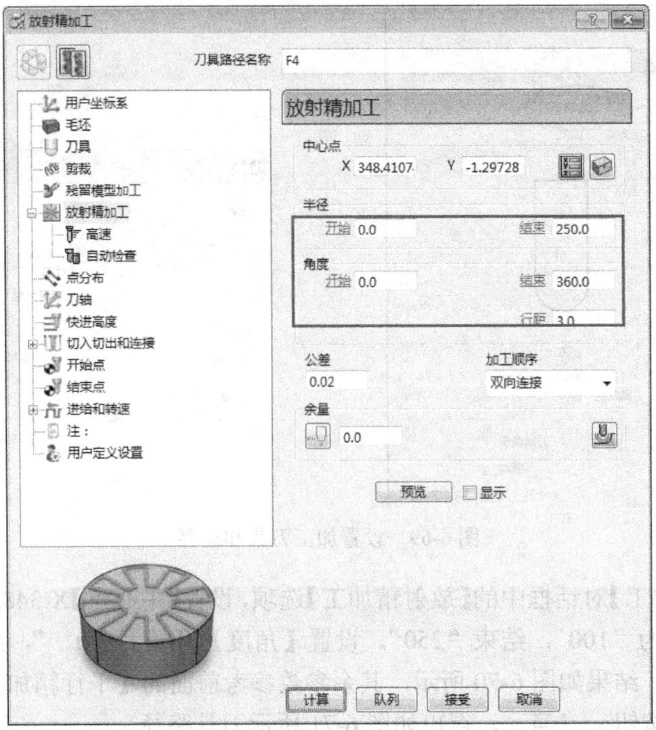

图 6-72 【放射精加工】对话框

其余参数和刀具路径“F3”相同，单击【计算】按钮，得出如图 6-73 所示刀具路径。

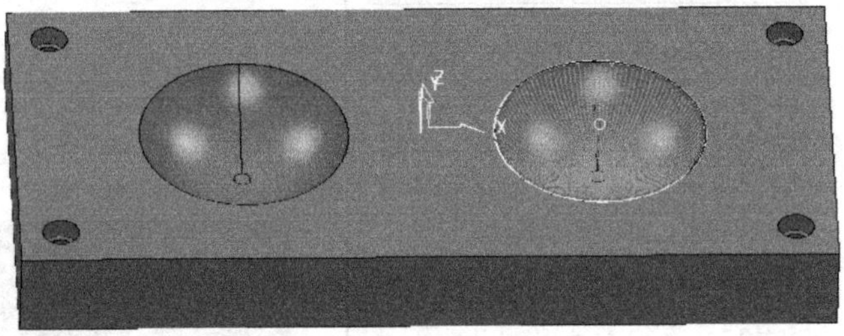
图 6-73 产生的放射加工刀具路径

c．产生刀具路径 F5。

参考刀具路径“F4”的加工方法，重新设置【中心点】位置，设置【中心点】X:-348.4107，Y:-1.29728，刀具路径名称为“F5”，其余参数和刀具路径“F4”相同，单击【计算】按钮，得出如图 6-74 所示刀具路径。

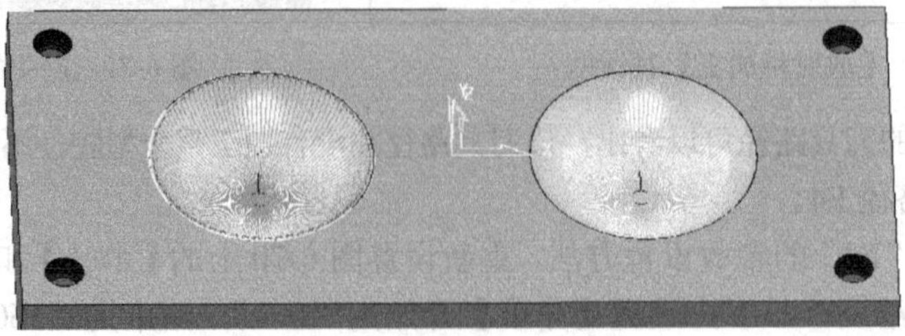
图 6-74 产生的最终刀具路径

详细操作过程，读者可参考下载文件中“视频文件”/“ch06”/“放射精加工”。

6.4 平坦面加工

平坦面精加工策略主要包括【偏置平坦面精加工】策略和【平行平坦面精加工】策略；这两种精加工策略主要适用于对平面进行精加工。

6.4.1 偏置平坦面精加工

偏置平坦面精加工是对模型的平面以偏置的方式进行平面精加工的策略。

操作：单击主工具栏中的【刀具路径策略】按钮 会弹出【策略选取器】，在【策略选取器】中依次选择【精加工】/【偏置平坦面精加工】，弹出【偏置平坦面精加工】的策略界面，如图 6-75 所示。

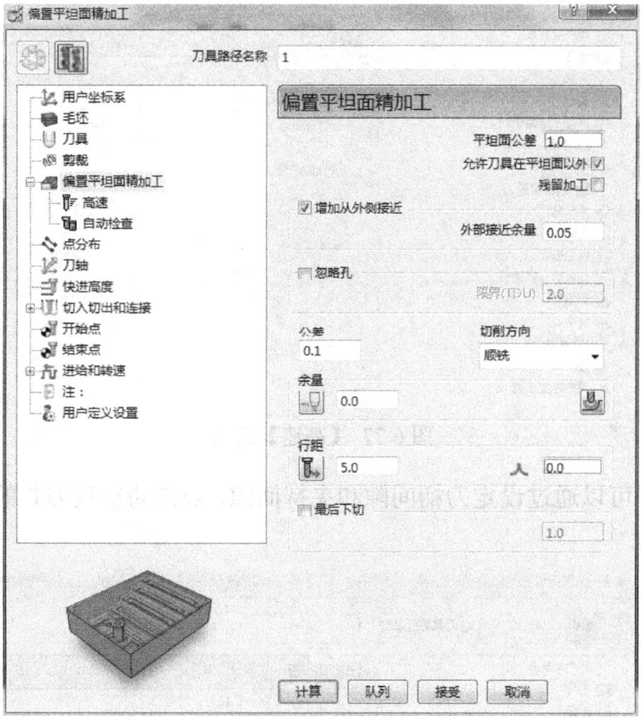

图 6-75 【偏置平坦面精加工】对话框

其各选项含义如下。

①【偏置平坦面精加工】：此项下包含“残留”“高速”“自动检查”三个选项，其中“残留”选项如图 6-76 所示，必须单击进入【偏置平坦面精加工】表格，勾选【残留加工】才会激活。

a.【高速】选项如图 6-77 所示，其中包括:轮廓光顺、光顺余量、连接三个选项，其意义如下所述。

【轮廓光顺】：指高速加工时，在转角处圆弧过渡；

【光顺余量】：移动滑块可以调节刀具路径的光顺度，移动的百分比越大，则代表刀具路径过渡的转角弧度越大；

【连接】：用于指定连接单独偏置所需的移动，包括直、光顺、无三个选项。

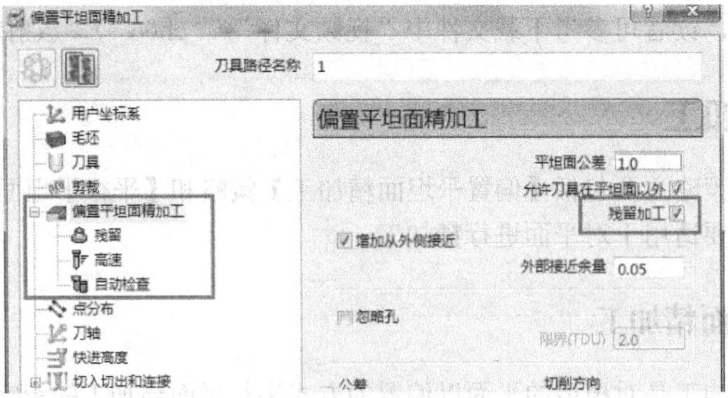

图 6-76 【残留】选项

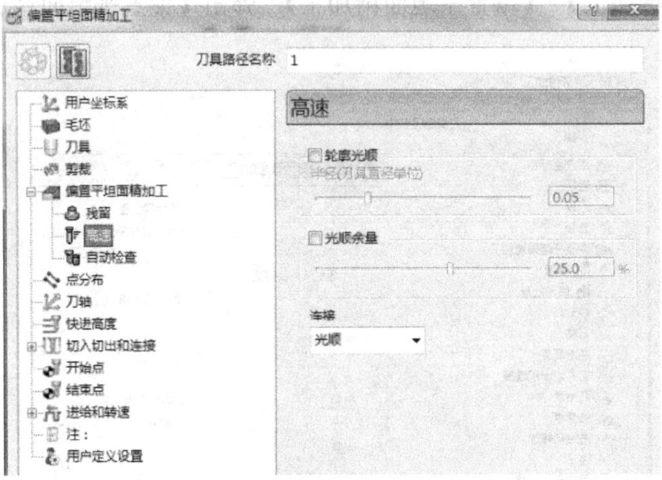

图 6-77 【高速】选项

b.【自动检查】: 可以通过设定刀柄间隙和夹持间隙，来自动检查刀具的碰撞;【自动检查】选项如图 6-78 所示。

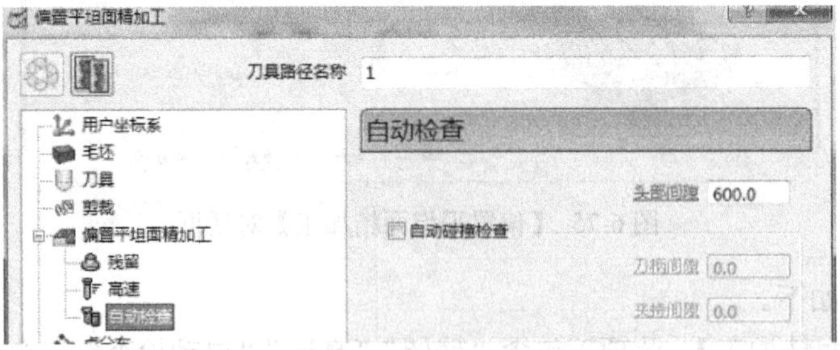

图 6-78 【自动检查】选项

c.【残留】: 可以选择以刀具路径或残留模型作为参考来进行残留平面加工，其选项如图 6-79 所示。

②【偏置平坦面精加工】: 选项中其余参数的含义如下。

【平坦面公差】: 侦测(识别) 模型平面时的公差值。

【允许刀具在平坦面以外】: 勾选此选项，则控制刀具从模型平面的外部下刀。

【增加从外侧接近】: 勾选后可能的情况下，刀具均按外部接近余量从外部接近平坦区域。

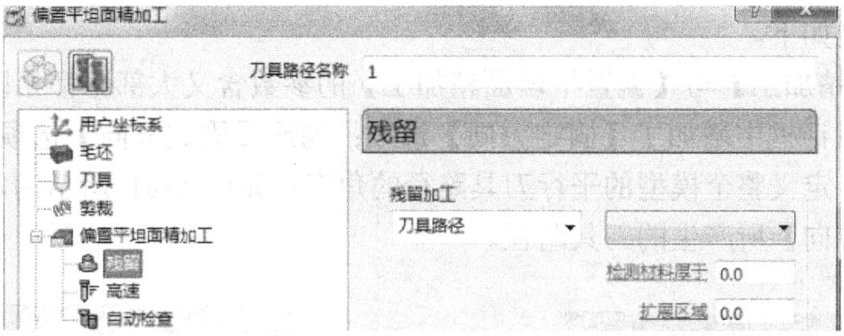

图 6-79 【残留】选项

【忽略孔】：根据用户设置的阈值，忽略比阈值小的型腔区域，能得到顺畅的平面加工刀具路径；例如：输入阈值为 2，则小于刀具直径 2 倍的型腔区域将会被刀具加工时所忽略。

【行距】：设定刀具路径的刀间距数值越小，则加工精度及表面粗糙度值越高，但计算时间及加工时间比较长；反之，数值越大，则表面粗糙度值及加工精度就越低，但可获得较快的计算时间及加工时间；行距可以单击通过刀具复制行距，也可以单击，手动输入；还可以在中，输入残留高度值而获得行距。

【最后下切】：指最后一刀的下切深度。

6.4.2 平行平坦面精加工

平行平坦面精加工是对模型的平面以平行区域的形式进行平面精加工的策略。

操作：单击主工具栏中的“刀具路径策略”按钮会弹出“策略选取器”，在“策略选取器”中依次选择“精加工”/“平行平坦面精加工”，弹出“平行平坦面精加工”的策略界面，如图 6-80 所示。

图 6-80 【平行平坦面精加工】对话框

其各选项含义如下。

【平行平坦面精加工】与【偏置平坦面精加工】的参数含义大部分都相同，只是在【平行平坦面精加工】对话框中增加了【固定方向】选项；勾选【固定方向】选项，可以在【角度】中输入角度数值，定义整个模型的平行刀具路径的角度；如图 6-81 所示为勾选【固定方向】和不勾选【固定方向】所产生的刀具路径。

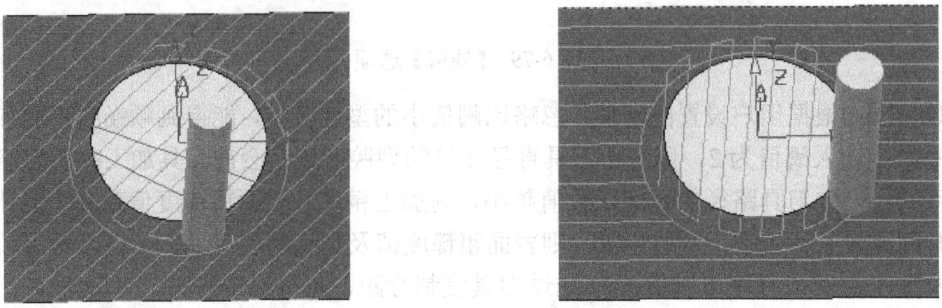

(a) 勾选【固定方向】，设置角度为“45°”　　(b) 不勾选【固定方向】

图 6-81　平行平坦面精加工刀具路径比较

6.4.3　案例实践

(1) 模型输入

输入模型：在 PowerMILL 主工具栏上点击 文件(F)，选择 打开项目(O)...，在弹出的对话框中选择“下载文件”/【源文件】/【ch06】/“平坦面加工”项目文件，点击 打开(O) 按钮。打开的项目如图 6-82 所示。

该项目文件已经创建好了毛坯、粗加工刀具路径“P1”以及曲面上的精加工刀具路径“P2”、“P3”、“P4”，也创建好了将要使用的加工刀具“D25R5”，如图 6-83 所示。

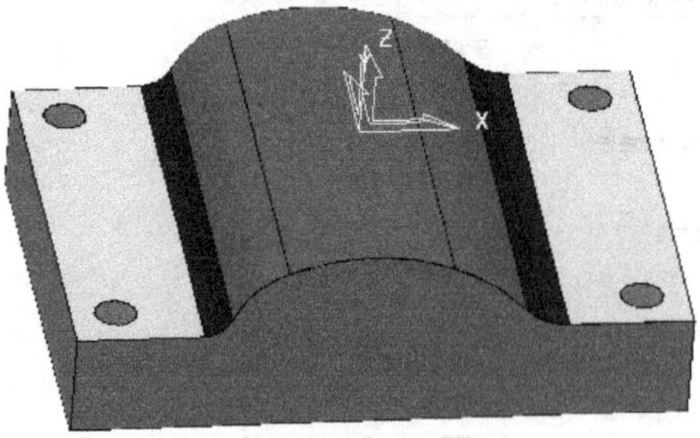

图 6-82　打开的项目文件

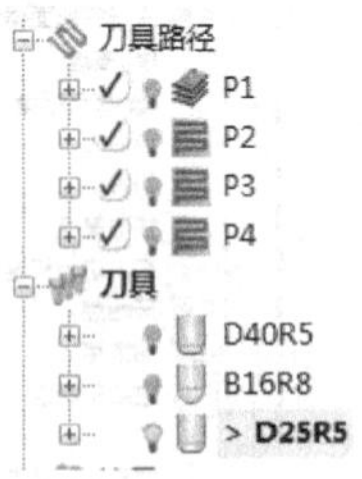

图 6-83　创建好的刀具和刀具路径

(2) 创建平坦面加工刀具路径

a. 产生刀具路径 P5。

在主工具栏中选择单击【刀具路径策略】按钮，选择【精加工】/【偏置平坦面精加工】，单击 接受 按钮，弹出【偏置平坦面精加工】策略对话框，设置刀具路径名称为“P5”，设置刀具选择为“D25R5”，其余参数严格按照图 6-84 所示进行设置。

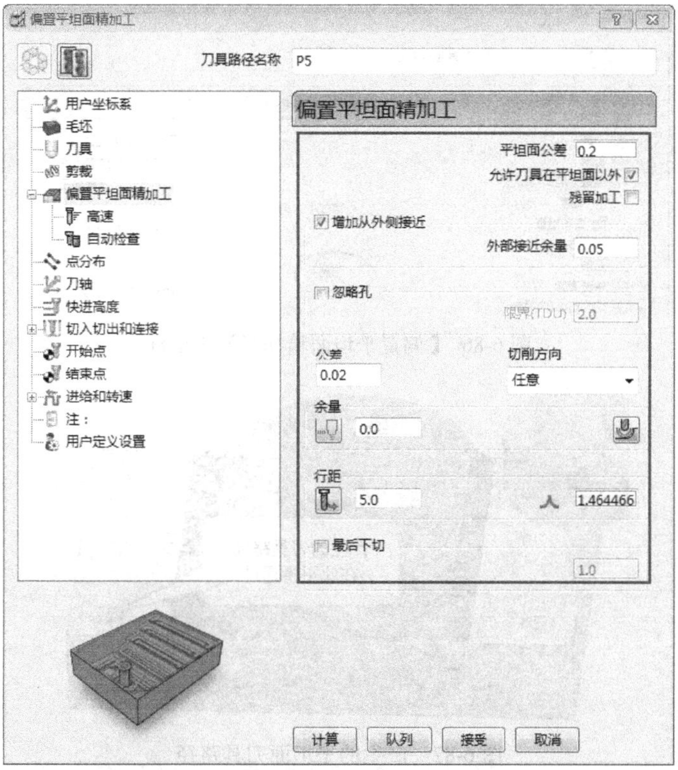

图 6-84 【偏置平坦面精加工】对话框

单击【计算】按钮 计算 ，得出如图 6-85 所示刀具路径。

图 6-85 产生的刀具路径

从图 6-85 所示的刀具路径可以看出，该光平面的刀具路径在加工到孔边缘的时候，它并没有按照直线加工，而是抬刀到安全高度，跳过该孔。

b. 产生刀具路径 P6。

参考刀具路径“P5”的参数设置方法，勾选图 6-84 上的【忽略孔】选项，如图 6-86 所示。

其余参数和刀具路径“P5”相同，单击【计算】按钮，得出如图 6-87 所示刀具路径。

c. 产生刀具路径 P7。

参考刀具路径“P5”的参数设置方法，去掉【允许刀具在平坦面以外】前面勾 ，如图 6-88 所示。

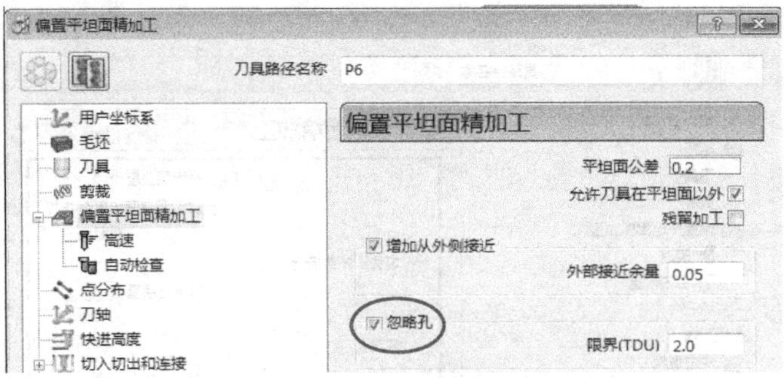

图 6-86 【偏置平坦面精加工】对话框

图 6-87 产生的平坦面刀具路径

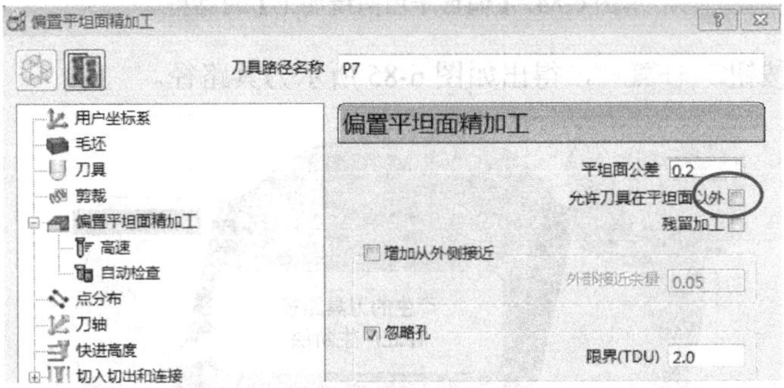

图 6-88 【偏置平坦面精加工】对话框

其余参数和刀具路径“P5”相同，单击【计算】按钮，得出如图 6-89 所示刀具路径。

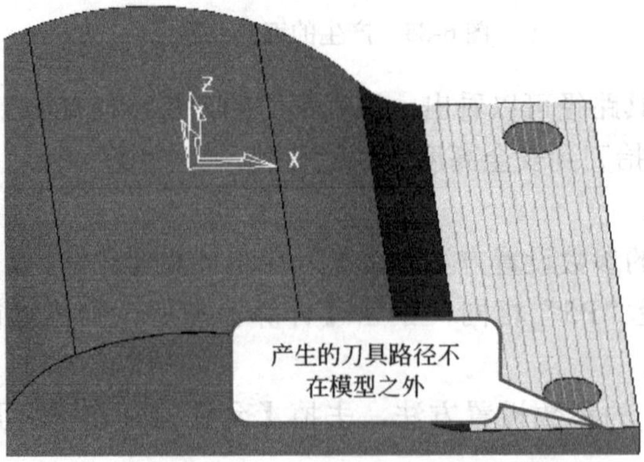

图 6-89 产生的平坦面刀具路径

d．产生刀具路径 P8。

参考刀具路径“P5”的参数设置方法，勾选【增加从外侧接近】前面的勾，如图 6-90 所示。

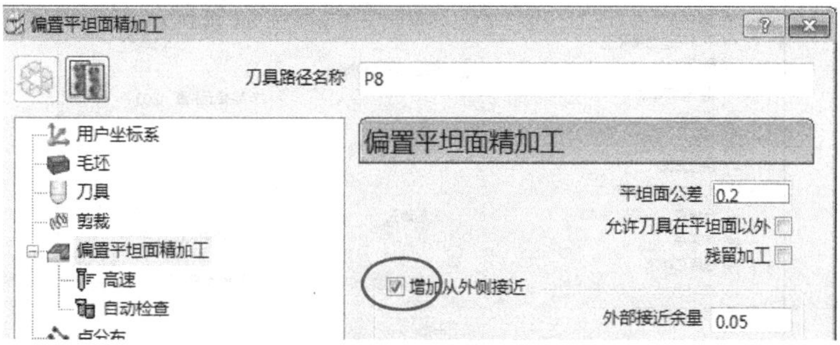

图 6-90 【偏置平坦面精加工】对话框

其余参数和刀具路径“P5”相同，单击【计算】按钮，得出如图 6-91 所示刀具路径。

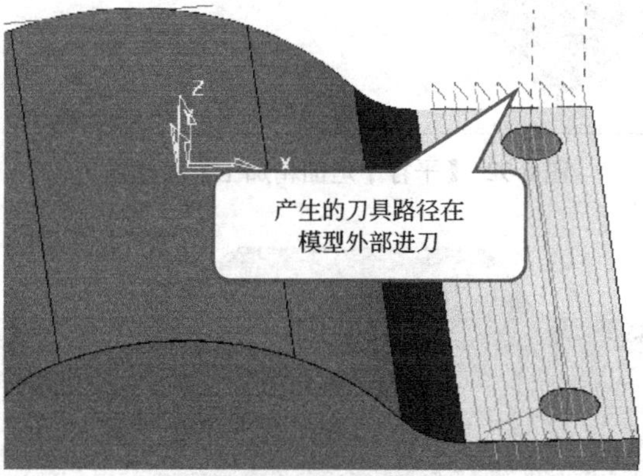

图 6-91 产生的平坦面刀具路径

e．产生刀具路径 P9。

在主工具栏中选择单击【刀具路径策略】按钮，选择【精加工】/【平行平坦面精加工】，单击 接受 按钮，弹出【平行平坦面精加工】策略对话框，设置刀具路径名称为“P9”，设置刀具选择为“D25R5”，除【固定方向】保持默认外，其余参数参考刀具路径“P5”的参数设置方法进行设置，如图 6-92 所示。

单击【计算】按钮，得出如图 6-93 所示平行刀具路径。

f．产生刀具路径 P10。

参考刀具路径“P9”的参数设置方法，勾选【固定方向】前面的勾，设置固定【角度】为“45°”，如图 6-94 所示。

其余参数和刀具路径“P9”相同，单击【计算】按钮，得出如图 6-95 所示刀具路径。

详细操作过程，读者可参考下载文件中【视频文件】/【ch06】/“平坦面加工”。

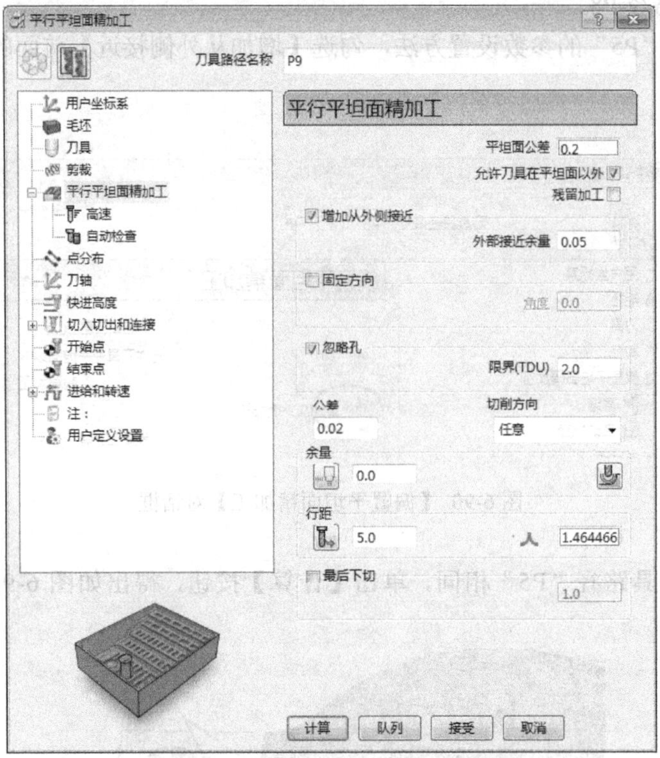

图 6-92 【平行平坦面精加工】对话框

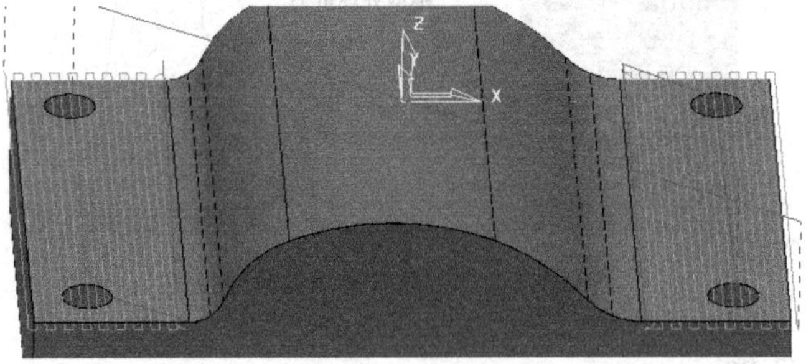

图 6-93 产生的平行平坦面刀具路径

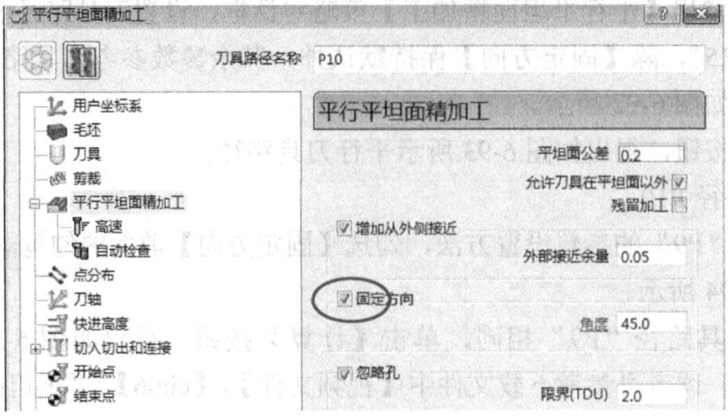

图 6-94 【平行平坦面精加工】对话框

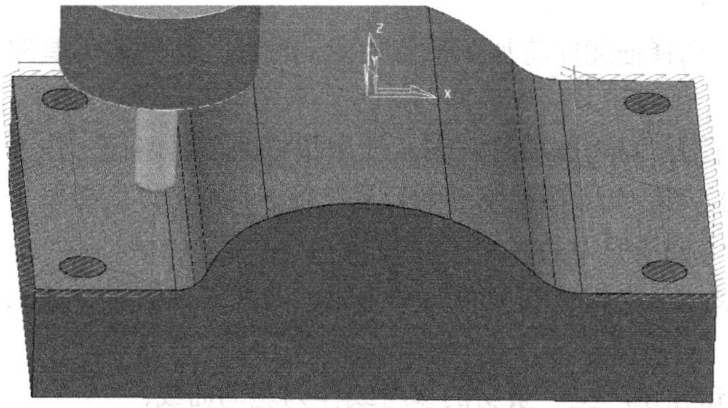

图 6-95 产生的平坦面刀具路径

6.5 参考线精加工

参考线精加工是指根据用户已定义好的参考线，对模型的某一区域做投影加工的精加工策略；俯视此路径策略，刀具中心始终会落在参考线上。

6.5.1 参考线加工功能介绍

操作：单击主工具栏中的【刀具路径策略】按钮会弹出【策略选取器】，在【策略选取器】中依次选择【精加工】/【参考线精加工】，弹出【参考线精加工】的策略界面，如图 6-96 所示。

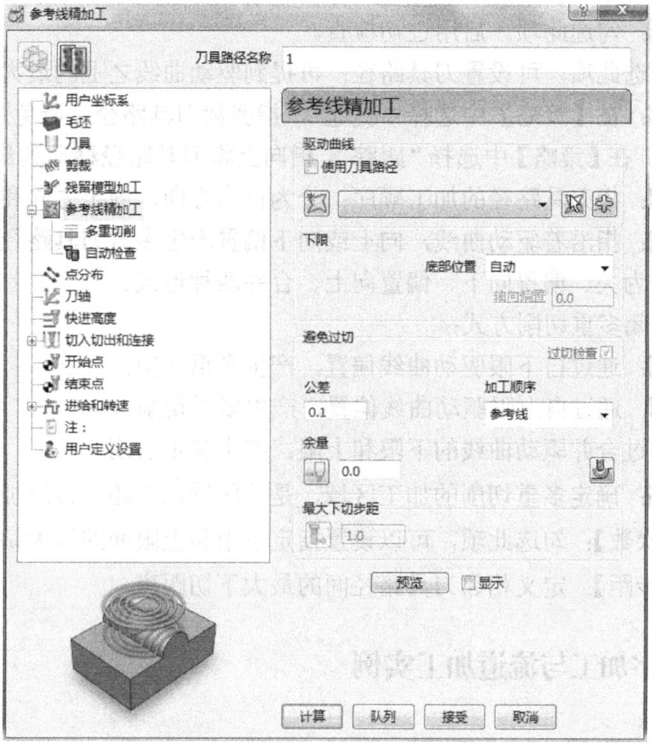

图 6-96 【参考线精加工】对话框

其各选项含义如下。

①【驱动曲线】：选择描述即将加工形状的驱动曲线，可选择刀具路径或参考线作为驱动曲线。

a.【使用刀具路径】：勾选此项时，表示使用指定的刀具路径，作为驱动曲线对模型进行加工；它既可以在下拉菜单中选择要使用的刀具路径名，也可以直接单击按钮，选择在模型中显示的需要作为驱动曲线的刀具路径。

b.【参考线】：表示使用指定的参考线作为驱动曲线对模型进行加工；选择参考线有以下四种方式：

第一种：直接单击按钮产生一条新的参考线作为驱动曲线；

第二种：在下拉菜单中选择要使用的参考线名；

第三种：单击按钮，选择在模型中显示的需要作为驱动曲线的参考线；

第四种：单击按钮，直接在模型内选取曲面的轮廓边界、线框或线段产生新的参考线作为驱动曲线。

②【下限】：指定刀具路径的最低位置，也就是底部位置，分为自动、投影、驱动曲线。

a.【自动】：通过向下投影刀轴放置参考线；

b.【投影】：通过沿 Z 轴向下投影放置参考线；

c.【驱动曲线】：根据避免过切和多重切削段的不同选项放置参考线。

③【轴向偏置】：设置刀具路径相对于驱动曲线轴向偏置的距离。当【底部位置】选择为"驱动曲线"时，此选项将被激活；当【底部位置】选择为"驱动曲线"时，在对话框内【参考线精加工】下将出现【避免过切】选项，可用于指定避免过切的方法；表格内【过切检查】选项也同时被激活。

④【过切检查】：勾选此项，启用过切检查。

⑤【上限】：勾选此项，可设置刀具路径；可提到驱动曲线之上的最大距离。

⑥【提起策略】：在【策略】中选择"提起"，指剪裁刀具路径，避免过切。

⑦【跟踪策略】：在【策略】中选择"跟踪"，指向上将刀具路径移动到最低的无过切位置。

⑧【加工顺序】：指刀具路径的加工顺序；分为自由方向、固定方向和参考线方向。

⑨【多重切削】：指沿着驱动曲线，向上或向下偏置产生多重刀具路径。

⑩【方式】：分为关、偏置向下、偏置向上、合并四种形式。

a.【关】：指关闭多重切削方式；

b.【偏置向下】：通过自下限驱动曲线偏置，产生多重切削；

c.【偏置向上】：通过自上限驱动曲线偏置，产生多重切削；

d.【合并】：通过合并驱动曲线的下限和上限，产生多重切削。

⑪【排序方式】：确定多重切削的加工区域，是按区域加工还是按层加工。

⑫【最大切削次数】：勾选此项，可以设置指定下限和上限间的最大切削次数。

⑬【最大下切步距】：定义相邻刀具路径间的最大下切距离。

6.5.2 参考线刻字加工与流道加工实例

（1）模型输入

输入模型：在 PowerMILL 主工具栏上点击 文件(F)，选择 打开项目(O)...，在弹出的对话框中选择“下载文件”/【源文件】/【ch06】/“参考线精加工”项目文件，点击 打开(O) 按钮。打开的项目如图 6-97 所示。

该项目文件已经创建好了毛坯、粗加工刀具路径“F1”以及型腔内的精加工刀具路径“F2”，也创建好了将要使用的加工刀具，如图 6-98 所示。

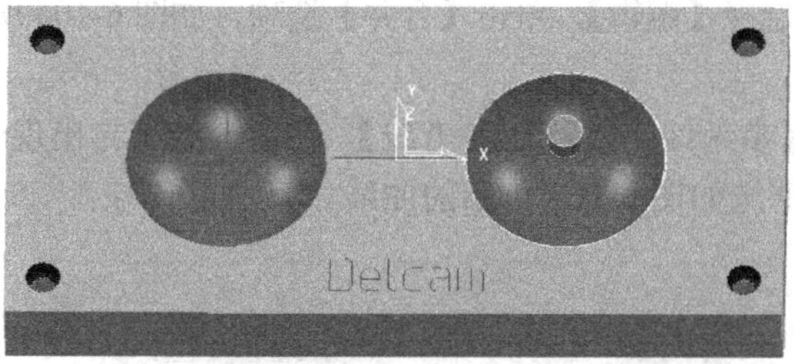

图 6-97 打开的项目文件

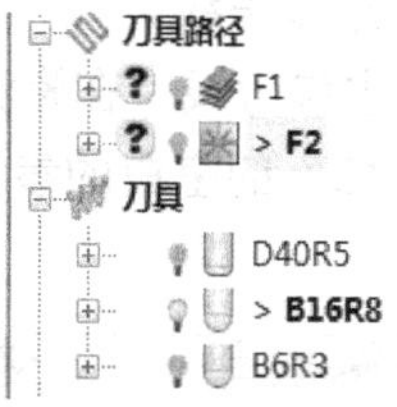

图 6-98 创建好的刀具和刀具路径

（2）创建参考线精加工刀具路径

① 创建参考线 1

a. 产生参考线 在资源管理器中右击【参考线】/【产生参考线】，在参考线下方出现一个文件名为“1”的空白的参考线。在模型上点选如图 6-99 所示的曲面。

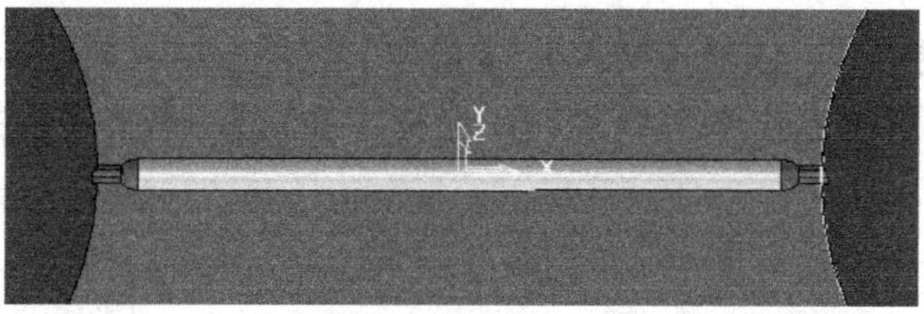

图 6-99 选取的曲面

右击空白的参考线“1”，选择【插入】/【模型】选项，结果如图 6-100 所示。

图 6-100 产生的参考线

b. 编辑参考线 再次右击参考线“1”，选择【曲线编辑器】按钮 曲线编辑器... ，弹出【曲线编辑器】工具条，如图 6-101 所示。

图 6-101 【曲线编辑器】工具条

在【曲线编辑器】工具条上单击【分割已选段】图标，删除多余的曲线，如图 6-102 所示。

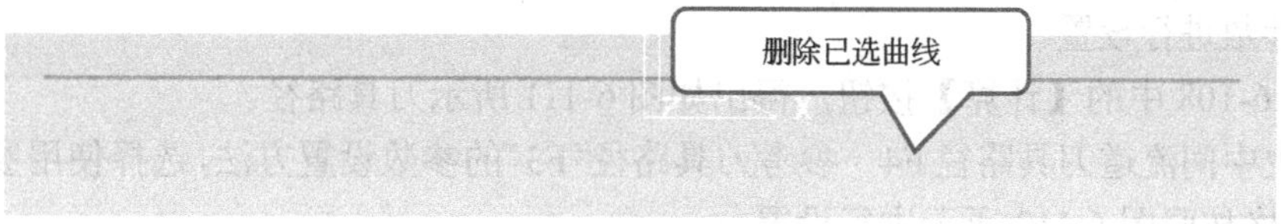

图 6-102 删除已选曲线

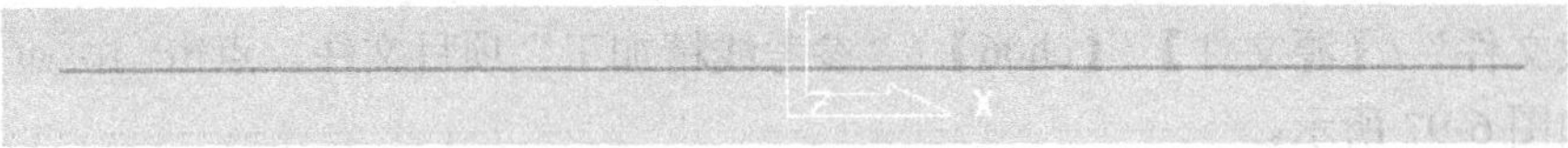

图 6-103　产生的参考线

单击【接受改变】按钮✓，结果如图 6-103 所示。

c．合并参考线　再次右击参考线“1”，选择【编辑】，单击【合并】选项，如图 6-104 所示。

② 创建参考线 2

a．产生参考线　在资源管理器中右击【参考线】/【产生参考线】，在参考线下方出现一个文件名为“2”的空白的参考线。在模型上框选如图 6-105 所示的曲线。

图 6-104　合并参考线

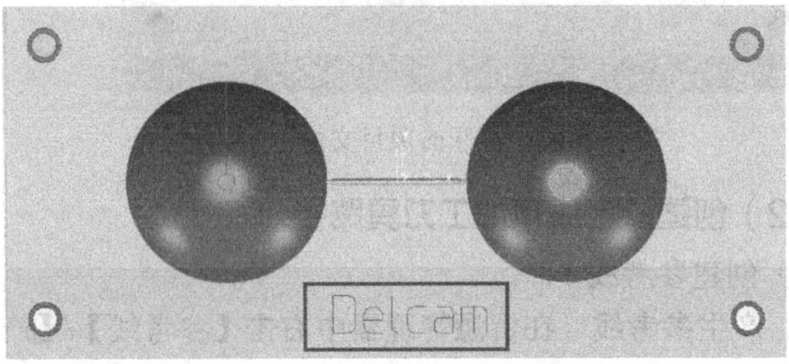

图 6-105　选取的曲线

右击空白的参考线“2”，选择【插入】/【模型】选项，结果如图 6-106 所示。

b．合并参考线　再次右击参考线“2”，选择【编辑】，单击【合并】选项，如图 6-107 所示。

图 6-106　产生的参考线

图 6-107　合并参考线

③ 产生中间流道刀具路径 F3　在主工具栏中选择单击【刀具路径策略】按钮，选择【精加工】/【参考线精加工】，单击 接受 按钮，弹出【参考线精加工】策略对话框，设置刀具路径名称为“F3”，设置刀具选择为“B16R8”，选择使用参考线“1”，其余参数严格按照图 6-108 所示进行设置。

单击【参考线精加工】下方的【避免过切】选项，弹出【避免过切】选项框，在该选项框中勾选【上限】，如图 6-109 所示。

单击【参考线精加工】下方的【多重切削】选项，弹出【多重切削】选项框，严格按照图 6-110 所示参数进行设置。

单击图 6-108 中的【计算】按钮，得出如图 6-111 所示刀具路径。

④ 产生中间流道刀具路径 F4　参考刀具路径“F3”的参数设置方法，选择使用参考线“2”，其余参数严格按照图 6-112 所示进行设置。

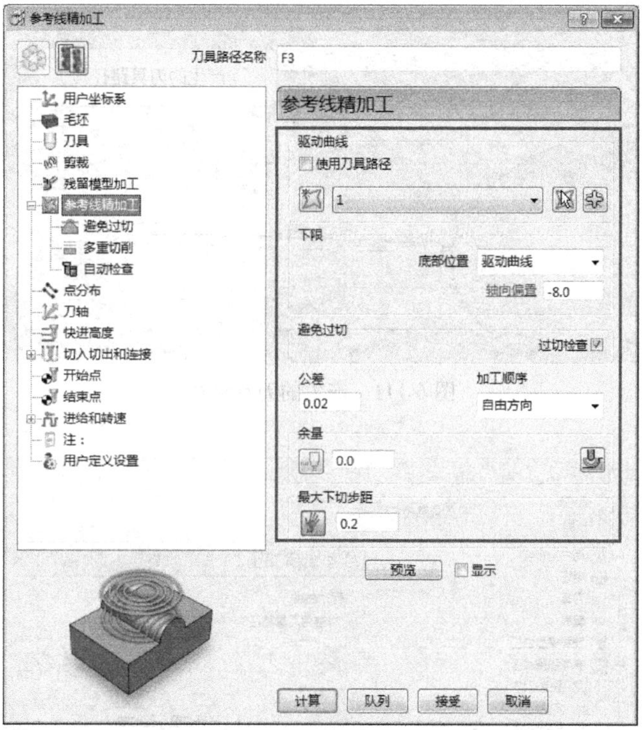

图 6-108 【参考线精加工】对话框

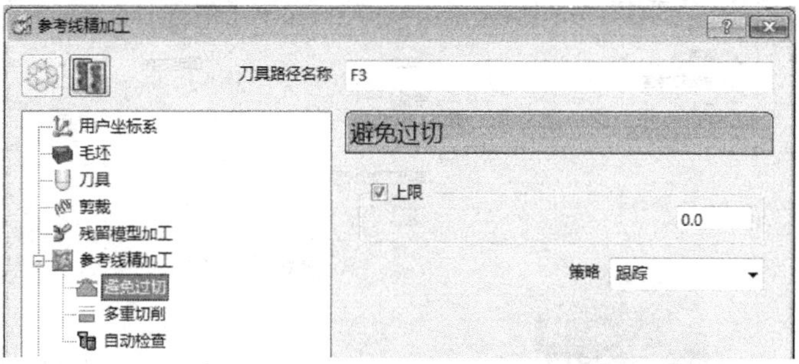

图 6-109 【避免过切】选项框

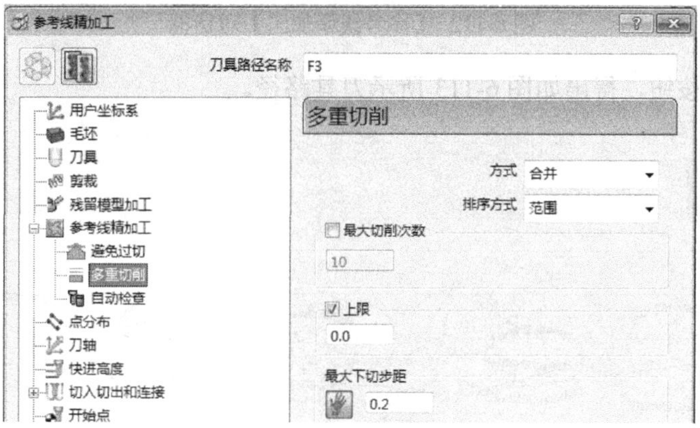

图 6-110 【多重切削】选项框

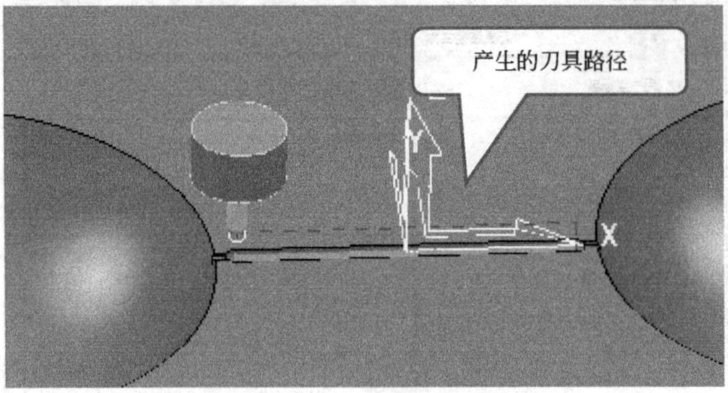

图 6-111　产生的刀具路径

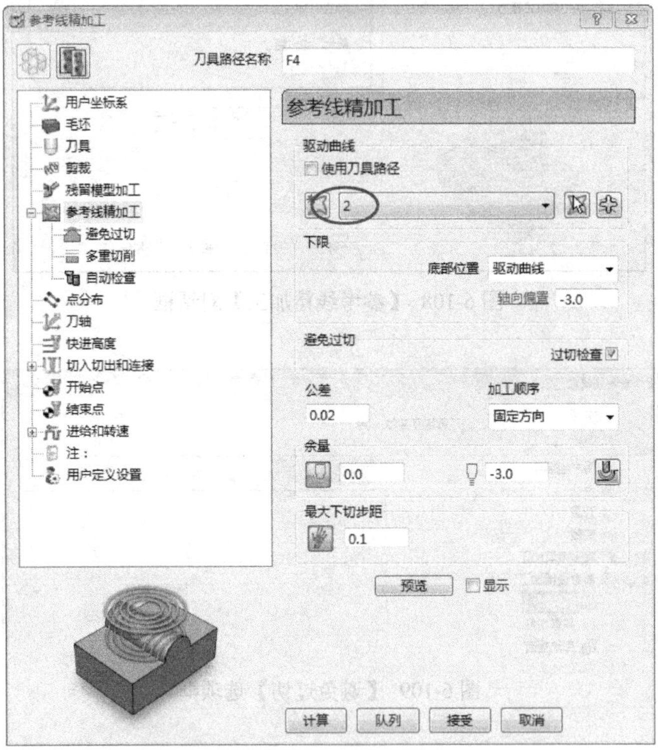

图 6-112 【参考线精加工】对话框

单击【计算】按钮，得出如图 6-113 所示刀具路径。

图 6-113　产生的刀具路径

图 6-114　ViewMill 仿真工具栏

⑤ 实体仿真　单击主工具栏上的 ViewMill 开关按钮 ，激活实体仿真 ViewMill 工具条，如图 6-114 所示。

点击 ViewMill 工具条上的彩虹图标 ，右击刀具路径“F1”，选择【自开始仿真】，激活【仿真工具栏】，如图 6-115 所示。

图 6-115　仿真工具栏

单击【仿真工具栏】上的开始按钮 ，结果如图 6-116 所示。

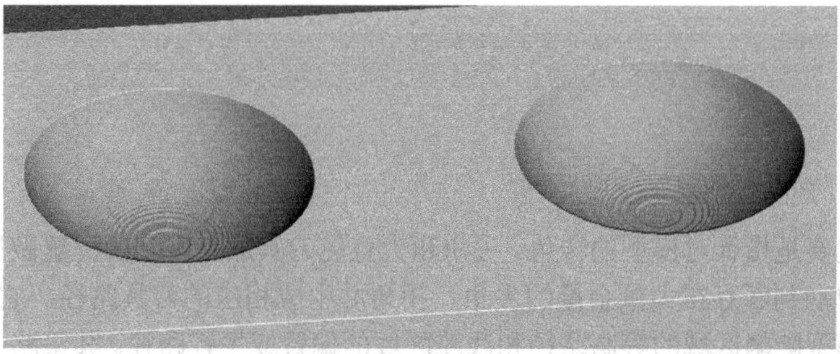

图 6-116　仿真结果

继续右击刀具路径“F2”“F3”“F4”，依次选择【自开始仿真】，对“F2”“F3”“F4”进行实体仿真，结果如图 6-117 所示。

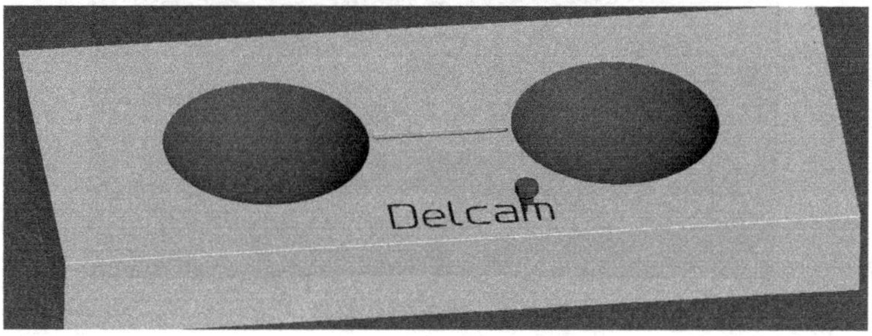

图 6-117　仿真最终结果

详细操作过程，读者可参考下载文件中【视频文件】/【ch06】/“参考线精加工”。

·第 7 讲·

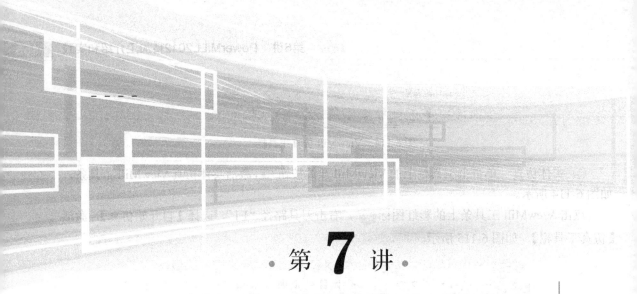

PowerMILL2012清角加工介绍和实践

清角加工主要是指针对模型的转角、尖角和大直径刀具加工不到的位置做局部加工的加工策略。它可以自动判断存在大量余量的尖角、拐角并生成相应的刀具路径。它的主要特点是，系统自动计算模型陡峭区域的等高路径和浅滩区域的偏置或平行路径。其策略主要包括清角精加工、多笔清角精加工、笔式清角精加工；其中应用最广泛的是清角精加工；如图 7-1 所示为清角刀具路径。

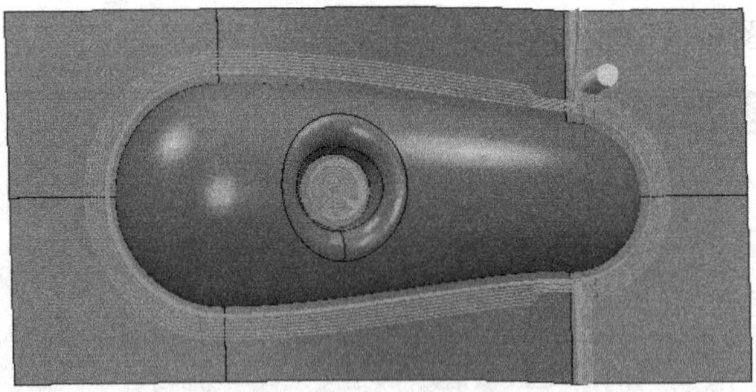

图 7-1　清角刀具路径

7.1　清角精加工

清角精加工策略是指根据分界角的角度，划分浅滩和陡峭区域；在陡峭区域产生缝合刀具路径，在浅滩区域产生沿着清角刀具路径的一种精加工策略；如果浅滩角设定过小，刀具路径则为缝合式的刀具路径为主；浅滩角设定过大，刀具路径以沿着刀具路径为主。

操作：单击主工具栏中的【刀具路径策略】按钮 在弹出的对话框中，依次选择【精加工】、【清角精加工】，会弹出【清角精加工】的策略界面，如图 7-2 所示，其各参数的意义如下所述。

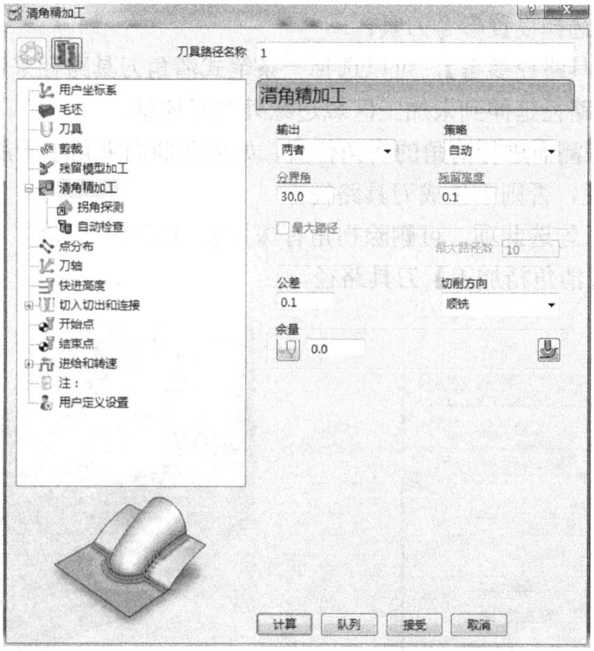

图 7-2 【清角精加工】策略

①【输出】：指定生成的刀具路径类型，可分为“浅滩”“陡峭”和“两者”三种；如图 7-3 所示。

a.【浅滩】：输出比分界角角度小的浅滩（平坦）区域段；

b.【陡峭】：输出比分界角角度大的陡峭区域段；

c.【两者】：既输出浅滩区域段，也输出陡峭区域段。

②【策略】：选取一策略形式来产生清角刀具路径；可选择“沿着”“缝合”和“自动”三种方式；如图 7-4 所示。

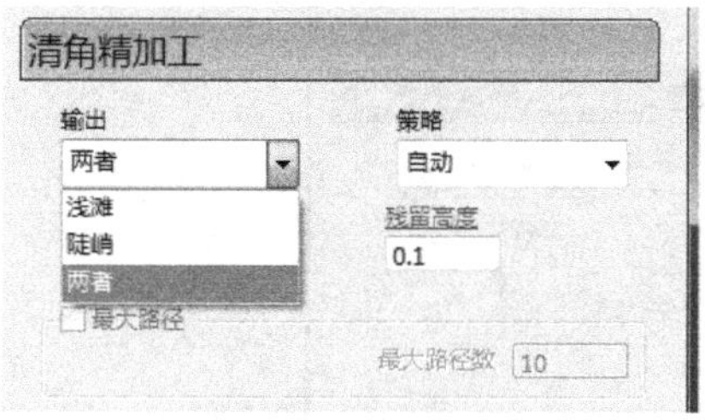

图 7-3 【输出】选项

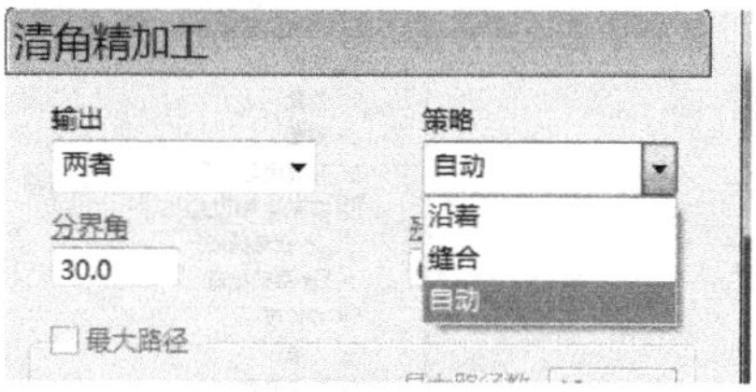

图 7-4 【策略】选项

③【分界角】：确定区分浅滩和陡峭的角度；如果选取了“浅滩”选项，将仅产生水平夹角小于分界角的模型部分的清角刀具路径；反之，如果选取了“陡峭”选项，将仅产生水平夹角大于分界角的模型部分的清角刀具路径；选取“两者”选项后，将同时产生浅滩和陡峭区域的清角刀具路径。

④【残留高度】：用残留高度决定缝合间的行距。

⑤【切削方向】：指刀具路径的加工方向；包括“顺铣”“逆铣”和“任意”三种形式。在【清角精加工】对话框内单击【拐角探测】，会出现【拐角探测】表格，其中各参数的含义如下所述（如图 7-5 所示）。

①【参考刀具】：选择设置参考刀具；

② 勾选【使用刀具路径参考】，可以选择一条笔式清角刀具路径来定位拐角；

③【重叠】：刀具路径延伸到未加工区域边缘外的延伸量；

④【探测限界】探测需进行清角的拐角位置，如果两曲面夹角小于所设置的值，则在此拐角位产生清角刀具路径，否则不生成刀具路径；

⑤【移去深切削】勾选此项，可删除拐角有深切削的刀具路径段。

如图 7-6 所示为【清角精加工】刀具路径。

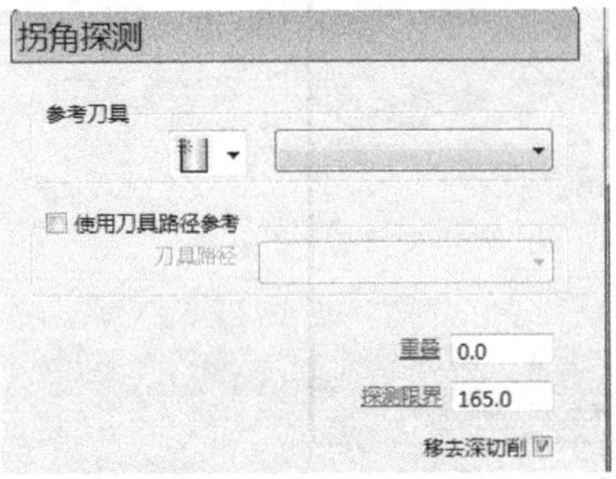

图 7-5 【拐角探测】选项

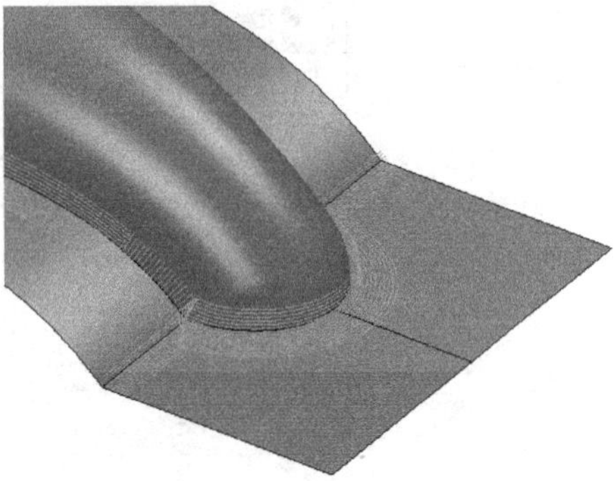

图 7-6 【清角精加工】刀具路径

7.2 多笔清角精加工

多笔清角精加工是沿着模型内转角交叉线实际相交处由内向外偏置产生刀具路径的精加工策略。

操作：单击主工具栏中的【刀具路径策略】按钮，在弹出的对话框中，依次选择【精加工】、【多笔清角精加工】，弹出【多笔清角精加工】的策略界面，如图 7-7 所示。

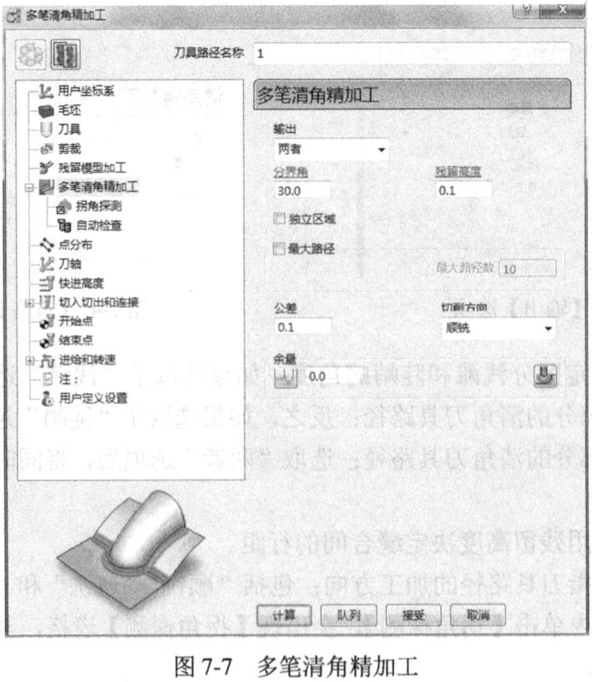

图 7-7 多笔清角精加工

其各参数的意义如下所述。

【多笔清角精加工】对话框中，参数含义与【清角精加工】的参数基本相同，不同之处，前者多了【最大路径】选项和【独立区域】选项；另外，【多笔清角精加工】适用于前一工序刀具较大，工件又有狭槽区域的清角要求。

【最大路径】：限制刀具路径所需的路径数。

【独立区域】：控制清角转角位偏置方式，开则保持偏置独立，关则合并偏置。

如图 7-8 所示为【多笔清角精加工】刀具路径。

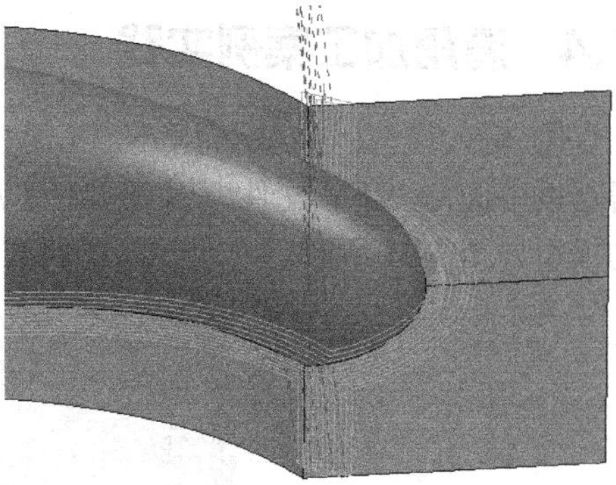

图 7-8 【多笔清角精加工】刀具路径

7.3 笔式清角精加工

笔式清角精加工是在模型的内转角位置沿转角交叉线产生一条单一的清角刀具路径的精加工策略；这种加工方式不会根据余量的不同而扩大加工范围，只会根据当前加工刀具无法加工到的模型内转角位置产生刀具路径。

操作：单击主工具栏中的【刀具路径策略】按钮，在弹出的对话框中，依次选择【精加工】、【多笔清角精加工】，会弹出【多笔清角精加工】的策略界面，如图 7-9 所示，其中各参数的意义与【清角精加工】的参数基本一致，故可参照【清角精加工】所述。

如图 7-10 所示为【笔式清角精加工】刀具路径。

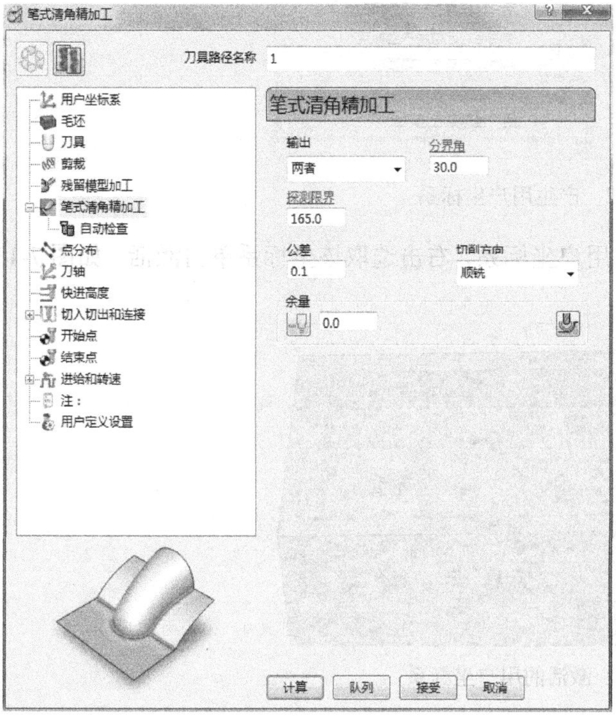

图 7-9 笔式清角精加工

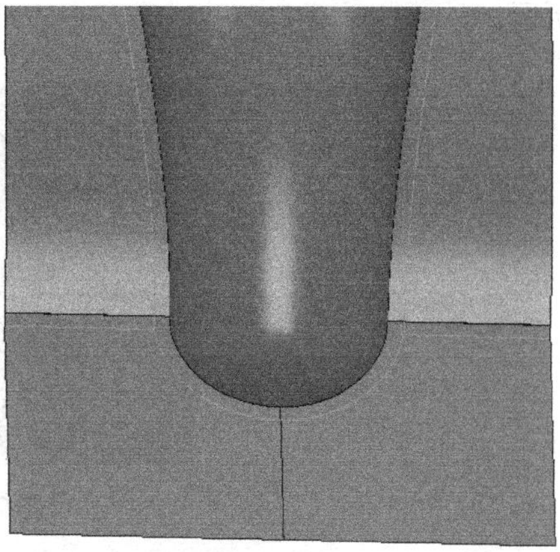

图 7-10 【笔式清角精加工】刀具路径

7.4 清角加工案例实践

① 输入模型：单击 PowerMILL 主工具栏上点击 文件(F) 按钮，选择 输入模型(I)... ，在弹出的对话框中选择“下载文件”/【源文件】/【ch07】/“wenjianhe.igs”，点击 打开(O) 按钮。输入的模型如图 7-11 所示。

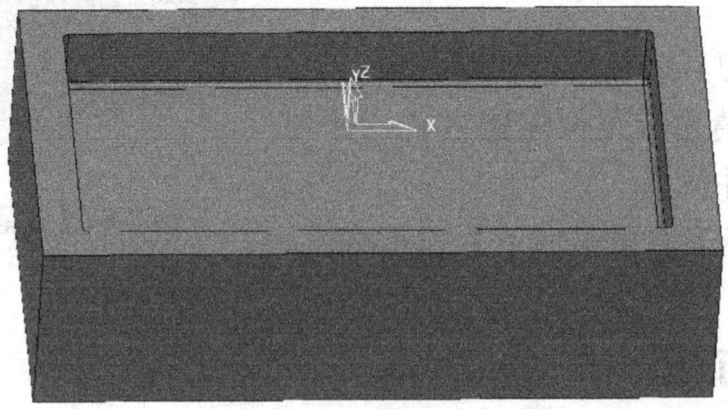

图 7-11 输入的案例模型

② 创建加工坐标系：在屏幕上框选所有图素，在 PowerMILL 资源管理器中依次选择【用户坐标系】、【产生并定向用户坐标系】、【用户坐标系在选项顶部】，如图 7-12 所示。

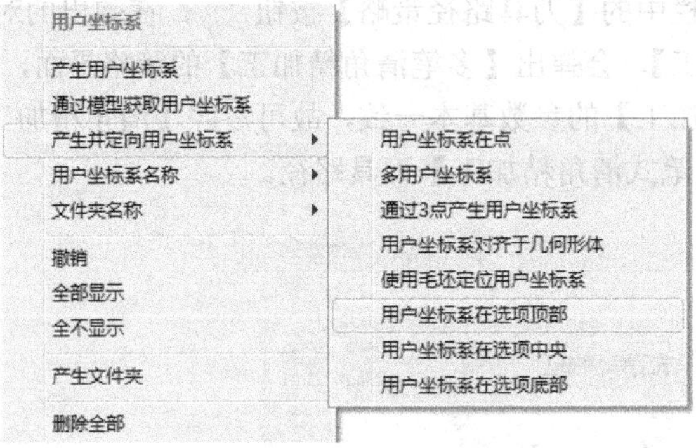

图 7-12 产生用户坐标系

此时在模型顶部出现一个没有激活的用户坐标系，右击选取该坐标系单击激活，如图 7-13 所示。

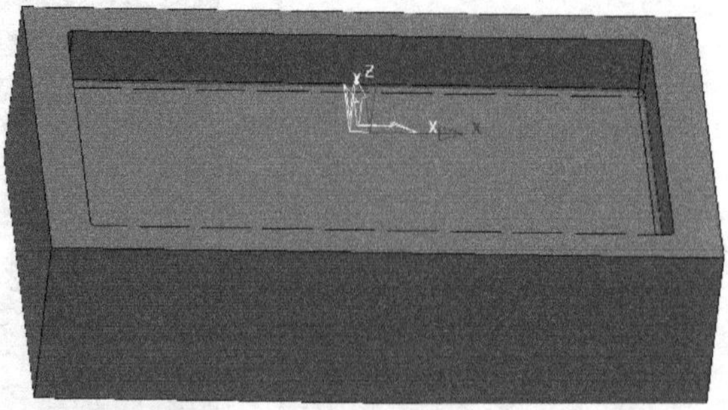

图 7-13 激活的用户坐标系

③ 创建刀具：在 PowerMILL 资源管理器中依次选择【刀具】、【产生刀具】、【球头刀】，弹出如图 7-14 所示刀具创建对话框。

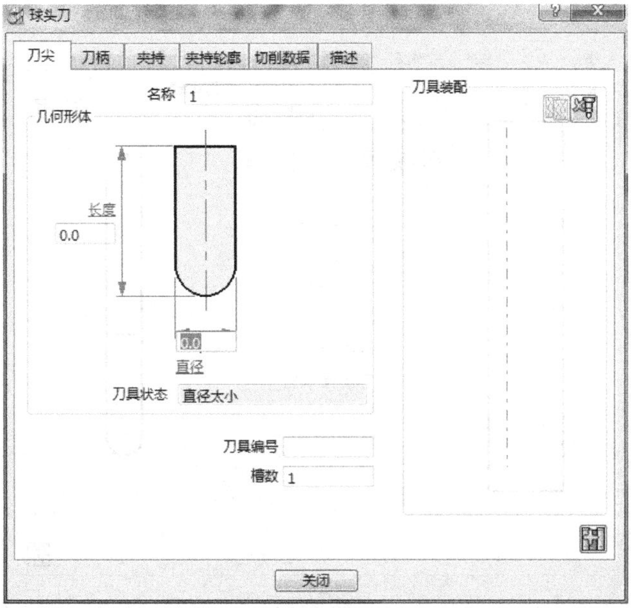

图 7-14 【球头刀】对话框

设置刀具名称为“B10R5”，刀尖直径为“10”，长度为“30”，如图 7-15 所示。

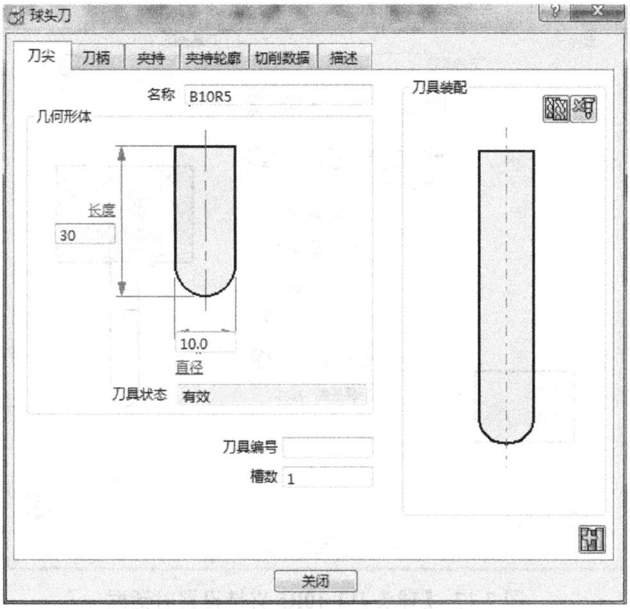

图 7-15 【球头刀】10R5 刀尖设置对话框

单击【刀柄】选项，点击添加刀柄图标，设置顶部直径和底部直径都为“10”，长度为“45”，如图 7-16 所示。

单击【夹持】选项，点击添加夹持图标，设置顶部直径和底部直径都为“45”，长度为“30”，如图 7-17 所示。

用同样的方法创建球头刀 B6R3，结果如图 7-18 所示。

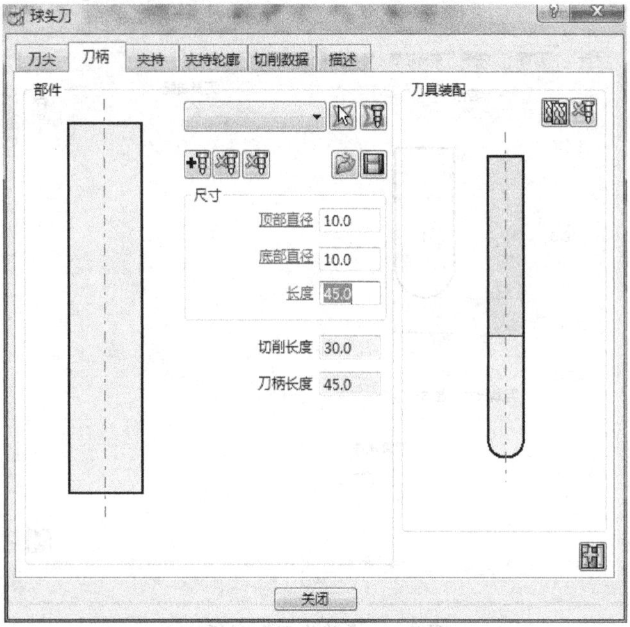

图 7-16 【球头刀】10R5 刀柄设置对话框

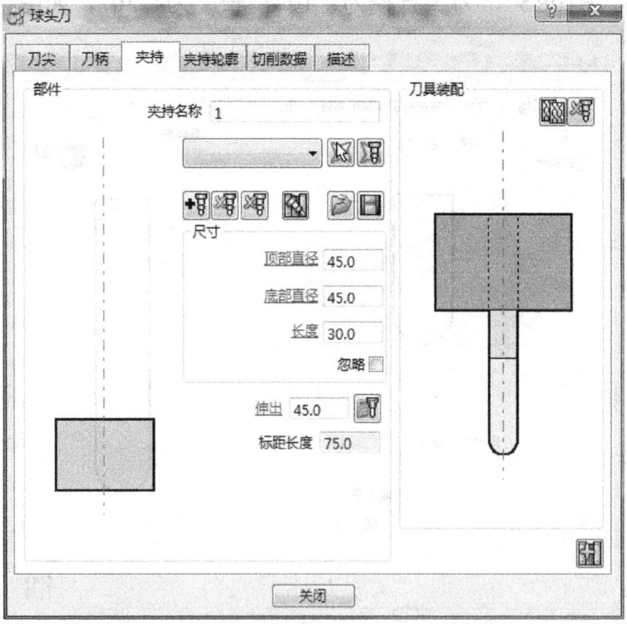

图 7-17 【球头刀】10R5 夹持设置对话框

④ 创建清角精加工刀具路径。

a．清角精加工-陡峭曲面加工。

单击主工具栏上的【刀具路径策略】按钮，弹出【策略选取器】对话框，依次选择【精加工】、【清角精加工】，弹出【清角精加工】对话框，如图 7-19 所示。

设置刀具路径名称为“1-陡峭”，设置【清角精加工】如图 7-20 所示。

单击【拐角探测】，设置【拐角探测】如图 7-21 所示。

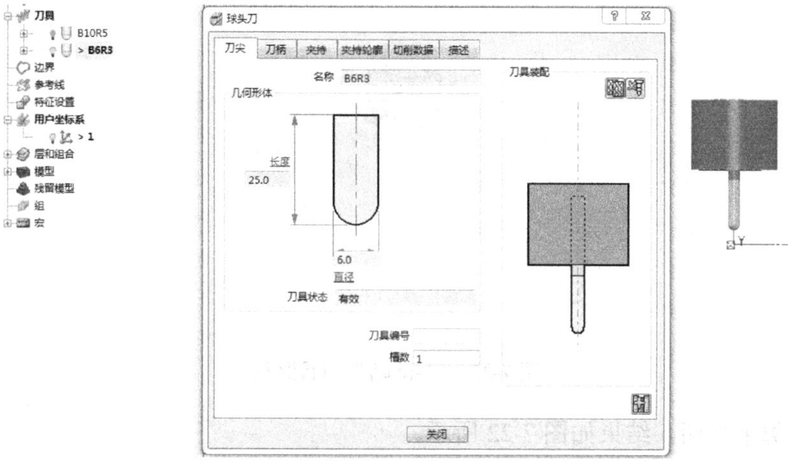

图 7-18 创建的【球头刀】B6R3

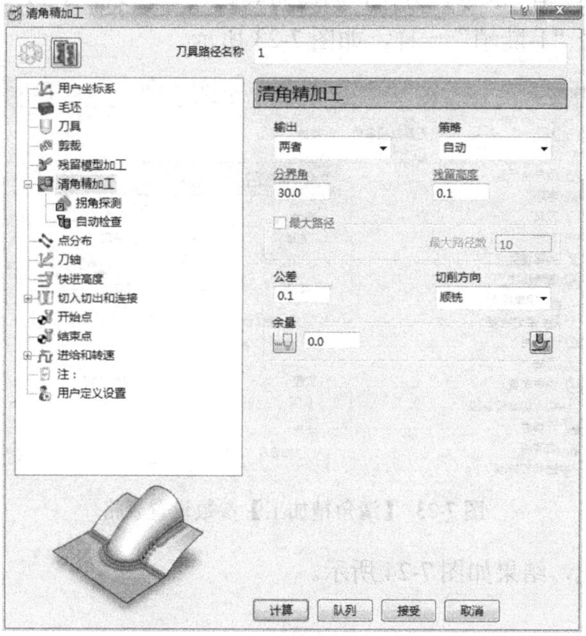

图 7-19 【清角精加工】对话框

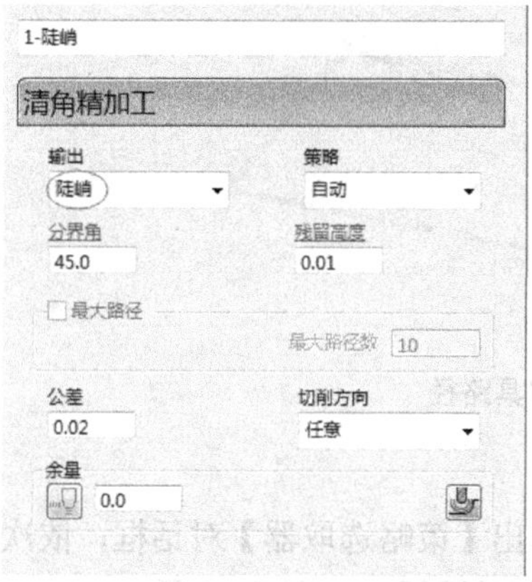

图 7-20 【清角精加工】参数设置表格

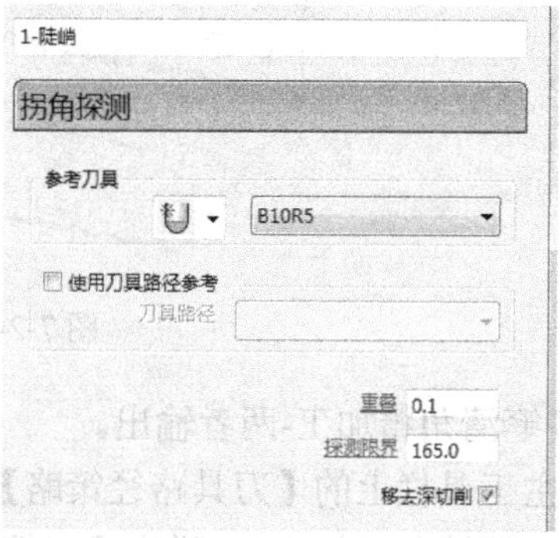

图 7-21 【拐角探测】参数设置表格

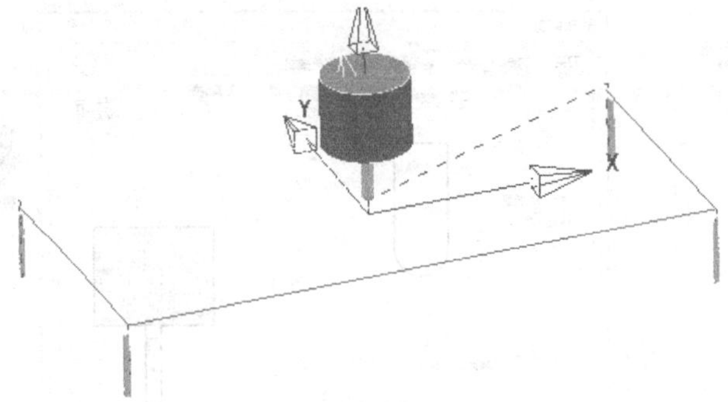

图 7-22 “1-陡峭”刀具路径

单击【计算】按钮，结果如图 7-22 所示。

b．清角精加工-浅滩曲面加工。

参照刀具路径“1-陡峭”的创建方法，创建刀具路径“2-浅滩”，改变输出方式为“浅滩”，其余的设置和刀具路径“1-陡峭”一样，如图 7-23 所示。

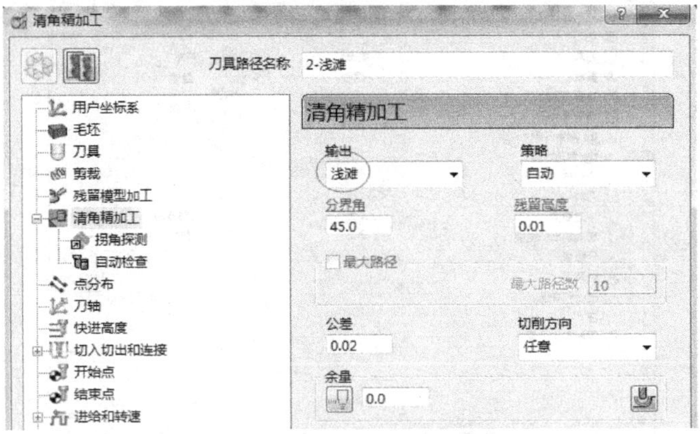

图 7-23 【清角精加工】参数设置表格

单击【计算】按钮，结果如图 7-24 所示。

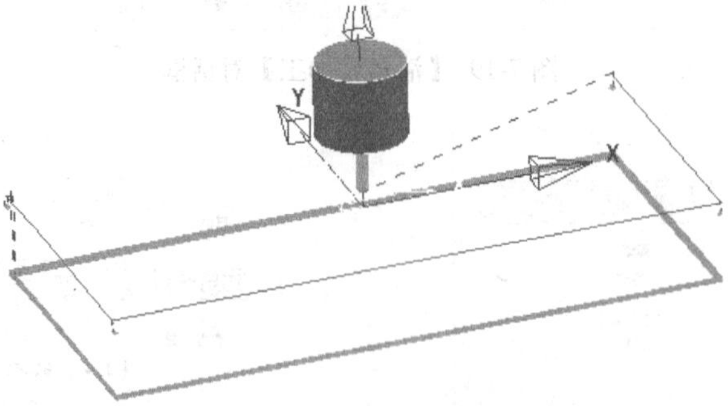

图 7-24 “2-浅滩”刀具路径

c．多笔清角精加工-两者输出。

单击主工具栏上的【刀具路径策略】按钮，弹出【策略选取器】对话框，依次选择【精加工】、【多笔清角精加工】，弹出【多笔清角精加工】对话框，如图 7-25 所示。

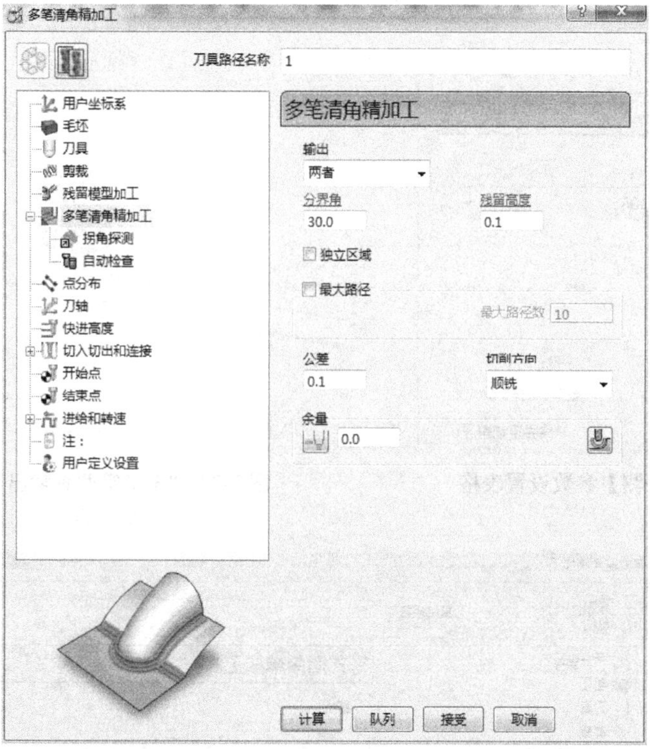

图 7-25 【多笔清角精加工】对话框

设置刀具路径名称为“3-多笔两者输出”，设置【多笔清角精加工】如图 7-26 所示。

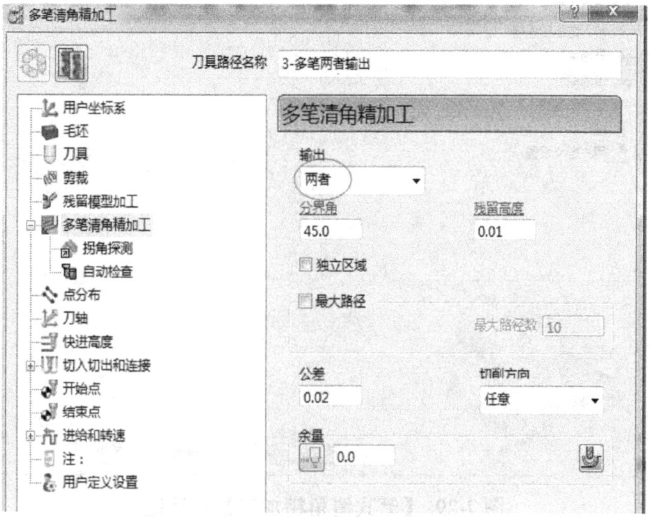

图 7-26 【多笔清角精加工】参数设置表格

单击【拐角探测】，设置【拐角探测】如图 7-27 所示。

单击【计算】按钮，结果如图 7-28 所示。

d. 笔式清角精加工。

单击主工具栏上的【刀具路径策略】按钮，弹出【策略选取器】对话框，依次选择【精加工】、【笔式清角精加工】，弹出【笔式清角精加工】对话框，如图 7-29 所示。

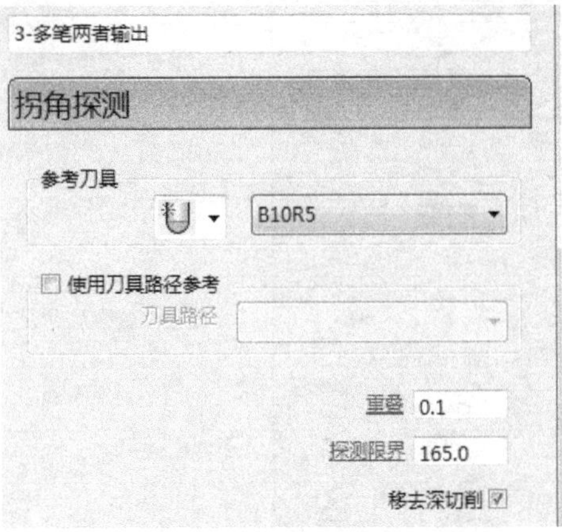

图 7-27 【拐角探测】参数设置表格

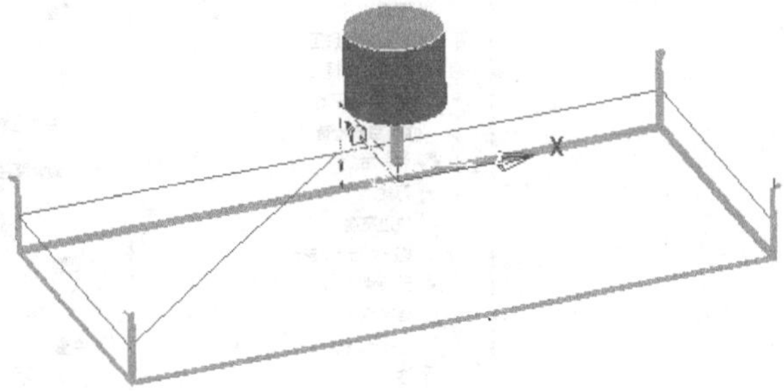

图 7-28 “3-多笔两者输出”刀具路径

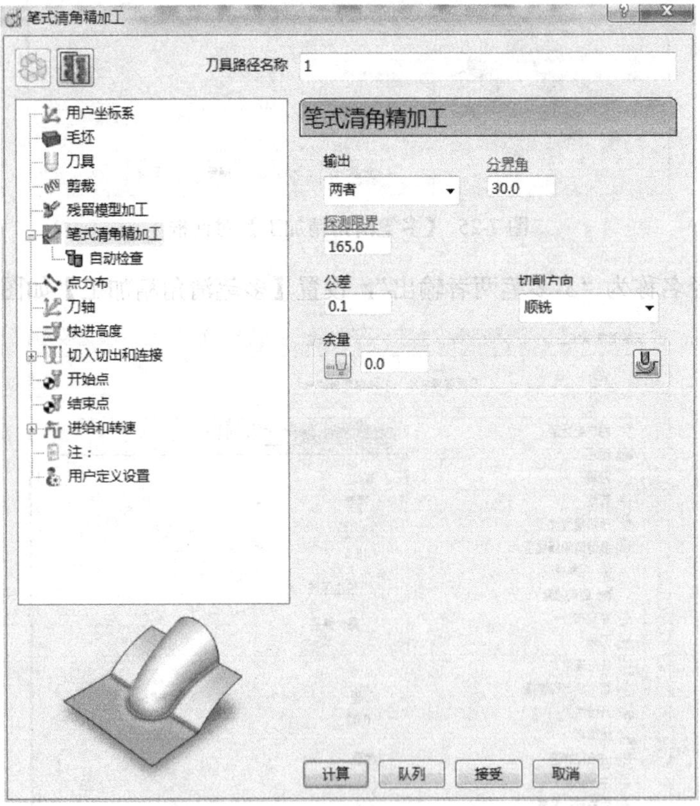

图 7-29 【笔式清角精加工】对话框

设置刀具路径名称为“4-笔式清角精加工”，严格按照图 7-30 所示参数进行设置。

单击【计算】按钮，结果如图 7-31 所示。

以上为清角加工的全部操作过程，具体的操作细节和拓展，可详见“下载文件”/【视频文件】/【ch07】/“wenjianhe”。

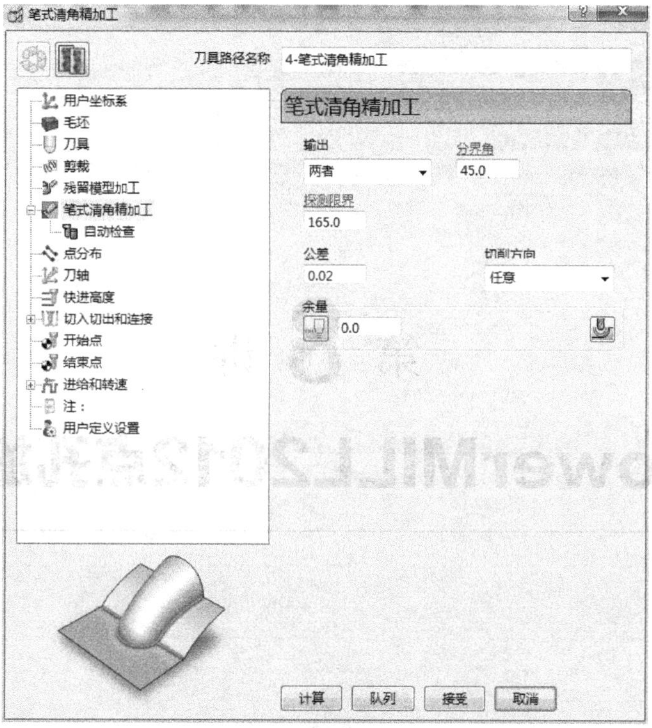

图 7-30 【笔式清角精加工】参数设置

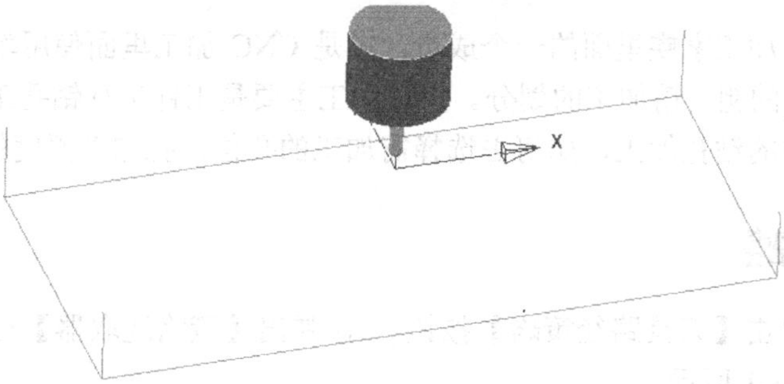

图 7-31 “4-笔式清角精加工”刀具路径

第 8 讲

PowerMILL2012点孔加工

点孔加工是特征加工家族里面的一个成员，也是 CNC 加工里面使用率越来越高的一种加工策略，它没有严格的粗、精加工的划分。点孔加工主要是工件进行钻孔工作，本章将侧重学习二维和三维图形中的钻孔加工，如何去选择需加工的孔位，孔加工深度的参数设置等。

8.1 孔加工策略

在主工具栏上单击【刀具路径策略】按钮，弹出【策略选取器】对话框，在对话框中选择【钻孔】，如图 8-1 所示。

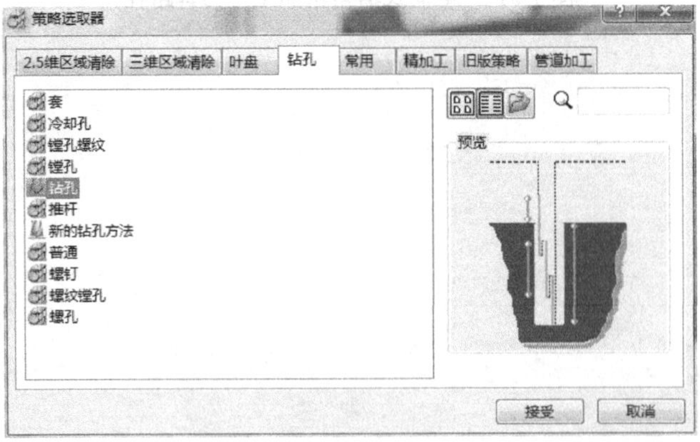

图 8-1 【策略选取器】对话框

在图 8-1 中，包括的内容很多，有多种钻孔策略，本章重点讲解常用的钻孔策略。

选择【钻孔】选项，单击【接受】按钮，打开【钻孔】加工表格，如图 8-2 所示。

下面将详细介绍【钻孔】加工策略里面的钻孔选项，对于对话框中的一些通用选项，由于其设置和定义跟前面介绍的其他策略中的选项是一致的，因此在此不再重复介绍。

①【循环类型】：控制钻孔循环的类型，包括单次啄钻、深钻、间断切削、攻螺纹、刚性攻螺纹、螺旋、铰孔、镗孔、轮廓、螺纹铣削、精密镗孔、深钻 2、反向螺旋等 13 类标准钻孔循环，以及循环 1～5、钻孔 3～5 八类自定义钻孔循环方式，如图 8-3 所示。

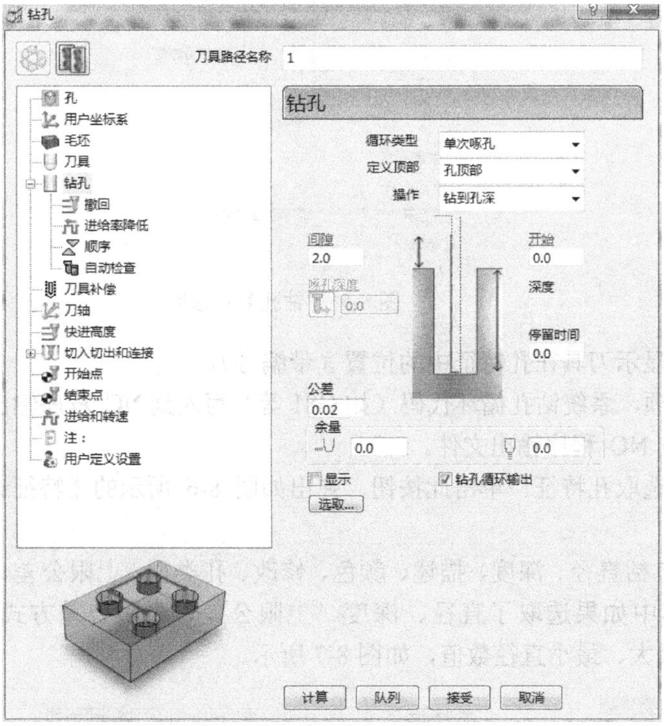

图 8-2 【钻孔】对话框

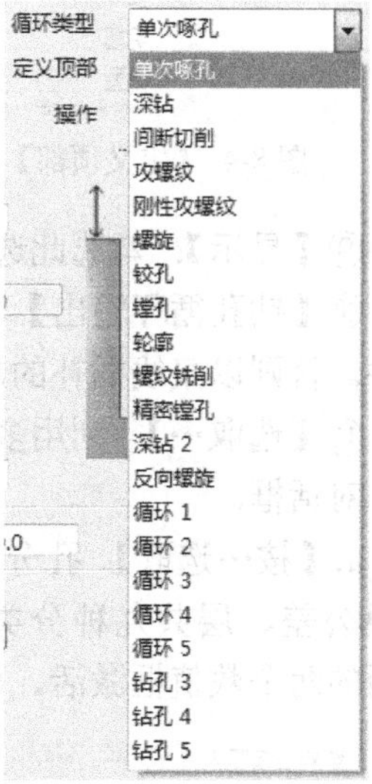

图 8-3 【循环类型】下拉列表

②【定义顶部】：选取钻孔开始处。开始处的控制有孔顶部、部件顶部、毛坯、模型四种方式。如图 8-4 所示。

a. 孔顶部：定义孔特征的顶面为钻孔开始处。

b. 部件顶部：定义孔部件的顶面为钻孔开始处。

c. 毛坯：定义当前毛坯的顶面为钻孔开始处。

d. 模型：定义模型的顶面为钻孔开始处。

③【操作】：确定如何定义孔的最大深度。包括钻到孔深、全直径、通孔、中心孔、预钻、镗孔、平倒角、用户定义等八种类型，如图 8-5 所示。

④【间隙】：定义停止机床快进速度下切并按钻孔切削速度下切到顶部的距离。

⑤【啄孔深度】：定义钻孔时单次下切的最大距离。只有部分钻孔的循环类型可以激活此选项。

⑥【开始】：定义孔顶部之上开始钻孔的高度值。

⑦【深度】：定义钻孔深度。在【操作】选项中选择中心孔、预钻、镗孔、平倒角和用户定义类型时，此选项被激活。

⑧【停留时间】：控制钻头在孔底暂停时间。其值取决于循环类型或机床。

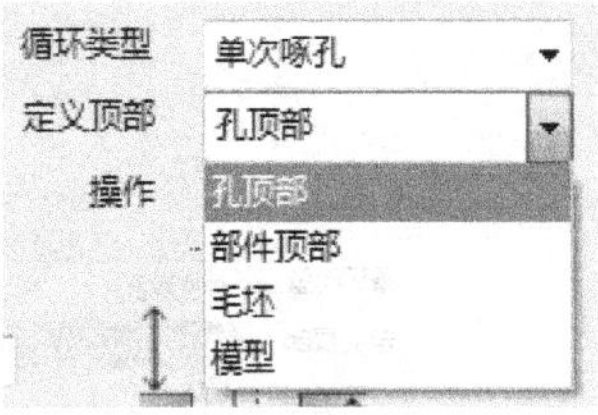

图 8-4 【定义顶部】下拉列表

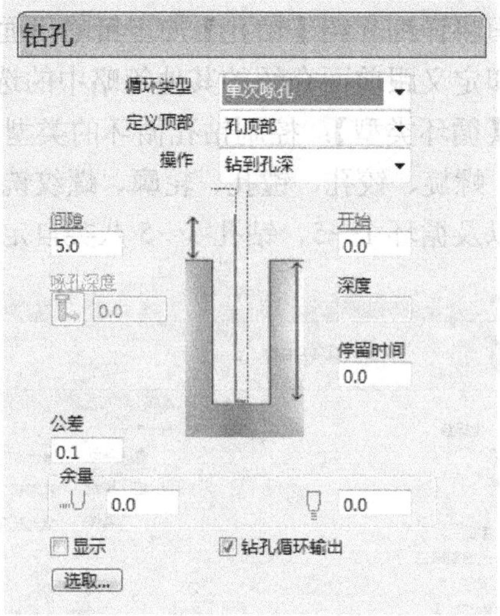

图 8-5 【钻孔】对话框

⑨【显示】：勾选此选项，预览显示刀具在孔特征中的位置（带编号）。

⑩【钻孔循环输出】：勾选此选项，系统钻孔循环代码（如 G81 等）写入到 NC 程序输出文件。否则以直线插补的形式写入到 NC 程序输出文件。

⑪【选取…】：利用多种分类来选取孔特征。单击此按钮，弹出如图 8-6 所示的【特征选项】对话框。

a.【按…选取】：孔分类方式，包括直径、深度、描述、颜色、修改、孔类型、上限公差、下限公差、层共九种分类方式。其中如果选取了直径、深度、上限公差、下限公差方式，下面的两个数值框激活，可以填写最大、最小直径数值，如图 8-7 所示。

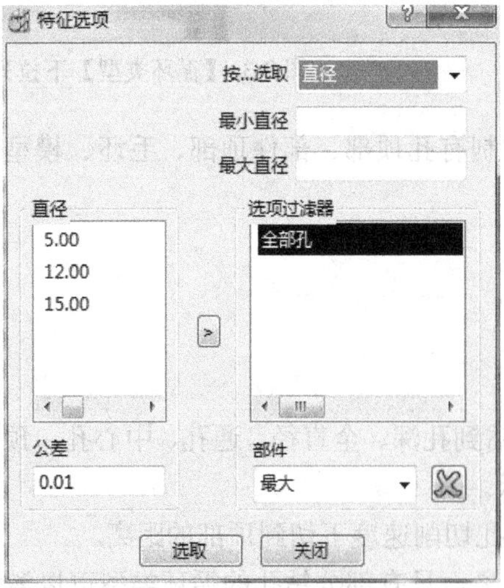

图 8-6 【特征选项】对话框

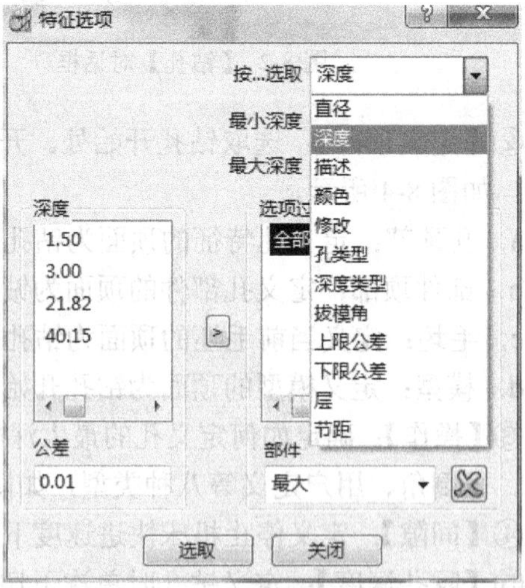

图 8-7 【按…选取】下拉列表

b.【直径】：列出当前刀具路径项目中所有的孔特征的相应信息，和【按…选取】选项有关。比如：如果【按…选取】选项选取的是直径，则左边列表框将列出当前刀具路径项目中所有的孔特征的直径值。如果【按…选取】选项选取的是深度，则左边列表框将列出当前刀具路径项目中所有的孔特征的深度值。

c.【选项过滤器】：在左列表框单击选取目前需要的特征值后，通过单击中间添加按钮 > 将信息加入选项过滤器，再单击【选取】按钮，图形域中符合此信息要求的孔特征将被选取。

d.【公差】：按信息要求选取孔特征时，识别特征时的一个允许误差值。

e.【部件】：如果当前刀具路径项目中有些孔特征是被定义成复合孔特征时，使用此选项选择加工复合孔特征中哪一部分。包括最大、最后、第一、第二、第三、第四、第五共七个部分。如图 8-8 所示。

图 8-8 【部件】选取示例

f. 清除选项按钮：删除过滤器中所选的特征选项。

8.2 识别模型中的孔

点孔加工是特征加工的一种，在进行点孔加工的时候，必须要选择特征，特征的生成在第 4 讲已经讲过，在点孔加工中，对于模型来说，只需要框选模型，右击资源管理器中的【识别模型中的孔】，就可以生成孔特征了。

在主工具栏上依次单击文件/输入模型，选择“下载文件”/【源文件】/【ch08】/“diankong2.igs”，单击打开，如图 8-9 所示，该模型上侧面螺孔、顶面的直通孔和顶面的沉头孔，要把该模型的孔特征产生出来。

框选模型区的所有图素，在资源管理器上右击【特征设置】/【识别模型中的孔】并单击，弹出如图 8-10 所示的【特征】设置对话框。

单击 应用 按钮，结果如图 8-11 所示。

通过观察，发现该图形的孔特征中的“沉头孔特征”是重叠的，侧面的“螺孔”是无法加工的区域（三轴）。并且在资源管理器中把特征划分为三个特征选项和两个坐标系，这样就不利于加工。如图 8-12 所示。

删除原来创建的孔特征，再次框选模型区的所有图素，在资源管理器上右击【特征设置】/【识别模型中的孔】并单击，弹出【特征】设置对话框，严格按照图 8-13 所示进行设置。

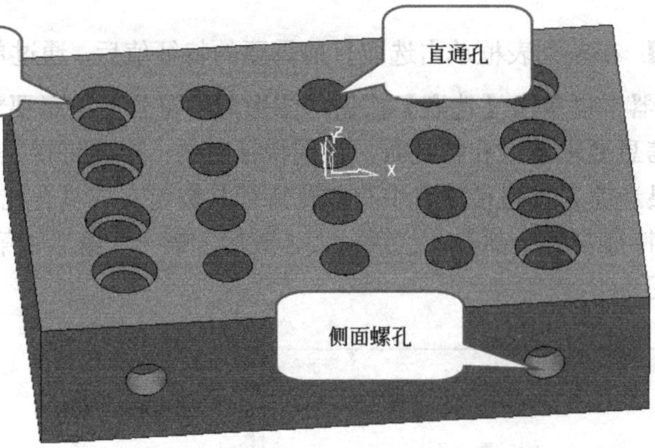

图 8-9　模型案例

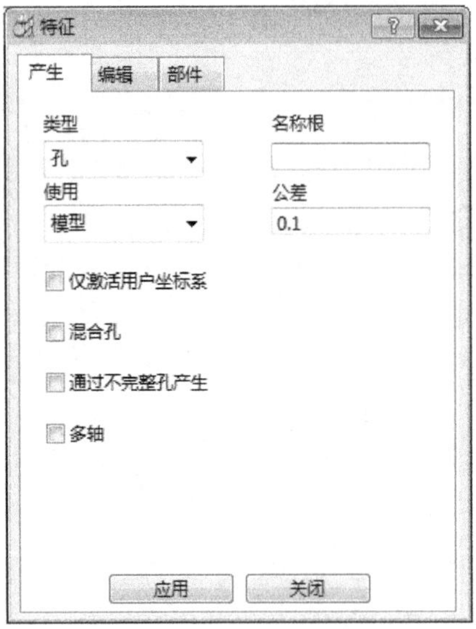

图 8-10 【特征】设置对话框

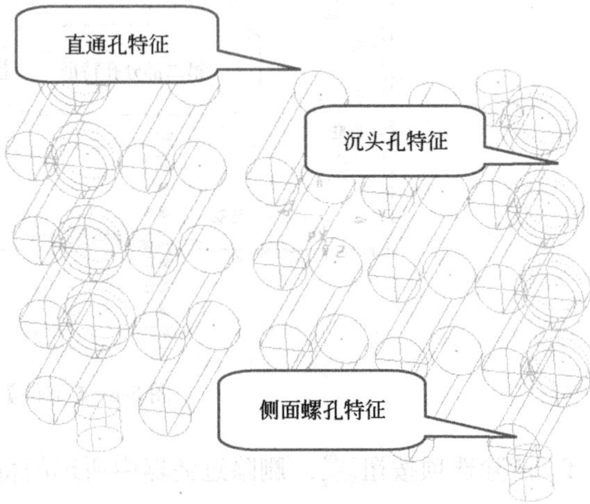

图 8-11　产生的孔特征

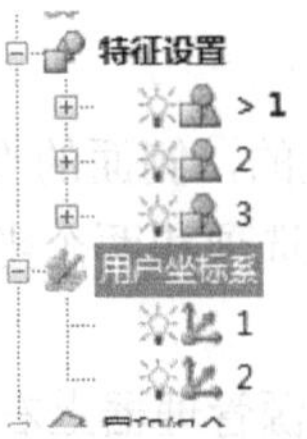

图 8-12　产生孔特征时的附加选项

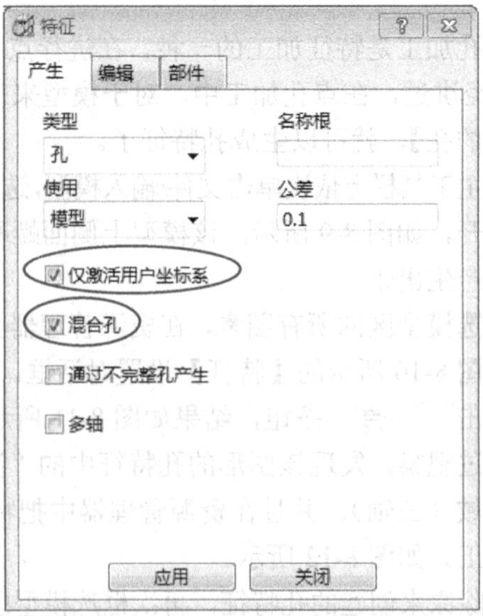

图 8-13 【特征】设置对话框

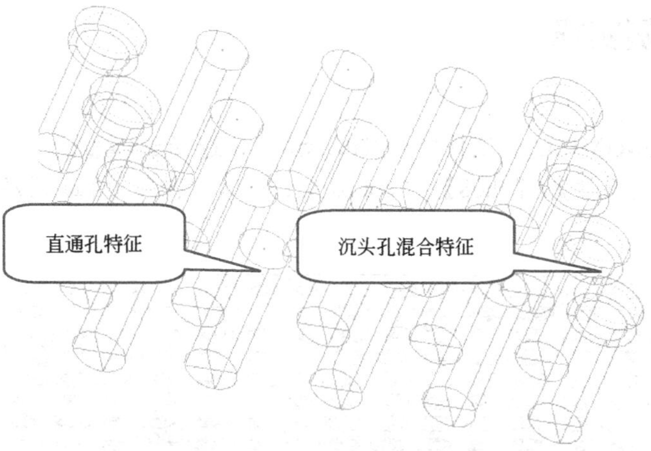

图 8-14 产生孔新特征

单击 应用 按钮，结果如图 8-14 所示。

通过产生新的孔特征，发现“沉头孔特征”上模的十字格不见了，把上面的沉头部分和下面的直通部分合并成一个复合孔。侧面无法加工的螺孔特征也没有生成。

提示：读者在产生的孔特征反向的时候如图 8-15 所示，读者只需选中特征右击，选择【编辑】选项，点选【反向已选孔】就可以了，如图 8-16 所示。

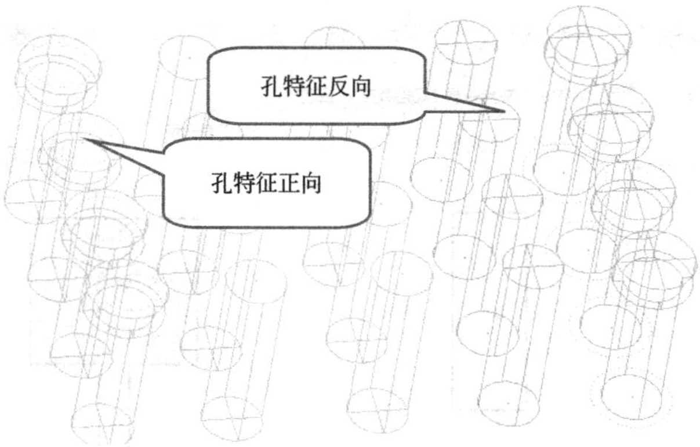

图 8-15 产生孔新特征反向不统一

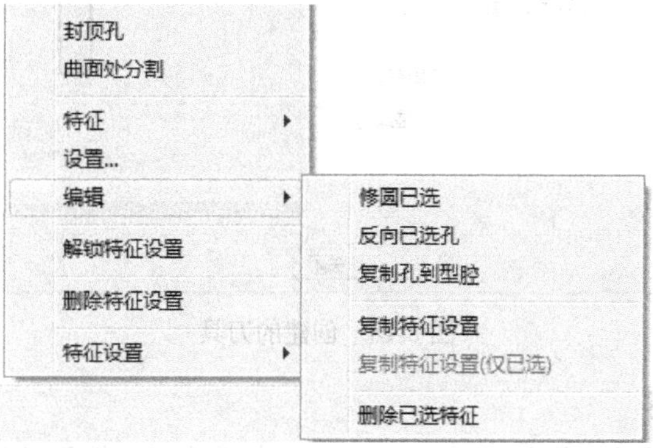

图 8-16 【反向已选孔】选项

8.3 孔加工案例实践

（1）模型输入

输入模型：在 PowerMILL 主工具栏上点击 文件(F)，选择 输入模型(I)...，在弹出的对话框中选择“下载文件”/【源文件】/【ch08】/“diankong1.igs”，点击 打开(O) 按钮。输入的模型如图 8-17 所示。

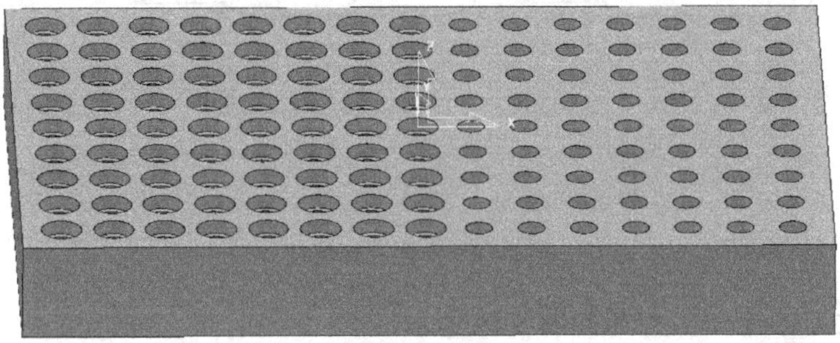

图 8-17 输入的模型

（2）创建刀具、钻头

参照第 2 讲创建刀具、毛坯的方法，创建本案例加工所需的直径 10mm 的端铣刀 D10R0 如图 8-18 所示、直径 10mm 的钻如图 8-19 所示。

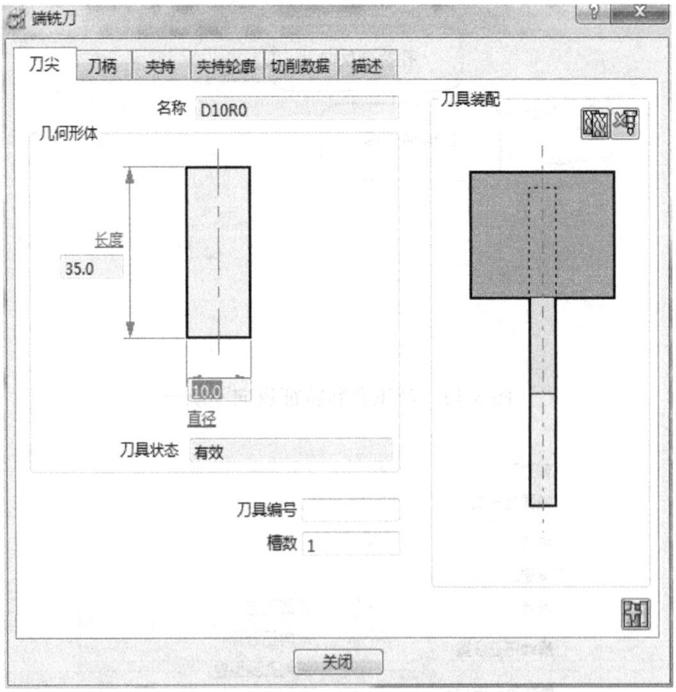

图 8-18 创建的刀具

（3）创建加工毛坯

单击主工具栏上的【毛坯】按钮，直接单击【毛坯计算】按钮，计算出模型毛坯，如图 8-20 所示。

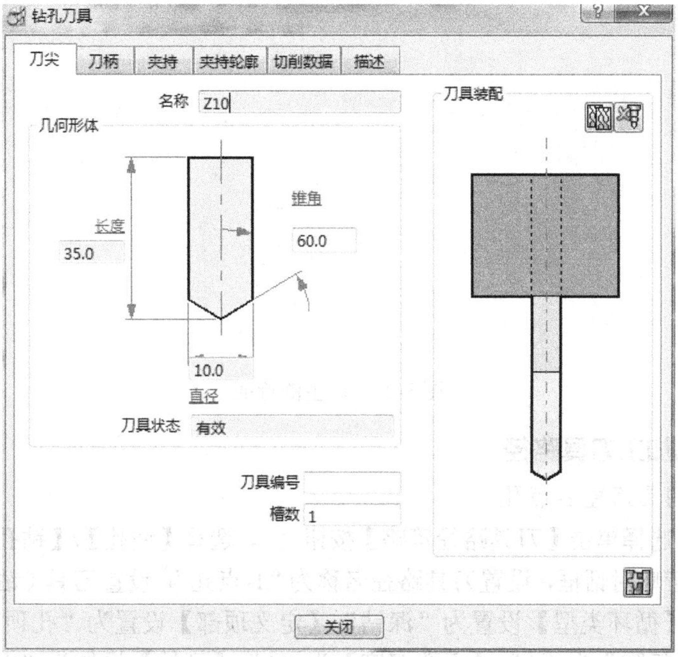

图 8-19 创建的钻头

（4）创建加工特征

框选输入的模型，在资源管理器中右击【特征设置】，在弹出的下拉列表中单击【识别模型中的孔】，打开【特征】设置对话框并严格按照图 8-21 所示进行设置。

单击【应用】按钮 应用 ，产生模型特征如图 8-22 所示。

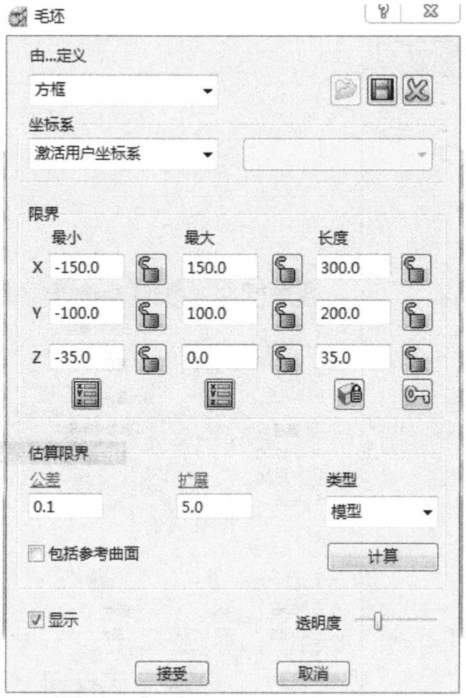

图 8-20 创建的加工毛坯对话框

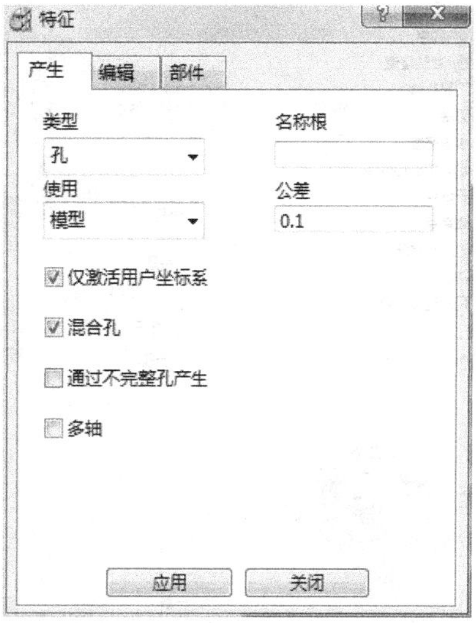

图 8-21 【特征】设置对话框

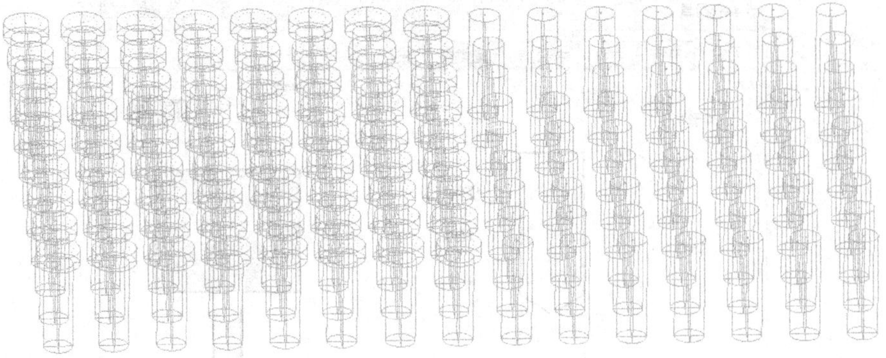

图 8-22　产生的特征

(5)创建点孔加工刀具路径

a. 产生点孔刀具路径 1-点孔。

在主工具栏中选择单击【刀具路径策略】按钮，选择【钻孔】/【钻孔】，单击 接受 按钮，弹出【钻孔】策略对话框，设置刀具路径名称为“1-点孔”，设置刀具（钻头）选为“Z10”；选择【钻孔】，将【循环类型】设置为“深钻”，【定义顶部】设置为“孔顶部”，【操作】设置为“钻到孔深”；【间隙】为“1”；【啄孔深度】为“6”，【开始】设置为“0”，【停留时间】选择为“2”，勾选 ☑钻孔循环输出 如图 8-23 所示。

单击图 8-23 中的【选取】按钮 选取...，打开如图 8-24 所示的【特征选项】对话框，点击左边框内的特征“10”和“15”，单击中间的【添加】按钮 >，把特征“10”和“15”添加到右击的【选项过滤器】内，单击【选取】，单击【关闭】。

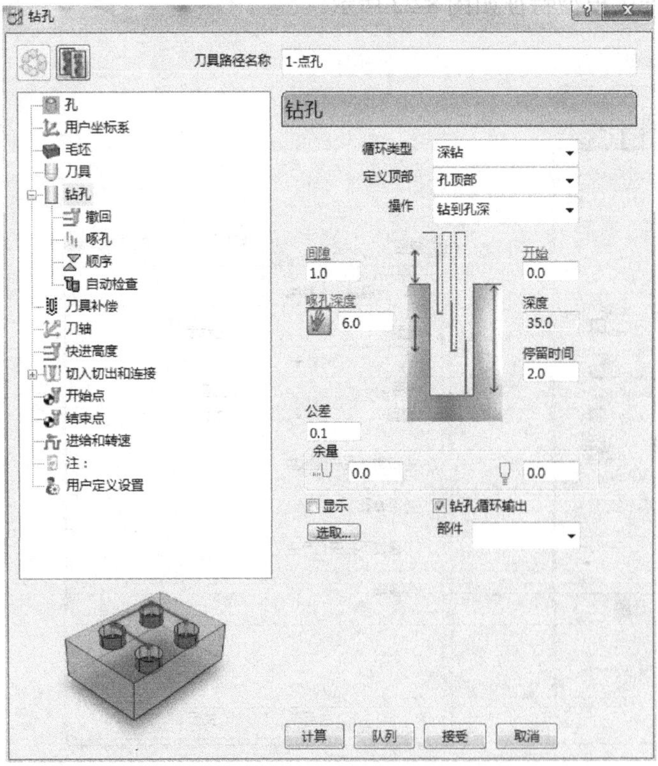

图 8-23 【钻孔】对话框

图 8-24 【特征选项】对话框

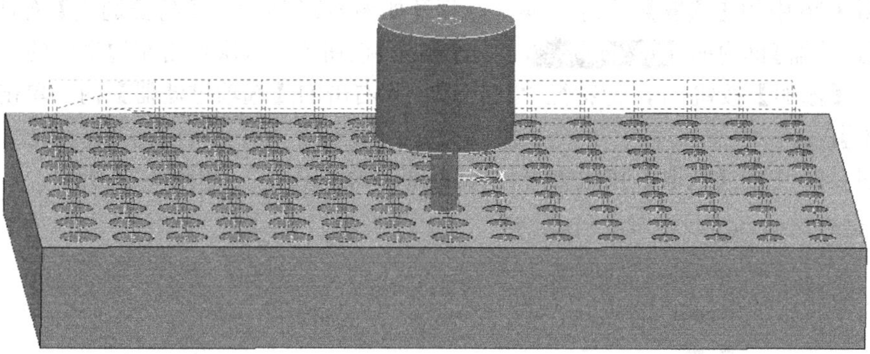

图 8-25 钻孔刀具路径

其余点孔参数保持默认，单击【计算】按钮，得出如图 8-25 所示钻孔刀具路径。

b. 产生加工沉头孔刀具路径 2-加工沉头。

在主工具栏中选择单击【刀具路径策略】按钮，选择【钻孔】/【钻孔】，单击 接受 按钮，弹出【钻孔】策略对话框，设置刀具路径名称为“2-加工沉头”，设置刀具（端铣刀）选为“D10R0”；选择【钻孔】，将【循环类型】设置为“螺旋”，【定义顶部】设置为“孔顶部”，【操作】设置为“钻到孔深”；【间隙】为“1”；【节距】为“0.25”，【开始】设置为“0”，【停留时间】选择为“0”，不勾选 钻孔循环输出，如图 8-26 所示。

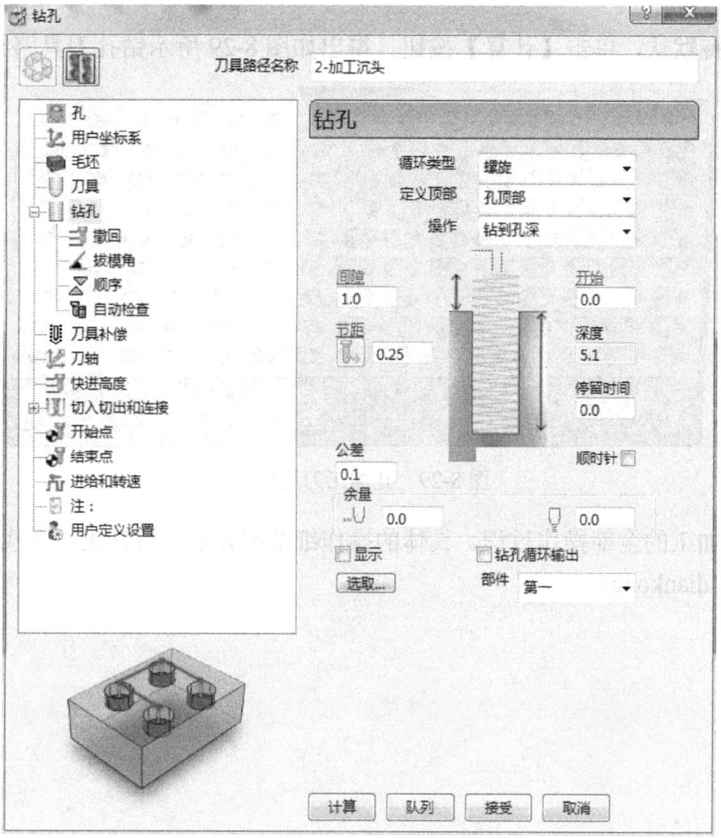

图 8-26 钻孔加工对话框

单击图 8-26 中的【选取】按钮 选取...，打开如图 8-27 所示的【特征选项】对话框，点击右边【选项过滤器】框内的 直径 10或 15，单击【删除】按钮，再次点击左边框内的特征“15”，单击中间的【添加】按钮 >，把特征“15”添加到右击的【选项过滤器】内，单击【选取】，单击【关闭】。

单击图 8-26 中的【选取】按钮 部件，设置部件为“第一”，如图 8-28 所示。

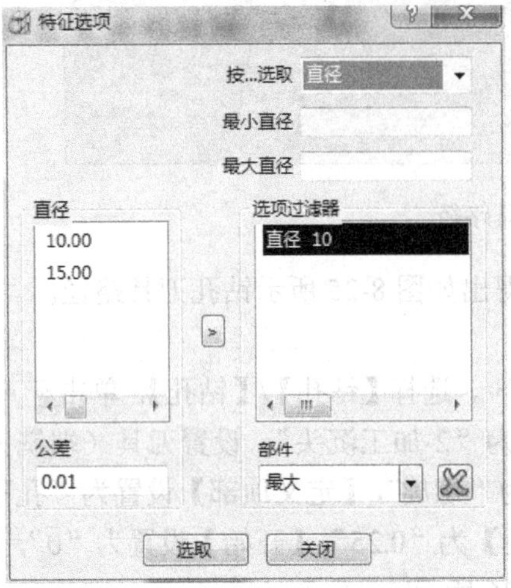

图 8-27 【特征选项】对话框

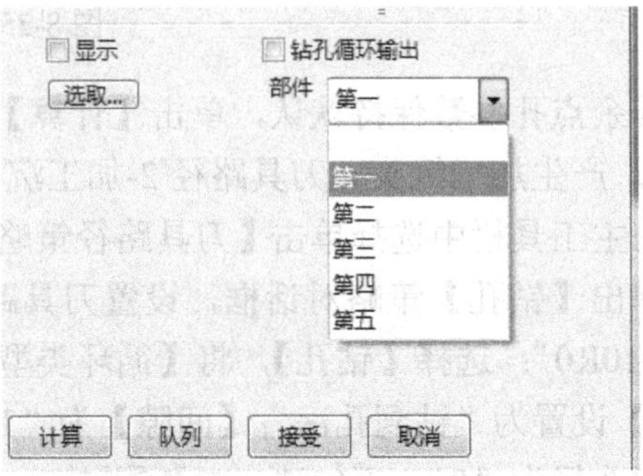

图 8-28 【部件】选项卡

其余参数保持默认，单击【计算】按钮，得出如图 8-29 所示钻孔刀具路径。

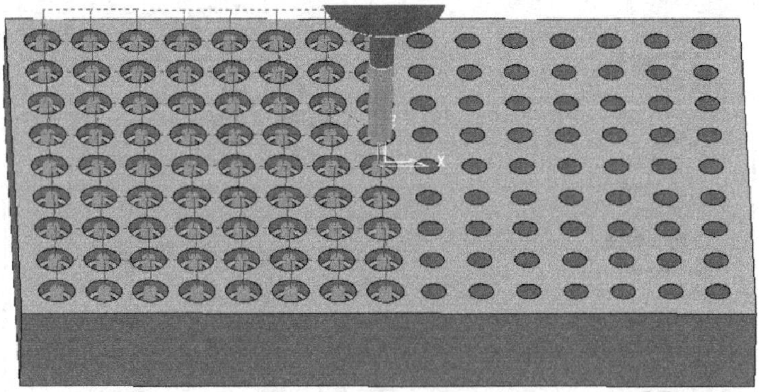

图 8-29 孔加工刀具路径

以上为点孔加工的全部操作过程，具体的操作细节和拓展，可详见“下载文件”/【视频文件】/【ch08】/“diankong1”。

第 9 讲

PowerMILL2012刀具路径的编辑

当刀具路径产生后，可以对一些不符合加工工艺、质量要求或不能达到所需效果的刀具路径进行编辑和修改，使修改后的刀具路径更安全、合理和优化，以提高加工质量，同时减小刀具空程运动，提高加工效率；刀具路径编辑是使用 PowerMILL 编程的一个重要环节，相对于其他编程软件具有强大的刀具路径编辑功能，方便、快捷和安全。

9.1 刀具路径选项设置

单击【工具】/【选项】命令，打开【选项】对话框，然后从对话框中单击【刀具路径】标签旁的扩展符号 ⊞ 来查看相关的选项。如图 9-1 所示。

① 打开表格：选择此选项后，将自动打开和已选刀具路径相关的加工表格。如图 9-2 所示。

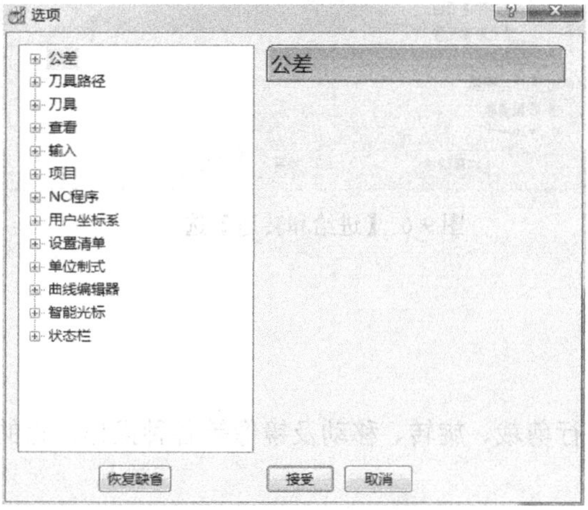

图 9-1 【选项】对话框

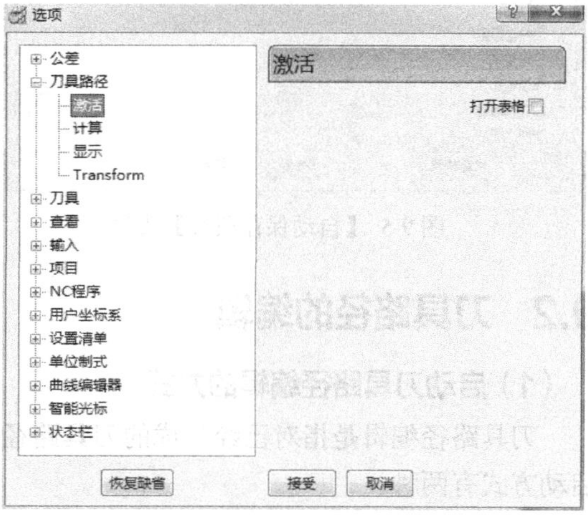

图 9-2 【打开表格】对话框

② 自动激活：激活最近一次产生的刀具路径，如图 9-3 所示。

③ 显示：其中的选项用来控制直观显示的刀轴长度以及接触点法线长度，如图 9-4 所示。

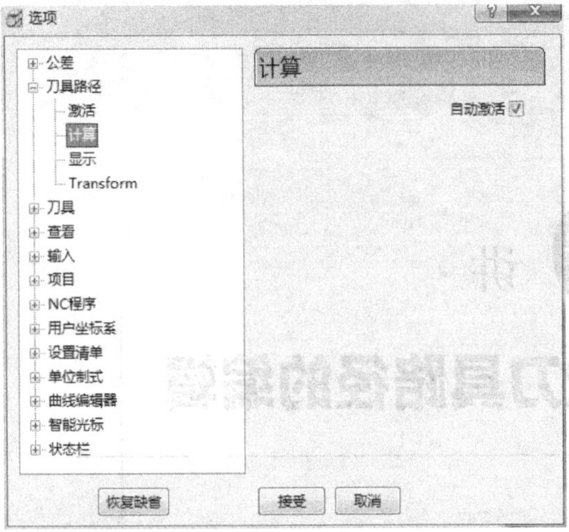

图 9-3 【自动激活】选项

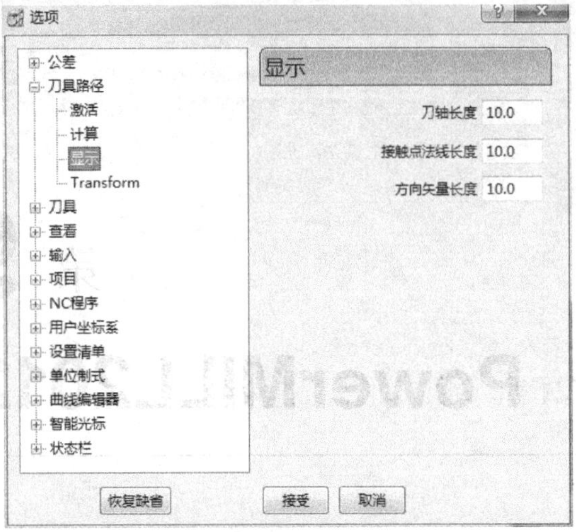

图 9-4 【显示】选项

④ 计算时保存：该选项在刀具路径产生时自动保存激活项目，如图 9-5 所示。

⑤ 某些刀具选项中的选项也和刀具路径相关，如图 9-6 所示。

a. 进给率下切系数：通过刀具装载切削进给率时，下切速率按指定的进给率系数设置。

b. 自动装载进给率：通过激活刀具和下切系数百分比自动装载进给率。

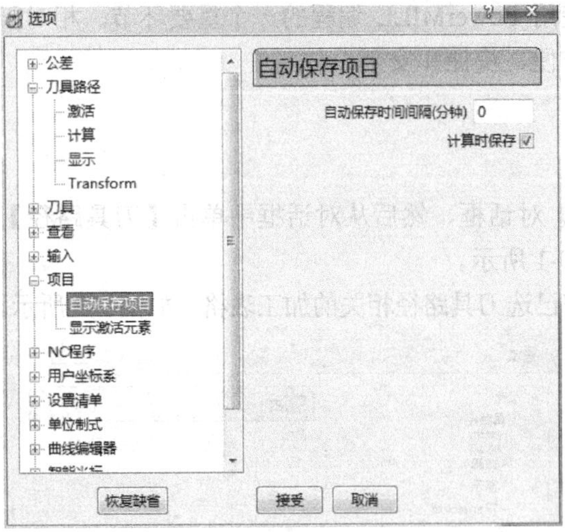

图 9-5 【自动保存项目】选项

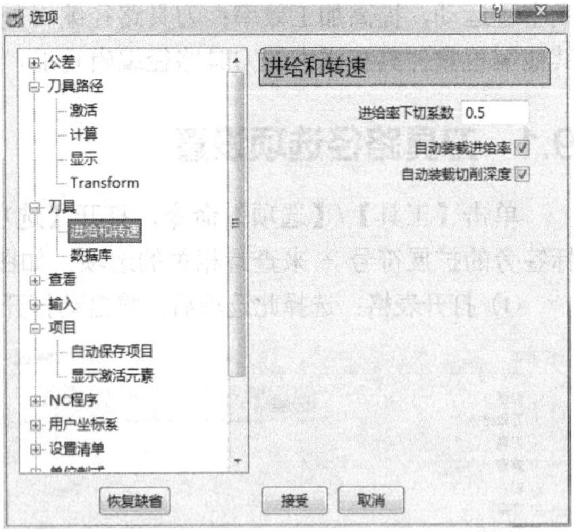

图 9-6 【进给和转速】选项

9.2 刀具路径的编辑

（1）启动刀具路径编辑的方式

刀具路径编辑是指对已经生成的刀具路径进行剪裁、旋转、移动及镜像等各种操作，它的启动方式有两种。

① PowerMILL 资源管理器右键快捷菜单。在 PowerMILL 资源管理器中右击已经激活的刀

具路径，在弹出的快捷菜单中选择【编辑】下面的相关命令，对刀具路径进行编辑操作，如图9-7所示。

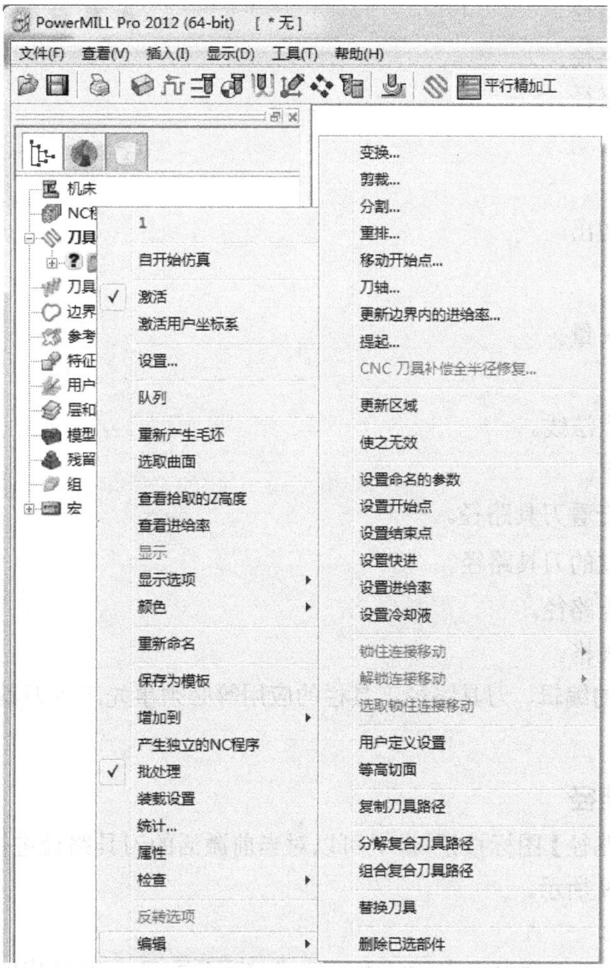

图 9-7　刀具路径编辑命令

② 通过使用刀具路径工具栏实现。选择下拉菜单【查看】→单击【工具】→【刀具路径】，即可激活【刀具路径工具栏】，另外一种激活刀具路径工具栏的方法是在PowerMILL【工具栏】右侧空白位置→单击右键→勾选【刀具路径】，如图9-8所示。

图 9-8　刀具路径工具栏

刀具路径工具栏的图标说明如下。

：选取激活刀具路径。

：变换刀具路径。

：剪裁刀具路径。

：分割刀具路径。

：移动刀具路径开始点。

：编辑刀轴。

：更新区域。

：重排刀具路径。

：复制刀具路径。

：删除刀具路径。

：显示切削移动。

：显示连接。

：显示切入切出。

：显示点。

：显示刀轴矢量。

：显示刀轴。

：显示接触点法线。

：显示进给率。

：按 Z 高度查看刀具路径。

：显示补偿过的刀具路径。

：显示接触点路径。

：打开统计表格。

提示：刀具路径的编辑、刀具路径工具栏的应用等必须事先产生刀具路径并激活才能使用该功能。

（2）变换刀具路径

单击【变换刀具路径】图标按钮，可以对当前激活的刀具路径进行平移、旋转、镜像、阵列等操作，如图 9-9 所示。

1）移动刀具路径

在 PowerMILL 主工具栏上点击 文件(F)，选择 打开项目(O)..，在弹出的对话框中选择“下载文件”/【源文件】/【ch09】/“Edit”项目文件，点击 打开(O) 按钮。打开的项目，此项目中包含有多个型腔以及一直径为 10 mm 的端铣刀，且已经产生生出模型左下角型腔的刀具路径。如图 9-10 所示。

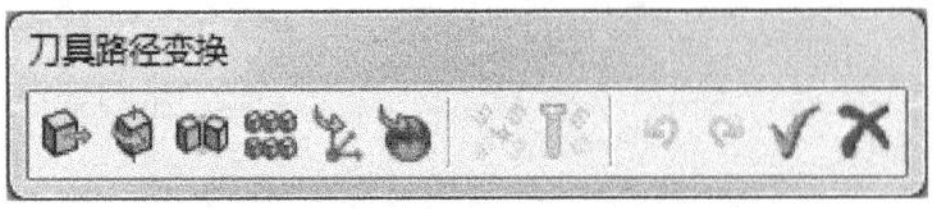

图 9-9 【刀具路径变换】工具条

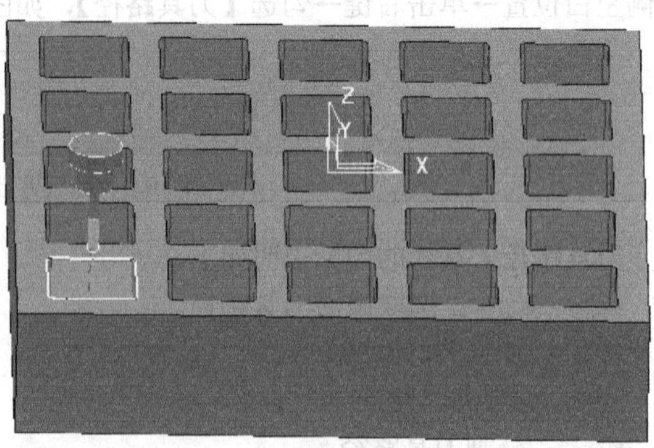

图 9-10 打开的项目文件

用鼠标右键单击浏览器中的刀具路径 1，从弹出菜单中单击【编辑】/【变换】命令，打开【刀具路径变换】工具栏，如图 9-11 所示。

单击【移动刀具路径】按钮，在弹出的工具栏中单击【保留原始】按钮，在【复制件数】数值框中输入“4”，如图 9-12 所示。

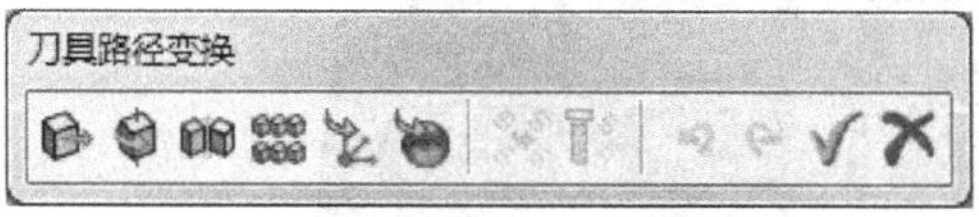

图 9-11　【刀具路径变换】工具栏

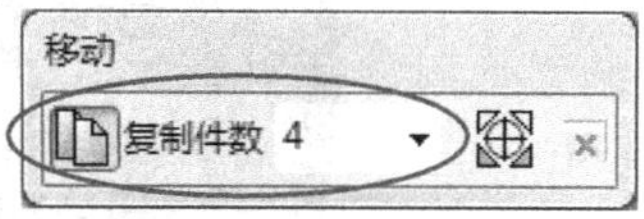

图 9-12　输入参数

在【信息】工具栏中，单击【使用用户坐标系的 YZ 面】按钮，在【输入坐标】数值框中输入“0 114 0”，如图 9-13 所示。

图 9-13　【信息】工具栏

单击【变换刀具路径】工具栏中的【接受改变】按钮，结果如图 9-14 所示。

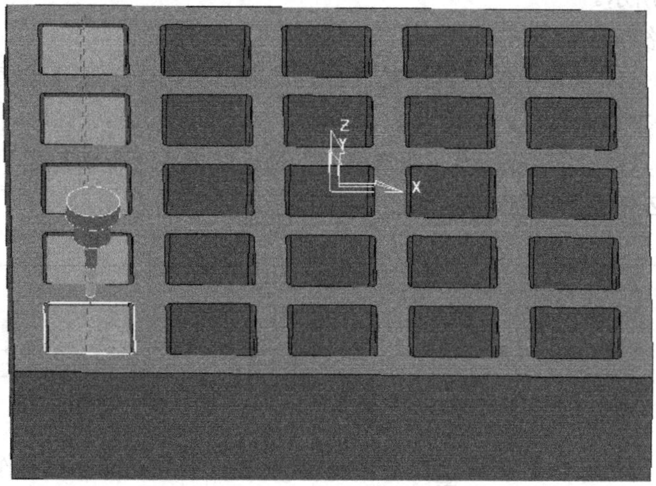

图 9-14　显示结果

系统将原始刀具路径复制并沿 *Y* 轴移动了距离 114，新产生的刀具路径名称为“1_1”，如图 9-15 所示。刀具路径旁的黄色图标 ? 表示还未对此刀具路径进行过切检查。

2）旋转刀具路径

用鼠标右键单击浏览器中的刀具路径 1，从弹出菜单中单击【编辑】/【变换】命令，打开【变换刀具路径】工具栏，如图 9-11 所示。

单击【旋转刀具路径】按钮，在弹出的工具栏中单击【保留原始】按钮，在【复制件数】角度文本框中输入“180”，如图 9-16 所示。

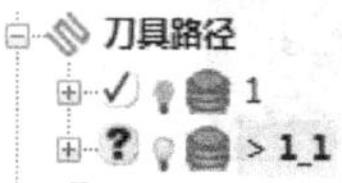

图 9-15　新产生的刀具路径

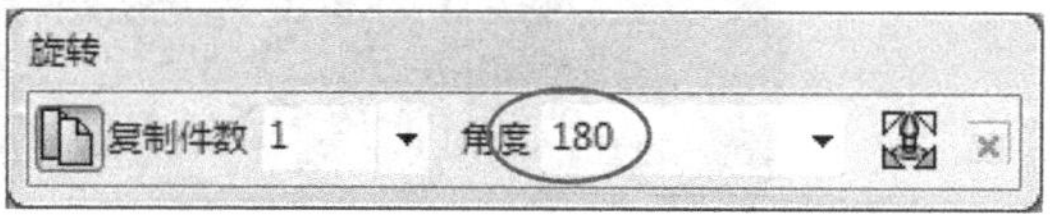

图 9-16　输入参数

点击【重新定位旋转轴】图标，选择模型中间的“世界坐标系”作为选择轴单击【变换刀具路径】工具栏中的【接受改变】按钮，结果如图 9-17 所示。

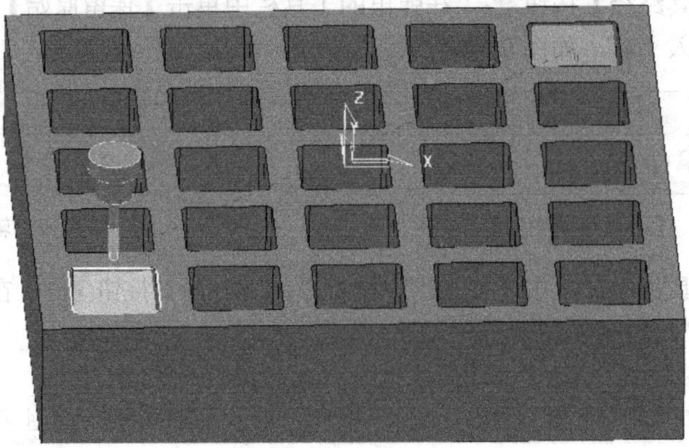

图 9-17　显示结果

系统将原始刀具路径复制并沿“世界坐标系”Z 轴旋转“180°”，新产生的刀具路径名称为“1_2”，如图 9-18 所示。

3）镜像刀具路径

用鼠标右键单击浏览器中的刀具路径“1”，从弹出菜单中单击【编辑】/【变换】命令，打开【变换刀具路径】工具栏，如图 9-11 所示。

单击【镜像刀具路径】按钮，在弹出的工具栏中单击【保留原始】按钮，在【镜像平面】中选取【YZ 平面】图标，如图 9-19 所示。

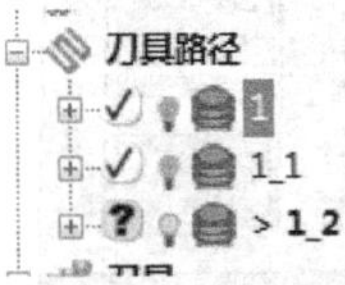

图 9-18　新产生的刀具路径

图 9-19　镜像选项框

点击【重新定位旋转轴】图标，选择模型中间的“世界坐标系”作为基准轴。

单击【变换刀具路径】工具栏中的【接受改变】按钮，结果如图 9-20 所示。

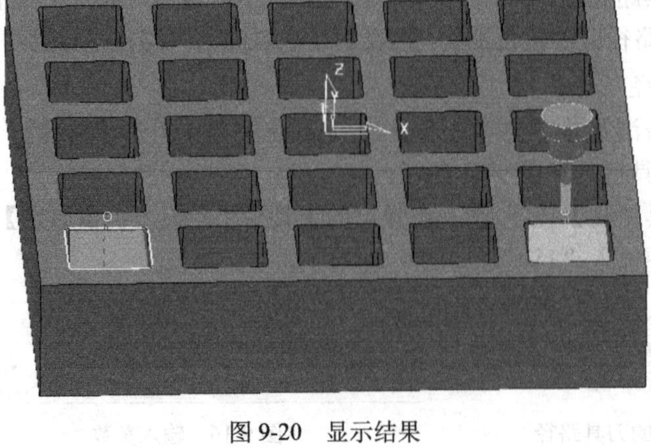

图 9-20　显示结果

系统将原始刀具路径复制并沿“世界坐标系”“YZ 平面”进行镜像，新产生的刀具路径名称为“1_3”，如图 9-21 所示。

4）阵列刀具路径

用鼠标右键单击浏览器中的刀具路径“1”，从弹出菜单中单击【编辑】/【变换】命令，打开【变换刀具路径】工具栏，如图 9-11 所示。

单击【阵列刀具路径】按钮，在弹出的工具栏中单击【矩形】选项，在【行间距离】和【列间距离】文本框中都输入“114”，在【设置参考线行数】和【设置参考线列数】文本框中都输入“5”，如图 9-22 所示。

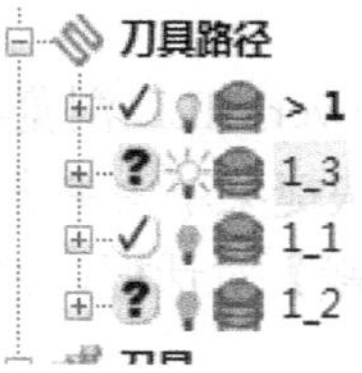

图 9-21　新产生的刀具路径

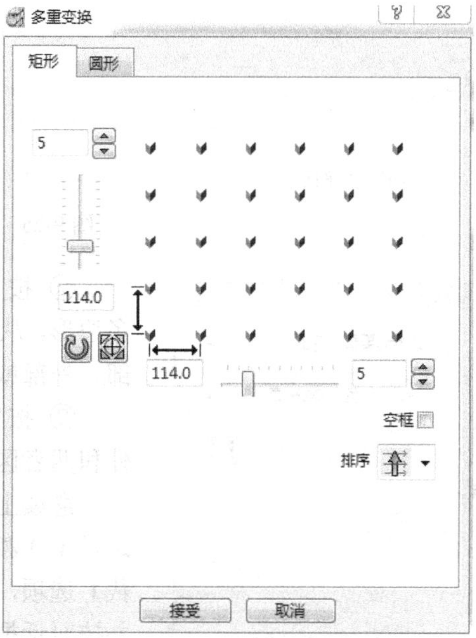

图 9-22　输入阵列变换参数

单击【多重变换】中的“接受”按钮，再次单击【变换刀具路径】工具栏中的【接受改变】按钮，结果如图 9-23 所示。

系统将原始刀具路径复制并沿 *X*、*Y* 轴移动复制产生新的刀具路径，名称为“1_4”，如图 9-24 所示。

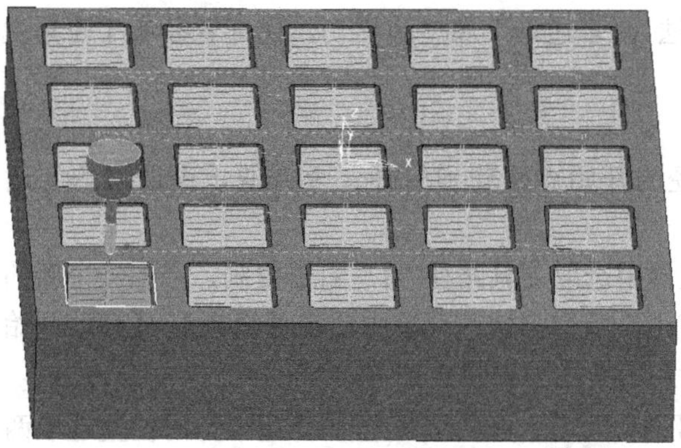

图 9-23　显示结果

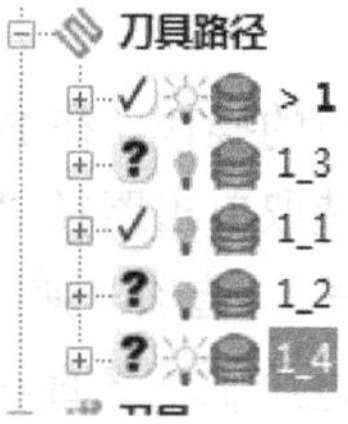

图 9-24　新产生的刀具路径

5）剪裁刀具路径

剪裁功能提供了用平面、多边形和边界等多个对刀具路径进行裁剪的选项。

① 按“平面”剪裁，允许用户在 *X*、*Y* 或 *Z* 轴指定的 *XY*、*YZ*、*ZX* 平面对刀具路径进行裁剪，如图 9-25 所示。

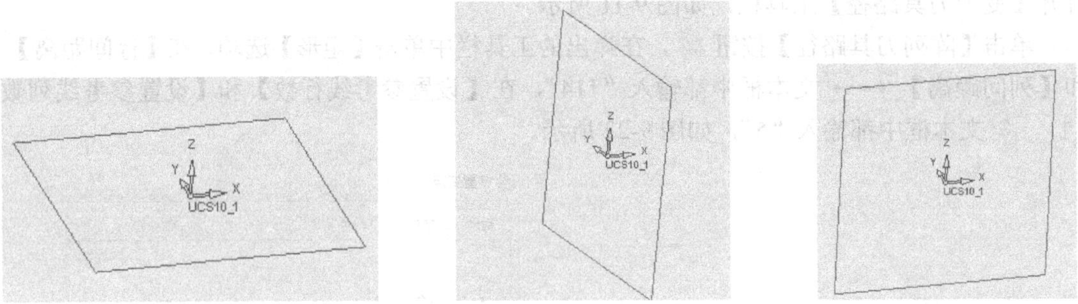

（a）*XY* 平面　　（b）*YZ* 平面　　（c）*ZX* 平面

图 9-25　按平面剪裁

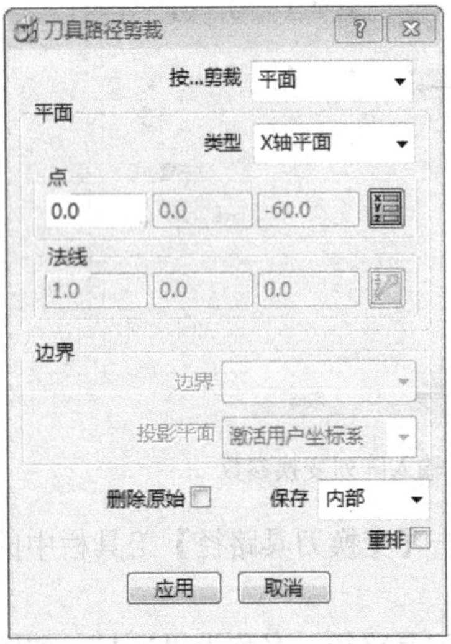

图 9-26 【刀具路径剪裁】对话框

② 按“多边形”剪裁，利用鼠标可勾画出任意条边的多边形，从而产生复杂形状的边界，并可保存多边形边界内部、外部或两者的刀具路径部分。

③ 按“已定义的边界”剪裁刀具路径，可保存边界内、外和两者区域的刀具路径。

继续上一节的操作，在 PowerMILL 浏览器中选取刀具路径 1_4 激活并右击，从弹出快捷菜单中单击【编辑】/【剪裁】选项，弹出【刀具路径剪裁】对话框，如图 9-26 所示并按对话框进行设置。

在模型区设置好剪裁区域，如图 9-27 所示。

单击【应用】按钮 应用 和【取消】按钮 取消，产生一个新刀具路径 1_4_1，如图 9-28 所示。

提示：①如果勾选【删除原始】复选框，那么剪裁刀具路径产生后，原始刀具路径将被删除，如果勾选【重排】复选框，那么剪裁产生的刀具路径将自动设置切入切出和连接。

②剪裁的其余两个对刀具路径的剪裁方法（“多边形”和“边界”），请读者参考【视频文件】/【ch09】/“Edit”。

6）移动开始点

移动刀具路径的开始点是指将刀具路径的开始点移动到另外一个方便于进退刀的合适位置。

继续上一节的操作，在 PowerMILL 浏览器中选取刀具路径“1”右击复制，产生一个新的路径“1_5”，选取单击路径“1_5”激活并右击，从弹出快捷菜单中单击【编辑】/【移动开始点】 移动开始点... 选项，弹出【移动开始点】工具栏，如图 9-29 所示。

点击【通过绘制一条直线移动开始点】图标 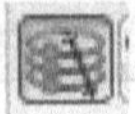，在刀具路径上合适下刀的位置选取两点，如图 9-30 所示。结果如图 9-31 所示。

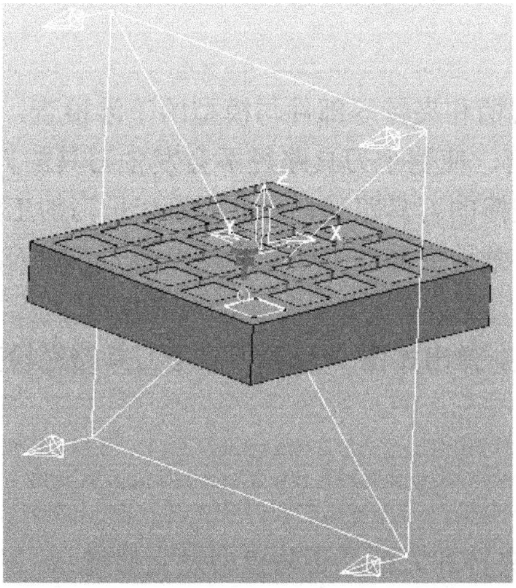

图 9-27 设置剪裁区域

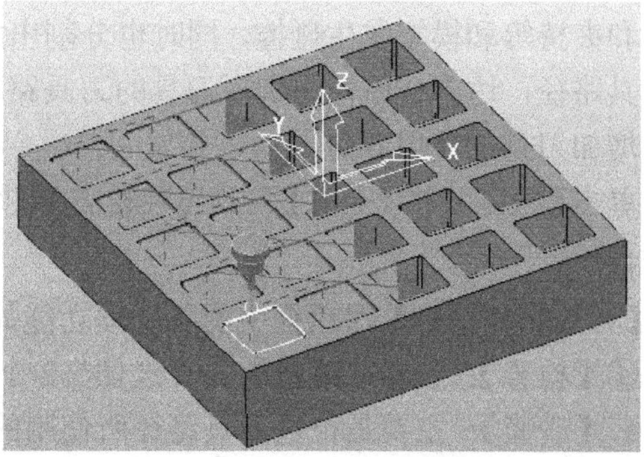

图 9-28 剪裁后的刀具路径

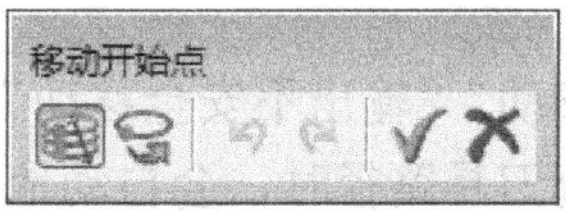

图 9-29 【移动开始点】工具栏

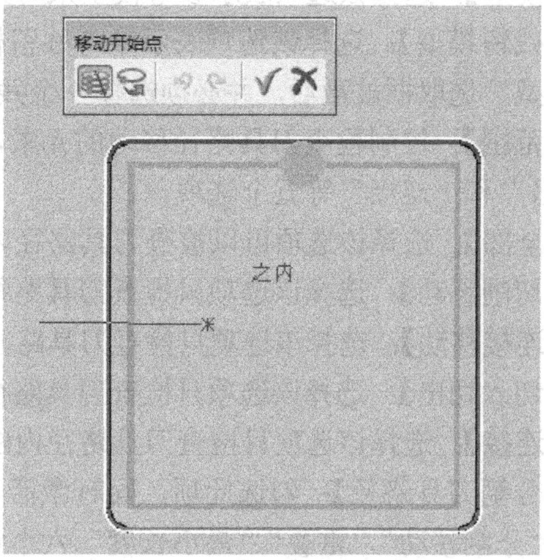

图 9-30 路径区选取两个点

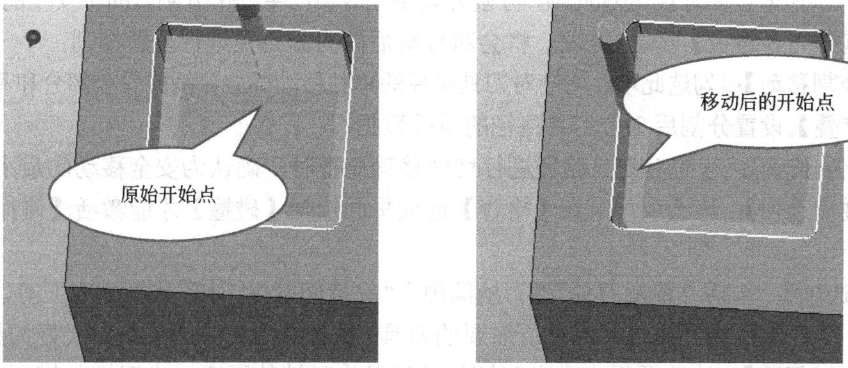

图 9-31 开始点移动位置的变化

9.3 刀具路径的碰撞与过切检查

碰撞检查功能是指对刀具路径中所使用刀具的刀柄和夹持等部件与模型的干涉检查，该功能可以自动计算出避免碰撞所需的最小刀具伸出长度，使整个刀具路径不会发生刀具的刀头、刀柄和夹持等和模型发生碰撞，同时也分割出发生碰撞的刀具路径，得出短刀和长刀加工区域的刀具路径，达到合理使用长短刀具的刀具路径，有效地提高加工效率，减少断刀、弹刀的现象，增加刀具的使用寿命。

单击【主工具栏】上的【刀具路径检查】图标 ，弹出如图 9-32 所示的【刀具路径检查】对话框。

【刀具路径检查】对话框中的各选项功能如下。

①【检查】：包括“碰撞”与“过切”2 个选项。

a.【碰撞】：主要是检查刀具路径所使用的刀具夹持和刀柄是否与模型发生碰撞；

b.【过切】：主要是检查刀具路径所使用的刀具是否对模型产生多切、过切的现象。

②【对照检查】：包括“模型”与“残留模型”两个选项。

a.【模型】：选择该选项表示参考模型来对刀具路径进行检查。

b.【残留模型】：选择该选项表示参考残留模型来对刀具路径进行检查，并且右边的“选取残留模型”选取框被激活，并必须选择一个残留模型。

③【范围】：控制检查刀具路径移动的元素，其包括“全部”、“切削移动”、“连接移动”、“切入切出”和“连接”等五个选项。

a.【全部】：选择该选项可以检查刀具路径内的所有内容；

b.【切削移动】：选择该选项只检查刀具路径内的切削移动部分；

c.【连接移动】：选择该选项只检查刀具路径内的连接移动部分；

d.【切入切出】：选择该选项只检查刀具路径内的切入切出部分；

e.【连接】：选择该选项只检查刀具路径内的连接部分。

④【分割刀具路径】：勾选此项，同时激活“输出安全移动”“输出不安全移动”“重排刀具路径”“分割移动”“重叠”“最小长度”六个选项，在检查刀具路径时，会自动地把安全的刀具路径和不安全的刀具路径分割成 2 个新的刀具路径，并保留原始的刀具路径。

a.【输出安全移动】：勾选此项，分割刀具路径时会产生一个分割后的安全的刀具路径；

b.【输出不安全移动】：勾选此项，分割刀具路径时会产生一个分割后的不安全的刀具路径；

c.【重排刀具路径】：勾选此项，将会对分割后的刀具路径进行重新排列；

d.【分割移动】：勾选此项，将会对刀具路径的单独移动部分分割成安全部分和不安全部分；

e.【重叠】设置分割后 2 个刀具路径的重叠数据；

f.【最小长度】：设置对刀具路径进行切削移动检查时，确认为安全移动的最小距离。

⑤【碰撞选项】：该选项只有在【检查】选项里面选择【碰撞】才能激活【碰撞选项】，如图 9-33 所示。

【碰撞选项】：包括“替换刀具”“刀柄间隙”“夹持间隙”“计算碰撞深度”等。

a.【替换刀具】：选择碰撞计算是所需要的刀具。被选择的刀具必须是定义好刀柄和夹持。

b.【刀柄间隙】：该选项用来定义刀柄与模型发生干涉的距离，当刀柄与模型的距离小于输入的数值时，系统即认为发生碰撞。此选项在实际加工中应用极为广泛，因为计算碰撞时，为了避免创建的刀柄与实际加工中所使用的刀柄存在误差，总是设定一定的间隙，避免碰撞。

c.【夹持间隙】：该选项用来定义夹持与模型发生干涉的距离，当夹持与模型的距离小于输入的数值时，系统即认为发生碰撞。此选项在实际加工中应用极为广泛，因为计算碰撞时，为了避免创建的夹持与实际加工中所使用的夹持存在误差，总是设定一定的间隙，避免碰撞。

d.【计算碰撞深度】：勾选该选项后，一旦计算出碰撞，系统自动弹出提示并标明碰撞深度。如图 9-34 所示。

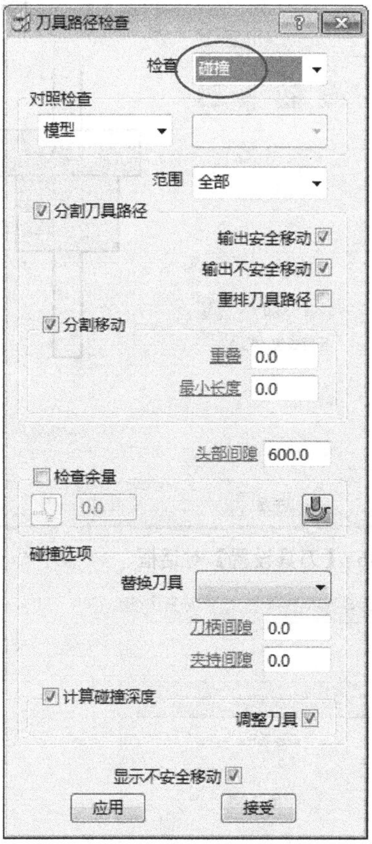

图 9-32 【刀具路径检查】对话框

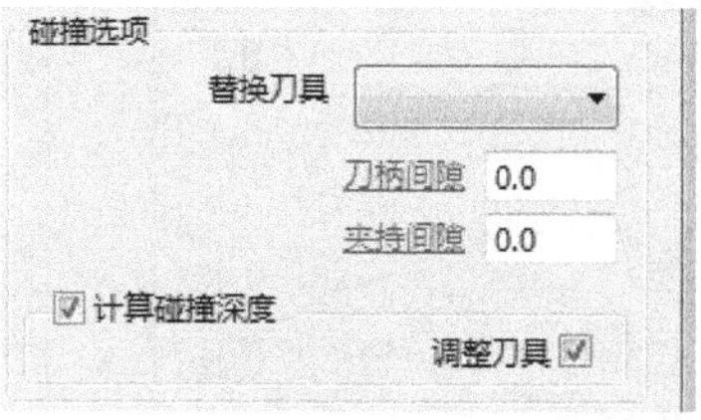

图 9-33 【碰撞选项】参数框

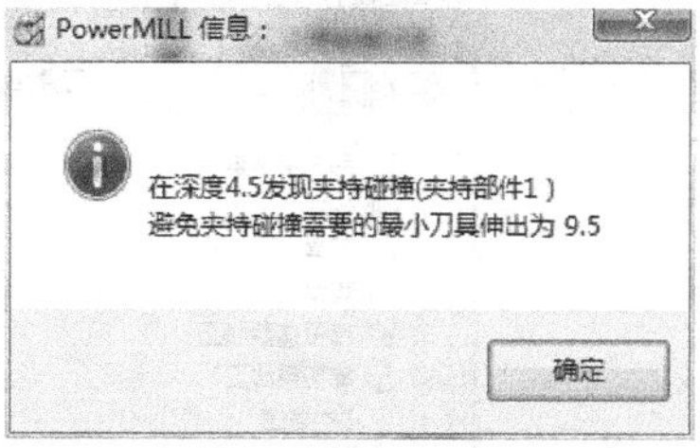

图 9-34 【计算碰撞深度】信息框

e.【调整刀具】：该选项要在勾选【计算碰撞深度】选项后才能生效。勾选该选项，计算碰撞时，系统会自动为发生碰撞的刀具路径复制一把新的刀具，并自动根据发生碰撞路径所需的安全刀长和夹持重新定义刀具伸出长度。

⑥【显示不安全移动】：勾选该选项，系统在计算碰撞时，会自动把不安全部分以红色显示。

⑦【过切】：在【检查】选项里面选择【过切】才能激活【过切】选项，该选项的相关参数与【碰撞】选项设置框里面的设置一致，这里不再重复说明。如图 9-35 所示。

继续上一节案例的操作，复制端铣刀“D10R0”为“D10R0_1”，右击“D10R0_1”，弹出刀具设置对话框，单击刀具对话框上面的【夹持】选项，设置伸出长度为“35”，如图 9-36 所示。

单击主工具栏上的【刀具路径策略】按钮，在弹出的【刀具路径策略】中单击【精加工】选项，在【精加工】选项里面单击【等高精加工】，设置刀具路径名称为“2”，选择边界为“1”，设置刀具为“D10R0_1”，其余参数按照图 9-37 所示设置。

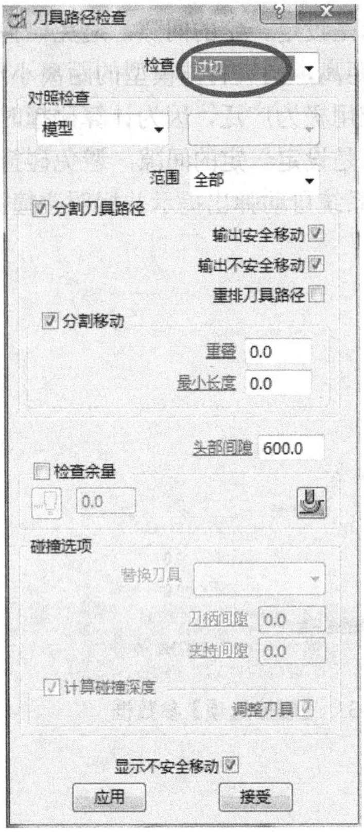

图 9-35 【刀具路径检查】对话框

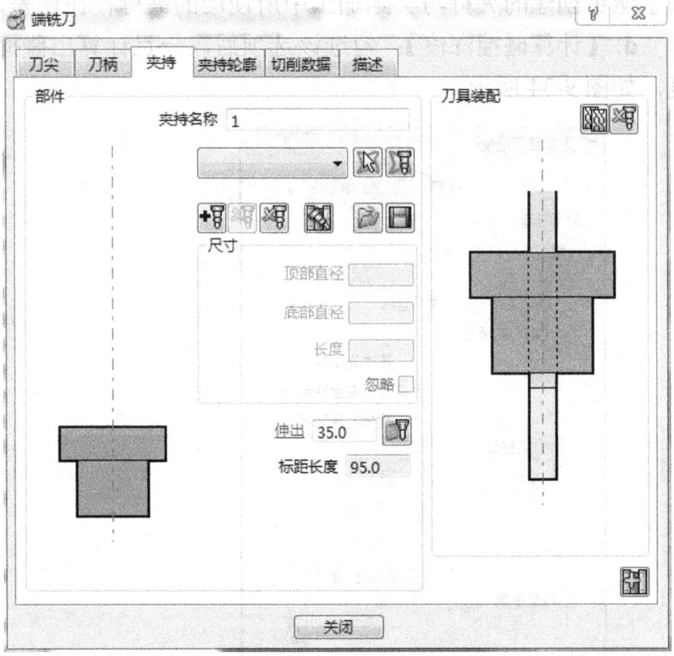

图 9-36 【刀具设置】对话框

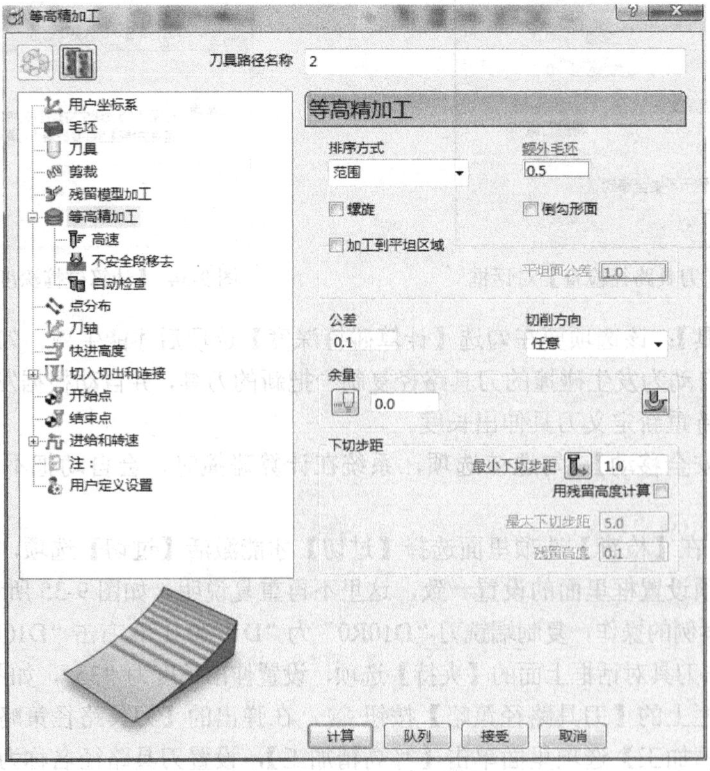

图 9-37 【等高精加工】对话框

单击【计算】按钮 计算 ，完成刀具路径的计算。

右击刀具路径“2”，点击【检查】/【刀具路径】 刀具路径... ，弹出【刀具路径检查】对话框，设置【检查】选项为“过切”，如图 9-38 所示。

单击【应用】按钮 应用 ，弹出【过切】信息框，如图 9-39 所示。

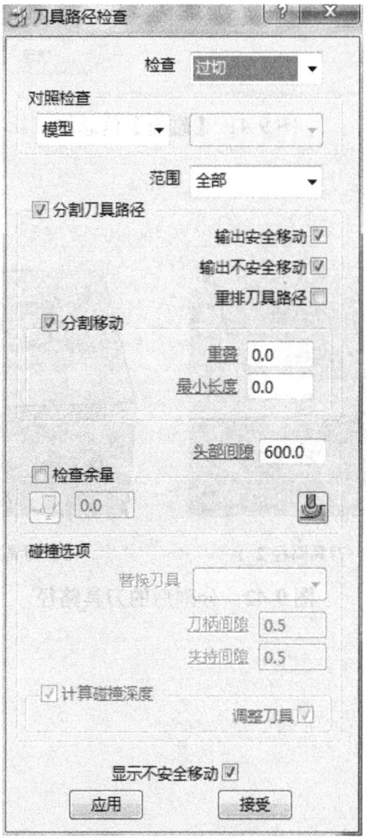

图 9-38 【刀具路径检查】对话框

图 9-39 【过切】信息框

从【过切】信息框可以看出，该刀具路径没有过切。

重复上一步的操作，设置【检查】选项为“碰撞”，其余设置如图 9-40 所示。

单击【应用】按钮 应用 ，弹出【碰撞】信息框，如图 9-41 所示。

同时把刀具路径“2”分割成另外 2 个新的刀具路径“2_1”和“2_2”，如图 9-42 所示。

以上为刀具路径编辑的全部操作过程，具体的操作细节和拓展，可详见“下载文件”/【视频文件】/【ch09】。

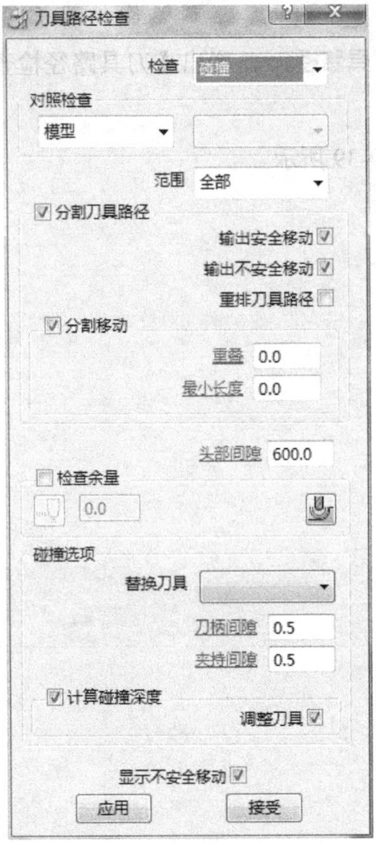

图 9-40 【刀具路径检查】对话框

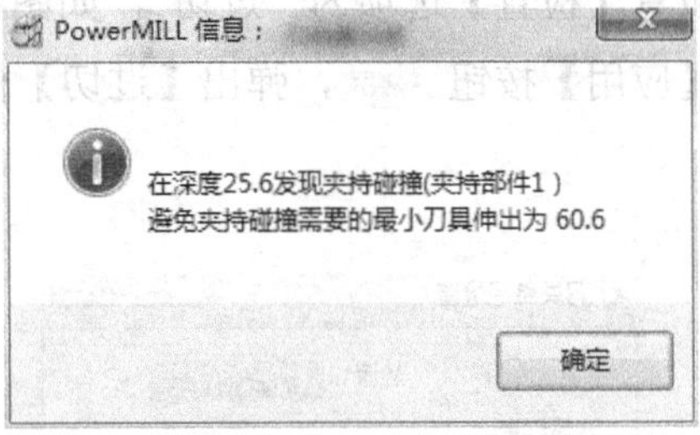

图 9-41 【碰撞】信息框

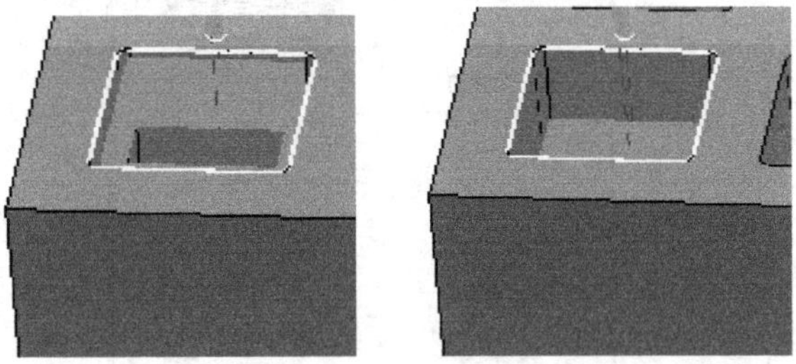

（a）刀具路径 2_1　　（b）刀具路径 2_2

图 9-42 分割后的刀具路径

第10讲 PowerMILL2012模具加工实例

10.1 注塑模加工实例

10.1.1 模型工艺分析

（1）模型输入

输入模型：在 PowerMILL 主工具栏上点击 文件(F)，选择 输入模型(I)...，在弹出的对话框中选择“下载文件”/【源文件】/【ch10】/“注塑模-灯罩型腔.igs”，点击 打开(O) 按钮。输入的模型如图 10-1 所示。

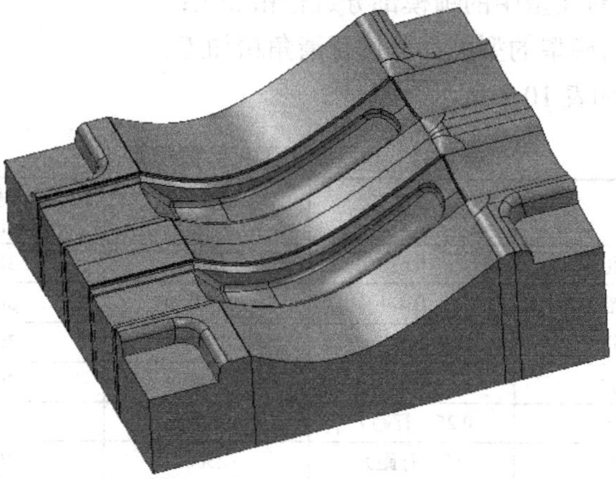

图 10-1 输入的模型

（2）灯罩型腔加工工艺分析

模型尺寸：250mm×210mm×112mm。

模型最大加工深度：75mm。

模型结构：该模型属于小型模型，曲面居多，但结构不复杂，属于简单模型。

是否需要其他的辅助加工：不需要，该模型能够加工到位，故不需要任何的辅助加工。

所使用的加工策略：模型区域清除、模型残留区域清除、陡峭和浅滩精加工、清角精加工。

10.1.2 编程的思路及刀具的应用

（1）刀具的选择

模型毛坯大小为：250mm×210mm×112mm，结合模型结构及毛坯尺寸分析，选择所需刀具为：E50R6、E25R0.8、E10R0、B10R5、E6R0、B6R3、E4R0；刀具参数如表 10-1 所示。

表 10-1 刀具参数 mm

刀具名称	刀尖参数			刀柄参数		
	直径	刀尖半径	长度	顶部直径	底部直径	长度
E50R6	50	6	250	—	—	—
E25R0.8	25	0.8	125	—	—	—
E10R0	10	—	40	10	10	60
E6R0	6	—	30	6	6	70
E4R0	4	—	20	4	4	40
B10R5	10	—	40	10	10	60
B6R3	6	—	30	6	6	70

（2）加工工艺的制定

选用 E50R6 的刀尖圆角端铣刀（俗称牛鼻刀）对模型进行整体开粗；

选用 E25R0.8 的刀尖圆角端铣刀对模型进行二粗加工；

选用 E10R0 的平刀在二粗的基础上对模型的整体再次进行二粗加工；

选用 E6R0 的平刀在以上加工的基础上对模型继续进行残留粗加工；

选用 B6R3 的球刀对模型的产品型腔进行精加工；

选用 B10R5 的球刀对模型的分型面结构进行精加工；

选用 E10R0 的平刀对模型中的锁模部分进行精加工；

选用 E4R0 的平刀对模型的型腔部分进行清角精加工。

加工工艺参数表，如表 10-2 所示。

表 10-2 模型加工工艺参数表格

	选用刀具	下切步距/mm	主轴转速/(r/min)	下切进给率/(mm/min)	切削进给率/(mm/min)
模型加工工艺参数表	E50R6（开粗）	0.6	900	300	2500
	E25R0.8（二粗）	0.4	1500	300	2500
	E10R0（二粗）	0.3	1800	300	2500
	E6R0（二粗）	0.2	1800	300	2500
	B6R3（精加工）	0.25（行距）	2500	200	2000
	B10R5（精加工）	0.3（行距）	2500	300	2500
	E10R0（精加工）	0.3（行距）	2500	150	1500
	E4R0（清角精加工）	/	2500	120	1200

10.1.3 编程详细步骤

（1）模型刀具的创建

E50R6：在资源管理器中选择 刀具，选中并右击选中 产生刀具 → 刀尖圆角端铣刀，在弹出的对话框中选中【刀尖】，输入【名称】“E50R6”，【直径】“50”【刀尖半径】“6”，【长度】“250”；完成刀具参数的设置，点击 关闭 即可。如图 10-2 所示。同类型的刀尖圆角端铣刀刀具可参考此步骤创建。

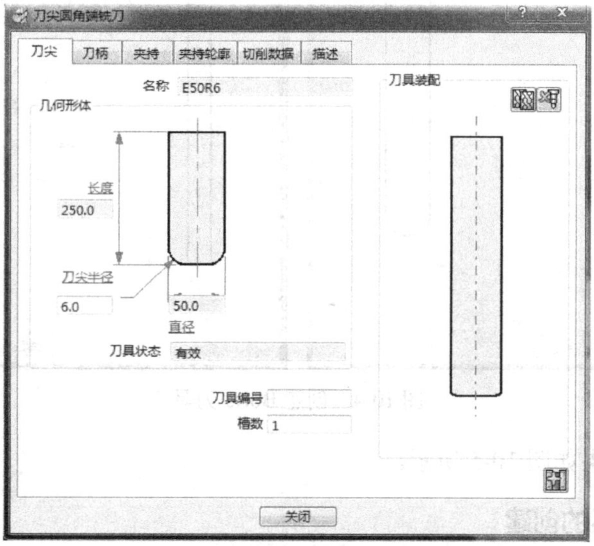

图 10-2 创建 E50R6 刀具

E10R0：在资源管理器中选择 刀具，选中并右击选择 产生刀具 → 端铣刀，在弹出的对话框中选中【刀尖】，输入【名称】“E10R0”，【直径】“10”，【长度】“40”；选中【刀柄】点击，【顶部直径】输入“10”，【底部直径】输入“10”，【长度】输入“60”；完成刀具参数的设置，点击 关闭 即可。如图 10-3 所示，同类型的端铣刀刀具可参考此步骤创建。

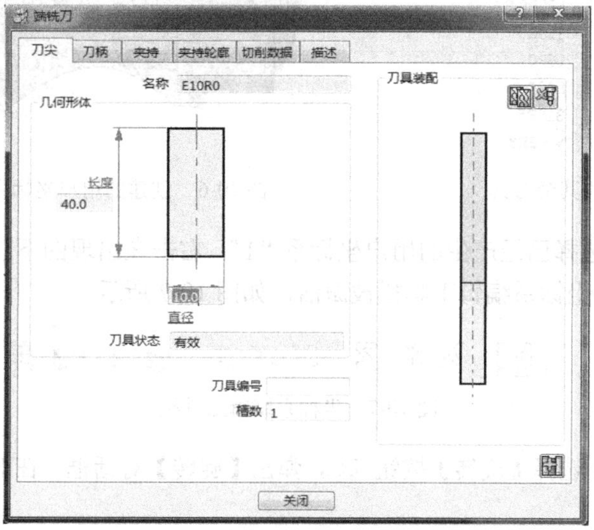

图 10-3 创建 E10R0 刀具

B6R3：在资源管理器中选择刀具，选中并右击选中产生刀具 → 球头刀，在弹出的对话框中选中【刀尖】，输入【名称】“B6R3”，【直径】“6”，【长度】“30”；选中【刀柄】点击，【顶部直径】输入“6”，【底部直径】输入“6”，【长度】输入“70”；完成刀具参数的设置，点击关闭即可。如图 10-4 所示。同类型的球头刀刀具可参考此步骤创建。

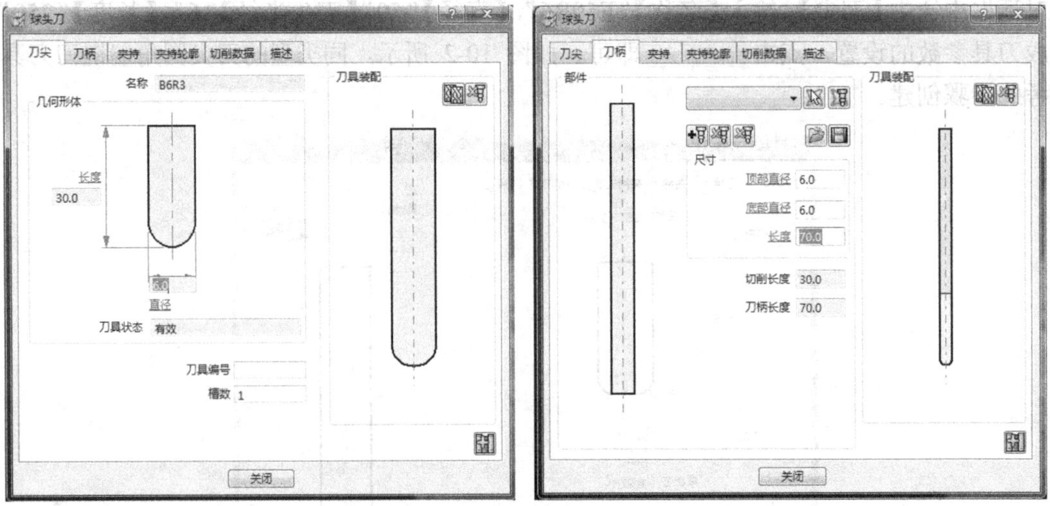

图 10-4 创建 B6R3 刀具

其余刀具创建结果如图 10-5 所示。

（2）用户坐标系的创建

在 PowerMILL 图形区选取全部模型，在资源管理器中选择用户坐标系，选中并右击，在出现的下拉菜单中选择产生并定向用户坐标系 → 用户坐标系在选项底部，如图 10-6 所示。

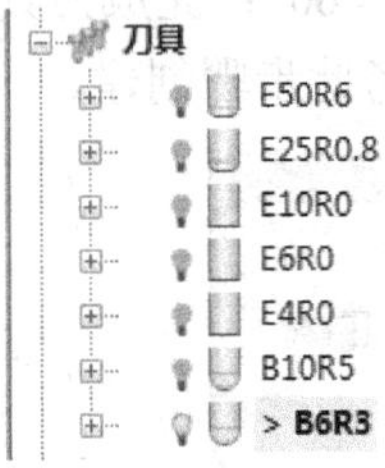

图 10-5 创建的其余刀具

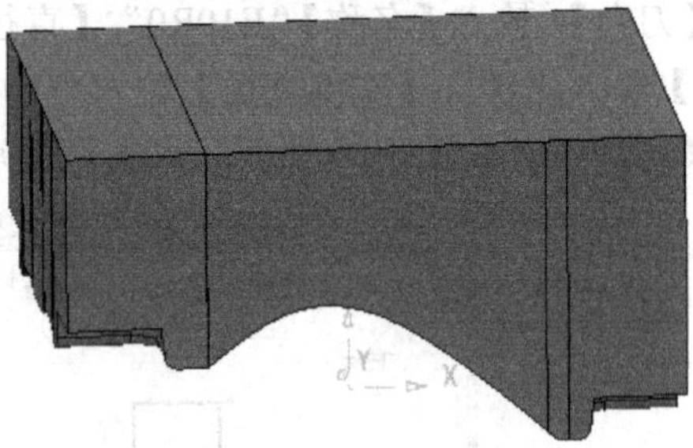

图 10-6 创建的用户坐标系

在资源管理器上选择已经产生的用户坐标系“1”，右击在出现的下拉菜单中选择【用户坐标系编辑器…】，用户坐标系编辑工具栏被激活，如图 10-7 所示。

图 10-7 坐标系编辑工具栏

在【编辑工具栏】选择【旋转】按钮，弹出【旋转】对话框，在对话框中输入“180”，结果如图 10-8 所示。

单击【接受改变】按钮，选中编辑后的坐标系并激活。

（3）模型毛坯的创建

在主工具栏中点击按钮，在弹出的对话框中，【由…定义】选择“方框”，点击 计算 、接受 即可。结果如图 10-9 所示。

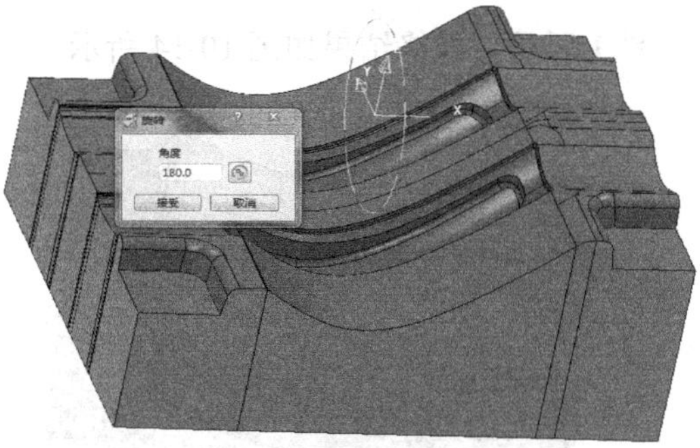

图 10-8 编辑的用户坐标系

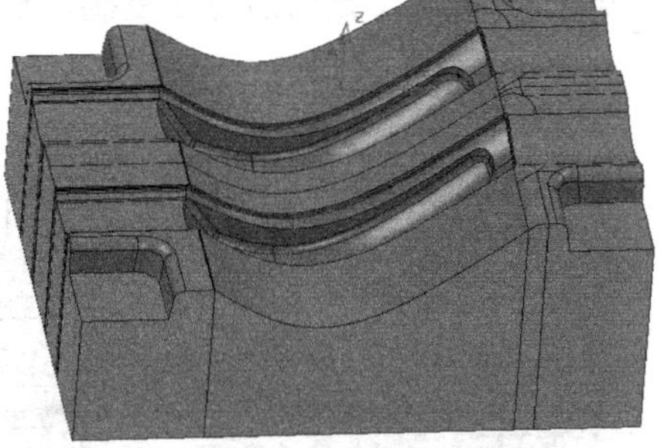

图 10-9 创建的毛坯

（4）创建接触点边界 1

在资源管理器中右击【边界】/【定义边界】/【接触点】选项，弹出如图 10-10 所示的【接触点边界】对话框。

选择创建边界所需的曲面，如图 10-11 所示，点击图 10-10 所示的【模型】按钮，单击 接受 即可，产生的边界如图 10-12 所示。

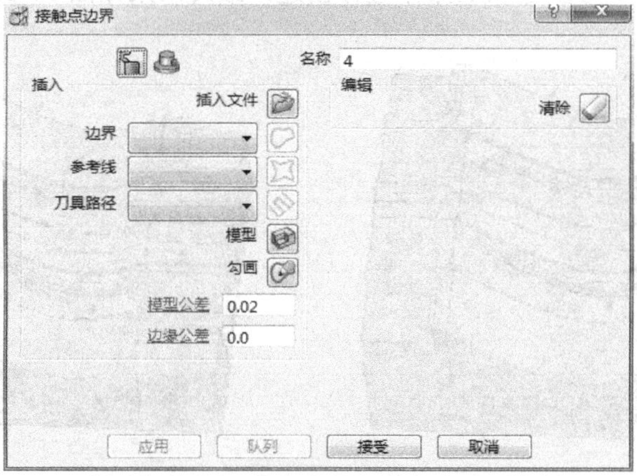

图 10-10 【接触点边界】对话框

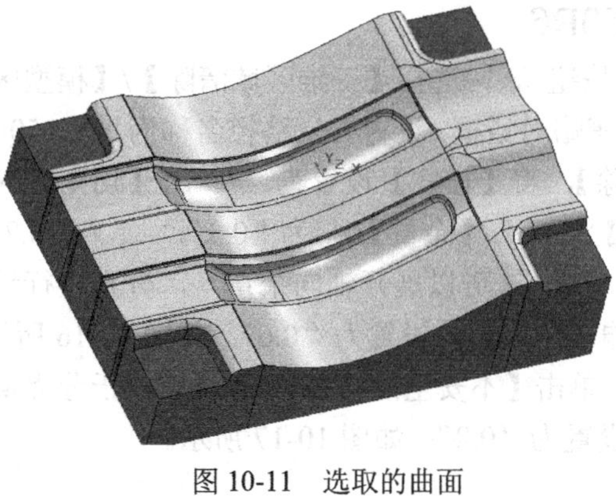

图 10-11 选取的曲面

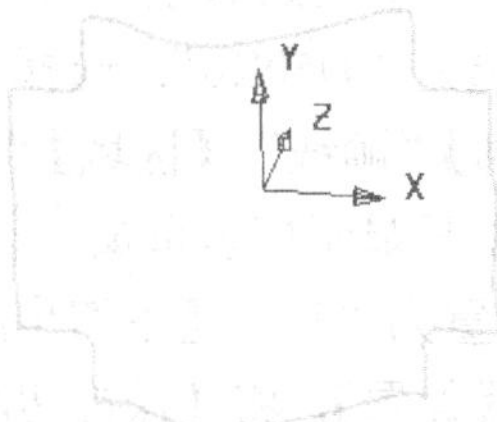

图 10-12 产生的接触点边界“1”

（5）创建接触点边界 2

接触点边界 2 的操作参考【接触点边界 1】的操作，最终结果如图 10-13 所示。

（6）创建接触点边界 2-1

接触点边界 2-1 是将边界 2 复制，然后插入边界 1 所得，最终结果如图 10-14 所示。

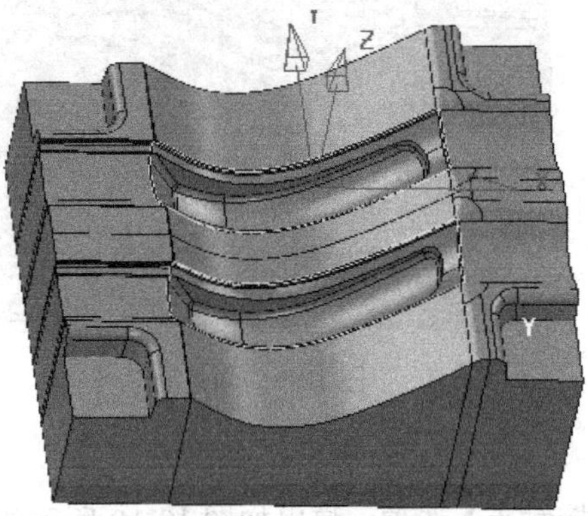

图 10-13　产生的接触点边界“2”

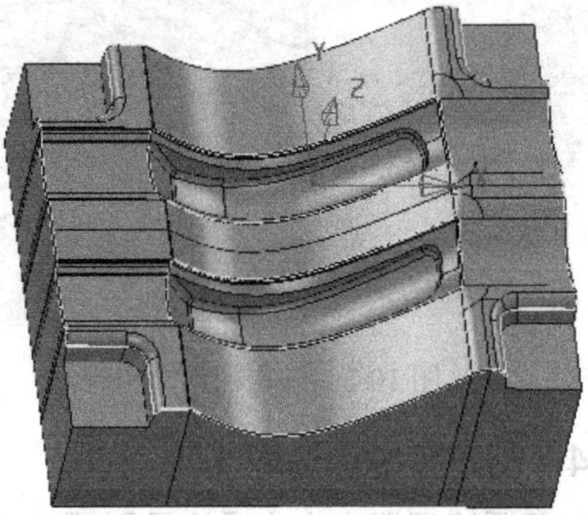

图 10-14　产生的接触点边界“2-1”

（7）创建接触点边界 3 和 3-1

接触点边界 3 和 3-1 可参考以上操作进行创建，最终结果如图 10-15 所示。

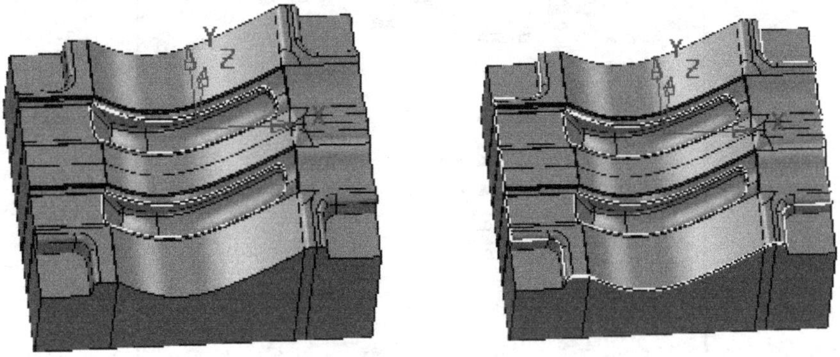

图 10-15 创建的接触点边界“3”和“3-1”

（8）模型粗加工：产生刀具路径 W1-50R6

在主工具栏中选择单击【刀具路径策略】按钮，选择【三维区域清除】/【模型区域清除】，单击 接受 按钮，弹出【模型区域清除】策略对话框，设置刀具路径名称为“W1-50R6”，设置刀具选为“D50R6”；选择【模型区域清除】，将【样式】设置为 偏置全部 ，【切削方向】设置为【轮廓】“顺铣”，【区域】“任意”；【公差】“0.05”；【余量】为“0.3”，为“0.2”（如果【余量】只显示模型余量时，单击模型余量可以展开轴向余量，分别进行设置）；【行距】设置为“33”，【下切步距】选择为“自动”，值设置为“0.6”；如图 10-16 所示。

单击【偏置】，将【保持切削方向】勾掉；单击【不安全段移去】，将【将小于分界值的段移去】勾选，将【分界值（刀具直径单位）】设置为“0.8”；如图 10-17 所示。

图 10-16 【模型区域清除】对话框

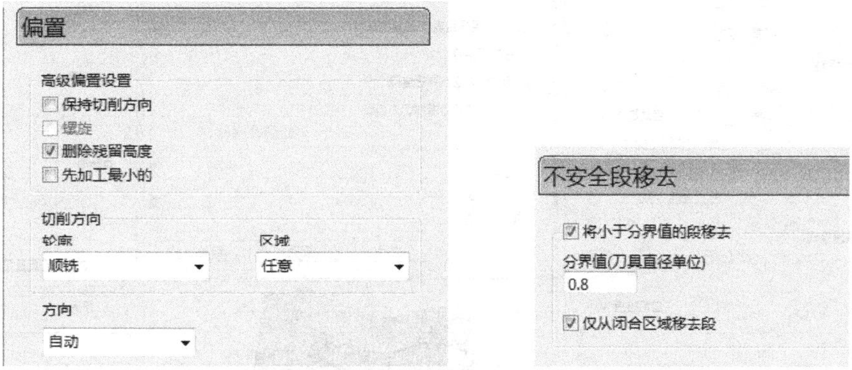

图 10-17 【偏置】和【不安全段移除】设置表格

单击【高速】，将【光顺余量】勾掉，【连接】设置为“直”；如图 10-18 所示。

单击【快进高度】，将【计算尺寸】里的【快进间隙】设置为“5”，【下切间隙】设置为“2”，然后点击【计算尺寸】中的 计算 ；如图 10-19 所示。

单击【切入切出和连接】按钮，在弹出的对话框中，选择【Z 高度】，将【掠过距离】改为“5”，【下切距离】改为“2”，【相对距离】改为“刀具路径点”；将【切入】的【第一选择】改为“斜向”，点击 斜向选项... ，选择【第一选择】，【最大左斜角】设置为“2”，【沿着】设置为“圆形”，【圆圈直径】设置为“0.5”，【斜向高度】中的【类型】设置为“相对”，【高度】设置为“0.5”，然后点击【斜向切入选项】中的 接受 ；选择【切出】，将【第一选择】设置为“无”；单击【连接】，将【长/短分界值】设置为“10”，【短】设置为“曲面上”，【长】设置为“掠过”，【缺省】设置为“相对”，然后点击 应用 、 接受 即可。如图 10-20 所示。

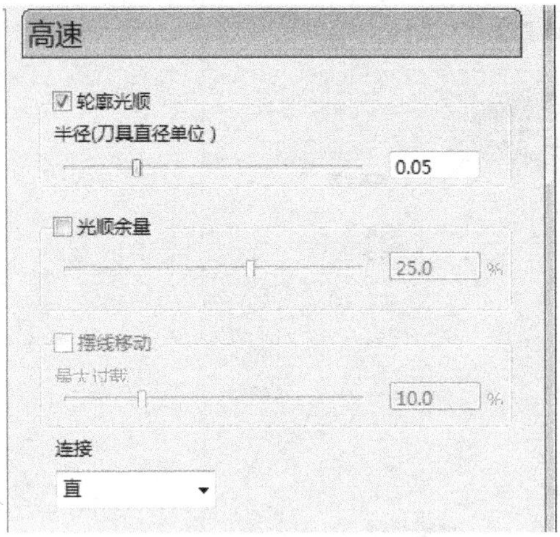

图 10-18 【高速】设置表格

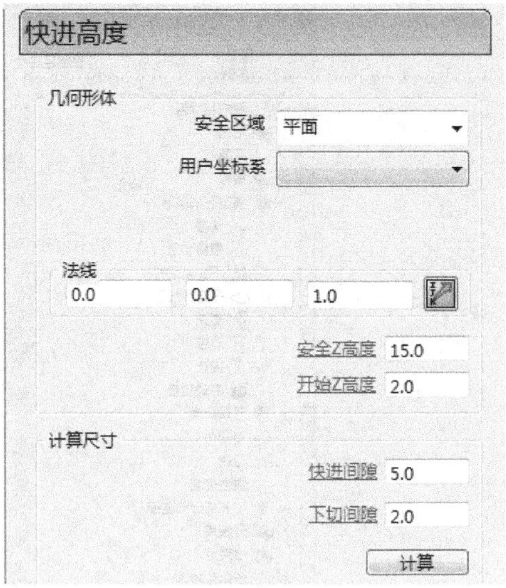

图 10-19 【快进高度】设置表格

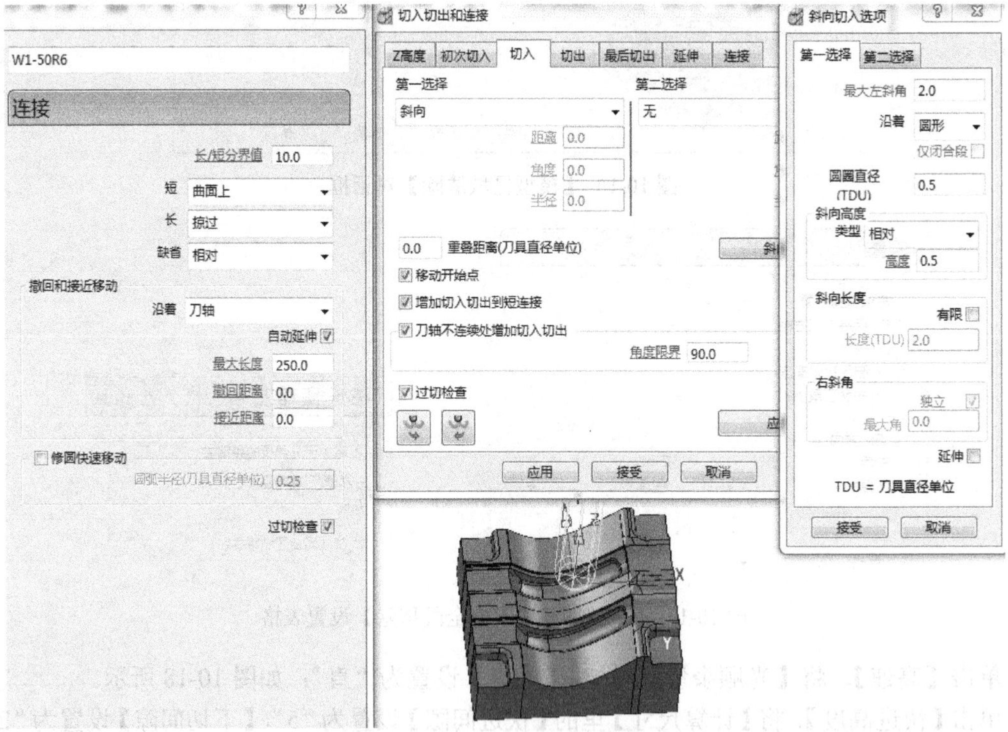

图 10-20 【切入切出和连接】设置表格

单击【开始点】，将【方法】中的【使用】设置为“毛坯中心安全高度”；单击【结束点】，将【方法】中的【使用】设置为“最后一点安全高度”；如图 10-21 所示。

单击【进给和转速】，将【主轴转速】设置为“900”，【切削进给率】设置为“2500”，【下切进给率】设置为“300”，【略过进给率】设置为“10000”，【冷却】设置为“无”，然后点击该策略中的 计算 、 接受 即可。如图 10-22 所示。

生成的刀具路径如图 10-23 所示。

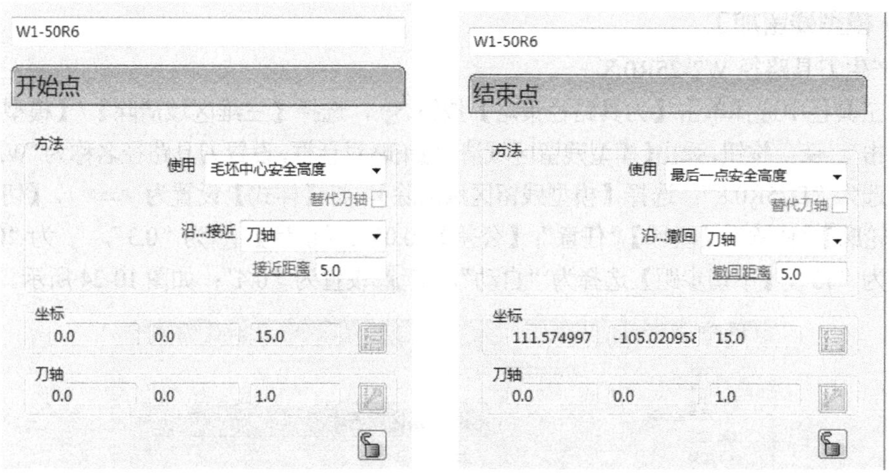

图 10-21 【开始点】和【结束点】设置表格

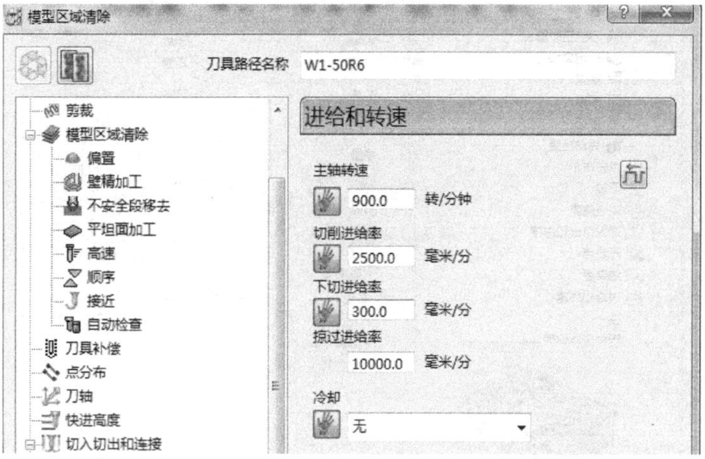

图 10-22 【进给和转速】设置表格

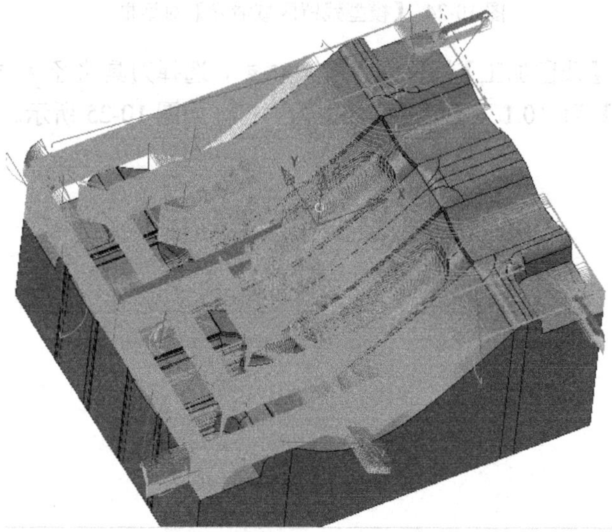

图 10-23 生成的刀具路径

(9) 模型残留加工

1) 产生刀具路径 W2-25R0.8

在主工具栏中选择单击【刀具路径策略】按钮，选择【三维区域清除】/【模型残留区域清除】，单击 接受 按钮，弹出【模型残留区域清除】策略对话框，设置刀具路径名称为"W2-25R0.8"，设置刀具选为"D25R0.8"；选择【模型残留区域清除】，将【样式】设置为 偏置全部，【切削方向】设置为【轮廓】"任意"，【区域】"任意"；【公差】"0.05"；【余量】为"0.3"，为"0.2"；【行距】设置为"13"，【下切步距】选择为"自动"，值设置为"0.4"；如图 10-24 所示。

图 10-24 【模型残留区域清除】对话框

单击【残留】，将【残留加工】设置为参考 刀具路径，选择刀具路径 W1-50R6 作为参考对象，设置【检测材料厚于】为"0.1"，【扩展区域】为"1"。如图 10-25 所示。

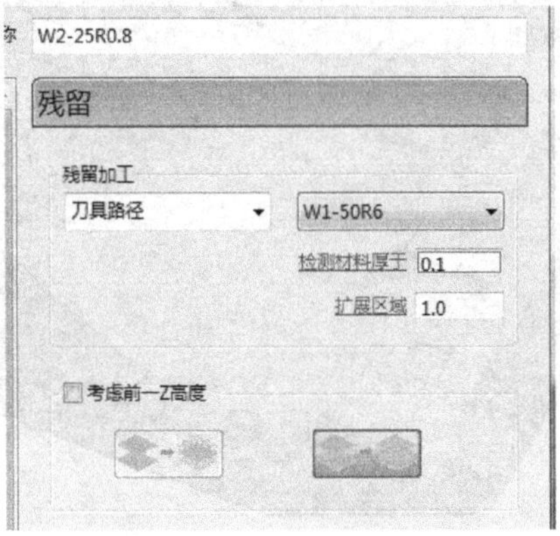

图 10-25 【残留】设置表格

单击【切入切出和连接】按钮，在弹出的对话框中，设置【切入】为“无”，【切出】为“无”；单击【连接】，将【长/短分界值】设置为“10”，【短】设置为“圆形圆弧”，【长】设置为“掠过”，【缺省】设置为“相对”，然后点击 应用 、 接受 按钮。如图10-26所示。

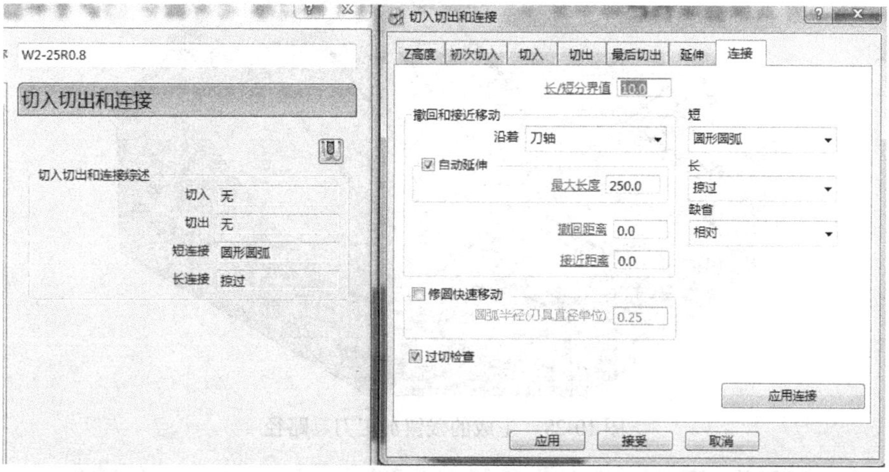

图10-26 【切入切出和连接】设置表格

单击【进给和转速】，将【主轴转速】设置为“1500”，【切削进给率】设置为“2500”，【下切进给率】设置为“300”，【略过进给率】设置为“10000”，【冷却】设置为“无”；然后点击该策略中的 计算 、 接受 按钮。如图10-27所示。

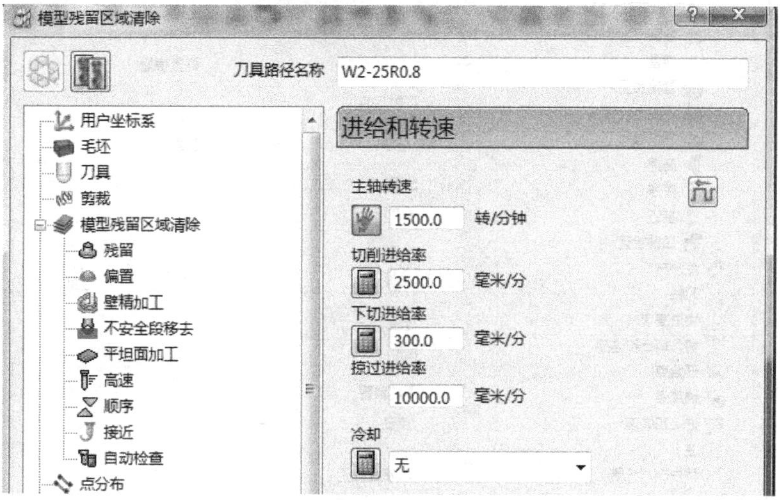

图10-27 【进给和转速】设置表格

其余参数设置和上面粗加工相同，单击【计算】按钮，生成的刀具路径如图10-28所示。

2）产生刀具路径 W3-10R0

在主工具栏中选择单击【刀具路径策略】按钮，选择【三维区域清除】/【模型残留区域清除】，单击 接受 按钮，弹出【模型残留区域清除】策略对话框，设置刀具路径名称为“W3-10R0”，设置刀具选为“D10R0”；选择【模型残留区域清除】，将【样式】设置为 偏置全部 ，【切削方向】设置为【轮廓】“任意”，【区域】“任意”；【公差】“0.05”；【余量】为“0.3”，为“0.2”；【行距】设置为“5”，【下切步距】选择为“自动”，值设置为“0.3”。如图10-29所示。

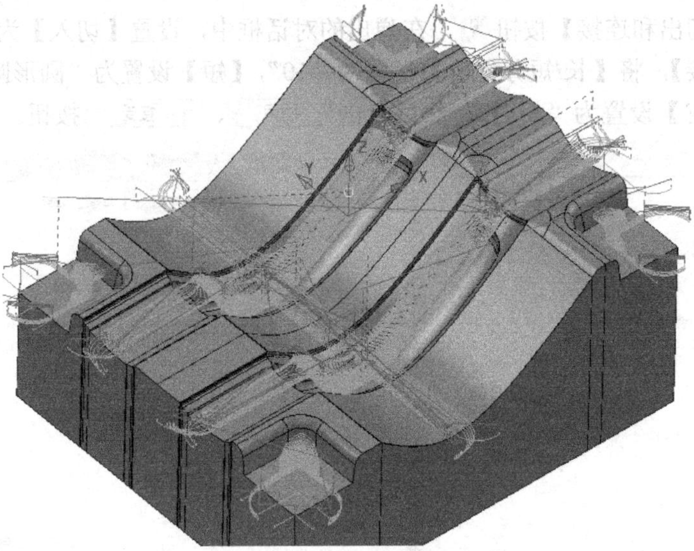

图 10-28　生成的残留加工刀具路径

图 10-29 【模型残留区域清除】设置表格

单击【残留】，将【残留加工】设置为参考 刀具路径 ，选择刀具路径 W2-25R0.8 作为参考对象，设置【检测材料厚于】为“0.1”，【扩展区域】为“1”。如图 10-30 所示。

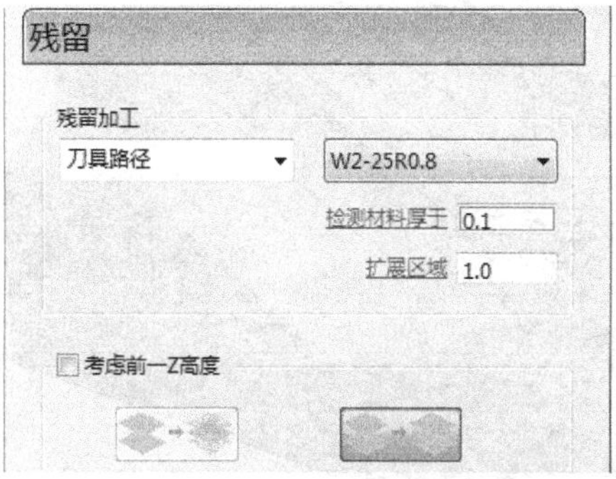

图 10-30 【残留】设置表格

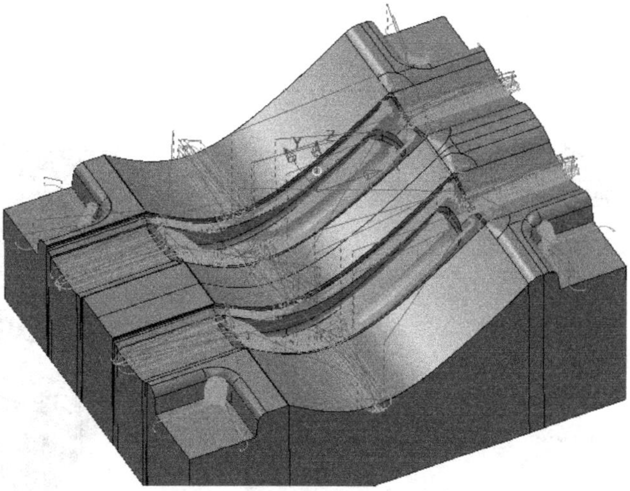

图 10-31 残留加工刀具路径

其余参数设置和 W2-25R0.8 相同，单击【计算】按钮，生成的刀具路径如图 10-31 所示。

3）产生刀具路径 W4-6R0

参考前面的刀具路径 W3-10R0 的设置方法，更改刀具路径名称为“W4-6R0”，更改刀具为“D6R0”，设置【行距】为“3”，改变【下切步距】为“0.2”，如图 10-32 所示，单击【残留】，将【残留加工】设置为参考 刀具路径 ，选择刀具路径 W3-10R0 作为参考，设置【检测材料厚于】为“0.1”，【扩展区域】为“1”。如图 10-33 所示。

图 10-32 D6R0 刀具残留加工路径

图 10-33 D6R0【残留】设置表格

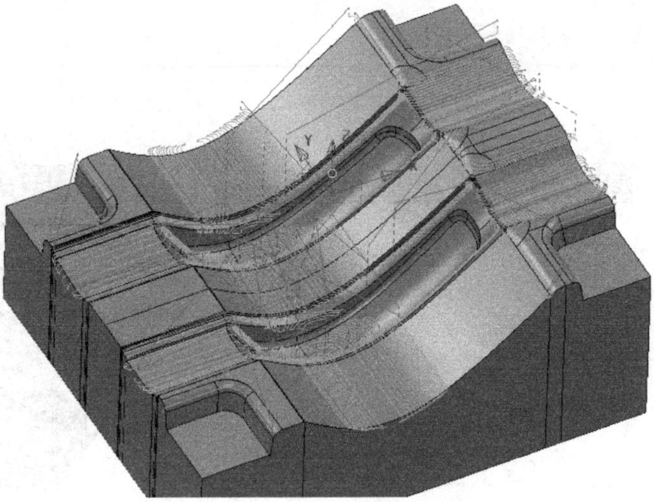

图 10-34 D6R0 刀具加工路径

其余参数设置和 W3-10R0 相同，单击【计算】按钮，生成的刀具路径如图 10-34 所示。

（10）型腔精加工：产生刀具路径 W5-6R3

在主工具栏中选择单击【刀具路径策略】按钮，选择【精加工】/【陡峭和浅滩精加工】，单击 接受 按钮，弹出【陡峭和浅滩精加工】策略对话框，设置刀具路径名称为“W5-6R3”，设置刀具选为“B6R3”。如图 10-35 所示。

单击【剪裁】，将【边界】设置为“2”，【裁剪】设置为“保留内部”，将【剪裁】设置为；如图 10-36 所示。

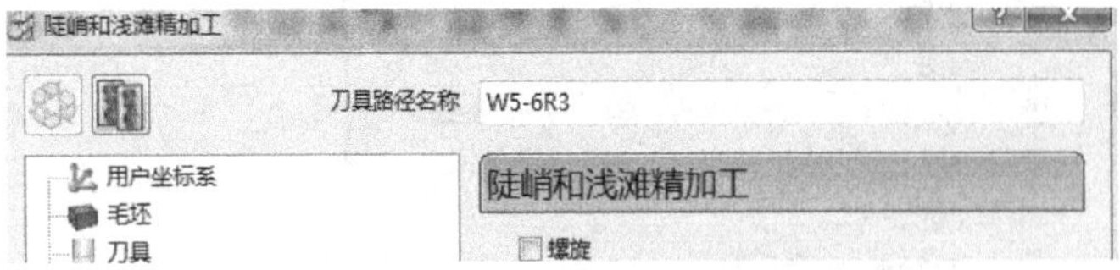

图 10-35 设置刀具路径名称

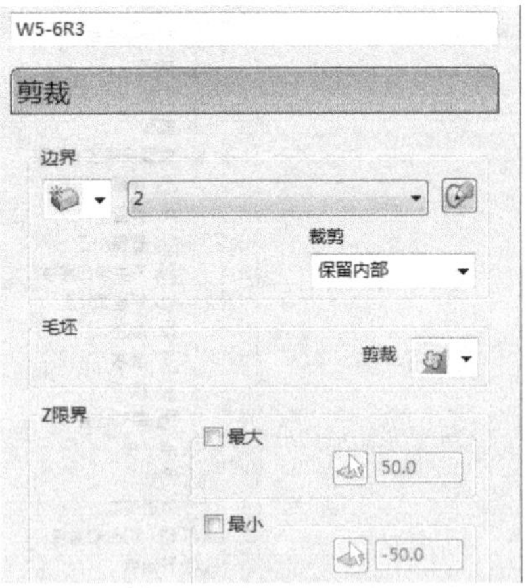

图 10-36 设置边界

单击【陡峭和浅滩精加工】，将【类型】设置为“平行”；【顺序】设置为“陡峭在先”；【分界角】设置为“40”，【陡峭浅滩重叠】设置为“0.1”；【公差】“0.02”；【余量】为“0” 为“0”；【行距】设置为“0.25”。如图 10-37 所示。

单击【平行】，将【固定方向】勾选，设置【角度】为“45”，单击【快进高度】，将【计算尺寸】里的【快进间隙】设置为“5”，【下切间隙】设置为“2”，然后点击【计算尺寸】中的 计算 。如图 10-38 所示。

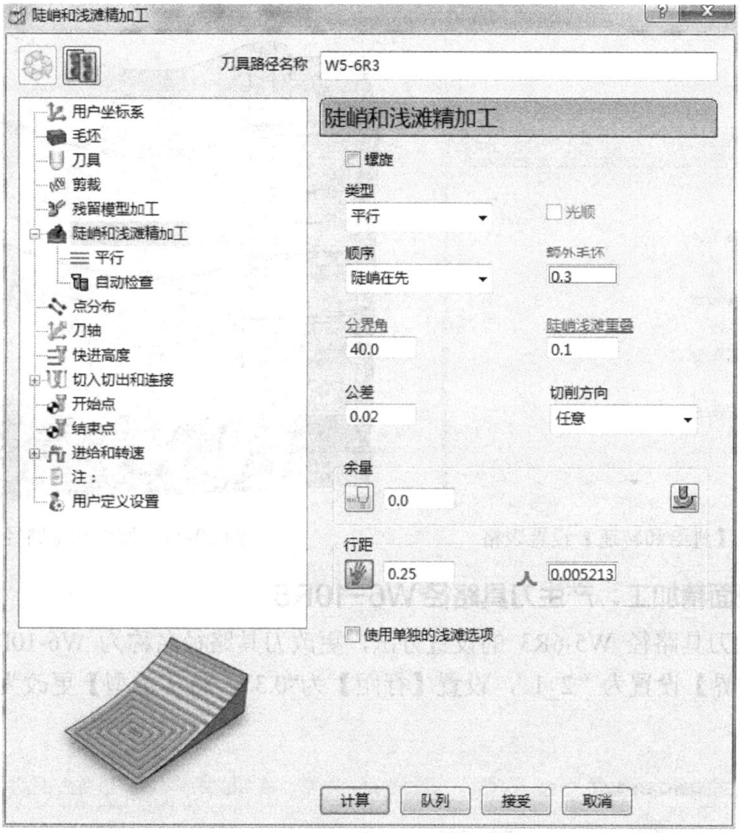

图 10-37 【陡峭和浅滩精加工】设置表格

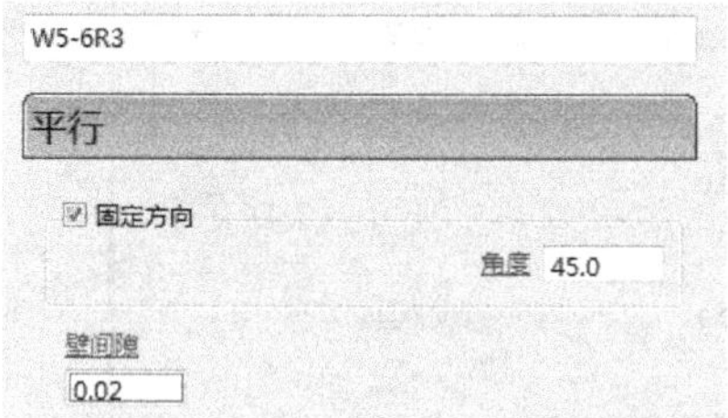

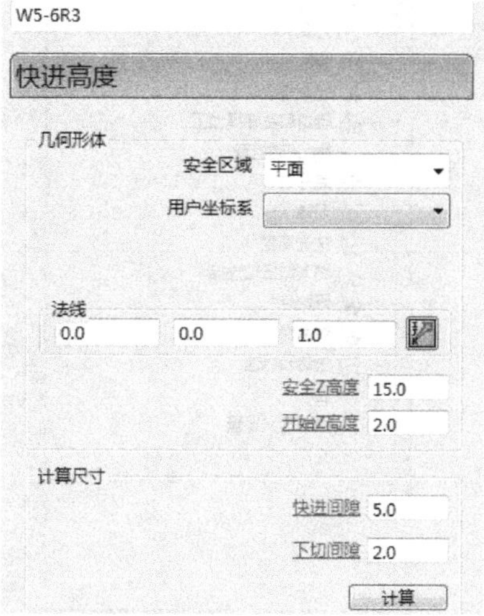

图 10-38 【平行】和【快进高度】设置表格

单击【进给和转速】，将【主轴转速】设置为“2500”，【切削进给率】设置为“2000”，【下切进给率】设置为“200”，【掠过进给率】设置为“10000”，【冷却】设置为“无”。如图 10-39 所示。

其余参数设置参照残留加工 W4-6R0 的设置，单击【计算】按钮，结果如图 10-40 所示。

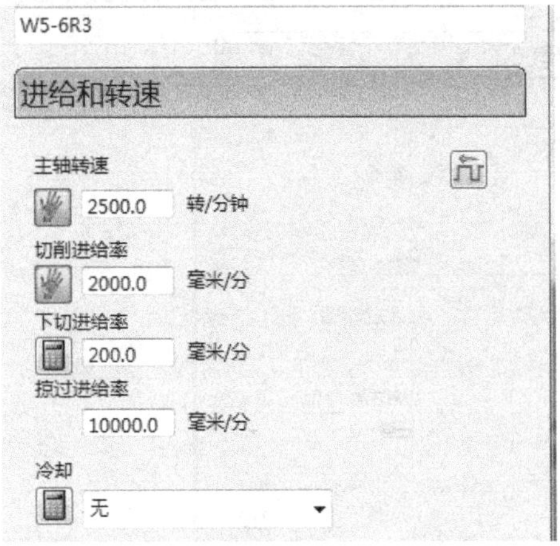

图 10-39 【进给和转速】设置表格

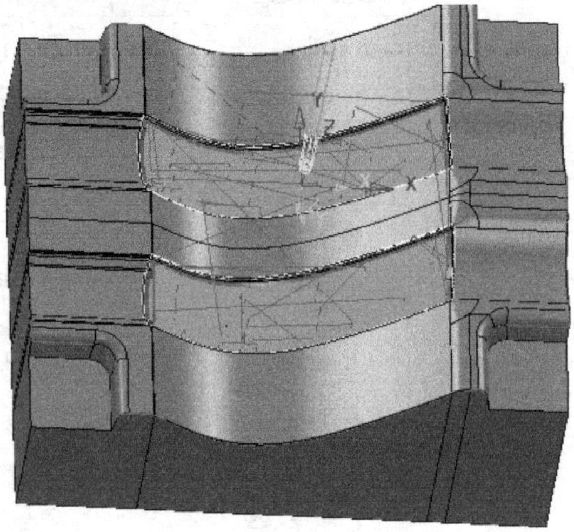

图 10-40 型腔加工路径

(11) 分型面精加工：产生刀具路径 W6-10R5

参考前面的刀具路径 W5-6R3 的设置方法，更改刀具路径名称为 W6-10R5，更改刀具为 B10R5，将【边界】设置为“2_1”，设置【行距】为“0.3”，将【类型】更改为“三维偏置”，如图 10-41 所示。

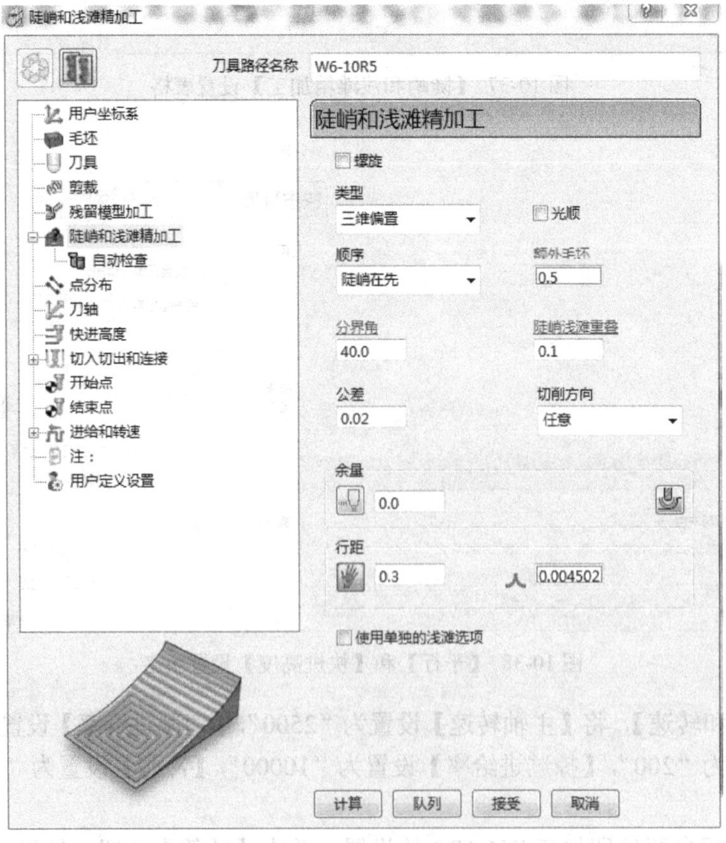

图 10-41 【陡峭和浅滩精加工】对话框

单击【进给和转速】，将【主轴转速】设置为“2500”，【切削进给率】设置为“2500”，【下切进给率】设置为“300”，【掠过进给率】设置为“10000”，【冷却】设置为“无”。如图 10-42 所示。

其余参数设置参照残留加工 W5-6R3 的设置，单击【计算】按钮，结果如图 10-43 所示。

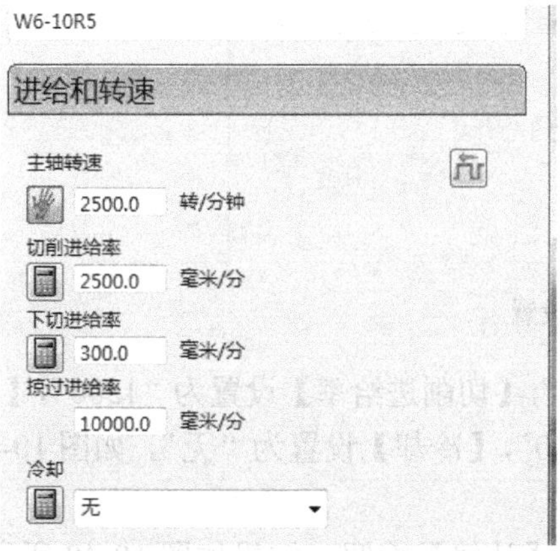

图 10-42 【进给和转速】设置表格

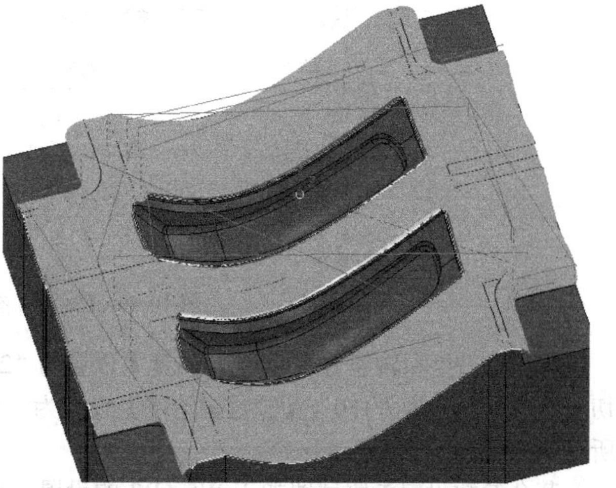

图 10-43 分型面刀具路径

(12) 锁模块精加工：产生刀具路径 W7-10R0

参考前面的刀具路径 W5-6R3 的设置方法，更改刀具路径名称为 W7-10R0，更改刀具为 E10R0，将【边界】设置为“1”，【裁剪】设置为“保留外部”，如图 10-44 所示。

在【陡峭和浅滩精加工】中将【类型】设置为“三维偏置”，【分界角】设置为“0.02”，【行距】设置为“0.3”，如图 10-45 所示。

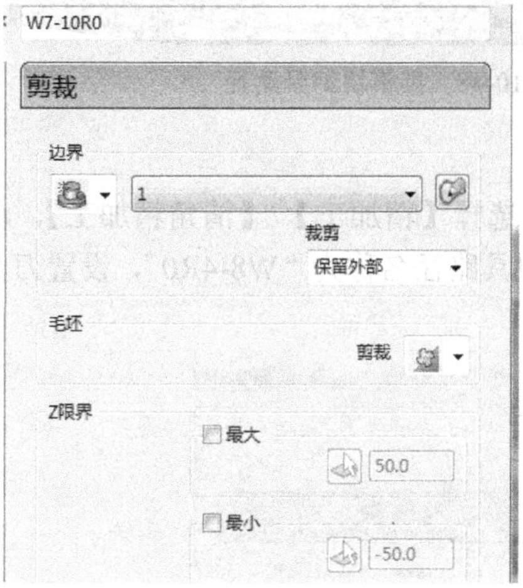

图 10-44 设置边界

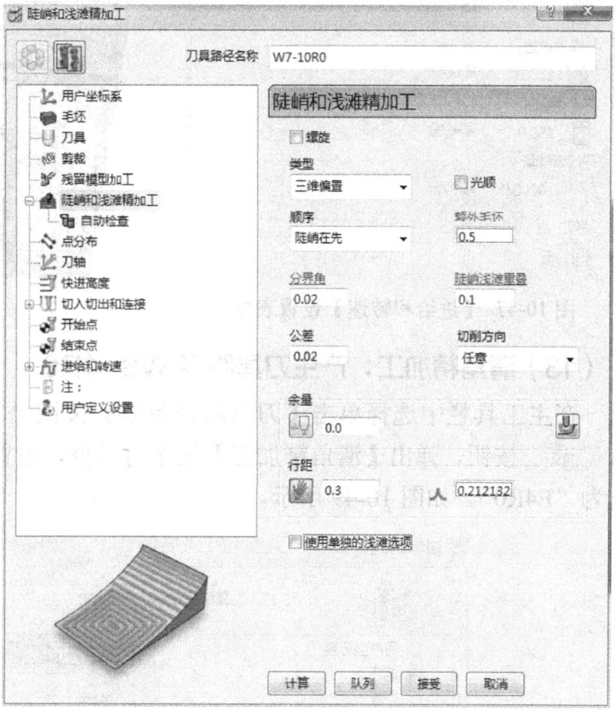

图 10-45 【陡峭和浅滩精加工】参数设置

在图 10-45 中将 使用单独的浅滩选项 改成 使用单独的浅滩选项，单击 浅滩，设置【切削方向】为“顺铣”，【行距】为“3”，如图 10-46 所示。

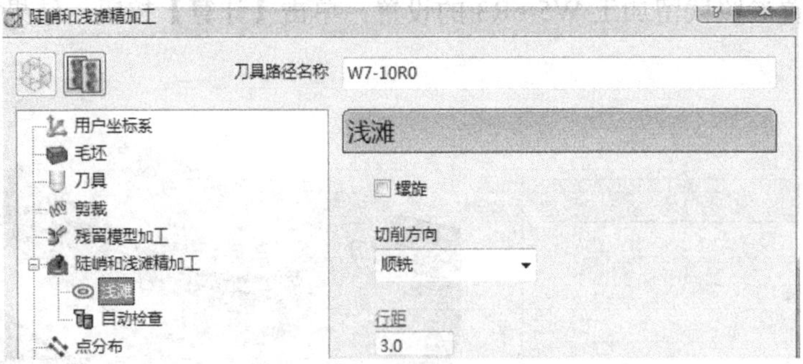

图 10-46 【浅滩】参数设置

单击【进给和转速】，将【主轴转速】设置为“2500”，【切削进给率】设置为“1500”，【下切进给率】设置为“150”，【掠过进给率】设置为“10000”，【冷却】设置为“无”。如图 10-47 所示。

其余参数设置参照残留加工 W5-6R3 的设置，单击【计算】按钮，结果如图 10-48 所示。

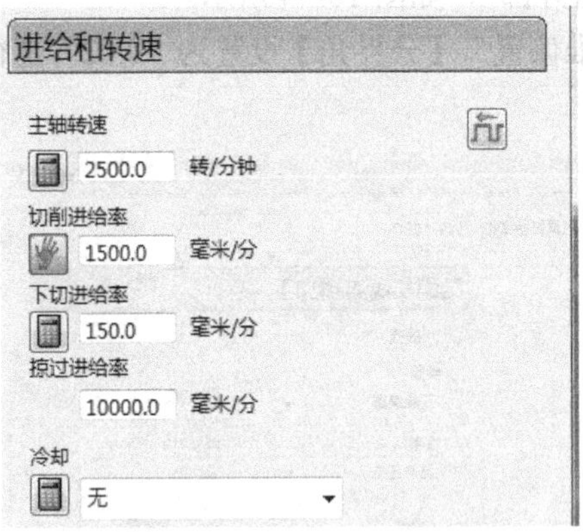

图 10-47 【进给和转速】设置表格

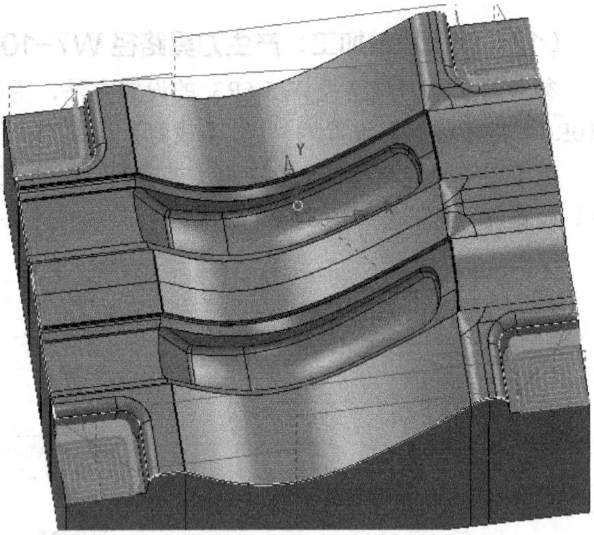

图 10-48 锁模块刀具路径

（13）清角精加工：产生刀具路径 W8-4R0

在主工具栏中选择单击【刀具路径策略】按钮，选择【精加工】/【清角精加工】，单击 接受 按钮，弹出【清角精加工】策略对话框，设置刀具路径名称为“W8-4R0”，设置刀具选为“E4R0”。如图 10-49 所示。

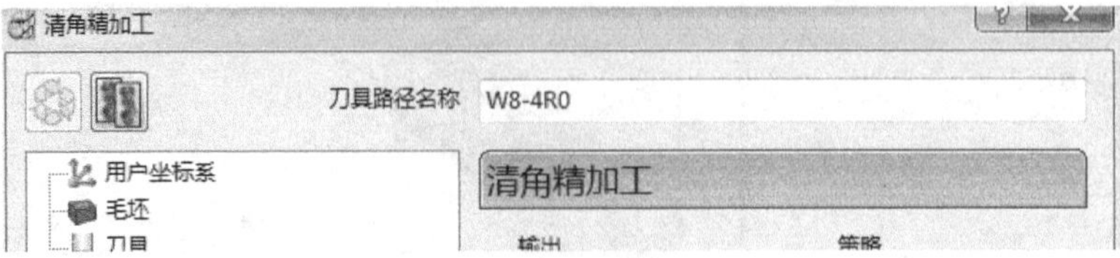

图 10-49 设置刀具路径名称

单击【剪裁】，将【边界】设置为“3_1”，【裁剪】设置为“保留内部”，将毛坯中剪裁设置为 。如图 10-50 所示。

单击【清角精加工】，将【输出】设置为“两者”，【策略】设置为“自动”，【分界角】设置为“30”，【残留高度】设置为“0.1”，【公差】设置为“0.02”，【切削方向】设置为“任意”，【余量】 设置为“0”，如图 10-51 所示。

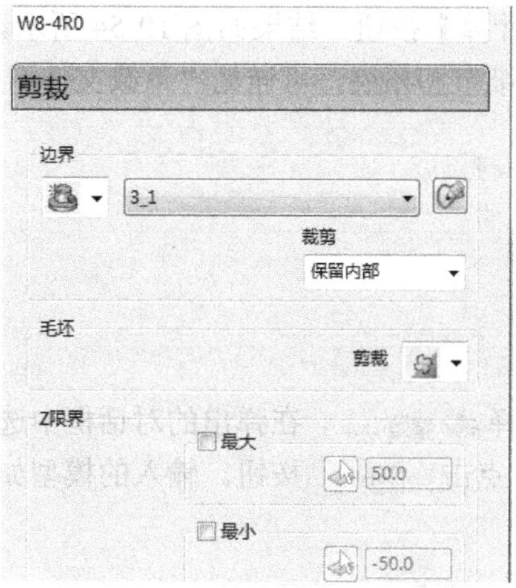

图 10-50 【剪裁】设置表格

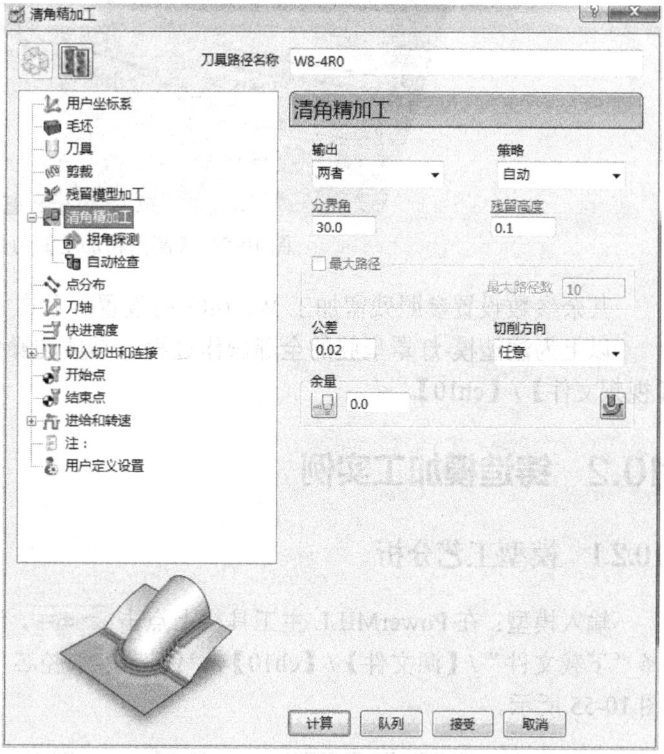

图 10-51 【清角精加工】对话框

单击【拐角探测】，将【参考刀具】设置为“B10R5”，【重叠】设置为“0.1”，【探测限界】设置为“165”。如图 10-52 所示。

单击【进给和转速】，将【主轴转速】设置为“2500”，【切削进给率】设置为“1200”，【下切进给率】设置为“120”，【掠过进给率】设置为“10000”，【冷却】设置为“无”。如图 10-53 所示。

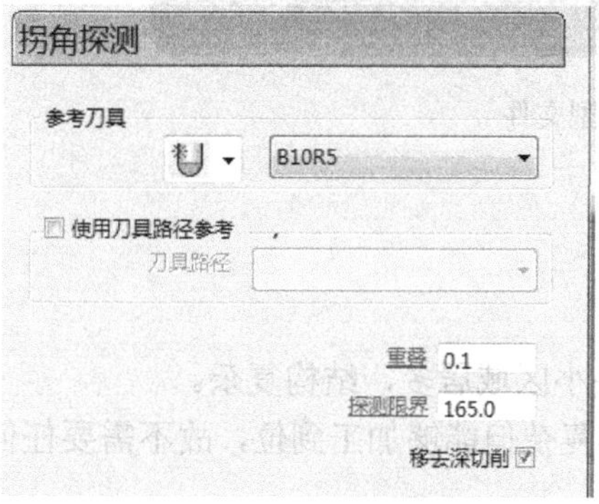

图 10-52 【拐角探测】设置表格

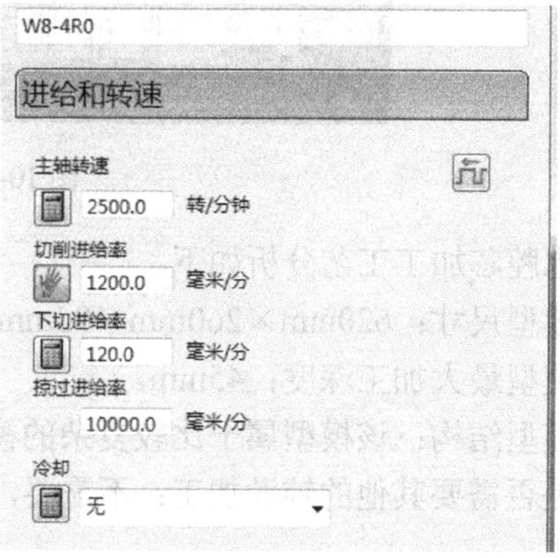

图 10-53 【进给和转速】设置表格

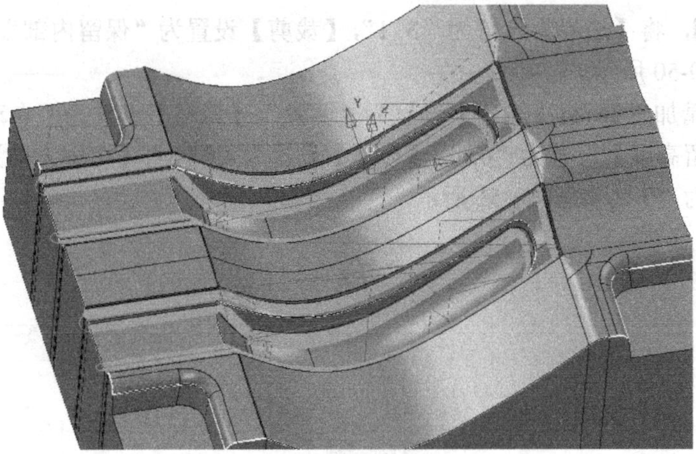

图 10-54 【清角精加工】刀具路径

其余参数设置参照残留加工 W5-6R3 的设置，单击【计算】按钮，结果如图 10-54 所示。

以上为注塑模-灯罩型腔的全部操作过程，具体的操作细节和拓展，可详见“下载文件”/【视频文件】/【ch10】。

10.2 铸造模加工实例

10.2.1 模型工艺分析

输入模型：在 PowerMILL 主工具栏上点击 文件(F)，选择 输入模型(I)...，在弹出的对话框中选择“下载文件”/【源文件】/【ch10】/“铸造模-水腔芯”，点击 打开(O) 按钮。输入的模型如图 10-55 所示。

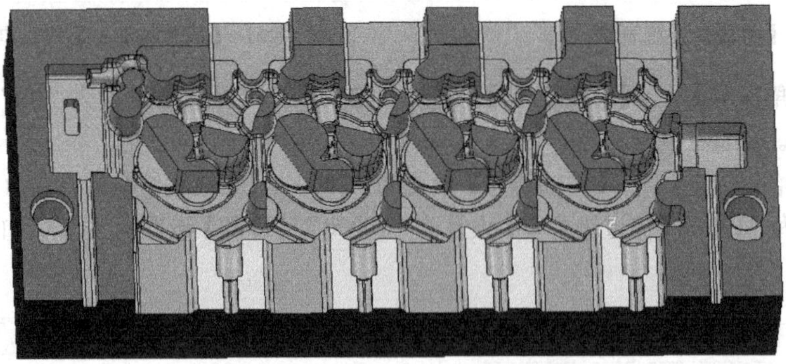

图 10-55 输入的模型文件

水腔芯加工工艺分析如下。

模型尺寸：620mm×260mm×95mm。

模型最大加工深度：45mm。

模型结构：该模型属于比较复杂的模型，曲面狭小区域居多，结构复杂。

是否需要其他的辅助加工：不需要，该模型虽然复杂但能够加工到位，故不需要任何的辅助加工。

所使用的加工策略：模型区域清除、模型残留区域清除、等高精加工、陡峭和浅滩精加工、平坦面精加工、清角精加工、点孔加工。

10.2.2 编程的思路及刀具的应用

结合模型结构及毛坯尺寸分析，选择所需刀具为：E35R5、E16R0.8、E10R0、E6R0、E4R0、B8R4、B6R3；刀具参数如表 10-3 所示。

表 10-3 刀具参数 mm

刀具名称	刀尖参数			刀柄参数		
	直径	刀尖半径	长度	顶部直径	底部直径	长度
E35R5	35	5	150	35	35	—
E17R0.8	17	0.8	150	17	17	—
E10R0	10	—	40	10	10	60
E8R0	8	—	35	8	8	65
E6R0	6	—	30	6	6	70
E4R0	4	—	20	4	4	55
B8R4	8	4	35	8	8	65
B6R3	6	3	30	6	6	70
B4R2	4	2	20	4	4	55
Z3 钻头	3	—	10	3	3	40

加工工艺的制定：

选用 E35R5 的刀尖圆角端铣刀（俗称牛鼻刀）对模型进行整体开粗；

选用 E17R0.8 的刀尖圆角端铣刀对模型的导柱孔进行加工及型腔二粗加工；

选用 E10R0 的平刀在二粗的基础上对导柱孔进行精加工及再次的对模型的整体进行二粗加工；

选用 E6R0 的平刀在以上加工的基础上对模型继续进行残留粗加工；

选用 E4R0 的平刀在以上加工的基础上对模型继续进行残留粗加工；

选用 B8R4 的球刀对模型的产品型腔进行精加工；

选用 B6R3 的球刀对模型的型腔进行局部精加工和清角精加工；

选用 B4R2 的球刀对模型的型腔进行清角精加工；

选用 Z3 钻头对模型进行钻孔加工。

加工工艺参数表，如表 10-4 所示。

表 10-4 加工工艺参数表

	选用刀具	下切步距/mm	主轴转速/(r/min)	下切进给率/(mm/min)	切削进给率/(mm/min)
模型加工工艺参数表	E35R5（开粗）	0.5	1500	350	2800
	E17R0.8（二粗）	0.3	1800	350	2500
	E17R0.8（导柱孔粗加工）	0.3	1800	350	2500
	E10R0（导柱孔精加工）	0.3	2500	350	2000

续表

	选用刀具	下切步距/mm	主轴转速/(r/min)	下切进给率/(mm/min)	切削进给率/(mm/min)
模型加工工艺参数表	E10R0（二粗）	0.25	2000	350	2000
	E6R0（二粗）	0.2	2200	300	1500
	E4R0（二粗）	0.2	2200	300	1500
	B8R4（精加工）	0.3（行距）	2500	300	2000
	B6R3（精加工）	0.25（行距）	2500	300	2000
	E8R0（平面精加工）	3（行距）	2000	200	800
	B6R3（清角精加工）	0.0014(残留高度)	2000	200	1500
	B4R2（清角精加工）	0.0028(残留高度)	2000	200	1500
	Z3(钻孔加工)		500	10	100

提示：在这里所用的切削数据是编者原来在企业时使用的数据，一般来说数控的切削数据是根据每个企业所使用的刀具、机床以及加工的材料的变化而发生变化的，请读者尽量根据自己所在企业的切削数据进行设置，编者所列的数据只能作为参考。

10.2.3 编程详细步骤

（1）模型加工刀具的创建

① E35R5：在资源管理器中选择 刀具，选中并右击选中 产生刀具 → 刀尖圆角端铣刀，在弹出的对话框中选中【刀尖】，输入【名称】“E35R5”，【直径】“35”，【刀尖半径】“5”，【长度】“175”；完成刀具参数的设置，点击 关闭 即可。如图 10-56 所示。同类型的刀尖圆角端铣刀刀具可参考此步骤创建。

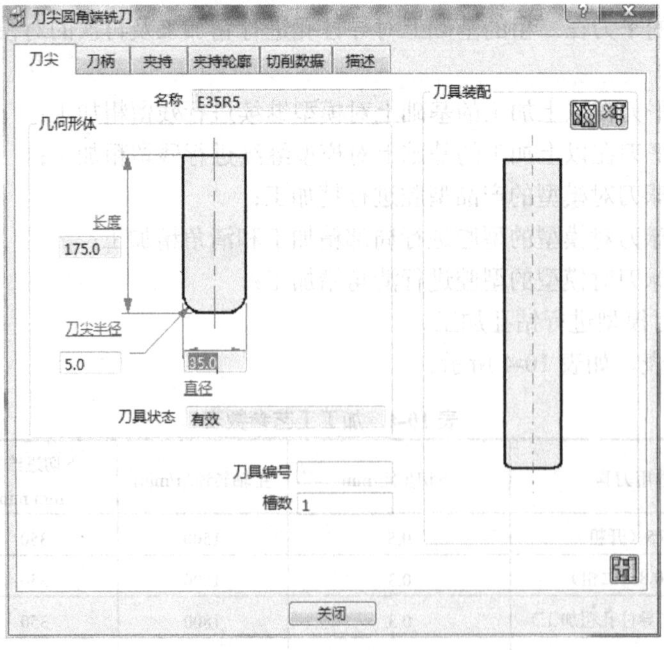

图 10-56 创建 E35R5 刀具

② E10R0：在资源管理器中选择 刀具，选中并右击选择 产生刀具 → 端铣刀，在弹出的对话框中选中【刀尖】，输入【名称】“E10R0”，【直径】“10”，【长度】“40”；选中【刀柄】点击 ，【顶部直径】输入“10”，【底部直径】输入“10”，【长度】输入“60”；完成刀具参数的设置，点击 关闭 即可。如图 10-57 所示，同类型的端铣刀刀具可参考此步骤创建。

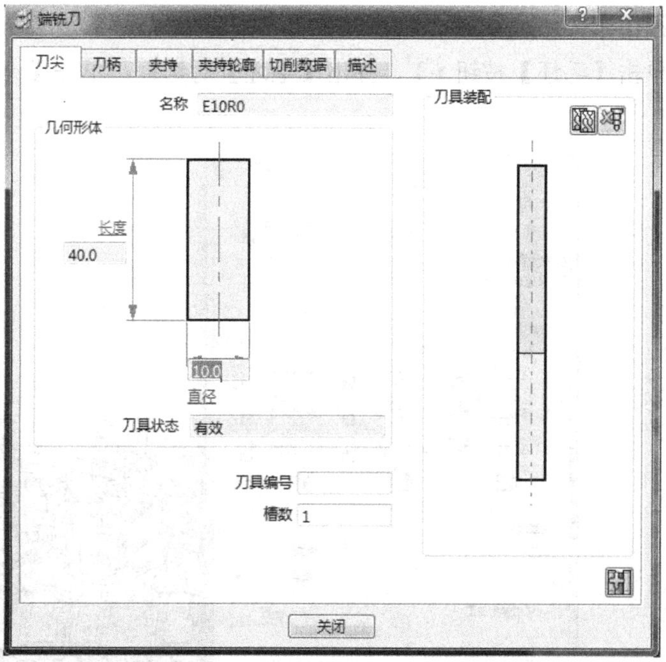

图 10-57 创建 E10R0 刀具

③ B6R3：在资源管理器中选择 刀具，选中并右击选中 产生刀具 → 球头刀，在弹出的对话框中选中【刀尖】，输入【名称】“B6R3”，【直径】“6”，【长度】“30”；选中【刀柄】点击 ，【顶部直径】输入“6”，【底部直径】输入“6”，【长度】输入“70”；完成刀具参数的设置，点击 关闭 即可。如图 10-58 所示。同类型的球头刀刀具可参考此步骤创建。

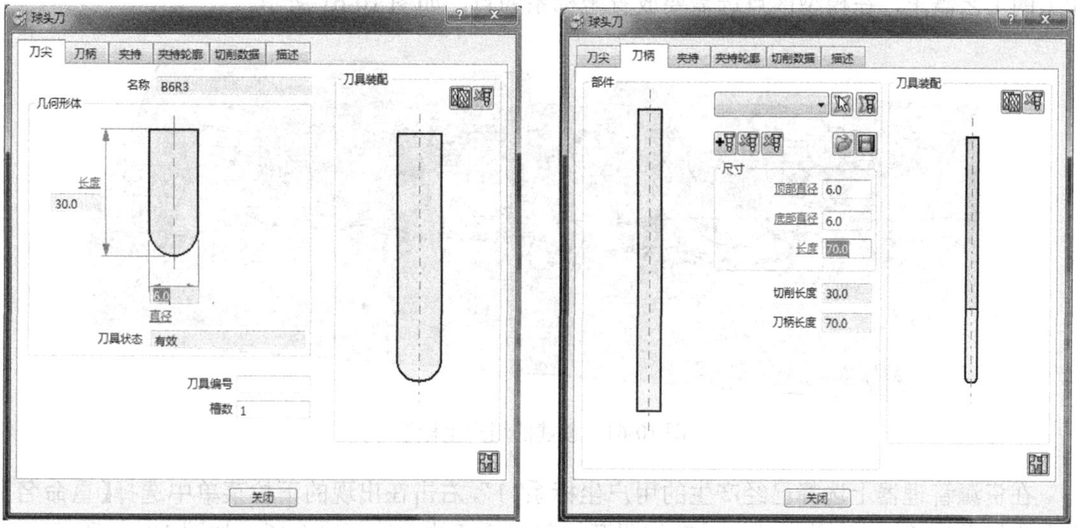

图 10-58 创建 B6R3 刀具

其余刀具创建结果如图 10-59 所示。

提示：由于模型比较大，编程的时间比较长，为了节约时间，这里创建的刀具，编者都没有创建刀柄和夹持，而在实际加工过程中，当需要对刀具路径进行碰撞过切检查时，刀柄和夹持是必不可少的。

（2）创建毛坯和用户坐标系

在主工具栏上单击【毛坯】按钮，弹出【毛坯】对话框，单击【计算】按钮，结果如图 10-60 所示。

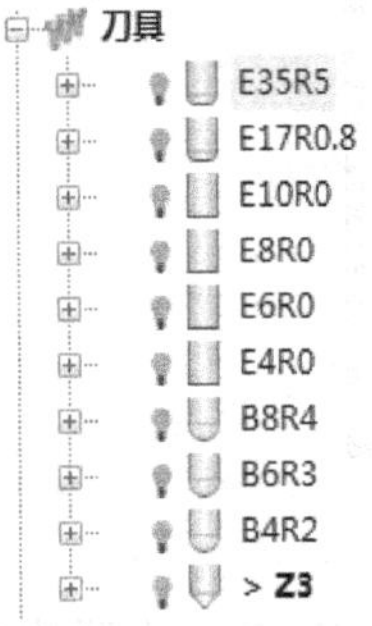

图 10-59　创建的其余刀具

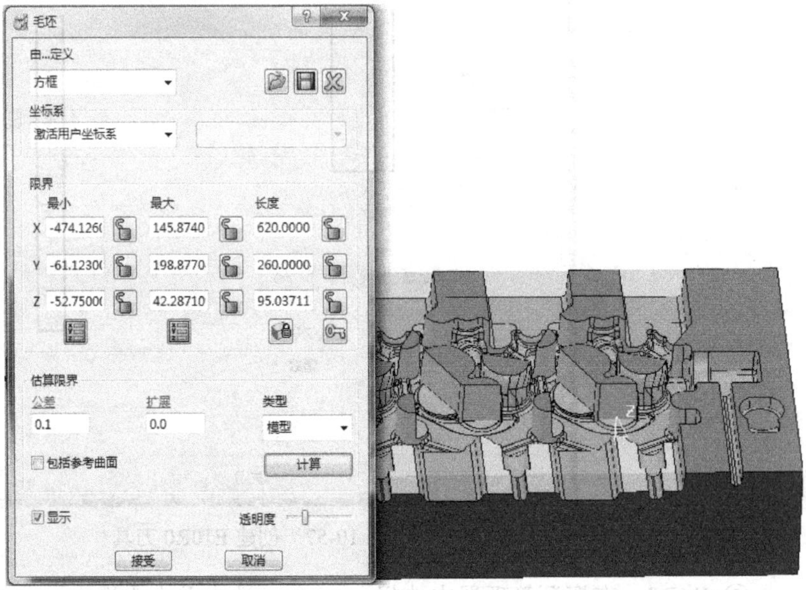

图 10-60　创建的初次毛坯

在 PowerMILL 资源管理器中选择 用户坐标系，选中并右击，在出现的下拉菜单中选择 产生并定向用户坐标系 → 使用毛坯定位用户坐标系，此时在模型区出现 27 个可以放置坐标系的点，根据加工的工艺需求，在模型区点选需要放置坐标系的点，如图 10-61 所示。

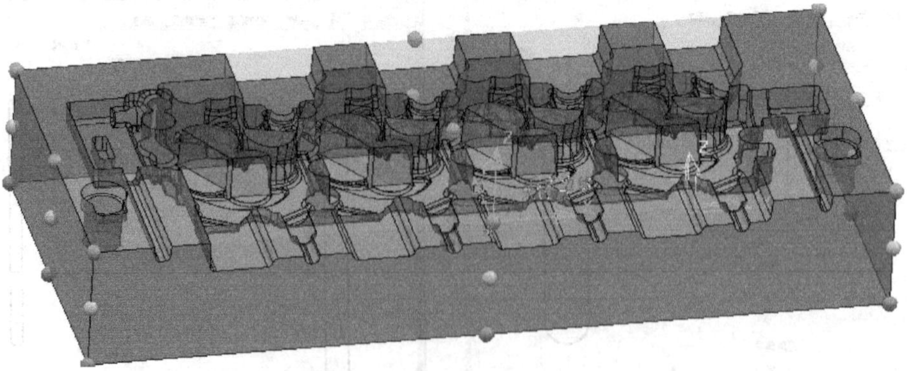

图 10-61　创建的用户坐标系

在资源管理器上选择已经产生的用户坐标系“1”，右击在出现的下拉菜单中选择【重命名】，命名坐标系为“post”并激活，重新按照开始创建毛坯的方法创建毛坯，如图 10-62 所示。

图 10-62　激活坐标系“post”并创建毛坯

（3）创建边界

a．创建加工边界 1。

在资源管理器中右击【边界】/【定义边界】/【用户定义】选项，弹出如图 10-63 所示的【用户定义边界】对话框。

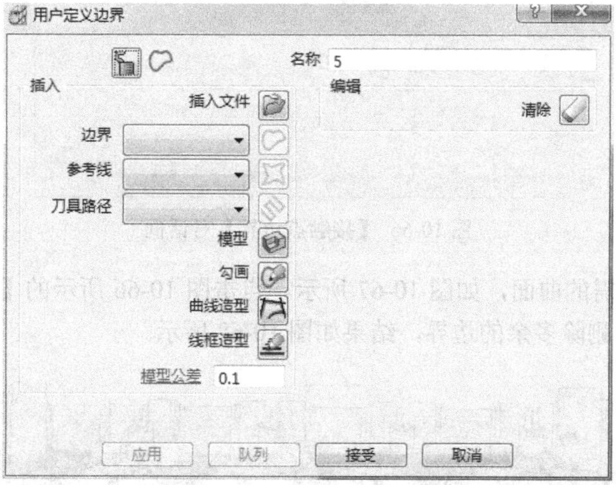

图 10-63　【用户定义边界】对话框

选择创建边界所需的曲面，如图 10-64 所示，点击图 10-63 所示的【模型】按钮按钮，单击 接受 即可；删除多余的边界，结果如图 10-65 所示。

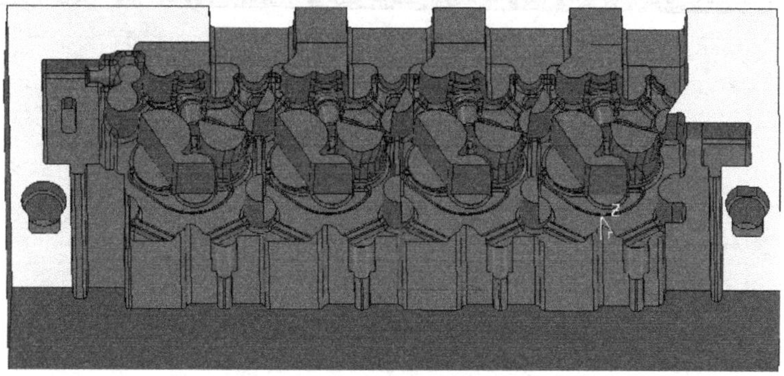

图 10-64　选取的曲面

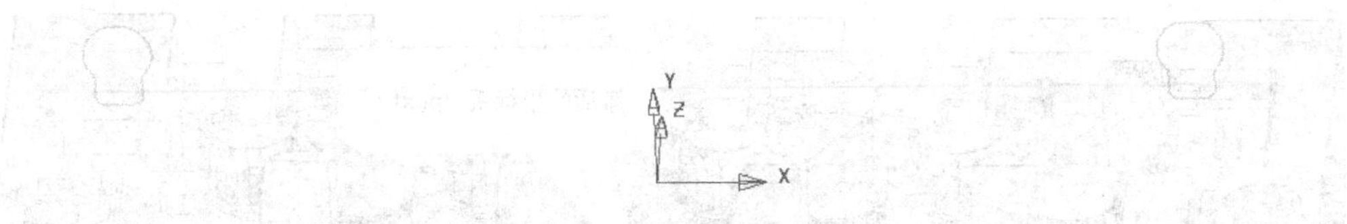

图 10-65　产生的加工边界“1”

b．创建加工边界 2。

在资源管理器中右击【边界】/【定义边界】/【接触点】选项，弹出如图 10-66 所示的【接触点边界】对话框。

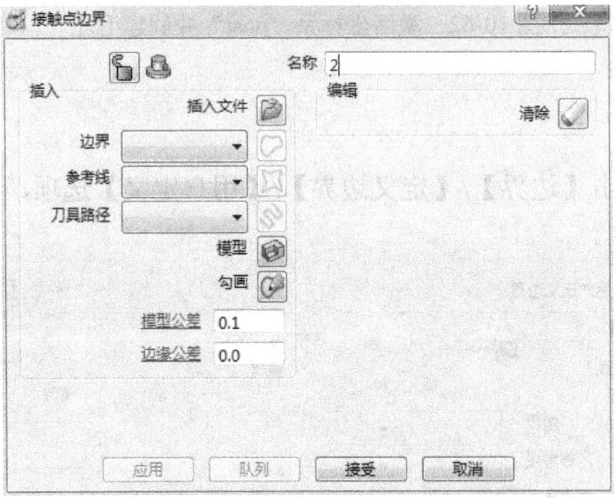

图 10-66　【接触点边界】对话框

选择创建边界所需的曲面，如图 10-67 所示，点击图 10-66 所示的【模型】按钮按钮，单击 接受 即可；删除多余的边界，结果如图 10-68 所示。

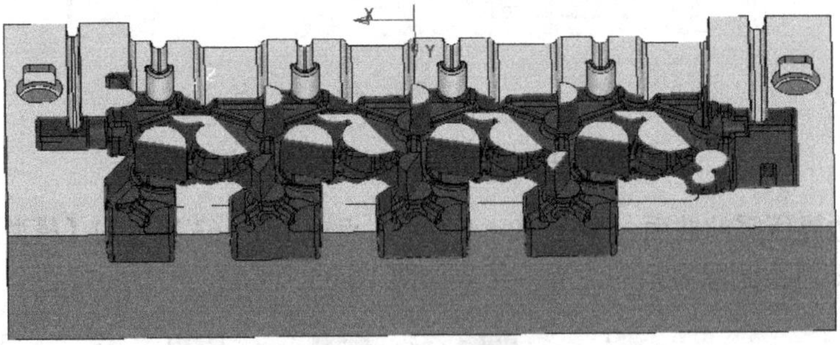

图 10-67　选取的曲面

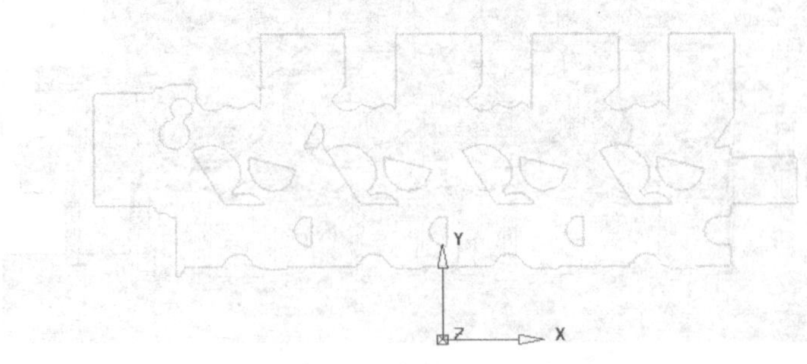

图 10-68　产生的加工边界“2”

c．创建加工边界 3。

在资源管理器中右击【边界】/【定义边界】/【浅滩】选项，弹出如图 10-69 所示的【浅滩边界】对话框，并严格按照图 10-69 进行参数设置。

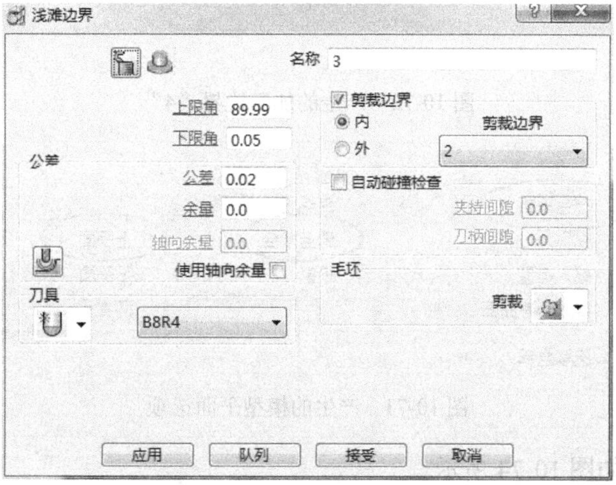

图 10-69 【浅滩边界】对话框

单击 应用 、 接受 按钮，删除多余的边界，结果如图 10-70 所示。

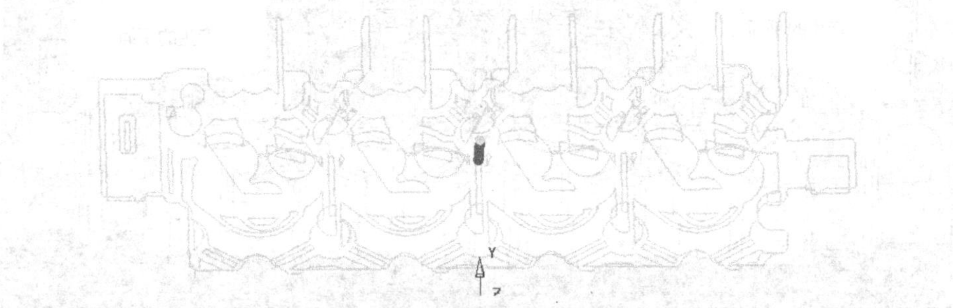

图 10-70 产生的加工边界“3”

d．创建加工边界 4。

参照边界“3”的创建方法，选取如图 10-71 所示曲面，单击【模型】按钮，结果如图 10-72 所示。

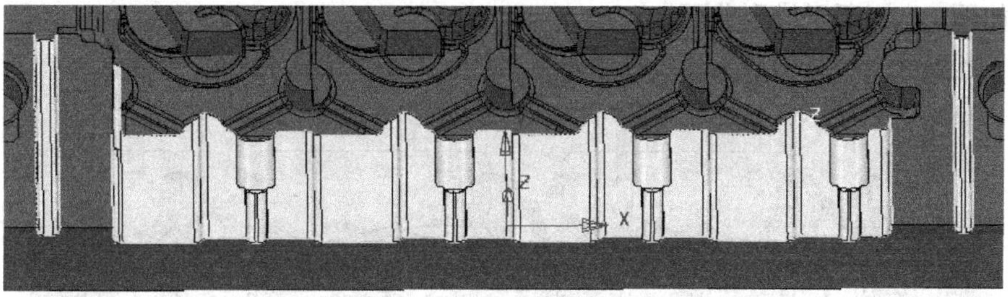

图 10-71 选取的曲面

(4) 导柱孔封面

右击边界“1”，选择激活边界“2”。右击资源管理器中的【模型】选项，在弹出的右键菜单中依次选择【产生平面】、【最佳拟合】、【上平面】，如图 10-73 所示。

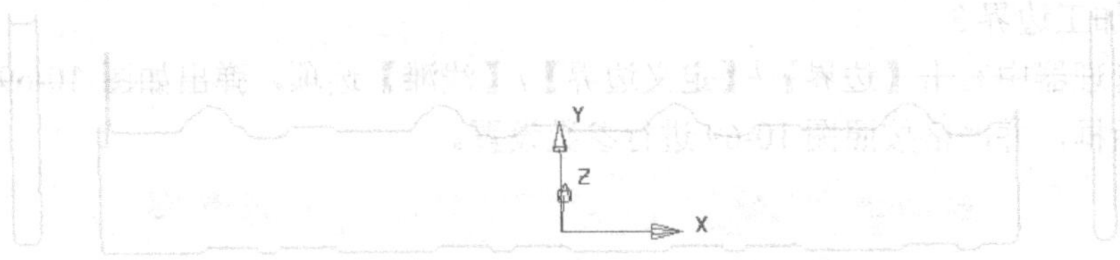

图 10-72　产生的加工边界“4”

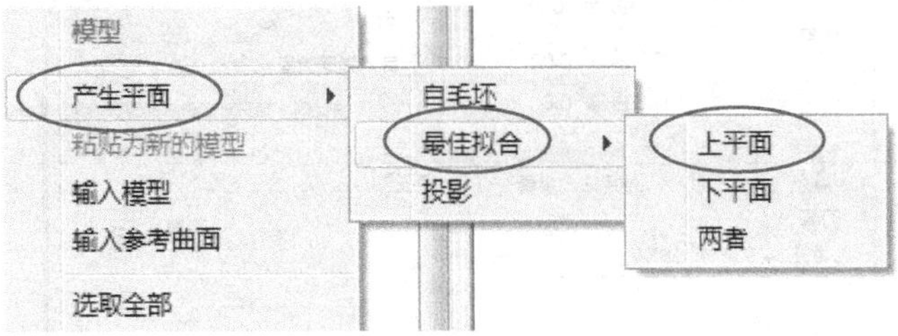

图 10-73　产生的模型平面选项

产生的平面结果如图 10-74 所示。

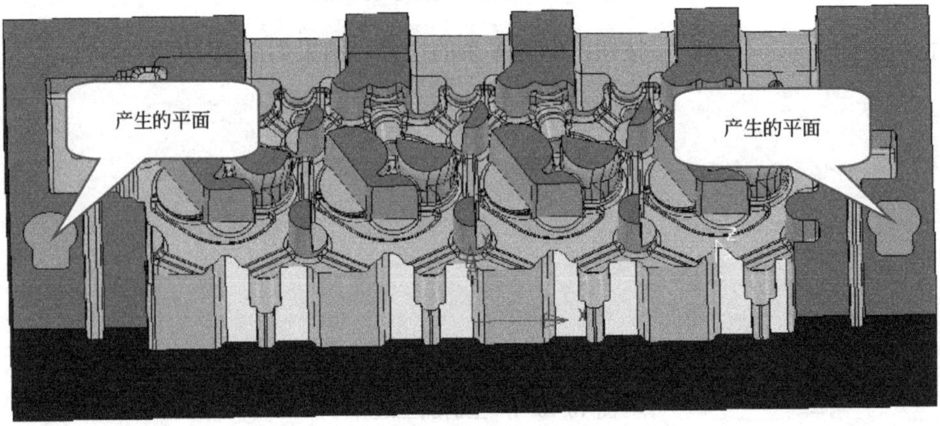

图 10-74　产生的模型平面

(5) 创建孔特征

选择如图 10-75 所示模型曲面。

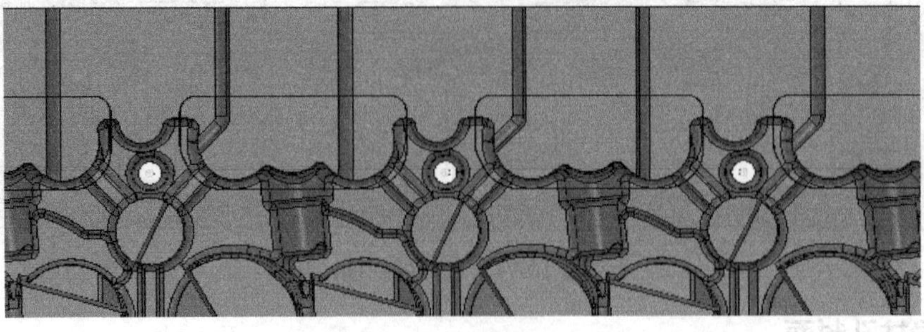

图 10-75　选择的曲面

在资源管理器依次右击【特征设置】/【识别模型中的孔】，如图 10-76 所示。

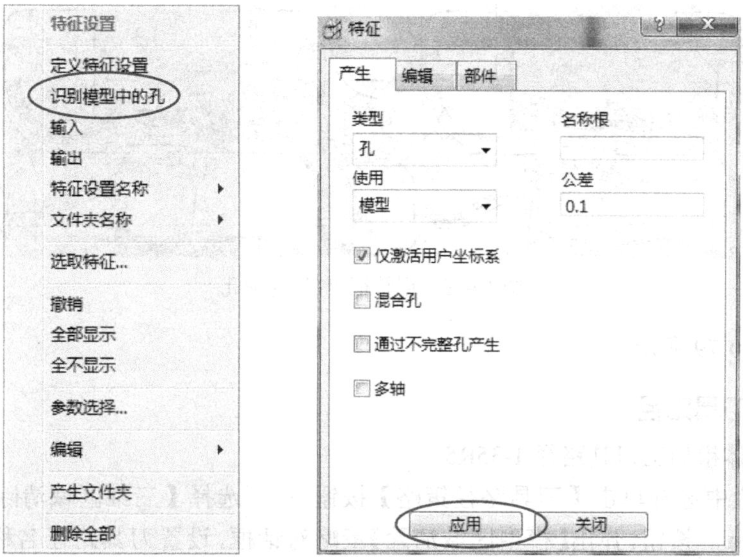

图 10-76　产生【特征】对话框

单击【应用】按钮，产生特征“1”。如图 10-77 所示。

图 10-77　产生的特征“1”

在资源管理器中右击特征“1”，选择“封顶孔”，如图 10-78 所示。

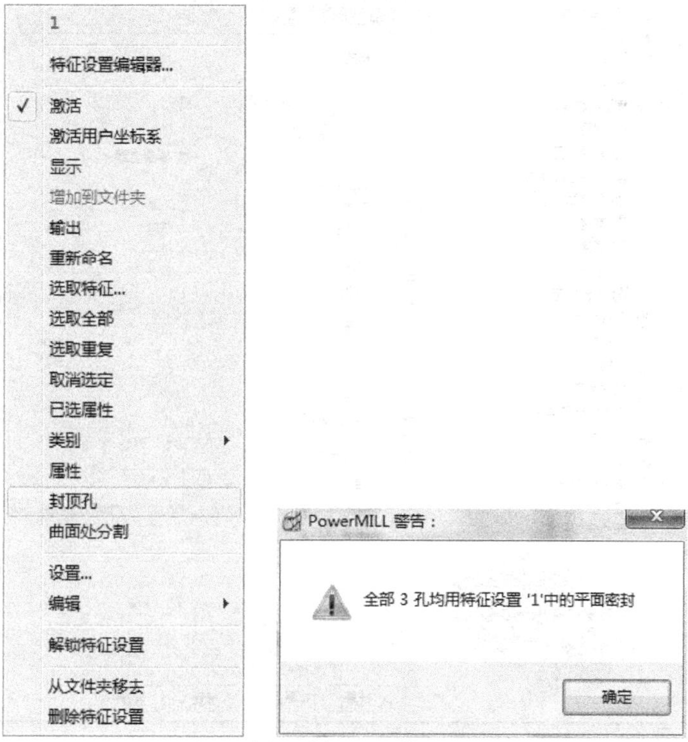

图 10-78　封顶孔

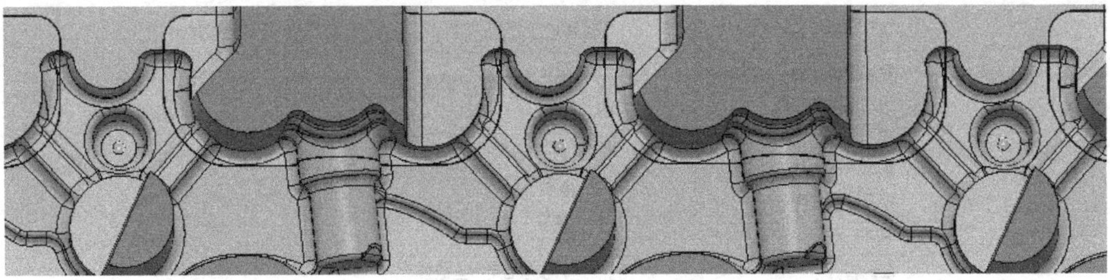

图 10-79 用特征“1”封顶孔

结果如图 10-79 所示。

（6）产生刀具路径

1）模型整体粗加工刀具路径 1-35R5

在主工具栏中选择单击【刀具路径策略】按钮，选择【三维区域清除】/【模型区域清除】，单击 接受 按钮，弹出【模型区域清除】策略对话框，设置刀具路径名称为“1-35R5”，设置刀具选为“E35R5”；选择【模型区域清除】，将【样式】设置为 偏置全部 ，【切削方向】设置为【轮廓】“顺铣”，【区域】“任意”；【公差】“0.05”；【余量】 为“0.3”， 为“0.2”（如果【余量】只显示模型余量 时，单击模型余量 可以展开轴向余量 ，分别进行设置）；【行距】设置为“20”，【下切步距】选择为“自动”，值 设置为“0.5”；如图 10-80 所示。

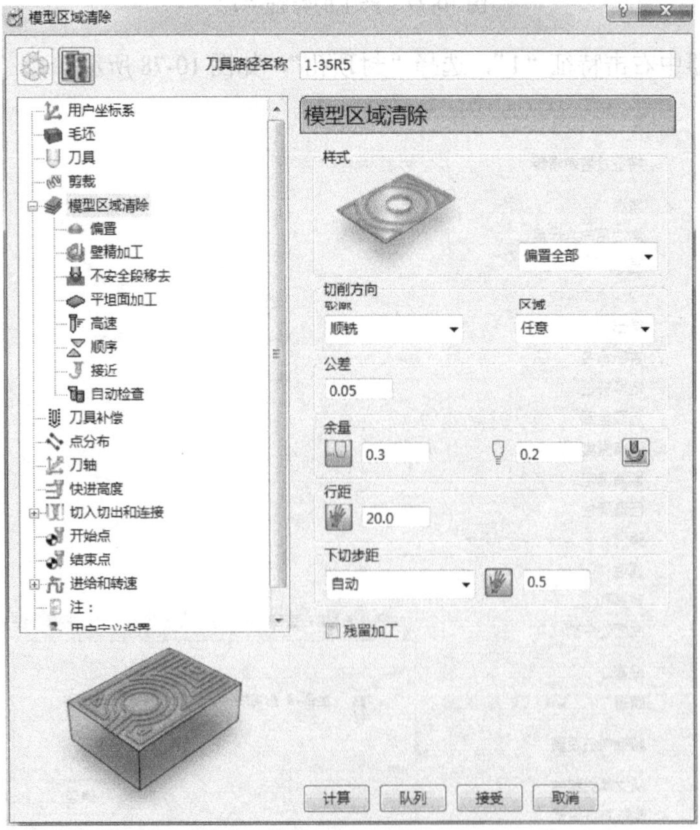

图 10-80 【模型区域清除】对话框

单击【偏置】，将【保持切削方向】勾掉；单击【不安全段移去】，将【将小于分界值的段移去】勾选，将【分界值（刀具直径单位）】设置为“0.8”。如图 10-81 所示。

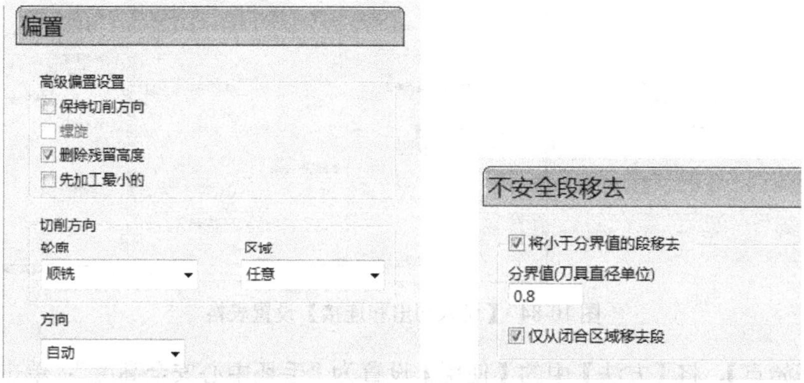

图 10-81 【偏置】和【不安全段移除】设置表格

单击【高速】，将【光顺余量】勾掉，【连接】设置为“直”；如图 10-82 所示。

单击【快进高度】，将【计算尺寸】里的【快进间隙】设置为“5”，【下切间隙】设置为“2”，然后点击【计算尺寸】中的 计算 。如图 10-83 所示。

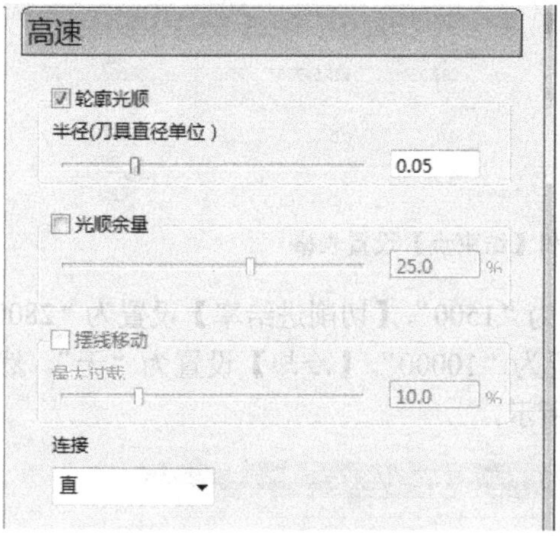

图 10-82 【高速】设置表格

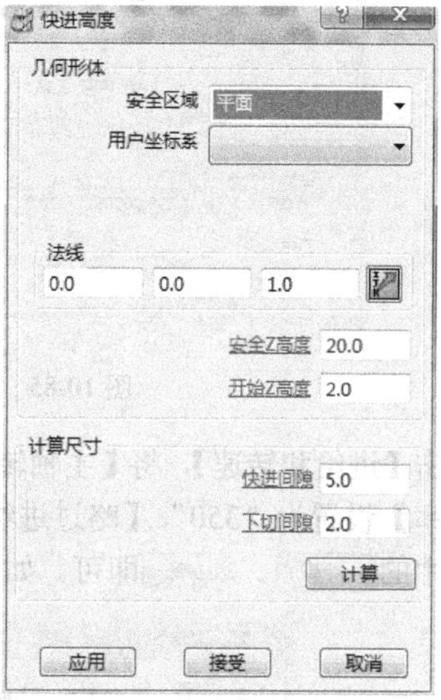

图 10-83 【快进高度】设置表格

单击【切入切出和连接】按钮，在弹出的对话框中，选择【Z 高度】，将【掠过距离】改为“5”，【下切距离】改为“2”，【相对距离】改为“刀具路径点”；将【切入】的【第一选择】改为“斜向”，点击 斜向选项... ，选择【第一选择】，【最大左斜角】设置为“2”，【沿着】设置为“圆形”，【圆圈直径】设置为“0.5”，【斜向高度】中的【类型】设置为“相对”，【高度】设置为“1”，然后点击【斜向切入选项】中的 接受 ；选择【切出】，将【第一选择】设置为“无”；单击【连接】，将【长/短分界值】设置为“10”，【短】设置为“曲面上”，【长】设置为“掠过”，【缺省】设置为“相对”，然后点击 应用 、 接受 即可。如图 10-84 所示。

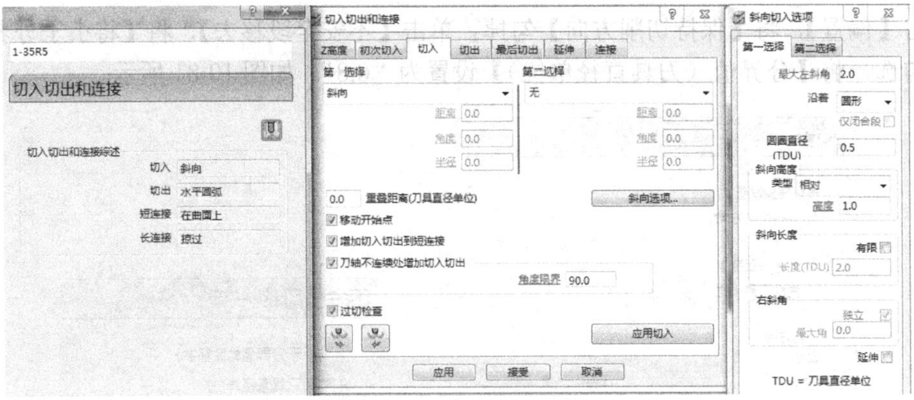

图 10-84 【切入切出和连接】设置表格

单击【开始点】，将【方法】中的【使用】设置为“毛坯中心安全高度”；单击【结束点】，将【方法】中的【使用】设置为“最后一点安全高度”。如图 10-85 所示。

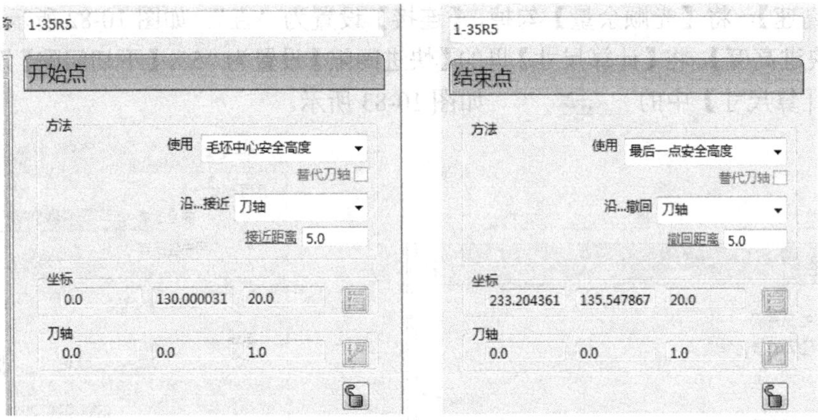

图 10-85 【开始点】和【结束点】设置表格

单击【进给和转速】，将【主轴转速】设置为“1500”，【切削进给率】设置为“2800”，【下切进给率】设置为“350”，【略过进给率】设置为“10000”，【冷却】设置为“无”，然后点击该策略中的 计算 、 接受 即可。如图 10-86 所示。

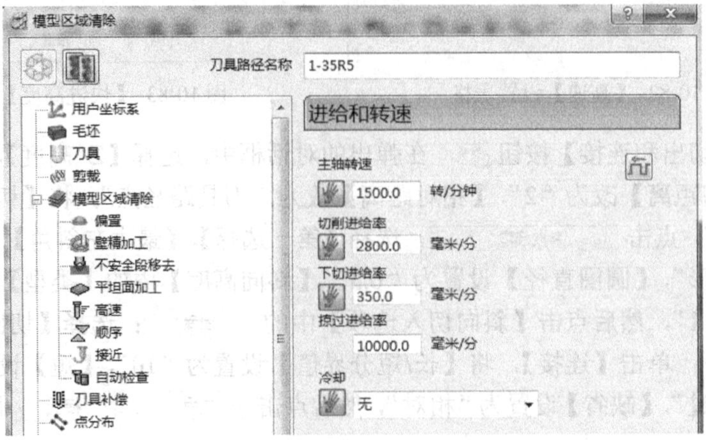

图 10-86 【进给和转速】设置表格

生成的刀具路径如图 10-87 所示。

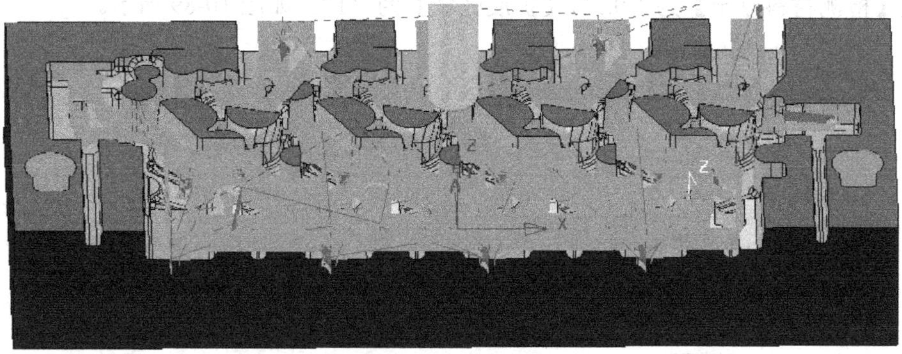

图 10-87 生成的刀具路径

2）产生残留加工刀具路径 2-17R0.8

在主工具栏中选择单击【刀具路径策略】按钮，选择【三维区域清除】/【模型残留区域清除】，单击 接受 按钮，弹出【模型残留区域清除】策略对话框，设置刀具路径名称为“2-17R0.8”，设置刀具选为“E17R0.8”；选择【模型残留区域清除】，将【样式】设置为 偏置全部 ，【切削方向】设置为【轮廓】“任意”，【区域】“任意”；【公差】“0.05”；【余量】为“0.3”，为“0.2”；【行距】设置为“9”，【下切步距】选择为“自动”，值设置为“0.3”。如图 10-88 所示。

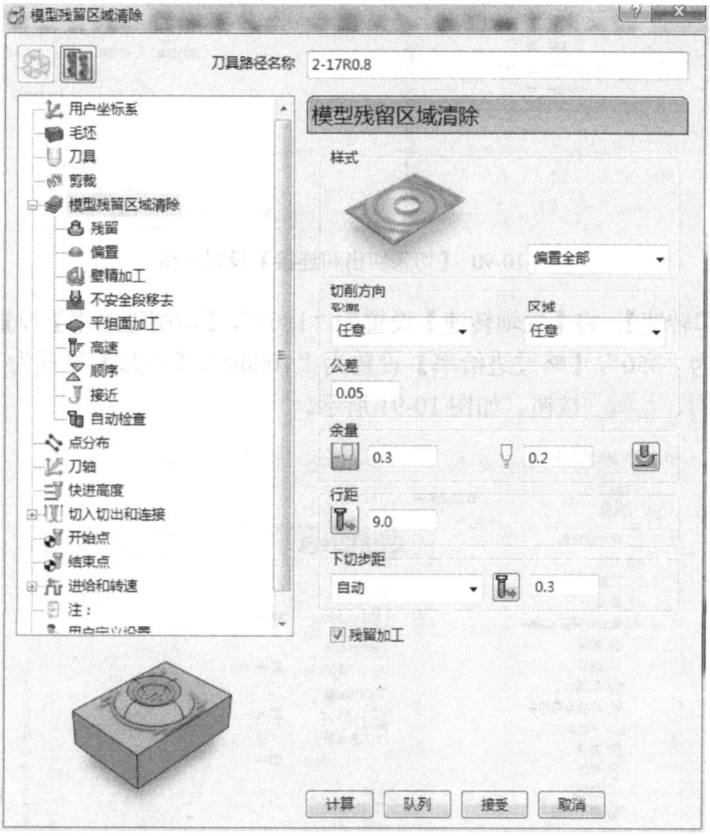

图 10-88 【模型残留区域清除】对话框

单击【残留】，将【残留加工】设置为参考 刀具路径 ，选择刀具路径“1-35R5”作为参考对象，设置【检测材料厚于】为“0.1”，【扩展区域】为“1”。如图 10-89 所示。

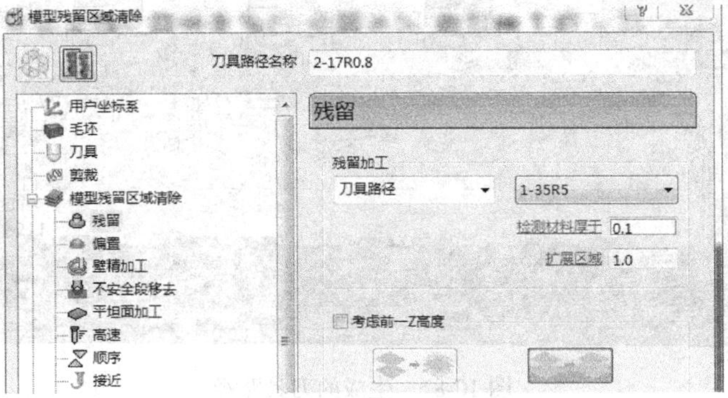

图 10-89 【残留】设置表格

单击【切入切出和连接】按钮，在弹出的对话框中，设置【切入】为“无”【切出】为“无”；单击【连接】，将【长/短分界值】设置为“10”，【短】设置为“圆形圆弧”，【长】设置为“掠过”，【缺省】设置为“相对”，然后点击 应用 、 接受 按钮。如图 10-90 所示。

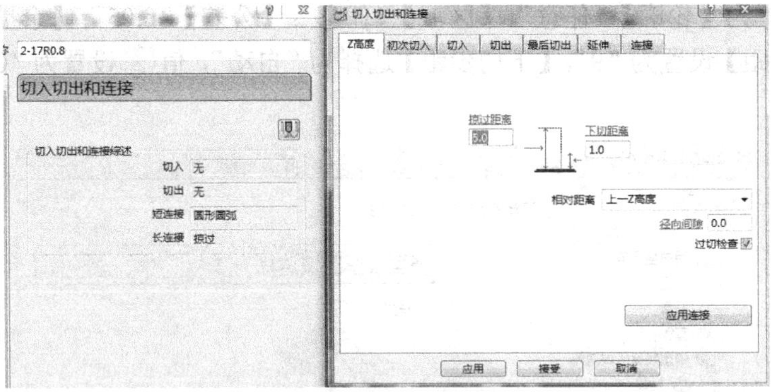

图 10-90 【切入切出和连接】设置表格

单击【进给和转速】，将【主轴转速】设置为“1800”，【切削进给率】设置为“2500”，【下切进给率】设置为“350”，【略过进给率】设置为“10000”，【冷却】设置为“无”；然后点击该策略中的 计算 、 接受 按钮。如图 10-91 所示。

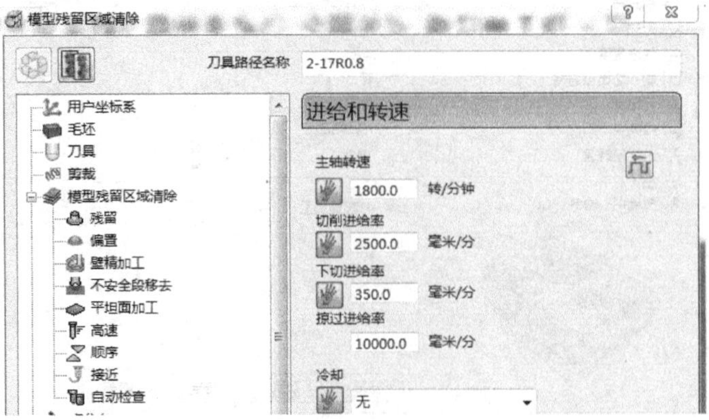

图 10-91 【进给和转速】设置表格

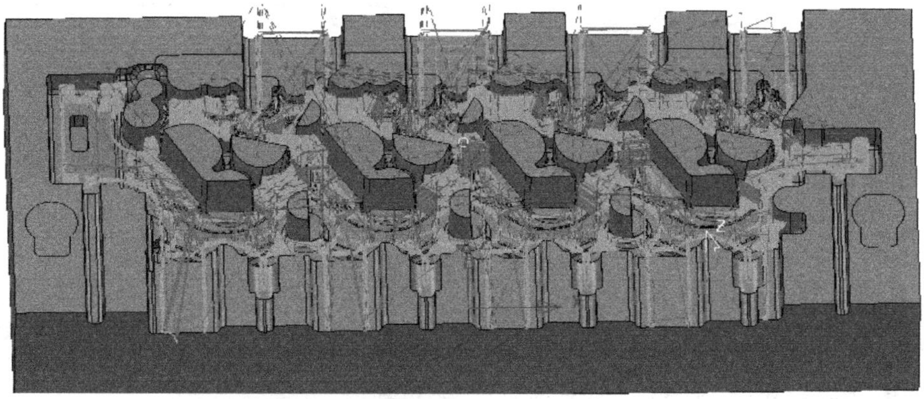

图 10-92　生成的残留加工刀具路径

其余参数设置和粗加工相同，单击【计算】按钮，生成的刀具路径如图 10-92 所示。

3）产生导柱孔粗加工刀具路径 3-17R0.8

参考前面的刀具路径 1-35R5 的设置方法，更改刀具路径名称为“3-17R0.8”，更改刀具为“E17R0.8”，设置【行距】为“9”，改变【下切步距】为 0.3，如图 10-93 所示。

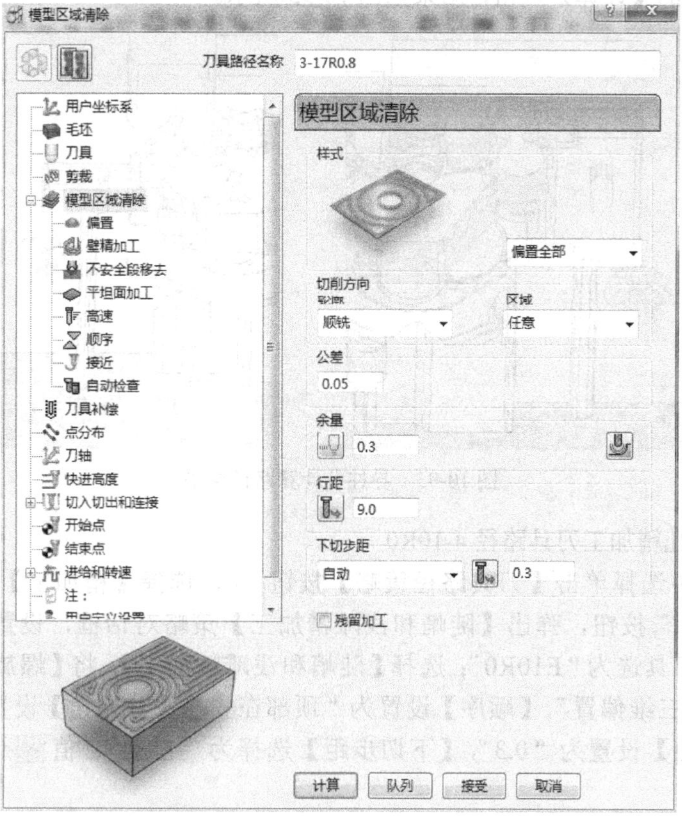

图 10-93　【模型区域清除】设置表格

单击图 10-93 中的【部件余量】按钮，弹出部件余量设置表格，点击智能选取，选择层“Planes”，单击添加按钮，添加层“Planes”，设置加工方式为“忽略”，如图 10-94 所示。单击【接受】按钮。

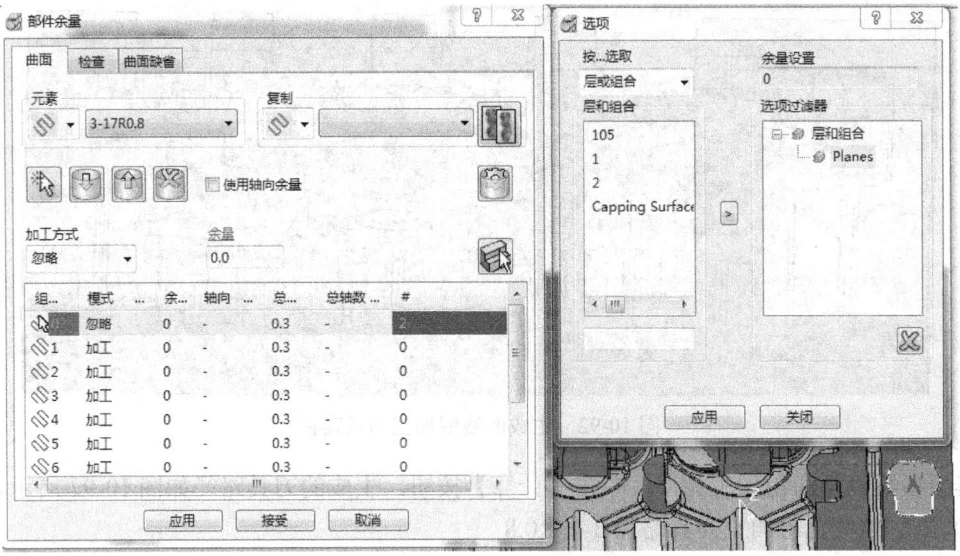

图 10-94 【部件余量】设置对话框

单击图 10-93 的【计算】按钮，结果如图 10-95 所示。

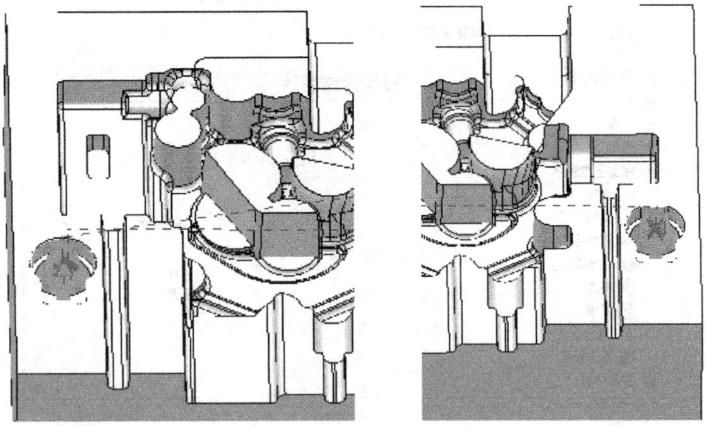

图 10-95 导柱孔计算路径结果

4）产生导柱孔精加工刀具路径 4-10R0

在主工具栏中选择单击【刀具路径策略】按钮，选择【精加工】/【陡峭和浅滩精加工】，单击 接受 按钮，弹出【陡峭和浅滩精加工】策略对话框，设置刀具路径名称为“4-10R0”，设置刀具选为“E10R0”；选择【陡峭和浅滩精加工】，将【螺旋】设置为 螺旋，【类型】设置为“三维偏置”，【顺序】设置为“顶部在先”；【分界角】设置为“0”；【余量】为“0”，【行距】设置为“0.3”，【下切步距】选择为“自动”，值设置为“0.3”；如图 10-96 所示。

勾选【剪裁】，设置边界为“1”，保留内部，设置【Z 限界】的【最大】值为“−0.2”，如图 10-97 所示。

勾选【使用单独的浅滩选项】 使用单独的浅滩选项 ，单击【浅滩】，设置【切削方向】为顺铣，【行距】为“3”，如图 10-98 所示。

单击【计算】按钮，生成的刀具路径如图 10-99 所示。

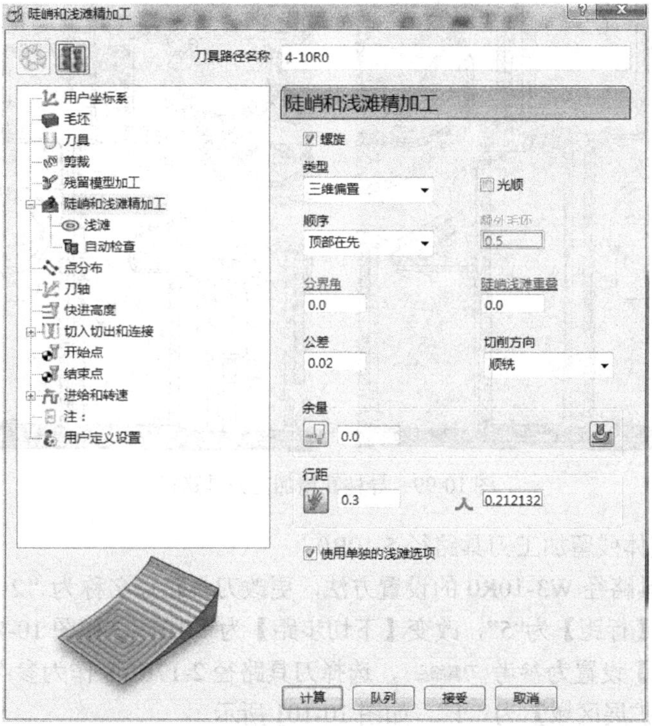

图 10-96 【陡峭和浅滩精加工】设置表格

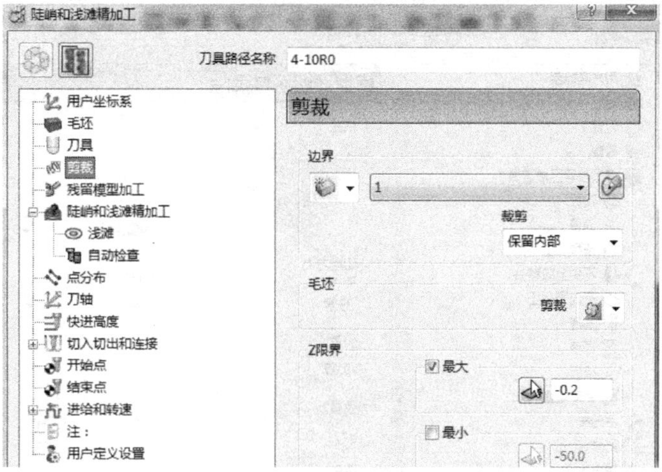

图 10-97 【剪裁】设置表格

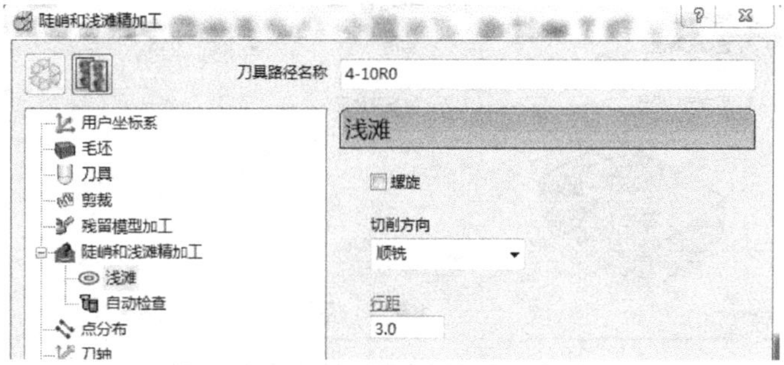

图 10-98 【浅滩】设置表格

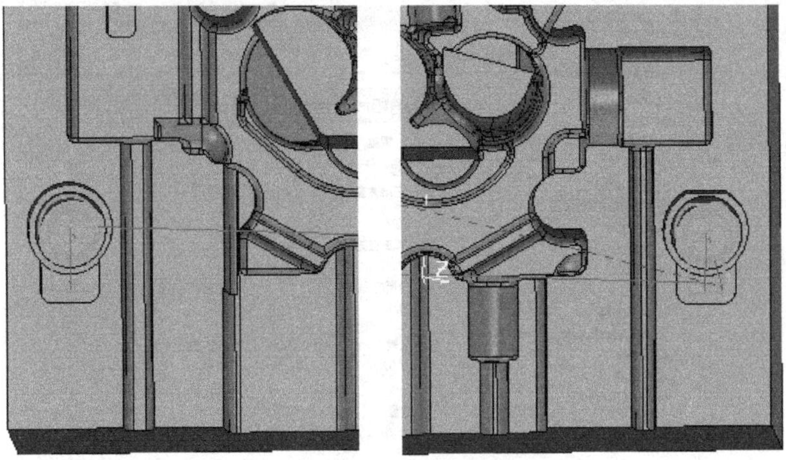

图 10-99 导柱孔精加工刀具路径

5）产生模型整体残留加工刀具路径 5-10R0

参考前面的刀具路径 W3-10R0 的设置方法，更改刀具路径名称为“2-17R0.8”，更改刀具为“E10R0”，设置【行距】为“5”，改变【下切步距】为“0.25”，如图 10-100 所示，单击【残留】，将【残留加工】设置为参考 刀具路径 ，选择刀具路径 2-17R0.8 作为参考，设置【检测材料厚于】为“0.1”，【扩展区域】为“1”。如图 10-101 所示。

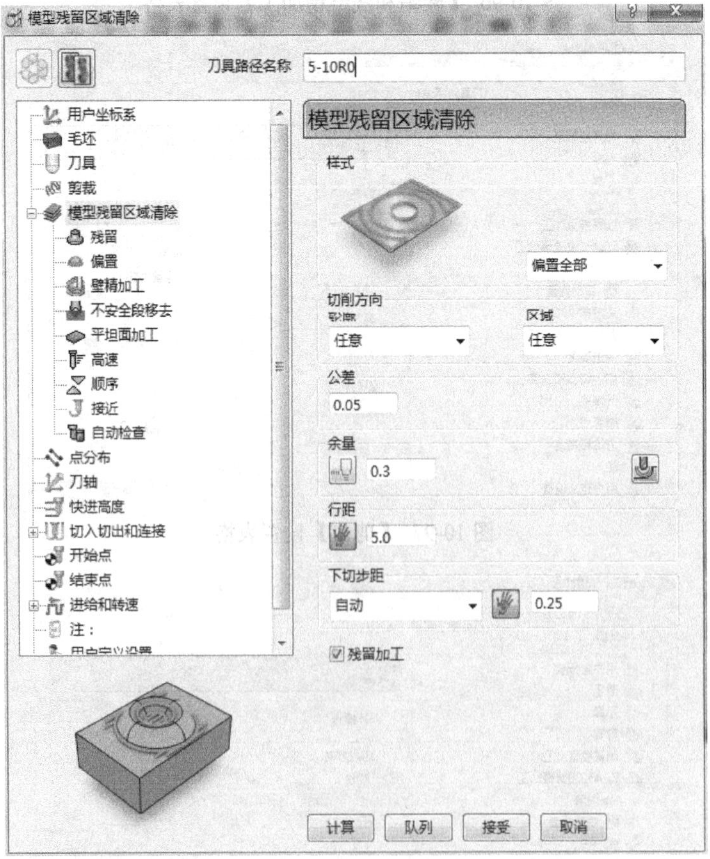

图 10-100 【模型残留区域清除】对话框

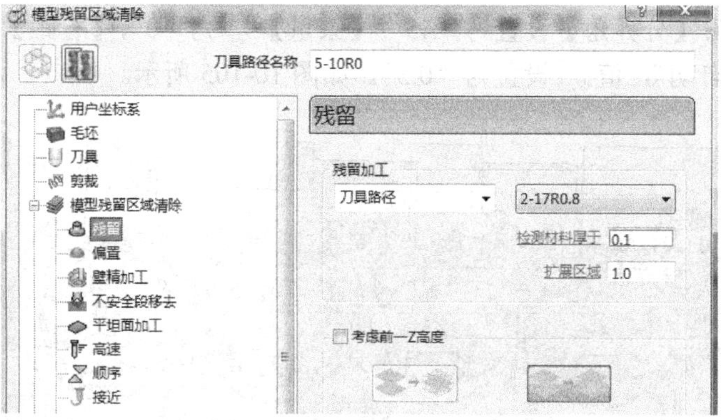

图 10-101　E10R0【残留】设置表格

其余参数设置和 2-17R0.8 相同，单击【计算】按钮，生成的刀具路径如图 10-102 所示。

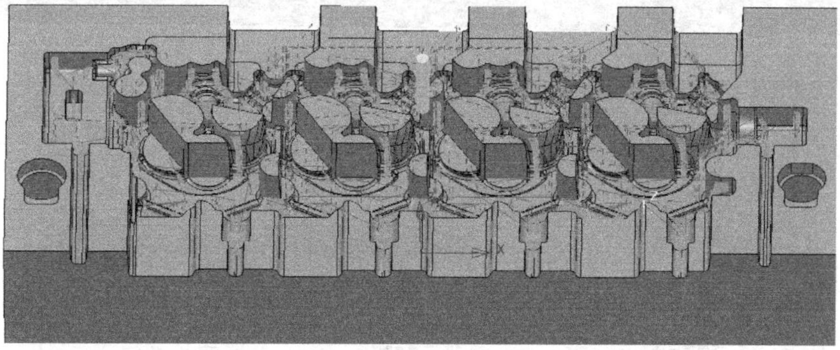

图 10-102　5-10R0 刀具加工路径

6）产生残留加工刀具路径 6-6R0、7-4R0

参照残留加工“5-10R0”的加工方法，分别产生残留加工刀具路径“6-6R0”、“7-4R0”，结果如图 10-103、图 10-104 所示。

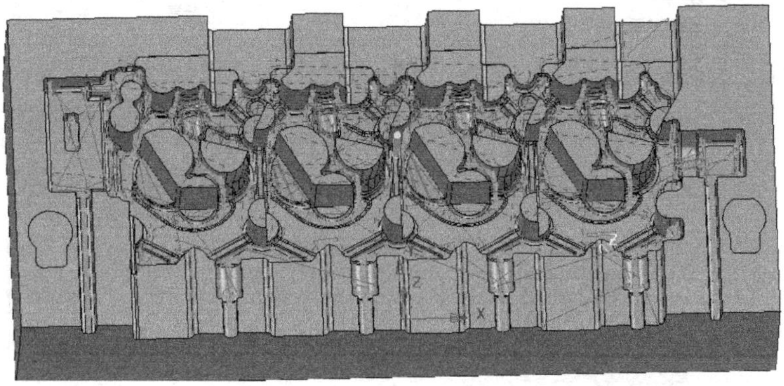

图 10-103　6-6R0 刀具加工路径

7）产生精加工刀具路径 8-8R4

在主工具栏中选择单击【刀具路径策略】按钮 ，选择【精加工】/【陡峭和浅滩精加工】，单击 接受 按钮，弹出【陡峭和浅滩精加工】策略对话框，设置刀具路径名称为“8-8R4”，设置刀具选为“B8R4”；选择【陡峭和浅滩精加工】，设置【类型】为【三维偏置】，【顺序】

设置为“陡峭在先”;【分界角】设置为“45”;【余量】为“0”,【行距】设置为“0.3”,【下切步距】选择为“自动”,值设置为“0.3”。如图 10-105 所示。

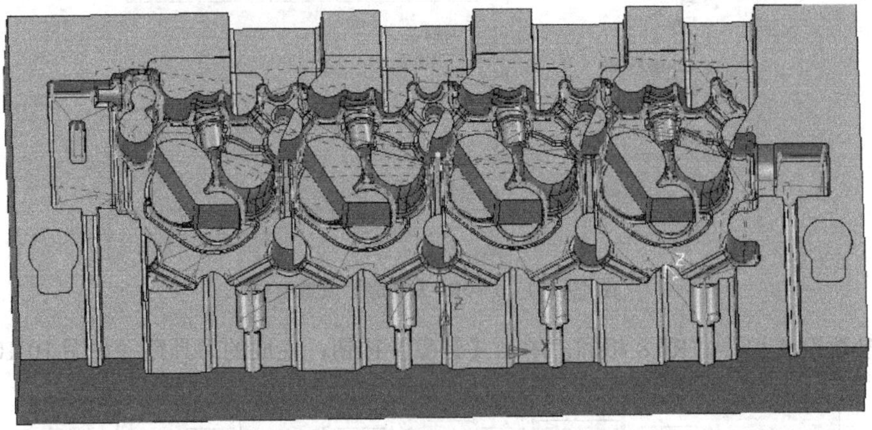

图 10-104 7-4R0 刀具加工路径

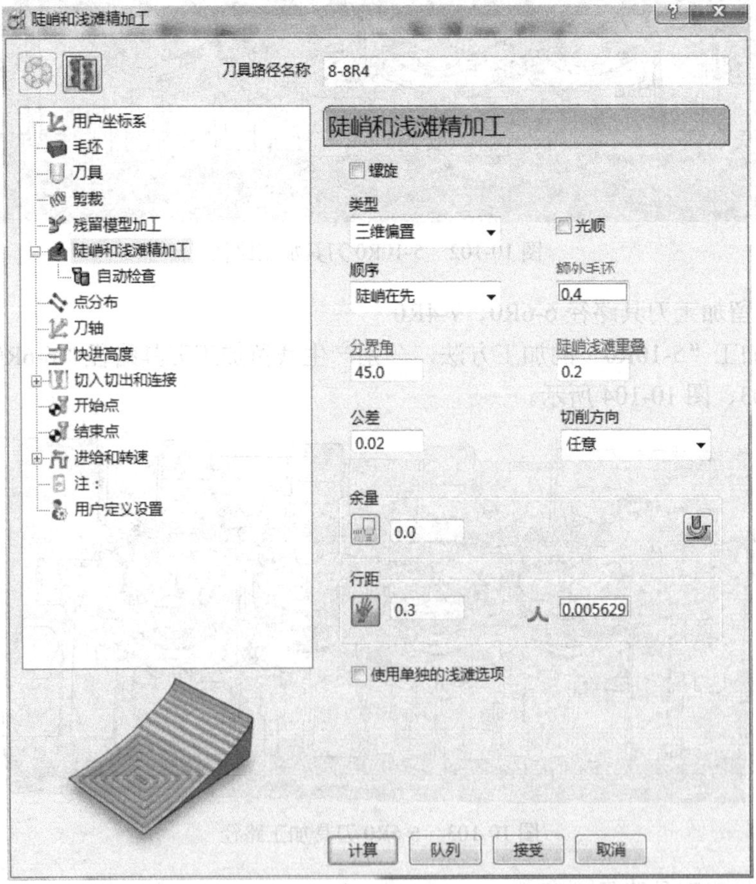

图 10-105 【陡峭和浅滩精加工】设置表格

单击【剪裁】,将【边界】设置为“3”,【裁剪】设置为“保留内部”,将【剪裁】设置为;如图 10-106 所示。

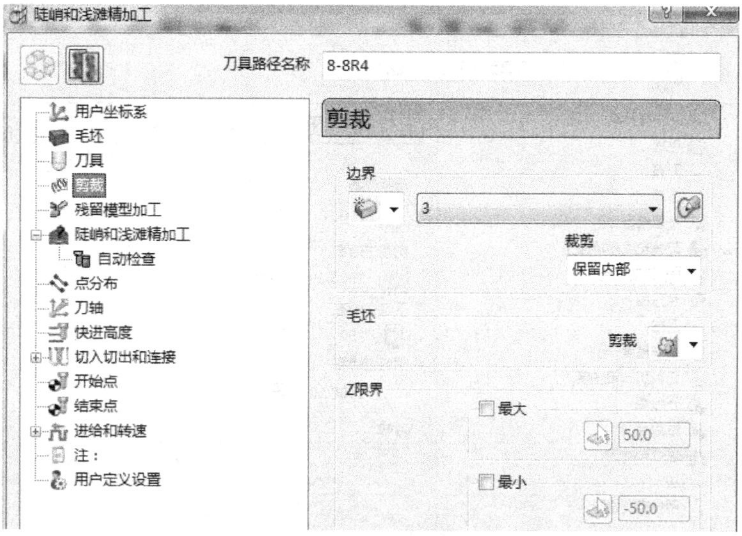

图 10-106　设置边界

单击【切入切出和连接】，设置【切入】、【切出】为“无”，连接设置，【短连接】设置为“圆形圆弧”，【长连接】设置为“掠过”，如图 10-107 所示。

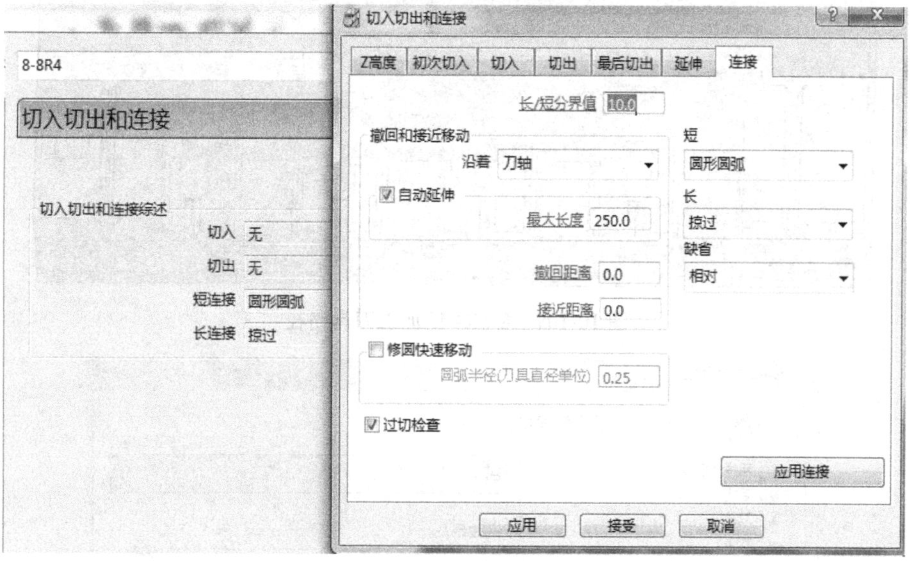

图 10-107　【切入切出和连接】设置对话框

单击【进给和转速】，将【主轴转速】设置为“2500”，【切削进给率】设置为“2000”，【下切进给率】设置为“350”，【掠过进给率】设置为“10000”，【冷却】设置为“无”。如图 10-108 所示。

单击【计算】按钮，结果如图 10-109 所示。

8）产生精加工刀具路径 9-6R3

参照精加工刀具路径“8-8R4”的加工设置，改变刀具为“B6R3”，设置【剪裁】里面的【边界】为“4”，如图 10-110 所示。

单击【计算】按钮，结果如图 10-111 所示。

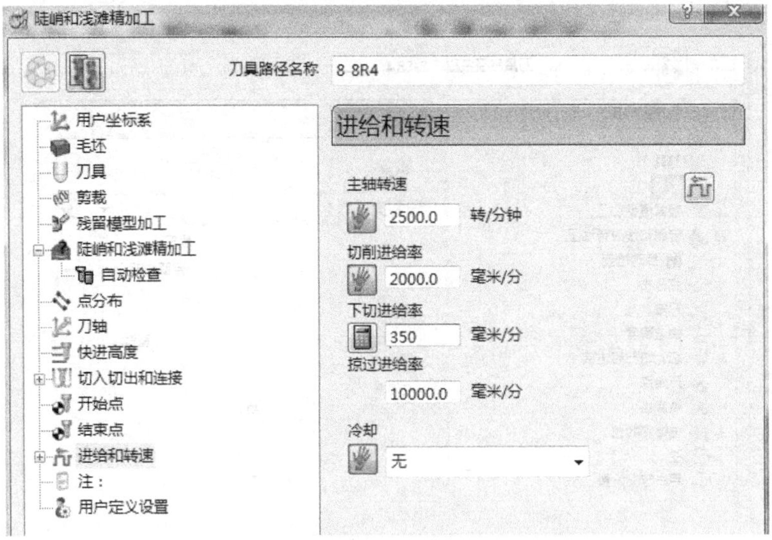

图 10-108 【进给和转速】设置表格

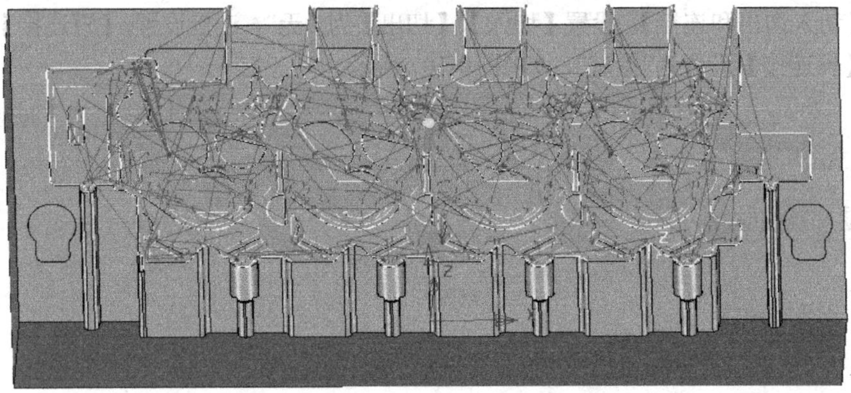

图 10-109 8-8R4 精加工刀具路径

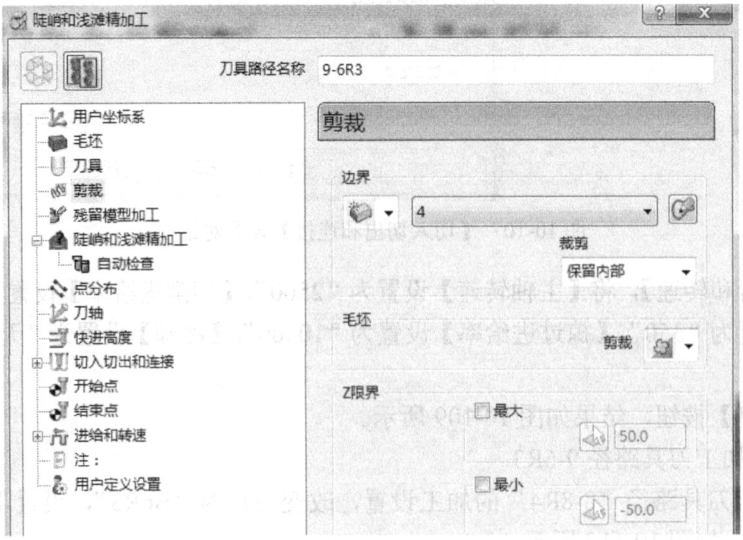

图 10-110 9-6R3 边界设置

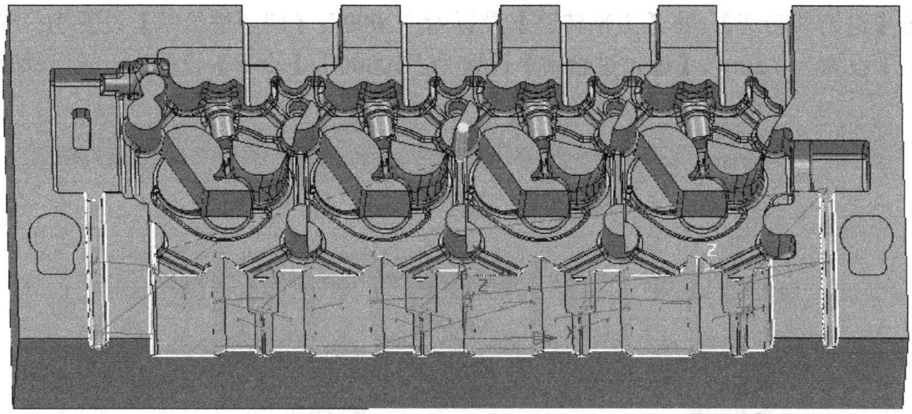

图 10-111 9-6R3 精加工刀具路径

9）产生平坦面加工刀具路径 10-8R0

在主工具栏中选择单击【刀具路径策略】按钮，选择【精加工】/【偏置平坦面精加工】，单击 接受 按钮，弹出【偏置平坦面精加工】策略对话框，设置刀具路径名称为“10-8R0”，刀具选为“E8R0”；在【剪裁】选项选择【边界】为“2”，选择【偏置平坦面精加工】，设置【余量】为“0”，【行距】设置为“3”，其余参数按照图 10-112 所示。进行设置。

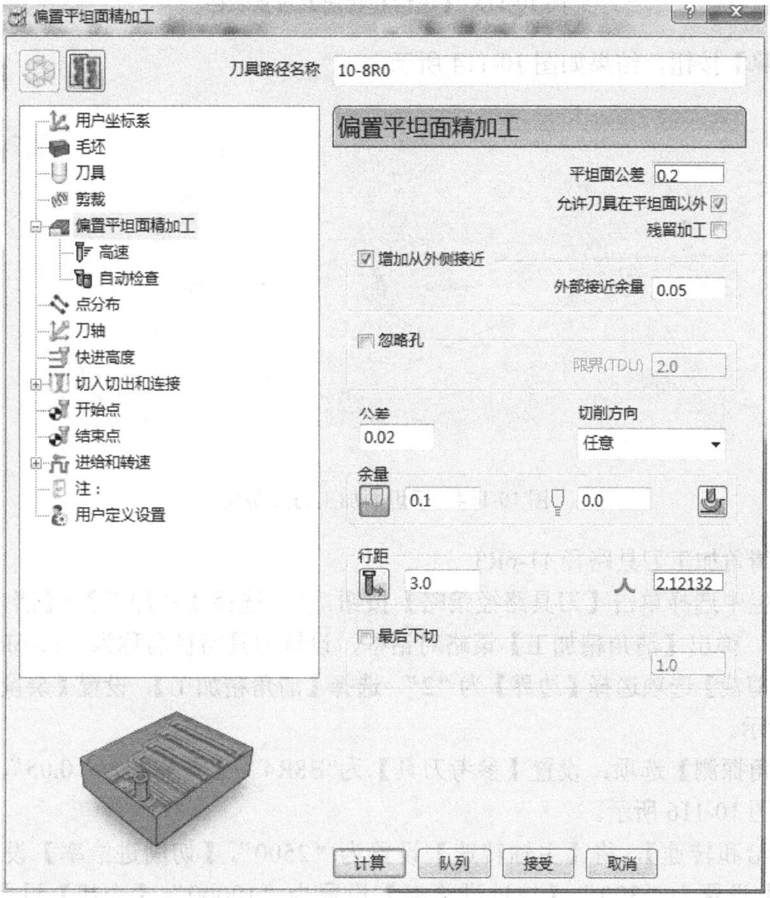

图 10-112 【偏置平坦面精加工】对话框

单击【进给和转速】，将【主轴转速】设置为“2000”，【切削进给率】设置为“800”，【下切进给率】设置为“200”，【掠过进给率】设置为“10000”，【冷却】设置为“无”。如图 10-113 所示。

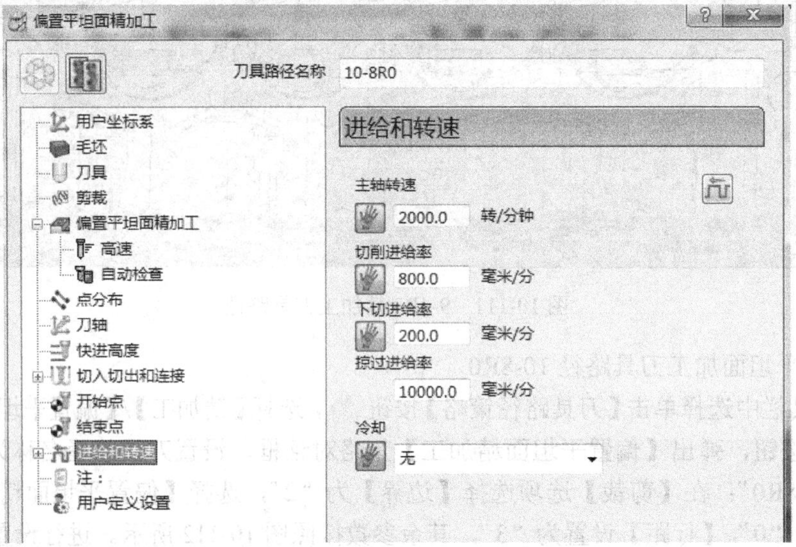

图 10-113 【进给和转速】设置表格

单击【计算】按钮，结果如图 10-114 所示。

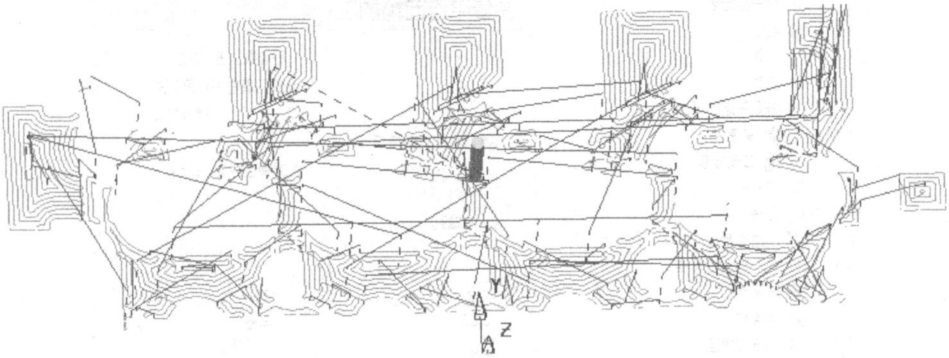

图 10-114 平坦面加工刀具路径

10）产生清角加工刀具路径 11-6R3

在主工具栏中选择单击【刀具路径策略】按钮，选择【精加工】/【清角精加工】，单击 接受 按钮，弹出【清角精加工】策略对话框，设置刀具路径名称为“11-6R3”，刀具选为“B6R3”；在【剪裁】选项选择【边界】为“2”，选择【清角精加工】，设置【余量】为“0”，如图 10-115 所示。

点击【拐角探测】选项，设置【参考刀具】为“B8R4”，【重叠】为“0.05”，【探测限界】为“165”，如图 10-116 所示。

单击【进给和转速】，将【主轴转速】设置为“2500”，【切削进给率】设置为“1500”，【下切进给率】设置为“300”，【掠过进给率】设置为“10000”，【冷却】设置为“无”。如图 10-117 所示。

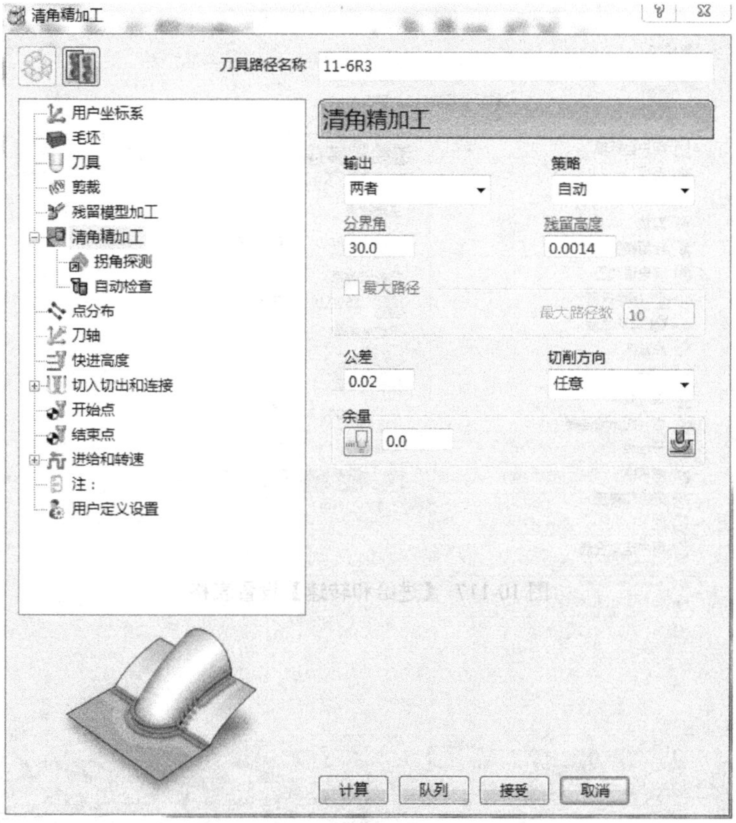

图 10-115 【清角精加工】对话框

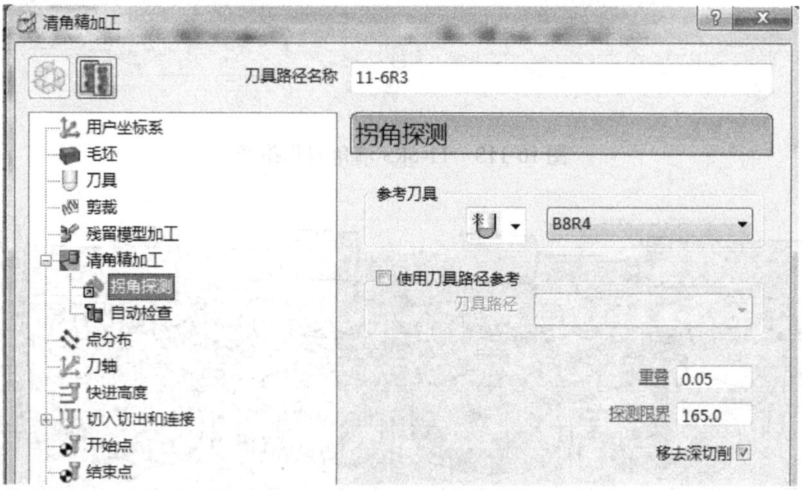

图 10-116 【拐角探测】参数设置

单击【计算】按钮，结果如图 10-118 所示。

11）产生清角加工刀具路径 12-4R2

参照清角加工刀具路径“11-6R3”的加工设置，改变刀具为“B4R2”，设置【剪裁】里面的【边界】为“2”，【拐角探测】里面的参考刀具为“B6R3”，单击【计算】按钮，结果如图 10-119 所示。

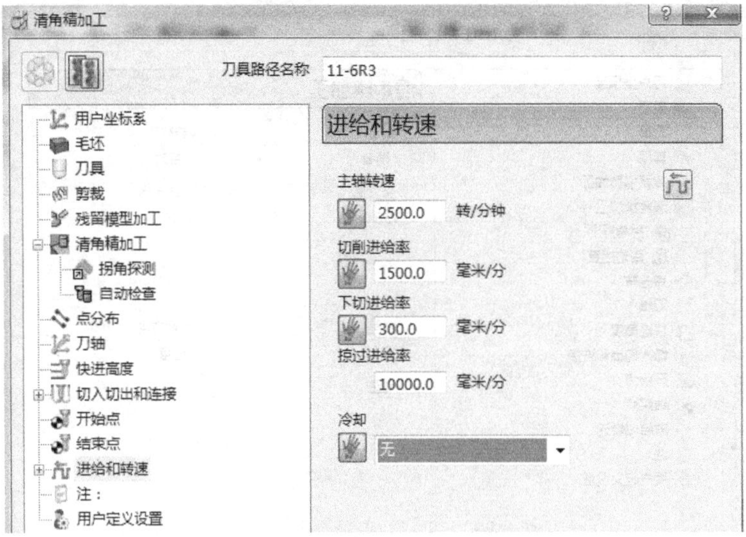

图 10-117 【进给和转速】设置表格

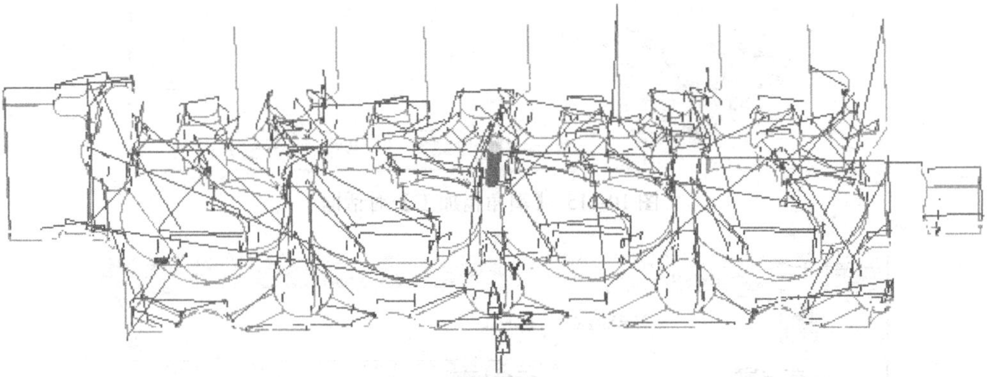

图 10-118 11-6R3 清角刀具路径

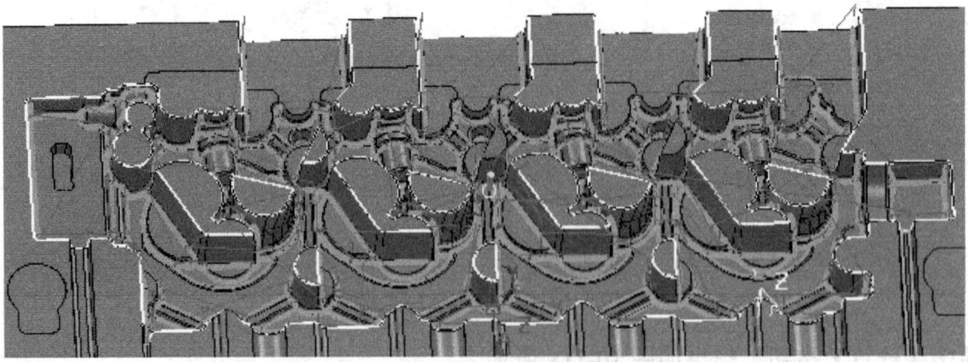

图 10-119 12-4R2 清角刀具路径

12）产生点孔加工刀具路径 13-Z3

在主工具栏中选择单击【刀具路径策略】按钮，选择【钻孔】/【钻孔】，如图 10-120 所示。

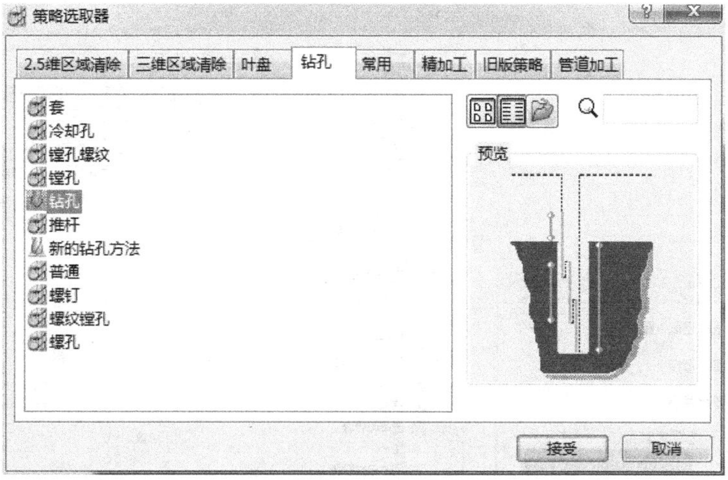

图 10-120　钻孔选择器

单击 接受 按钮，弹出【钻孔】策略对话框，设置刀具路径名称为“13-Z3”，刀具选为“Z3”，如图 10-121 所示。

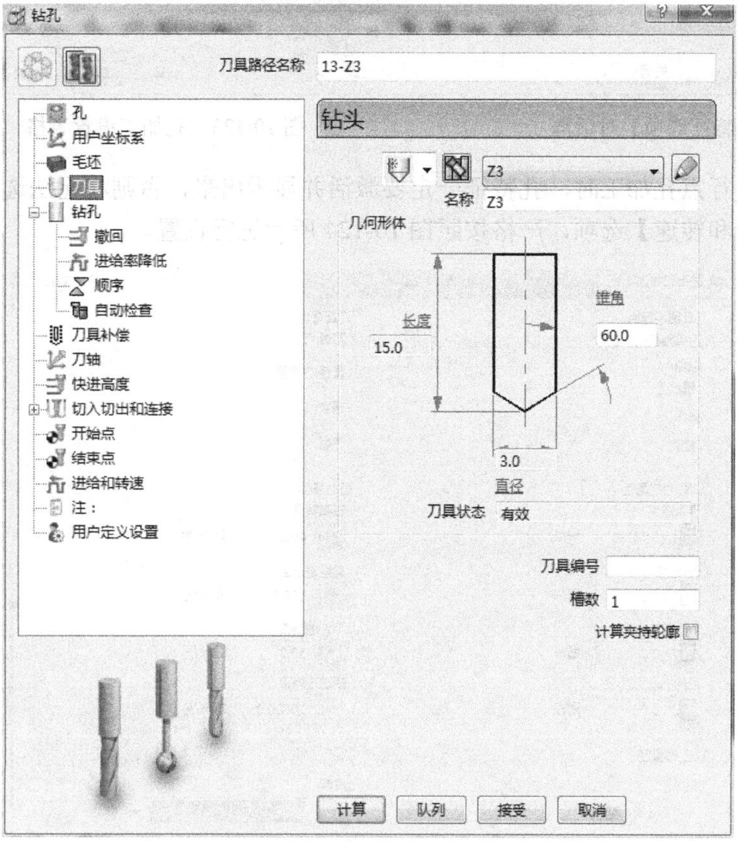

图 10-121　【钻孔】对话框

单击【钻孔】/ 选取...，弹出如图 10-122 所示的【特征选项】对话框。

选择【直径】“3”的孔特征单击【添加】按钮 >，单击【选取】按钮 选取，单击【关闭】按钮 关闭。严格按照图 10-123 所示进行设置。

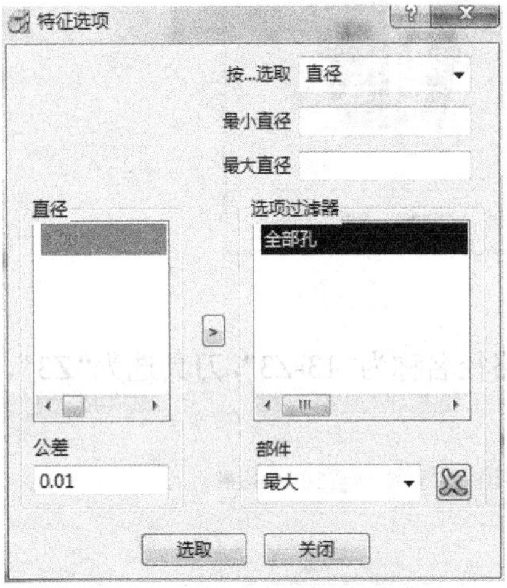

图 10-122 【特征选项】对话框

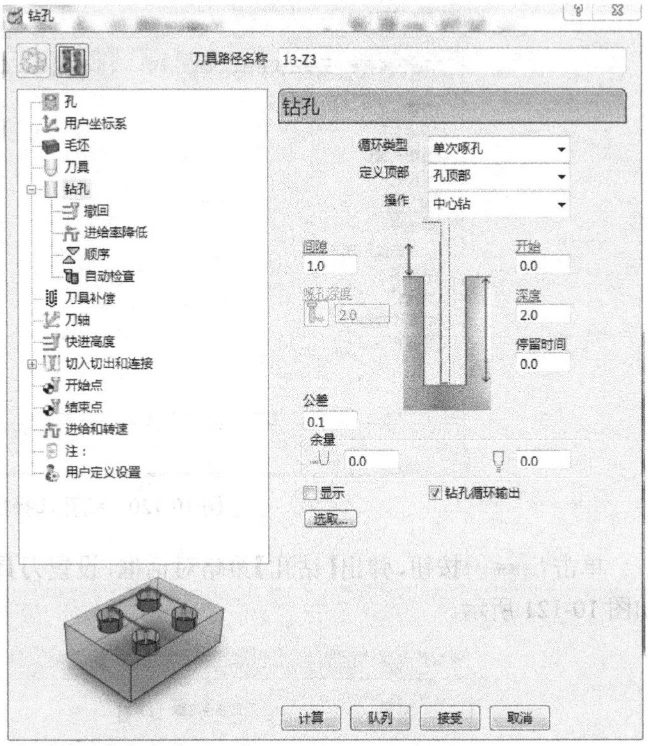

图 10-123 孔加工设置表格

提示：在进行点孔加工时，孔特征一定要激活并显示出来，否则将无法选取孔特征。

单击【进给和转速】选项，严格按照图 10-124 所示进行设置。

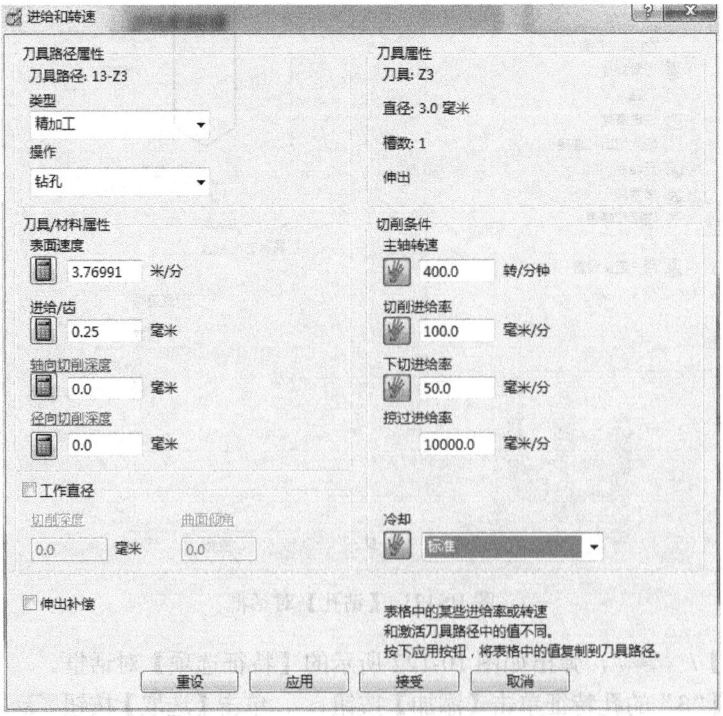

图 10-124 孔加工【进给和转速】设置表格

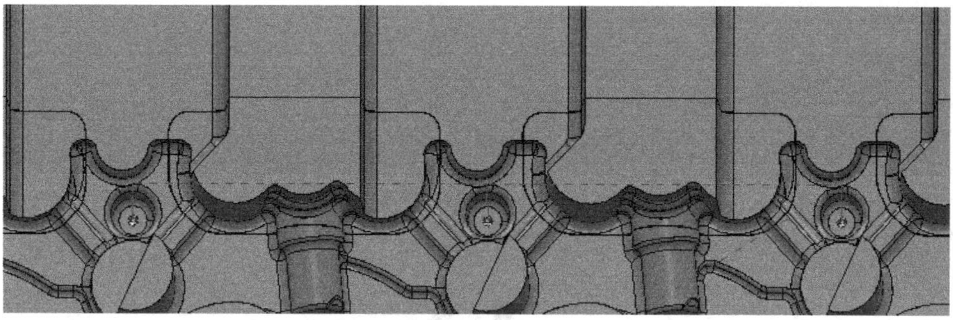

图 10-125 【钻孔加工】刀具路径

单击【计算】按钮，结果如图 10-125 所示。

以上为铸造模-水腔芯的全部操作过程，具体的操作细节和拓展，可详见“下载文件”/【视频文件】/【ch10】。

第11讲

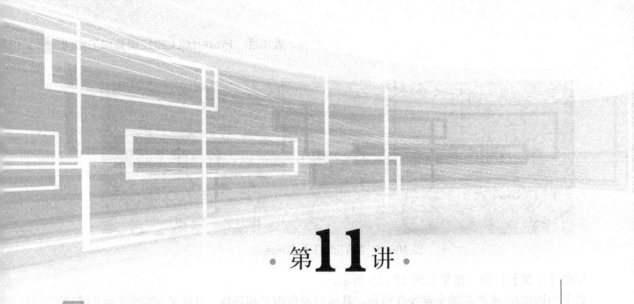

PowerMILL2012刀具路径的模拟仿真与后置处理

11.1 刀具路径的模拟仿真

在刀具路径生成后，为了校验刀具路径的正确性与合理性，可以对刀具路径进行仿真模拟；PowerMILL 提供了多种仿真方式，大大降低了程序加工的出错率。

11.1.1 动态仿真

动态仿真是实现刀具刀尖跟随刀具路径轨迹进行模拟加工，在工件上动态显示刀具加工情况；

在菜单栏中，分别选择【查看】、【工具栏】、【仿真】，则【仿真工具条】被激活，如图 11-1 所示。

图 11-1 仿真工具栏

其各选项的意义如下所述。

【刀具路径和 NC 程序切换按钮】：本图标显示的情况下，为刀具路径的仿真；单击该按钮，出现按钮，表示仿真完成的 NC 程序；若多条刀具路径在同一 NC 程序中，则可以用本方式一次性地完成多条刀具路径的仿真，避免重复操作；同时，可在旁边下拉框中选取仿真元素名称。

【选取路径所使用刀具】：是在下拉框中选取所需刀具名称，在仿真过程中显示；默认状态为选取刀具路径后，自动选取对应的刀具。

【运行】：开始加工仿真。

【暂停】：暂停加工仿真。

【上一步】：单步返回仿真加工，每单击一步将返回一个程序单节。

【下一步】：单击前进仿真加工，每单击一步将仿真下一个程序单节。

【向后搜索】：移动到前一路径段。

【向前搜索】：移动到下一路径段。

【回到开始位置】：返回加工仿真开始点，指返回到当前激活的正在仿真或已经仿真完毕的刀具路径的开始点。

【回末端】：移动到刀具路径末端。

【控制速度】：调节模拟加工速度。

11.1.2　实体渲染仿真

实体渲染仿真表示在动态仿真的基础上，使用不同的渲染方式，仿真刀具切削毛坯的过程，以此来验证刀具路径轨迹的正确性和工艺的合理性。

在菜单栏中，分别选择【查看】、【工具栏】、【ViewMill】，则【ViewMill】工具栏被激活，如图 11-2 所示。

图 11-2　ViewMill 工具栏

其各选项的意义如下所述。

【开/关 ViewMill】：开启 ViewMill，可以开始进行实体渲染仿真。

【无图像】：不显示 ViewMill 模型。

【动态图像】：是一个低分辨率的仿真图像，在仿真过程中，用户可以使用鼠标移动光标或标准视图按钮，来改变查看方向，观看动态仿真效果。

【普通阴影】：用较高分辨率渲染图像，仿真结果呈暗淡灰色。

【金属光泽阴影】：以光亮金属材质渲染图像，仿真结果犹如真实切削效果。

【彩虹阴影】：以不同颜色着色刀具路径，仿真结果如彩虹般有多重色彩组成。

【切削方向阴影】：以两种颜色分别着色顺铣和逆铣。

【运动学阴影图像】：根据机床运动方向不同，可以使用两种颜色着色，该阴影着色方式可以用于分析多轴加工状态下，由于旋转轴改变加工方向情况下，在工件表面留痕的情况。

【虚形体仿真】：当光标移动到图标上弹出另一选项【旋转槽仿真】，两者区别在于，前者直接以外形轮廓切削仿真，得出切削模型效果；旋转槽仿真特点在于可根据刀具槽数，切削进给率和主轴转数仿真得到更贴近真实加工的效果图像。

【保存当前 ViewMill 模型状态】：把当前仿真效果图像保存。

【回复模型到 ViewMill 保存之前的状态】：返回到上一保存的仿真结果。

【退出 ViewMill】：退出 ViewMill 模型仿真状态，返回到 PowerMILL 编程状态。

11.1.3 机床仿真

机床仿真是把整个加工机床输入到 PowerMILL 进行仿真检查；本功能主要用于多轴加工情况下，对生成的多轴刀路进行仿真，以确保运行过程中，机床主轴、床身、刀具和工件没有干涉。

在菜单栏中，分别选择【查看】、【工具栏】、【机床】，则【机床】工具栏被激活，如图 11-3 所示。

图 11-3 机床工具栏

其各选项的意义如下所述：

①【机床显示切换】：单击该按钮，弹出【加工信息】对话框，显示刀尖位置和碰撞信息；如图 11-4 所示。

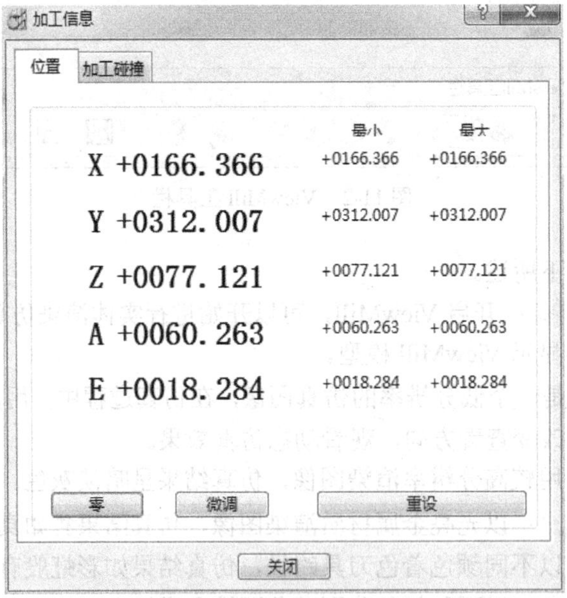

图 11-4 【加工信息】栏

②【输入机床模型】：增加机床仿真文件到选项框，添加机床选项文件后，可在右侧下拉框选取，用于仿真。

③【显示/不显示机床】：控制机床的显示与否。

④【床身查看】：仿真过程中固定机床床身，光标移动到该图标上，弹出其他选项方式【模型查看】和【刀具查看】。

a.【模型查看】：设置固定模型的查看仿真方式。

b.【刀具查看】：设置固定刀具仿真。

⑤ ：指定机床仿真坐标系，即根据所指定的坐标，设定模型在机床上的相对位置。

11.2　刀具路径的后置处理

11.2.1　PowerMILL 后处理含义及作用

NC 程序就是数控机床控制器能够接收、识别的数控指令代码，刀具路径只有在输出为 NC 程序后，才能输入数控机床进行实际的加工，输出 NC 程序的过程就叫做后处理或后置处理。

PowerMILL 有 2 个模块进行后置处理，一种是 DuctPost1.5.16 后处理，它是 PowerMILL 软件自带的默认后处理，机床选项文件后缀格式为.opt；另一种为 PMPost4.5.01 后处理构造器，首先在 PowerMILL 中输出一个后缀名为.cut 的刀位文件，再读取刀位文件，最后按照 NC 程序后处理的方法输出 NC 文件。本书重点介绍 DuctPost1.5.16 后处理。

输出的 NC 文件里面包含了刀具信息、毛坯、坐标系、公差、余量、下刀量、走刀方式、转速、进给率等多个代码文件内容，在 PowerMILL 软件的【资源管理器】中的【刀具路径】树枝下，单击打开某一个刀具路径前面的扩展符号 ⊞，将其打开，如图 11-5 所示。

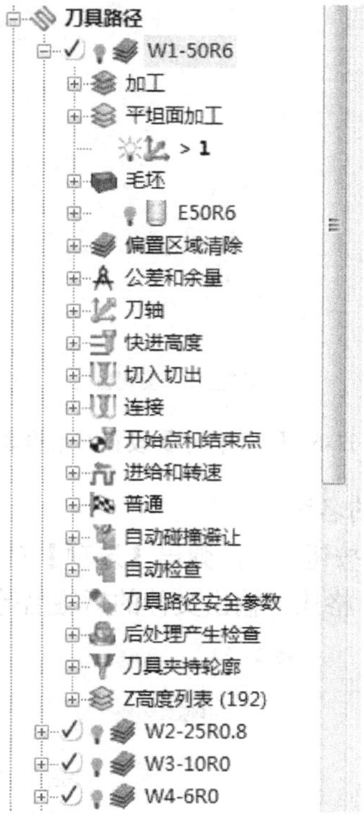

图 11-5　刀具路径展开内容

上面的这些信息都不能直接地输入数控机床进行加工，因为数控机床的系统只能读取和处理二进制数值（0 和 1），要想数控机床系统读取和识别这些信息，必须借助一个过渡的处理器，把这些信息转换成数控系统能够接收的 G 代码文件（NC 文件）。

11.2.2　生成 NC 程序

在三轴加工中，常用产生 NC 程序的后处理办法有 2 种，一种是针对自动换刀的加工中心的后处理，另一种是针对普通数控机床的手动调节式的后处理。

（1）产生自动换刀的 NC 程序

右击 PowerMILL 系统中的【资源管理器】下面的【NC 程序】，在弹出的下拉菜单中点击【产生 NC 程序】，打开【NC 程序】设置对话框表格，如图 11-6 所示。

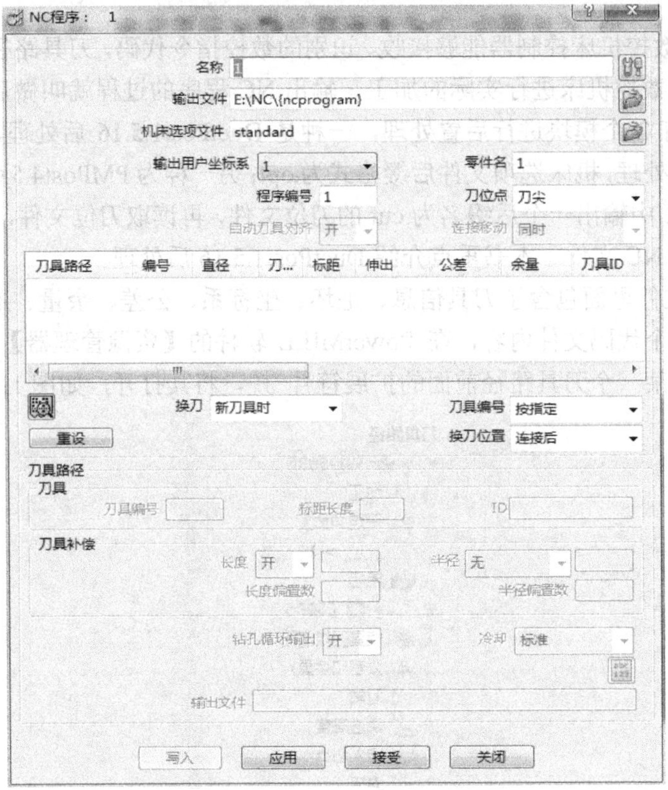

图 11-6 【NC 程序】设置对话框表格

【名称】：用于定义 NC 程序的名称。

【选项】：单击【选项】按钮，弹出【选项】对话框，如图 11-7 所示，用于设置 NC 程序的参数，包括文件类型、格式、输出文件的后缀名等。

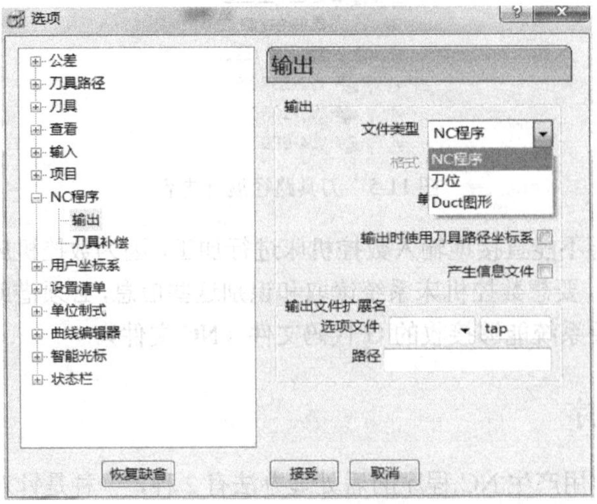

图 11-7 【选项】设置对话框表格

【输出文件】：用于定义 NC 程序的路径和名称，单击其后面的按钮，可以选择输出路径和名称。

【机床选项文件】：用于确定 NC 程序的输出格式，用户需要根据机床的操作系统选择合适的后处理文件，其后缀名称为.opt。

【输出用户坐标系】：选择生成 NC 程序的坐标系，如果不选择坐标系，系统将自动选择“世界坐标系”输出 NC 程序。

【零件名】：用来设置当前被加工的零件的名称。

【程序编号】：用于输入 NC 程序的编号。

【刀位点】：用来确定输出的 NC 程序的坐标值是刀尖坐标值还是刀尖中心的坐标值，两种坐标值在刀轴方向上相差一个刀具直径。

【自动刀具对齐】：用来确定是否自动对齐刀具，当 NC 程序的用户坐标系与刀具路径的用户坐标系不一致时，该选项不可用。

在主工具栏上依次单击【文件】/【打开项目】，选择“光盘文件”/【完成文件】/【ch10】里面的项目文件“注塑模-灯罩型腔”，单击打开，如图 11-8 所示，该项目文件的刀具路径已经编制完成，要把该项目文件的 NC 程序后置处理出来。

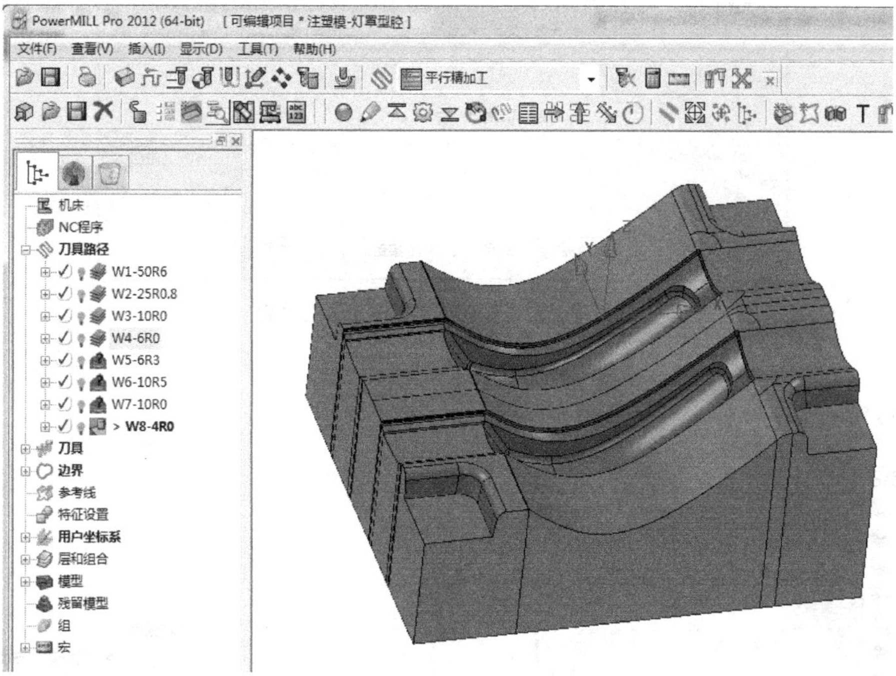

图 11-8 打开的项目文件

右击图 11-8 上面的【NC 程序】，点击【产生 NC 程序】 产生NC程序 ，打开如图 11-9 所示的【NC 程序】对话框，并严格按照对话框表格进行设置。

单击 应用 接受 按钮，关闭【NC 程序】对话框。

右击刀具路径下面编辑好的程序，增加到 NC 程序，如图 11-10 所示。

结果如图 11-11 所示。

右击 NC 程序“注塑模-灯罩型腔”，单击【写入】，对 NC 程序“注塑模-灯罩型腔”进行后处理，如图 11-12 所示。

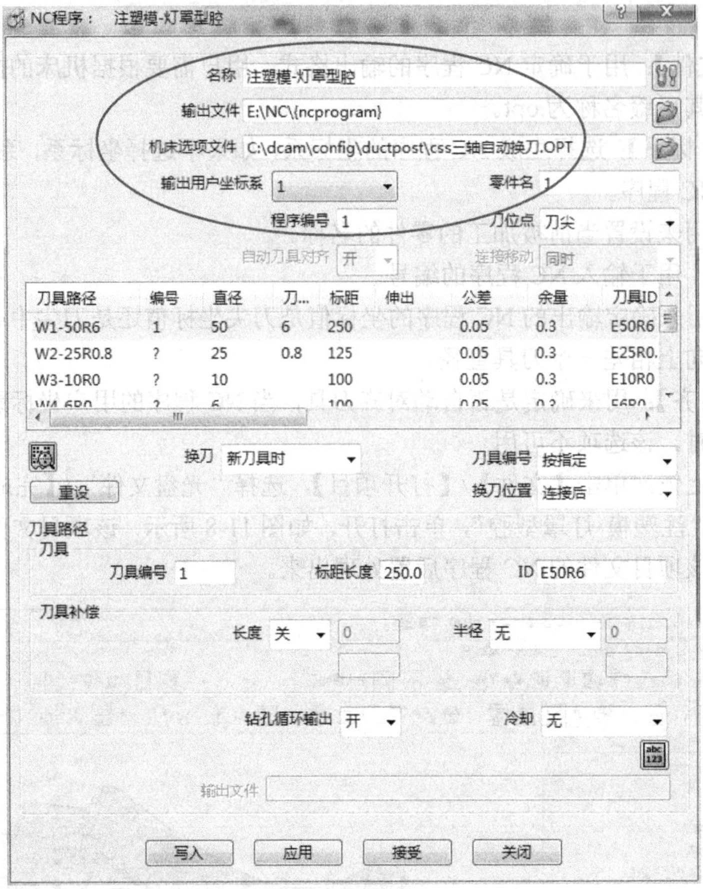

图 11-9 设置好的【NC 程序】对话框

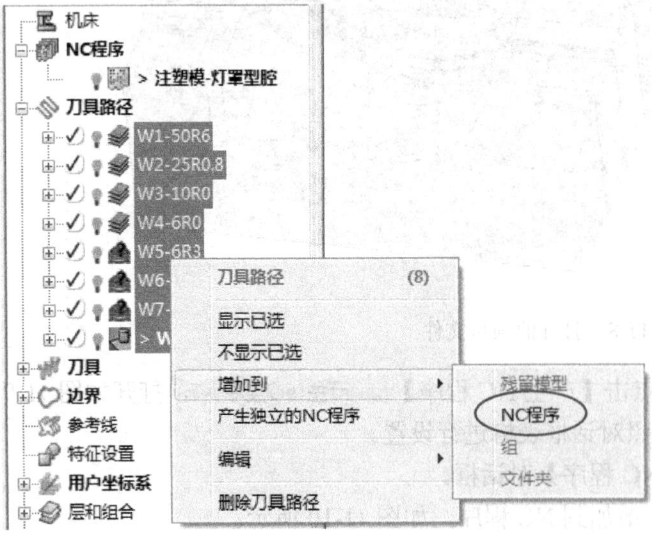

图 11-10 增加到【NC 程序】下拉列表

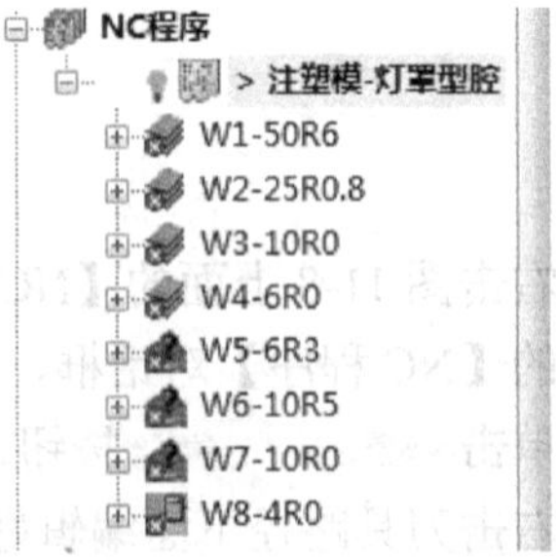

图 11-11 增加好刀具路径的 NC 程序

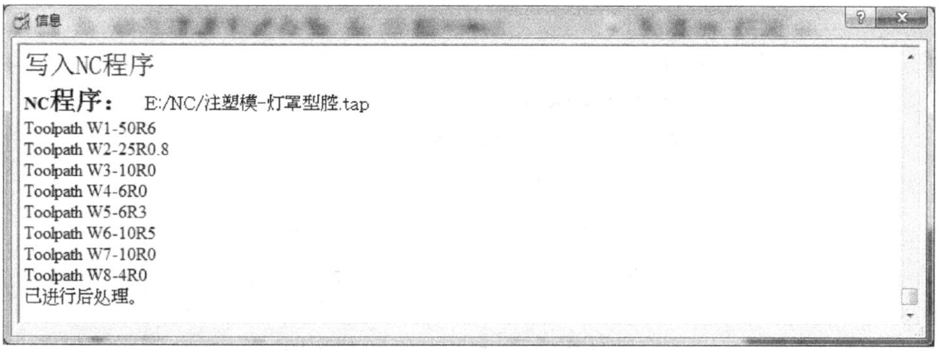

图 11-12 后处理 NC 程序

产生的“G”代码文件如图 11-13 所示。

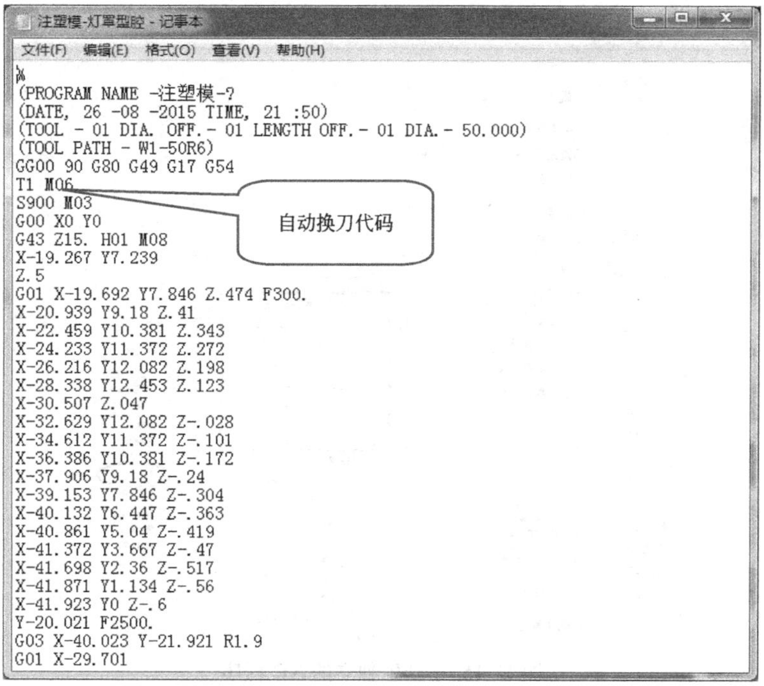

图 11-13 注塑模-灯罩型腔 “G”代码文件

提示：在进行自动换刀后处理的时候，产生刀具路径所使用的刀具必须要指定刀具编号，否则将不能进行后处理。

（2）产生手动换刀的 NC 程序

继续使用上节的项目文件，右击 PowerMILL 系统中的【资源管理器】下面的“NC 程序”，在弹出的下拉菜单中点击【参数选择】，并严格按照如图 11-14 所示进行设置。

单击【应用】、【接受】按钮 应用 、 接受 。

右击【刀具路径】中的【刀具路径】，在弹出的下拉列表中单击【产生独立的 NC 程序】（如果是文件夹形式存在的 NC 文件，就使用“复制为 NC 程序”，该选项需要刀具路径以文件夹的形式存在），也可以直接右击【刀具路径】，选择【产生独立的 NC 程序】。结果如图 11-15 所示。

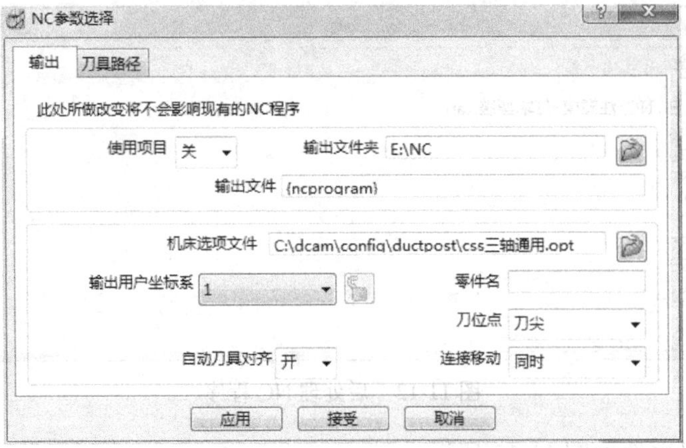

图 11-14　NC 参数选择

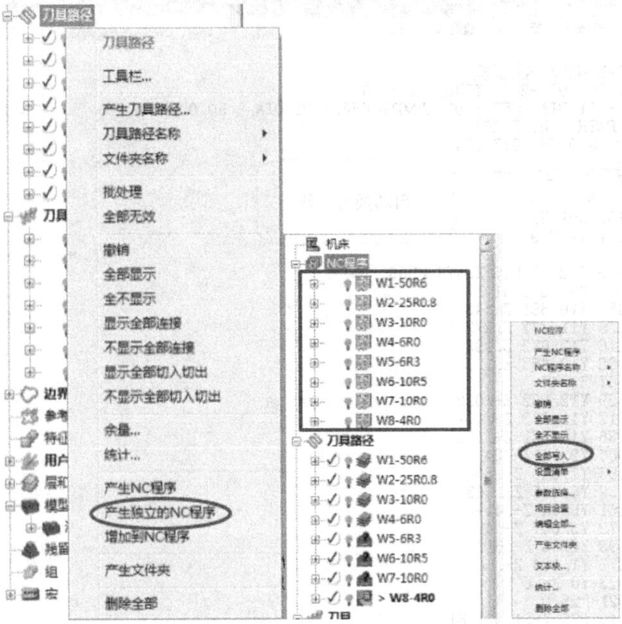

图 11-15　产生独立的 NC 程序

再次右击【NC 程序】，在弹出的下拉菜单中选择【全部写入】（也可以单个地选择“写入”），产生 NC 程序。如图 11-16 所示。

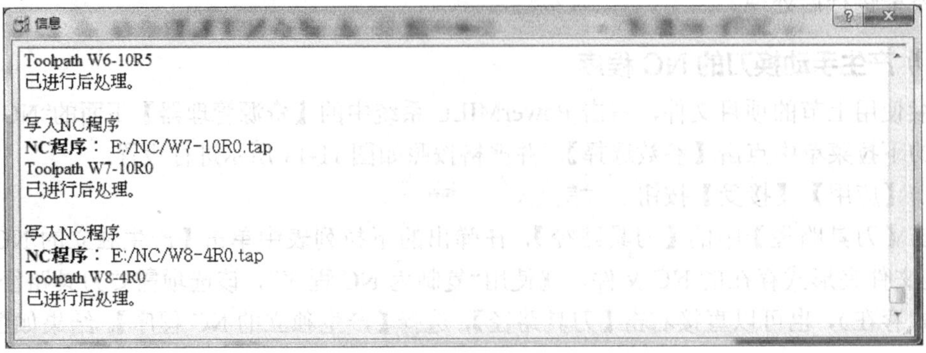

图 11-16　产生独立的 NC 程序信息框

结果如图 11-17 所示。

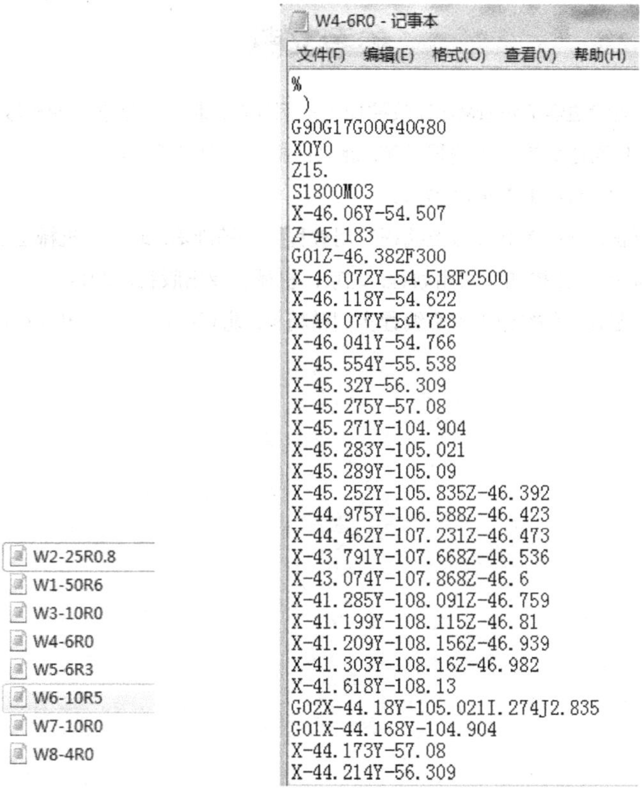

图 11-17　产生的 NC 程序

参考文献

［1］成善胜，席晓哥. 边看边学 PowerMILL 数控加工实例详解. 北京：化学工业出版社，2015.

［2］朱克忆. PowerMILL 高速数控加工编程导航. 北京：机械工业出版社，2012.

［3］Delcam 公司汇编的 PowerMILL2012 教程.

［4］杨书荣，赵炎，梁恒. PowerMILL 数控编程应用教程——基础篇. 北京：机械工业出版社，2013.

［5］李万全. PowerMLL2012 数控加工实用教程. 北京：机械工业出版社，2014.

［6］吕斌杰，孙智俊，赵汶. 数控加工中心编程实例精精粹. 北京：化学工业出版社，2014.